U0352067

河道堤防
建设与运行管理要务

王文毅　覃毅宝　綦中跃　编著

中国计划出版社

图书在版编目（ＣＩＰ）数据

河道堤防建设与运行管理要务/王文毅，覃毅宝，綦中跃编著．
—北京：中国计划出版社，2014.8
ISBN 978-7-5182-0005-4

Ⅰ．① 河…　Ⅱ．① 王…② 覃…③ 綦…　Ⅲ．①河道 – 堤防施
工 – 施工管理　Ⅳ．①TV871.1

中国版本图书馆 CIP 数据核字（2014）第 145530 号

河道堤防建设与运行管理要务
王文毅　覃毅宝　綦中跃　编著

中国计划出版社出版
网址：www.jhpress.com
地址：北京市西城区木樨地北里甲 11 号国宏大厦 C 座 3 层
邮政编码：100038　电话：（010）63906433（发行部）
新华书店北京发行所发行
三河富华印刷包装有限公司印刷

787mm×1092mm　1/16　24.25 印张　601 千字
2014 年 8 月第 1 版　2014 年 8 月第 1 次印刷
印数 1 – 3000 册

ISBN 978-7-5182-0005-4
定价：106.00 元

前　言

我国河流众多，总长超过43万公里，其中流域面积在100平方公里以上的河流有5万多条，这些河流沿岸分布着众多城镇和农田。过去，河道主要靠地方财力实施治理，但由于地方财力有限、规划滞后、缺乏系统的治理，导致我国河道洪涝灾害损失十分严重。近年来，国家为了解决河道普遍存在的安全问题，把河道治理工程纳入国家财政投资计划，投入专项资金进行建设。水利部明确要求河道治理项目严格执行项目法人责任制、招标投标制、建设监理制和竣工验收等制度，确保河道治理工程建设质量。截至目前，全国重要江河及河道的重要防护区段的工程设施日趋完善，防洪体系初步形成，如何管好、用好这些河道堤防工程，使之成为粮食安全、人民生命财产安全的重要保护神，已成为摆在全国人民面前的一道难题。

《河道堤防建设与运行管理要务》从河道堤防建设管理、运行管理两条主线，认真剖析了这道难题，并给出了准确答案。本书在河道堤防建设阶段，以河道建设阶段管理为主线，侧重于中小河流治理工程建设管理，详细说明了项目法人及有关参建单位在工程建设中什么时间做什么、怎么做、做到什么程度；在运行管理阶段，以各级水行政主管部门及河道堤防管理单位为责任主体，详细说明了各级管理者应该管哪些事、怎么管、管到什么程度。本书由浅入深、内容丰富、适用性强，系统反映了《中华人民共和国防洪法》、《中华人民共和国河道管理条例》等河道堤防建设管理与运行管理的最新法律、法规及建设管理方面的技术和知识，适合于河道治理工程建设、运行管理不同知识层次人员工作需求，对河道治理及运行管理工作具有一定的指导作用。本书可作为河道治理及运行管理人员，或者审计、稽察、设计、施工、监理、质量监督、质量检测从业人员日常工作用书和岗位培训教材。

在本书编写过程中，参考了《河道管理》（郑月芳编著）等著作，在此表示感谢！

目　录

第一章　概　　论

滴水成溪，百溪汇河，万河聚洋。水占据了地球上71%的面积。水滋润了万事万物，生育了百态生物，是一切生命之源。有水才有了花香鸟语，才有了斑斓世界。水有益于人类、造福于社会。但如果对水管理不到位，水不仅不能为人类服务，反而会给社会造成巨大灾难。欲将至害之水变成有利之水，就要加以框约，对水束之，河道堤防的建设与运行管理是最为有效的措施手段。本书从国家法律法规要求层面，论述河道堤防建设过程管理要点和河道堤防工程运行管理要点，以使从事该项工作的有关人员清晰管理思路、明确管理程序、熟知管理任务，确保河道堤防建设过程管理及河道堤防工程运行管理规范化。

第一节　河　道　概　念

一、河道定义

水，按地球地表曲率沿地表线，自高处流向低处，形成水流，集中汇聚在低凹处。由一定区域地表水向地下水补给，经常或间歇地沿着狭长的凹地流动的水流称为河流。河流是水流与河床交互作用的产物，是水流与河床的综合体。水流按流量大小分为小溪、河。较小的叫溪，较大的叫河。

河道，顾名思义是水流经过的通道，是水的过道，是过水的河床。地球上多条溪汇成河或江，千条江河汇成海，构成了蓝色的地球。

河道从广义上理解，包括湖泊、人工水道、行洪区、蓄洪区、滞洪区。

二、河道别称

河道，全国南北、东西都有，但各地俗称不一、千差万别。

从规模上区别：大者称"江"、小者称"河"。如规模较大的有：长江、嫩江、黑龙江、鸭绿江、松花江等；规模较小的有：大凌河、老哈河等。

从地域上区别：北方称"河"、南方称"江"。如北方称河的有：黄河、淮河、海河、黑河、渭河、泾河、汾河、辽河、大凌河、饮马河、老哈河、柴达木河、塔里木河等；如南方称河为江的有：长江、珠江、岷江、乌江、漓江、丽江、澜沧江、钱塘江、雅鲁藏布江等。其实有些河的长度或流量或流域面积远大于江，如中华民族的母亲河——黄河，其长度或流量或流域面积远大于乌江、丽江等。

从民俗上区别：西南地区的河流多称川，如四川的小金川、大金川，云南的螳螂川；台、闽地区的短小、流急河流多称溪，如福建的汀溪、沙溪，台湾的蜀水溪；浙江的河流有的称谓港、娄，如大钱港、罗娄；上海的河流有的称谓浜、泾，如蕴藻浜、顾泾；江苏的河流有的称谓洪，如三沙洪等。

三、河段名称

一条河自上而下分为 5 段，每段都有自己的名称，分别是河源、上游、中游、下游、河口（也叫入海口或出河口）。这 5 段的长短划分，一般情况下根据自然地理状况或社会经济情况划分，目前，尚没有具体的规定。

（一）河源

河源，即河流发源地，可以是溪涧、山泉、冰川、沼泽或湖泊。发源于山中为溪涧、山泉、冰川；发源于平原为沼泽或湖泊。发源于山中其河源基本稳定，发源于平原其河源可向上移动或经常改变位置。

较大河流常有多条源头（干支流），确定的原则多以"唯长为源"、"长者为准"，即哪条干支流长即为该河源头。个别地方考虑经济、文化等因素，采用双源头或多源头命名河源。

（二）上游

河道上游，即河流经的初始区段，也就是整条河道的上段，上边直接连接河源，下边连接河道的中游。此段河道的特征是落差大、河谷狭窄、水流急、流量小、下切力强，此段河道部分河段多出现险滩和瀑布，岸坡滩地较少。此段长度在整条河道中占有比例较少。

（三）中游

河道中游，即河流经的中间区段，也就是整条河道的中段，上边连接河道上游，下边连接河道下游。它的特征是河道比降变缓，河床比较稳定，下切力减弱而旁切力增强，因此，河槽逐渐拓宽和曲折，两岸出现滩地。此段长度在整条河道中占有比例较大。

（四）下游

河道下游，即河流经的末尾区段，也就是整条河道的下段，上边直接连接中游，下边连接河道河口。它的特征是河谷宽，纵断面比降和流速小，河道中淤积作用较显著，浅滩和沙洲常见，河曲发育。此段长度在整条河道中仅次于中段。

（五）河口

河口，即河流的终点，上边连接河道下游，下边连接海洋、湖泊或另一河流的入口，还有的流入地下暗河。因其汇入的水域特征不同，分为入海口、入河口、入湖口、入支流河口。它的特征是河流量大、宽广，多为发散状。

第二节 河道堤防级别分类

一、河道等级划分

1994 年 2 月 21 日，为保障河道行洪安全和多目标综合利用，使河道管理逐步实现科学化、规范化，根据《中华人民共和国河道管理条例》第六条"河道划分等级"的规定，水利部颁布了《河道等级划分办法（内部试行）》（水管〔1994〕106 号）。

（一）河道级别

河道的等级划分，主要依据河道的自然规模及其对社会、经济发展影响的重要程度等因素确定。河道划分为五个等级（详见表 1.1），即一级河道、二级河道、三级河道、四级河道、五级河道。满足表 1.1 中（1）和（2）项或（1）和（3）项者，可划分为相应等级；不满足上述条件，但满足（4）、（5）、（6）项之一，且（1）、（2）或（1）、（3）项不低于下一个等级指标者，可划为相应等级。

表 1.1 河道分级指标表

级别	分级指标					
	流域面积（万 km²）(1)	影 响 范 围				可能开发的水力资源（万 kW）(6)
		耕地（万亩）(2)	人口（万人）(3)	城市(4)	交通及工矿企业(5)	
一	>5	>500	>500	特大	特别重要	>500
二	1~5	100~500	100~500	大	重要	100~500
三	0.10~1	30~100	30~100	中等	中等	10~100
四	0.01~0.10	<30	<30	小	一般	<10
五	<0.01					

注：1. 影响范围中耕地及人口，指事实上标准洪水可能淹没范围；城市、交通及工矿企业指洪水淹没严重或供水中断对生活、生产产生严重影响的。

2. 特大城市指市区非农业人口大于 100 万，大城市为 50 万~100 万，中等城市为 20 万~50 万；小城镇为 10 万~20 万。特别重要的交通及工矿企业是指国家的主要交通枢纽和国民经济关系重大的工矿企业。

（二）河道等级划分程序

河道等级划分程序：一、二、三级河道由水利部认定，具备某种特殊条件的河道（段），可由水利部直接认定其等级；四、五级河道由省、自治区、直辖市水利（水电）厅（局）认定。各河道均由主管机关根据管理工作的需要划出重要河段和一般河段。

二、河道堤防等级划分

堤防工程包括江河堤防、湖堤、垸堤、海塘以及滞洪区、蓄洪区、行洪区围堤等工程。

（一）堤防工程等级划分

为了适应堤防工程建设需要，统一堤防工程设计标准和技术要求，做到经济合理、安全适用，使堤防工程有效地防御洪、潮水危害，根据《防洪标准》（GB 50201—94）和《堤防工程设计规范》（GB 50286—2013）及其堤防工程防护对象的等别、作用和重要性，堤防工程的防洪标准及级别划分为 5 级（详见表 1.2）。

（二）堤防工程防洪标准划分

堤防工程的防洪标准，根据防护区内防洪标准较高防护对象的防洪标准确定。遭受洪灾或失事后损失巨大、影响十分严重的堤防工程，其级别可适当提高；遭受洪灾或失事后损失及影响较小或使用期限较短的临时堤防工程，其级别可适当降低。采用高于或低于规定级别的堤防工程应报行业主管部门批准；当影响公共防洪安全时，尚应同时报水行政主管部门批准。海堤的乡村防护区，当人口密集、乡镇企业较发达、农作物高产或水产养殖产值较高时，其防洪标准可适当提高，海堤的级别亦相应提高。蓄、滞洪区堤防工程的防洪标准应根据批准的流域防洪规划或区域防洪规划的要求专门确定，详见表1.2。

表1.2　堤防工程级别划分表

堤防工程的级别	1	2	3	4	5
防洪标准［重现期（年）］	≥100	<100，且≥50	<50，且≥30	<30，且≥20	<20，且≥10
城镇及工矿企业的重要性	特别重要	重要	中等	一般	
保护农田（万亩）	>500	500～100	100～30	30～5	<5

第三节　全国河流及河道堤防概况

2010年~2012年，根据国务院安排，水利部组织全国水利系统骨干力量，开展了第一次全国水利普查工作。通过逐条河流、逐个湖泊的走访、排查、定位，基本摸清了全国土地上的水资源分布位置、数量、规模，为今后挖掘、利用现有水土资源，充分发挥水利工程效益，改善人民生活条件，服务国民经济建设，奠定了坚实基础，提供了数据支撑。

一、河道概况

（一）河流

第1次全国水利普查结果显示：流域面积50km² 及以上河流共有45203条，总长度为150.85万km；流域面积100km² 及以上河流22909条，总长度为111.46万km；流域面积1000km² 及以上河流2221条，总长度为38.65万km；流域面积10000km² 及以上河流228条，总长度为13.25万km（详见表1.3）。

表1.3　全国河流分流域数量汇总表

流域（区域） ＼ 流域面积	50km² 及以上（条）	100km² 及以上（条）	1000km² 及以上（条）	10000km² 及以上（条）
合计	45203	22909	2221	228
黑龙江	5110	2428	224	36
辽河	1457	791	87	13
海河	2214	892	59	8
黄河流域	4157	2061	199	17
淮河	2483	1266	86	7
长江流域	10741	5276	464	45
浙闽诸河	1301	694	53	7
珠江	3345	1685	169	12
西南、西北外流区诸河	5150	2467	267	30
内流区诸河	9245	5349	613	53

普查结果显示：流域面积在 100km² 及以上河流数量正在减少。河流数量减少的原因，经过分析确认：一方面确有一些河流因气候变化、社会经济发展等而萎缩消失，另一方面，此次普查利用了更精确、先进的手段和技术，消除了一些人为的统计误差和定位错误，与以前统计的数量有出入。

（二）湖泊

第 1 次全国水利普查结果显示：常年有水面积 1km² 及以上湖泊 2865 个，水面总面积 7.80 万 km²（不含跨国界湖泊境外面积）。其中：淡水湖 1594 个，咸水湖 945 个，盐湖 166 个，其他 160 个（详见表 1.4）。

表 1.4　全国湖泊分流域数量汇总表

流域（区域） ＼ 流域面积	1km² 及以上（个）	10km² 及以上（个）	100km² 及以上（个）	1000km² 及以上（个）
合计	2865	696	129	10
黑龙江	496	68	7	2
辽河	58	1	0	0
海河	9	3	2	0
黄河流域	144	23	3	0
淮河	68	27	8	2
长江流域	805	142	21	3
浙闽诸河	9	0	0	0
珠江	18	7	1	0
西南、西北外流区诸河	206	33	8	0
内流区诸河	1052	392	80	3

普查结果显示：湖泊的面积和数量也正在减少。有关专家分析，主要是由近年来过多地围湖造田造成的。公开资料显示，自 20 世纪 50 年代以来，全国大于 10km² 湖泊中，干涸面积 4326km²，萎缩减少面积 9570km²，减少蓄水量 516 亿 m³。素有"千湖之省"美誉之称的湖北早已名不符实。在短短 50 余年中，湖北天然湖泊数量已从新中国成立初的 1332 个减少为现在的 843 个，其中面积 5000 亩以上湖泊仅剩 110 个。

二、河道堤防概况

2010 年～2012 年，根据国务院安排，水利部组织开展了第一次全国水利普查工作。通过逐项工程的走访、排查、定位，基本摸清了全国河道堤防工程规模、数量、等级、分布及工程运行状况和效益发挥情况。

普查结果显示：堤防总长度为 413679km。5 级及以上堤防长度为 275495km，其中：已建堤防长度为 267532km，在建堤防长度为 7963km（详见表 1.5）。全国有防洪任务的河段中，已治理的只占 33%，已治理且达标的仅占 17%，中小河流治理率低。由此说明全国防洪体系尚未健全，急需完善和加强，全国河道堤防建设任务更加繁重，河道治理工作亟待开展，尚有很多的河道建设工作各级水利部门或有关系统去做，任务漫长而艰巨。

表1.5 全国不同级别堤防长度汇总表

堤防级别	合计	1级	2级	3级	4级	5级	5级以下
长度（km）	413679	10739	27286	32669	95523	109278	138184
比例（%）	100	2.60	6.60	7.90	23.10	26.40	33.40

第二章 河道建设项目管理综述

我国是世界上河流最多的国家之一，河流总长超过43万km。除松花江、辽河、海河、黄河、淮河、长江、珠江等七大江河主要干支流外，全国范围内有众多中小河流。据统计，我国江河流域面积在100km²以上的河流有5万多条，流域面积在200km²以上、有防洪任务的中小河流有9200多条，这些河流沿岸分布着众多城镇和农田。1998年长江、松花江、嫩江发生大洪水后，国家进一步加大了主要江河防洪建设投入，主要江河的防洪能力得到了显著提高。过去，受国家财力影响，中小河流治理主要靠地方财政投入来治理，由于地方财力有限，规划滞后，并缺乏系统的治理，我国中小河流洪涝灾害损失十分严重，已成为江河防洪重点薄弱环节。据统计，一般年份水灾损失约占全国水灾总损失的70%～80%，近10年，河流洪水灾害和山洪灾害造成的死亡人口占水灾死亡人数的2/3以上。加快重点地区河道治理十分必要、十分紧迫。

近年来，国家为了解决河道普遍存在的安全问题，把河道治理工程纳入国家财政投资计划，投入专项资金进行建设。为保证工程建设按计划顺利实施，避免出现由于人为因素给河道治理工程建设造成危害，项目法人在河道治理工程建设中应清楚什么时间应该做什么、应该怎么做、应该做到什么程度，更应该清楚有关参建单位什么时间应该做什么、应该怎么做、应该做到什么程度才能满足工程建设的需要。项目法人在整个工程建设中只有具备这样的素质，才能做到心中有数、处危不乱，才能具有对有关单位进行监督、检查的能力。本章主要论述了项目法人在河道治理工程建设管理有关方面和工程建设各个阶段的主要工作内容和管理要点，简略介绍了其他参建单位的相关工作内容和管理要点。

第一节 河道建设项目概述

河道治理工程建设，是保障人民群众生命财产安全的迫切需要，是完善我国综合防洪减灾体系的迫切需要。党中央、国务院对河道治理工作高度重视，党的十七届五中全会对中小河流治理提出明确要求，国务院制定出台了《关于切实加强中小河流治理和山洪地质灾害防治的若干意见》，批准了《全国中小河流治理和病险水库除险加固、山洪地质灾害防御和综合治理总体规划》，从党和国家事业全局的高度，对河道治理提出了明确的目标任务和工作要求。

一、河道治理工程建设项目定义

河道治理工程，是指为提高河道防洪减灾能力，保障区域防洪安全和粮食安全，兼顾河流生态环境而开展的以堤防加固和新建、河道清淤疏浚、护岸护坡等为主要内容的综合性治理项目。河道治理工程建设项目属于水利工程建设项目范畴，是以扩大再生产能力为目的的基本建设项目。河道治理工程建设项目是公益性或准公益性水利工程建设项目。

二、河道治理工程建设背景及重要意义

据统计，我国江河流域面积在 $100km^2$ 以上的河流有 5 万多条，流域面积在 $200km^2$ 以上、有防洪任务的中小河流有 9200 多条，这些河流沿岸分布着众多城镇和农田。随着我国城镇化步伐的不断加快和社会主义新农村建设的深入推进，中小河流沿岸人口快速聚集、经济总量持续增长，迫切需要提供与之相适应的防洪保障。

目前，我国绝大多数河流防洪标准较低，大多为 3 年 ~ 5 年一遇，有些河流甚至处于不设防状态。一般年份中小河流洪涝灾害损失占全国洪涝灾害的 70% ~ 80%，死亡人数占 2/3 左右，对人民群众生命财产安全构成了严重威胁。社会各界人民群众迫切要求加快治理步伐。河道治理是保障和改善民生的迫切要求。

河道是我国防洪减灾体系的重要组成部分，过去限于经济社会发展水平，河道治理严重滞后，堤防工程常年失修，河道淤积严重，防洪能力较低，绝大多数不具备抵御常遇洪水的能力。近年来，受全球气候变化影响，极端天气事件频繁发生，局部暴雨突发、多发、重发，以往一些降雨较少的地方也经常突遇强降雨，洪涝灾害损失日显突出，已经成为我国防洪减灾体系中的重点薄弱环节。完善我国江河防洪体系、确保防洪安全，进行河道治理，提高防洪能力，是保障人民群众生命财产安全和经济社会可持续发展、完善防洪减灾体系的迫切需要。

河道治理工作启动以来，已完工和基本建成的项目在防汛抗洪中发挥了重要作用，许多经过治理的河段还恢复和改善了河道生态功能，美化了人居环境，发挥了治理的综合效益，受到人民群众的欢迎。

三、河道治理工程建设特点

河道治理工程建设与其他水利工程建设项目不同，具有分布广、项目多、投资集中、强度大、时间紧、任务重的特点。

第二节 项 目 管 理

一、概述

建设项目管理是运用既有规律、又有经济的方法，对建设项目进行全过程、全方位、高效率的计划、组织、控制和协调，对项目的进度、投资、质量、安全进行控制和管理，以达到项目要求目标。

（一）建设项目管理职能

建设项目管理是系统性的、科学的管理活动，其基本职能是：

1. 计划职能，包括确定目标、估计与预测、决策、资源配置、计划实施环境。

2. 组织职能，包括组织结构和组织行为。

3. 协调职能，正确处理总目标与阶段目标、全局利益与局部利益之间的关系等。

4. 控制职能，根据进度计划，通过监督、检查、对比分析和反馈调整，对项目实施有效控制，包括质量、工期、投资和安全控制等。

（二）建设项目管理内容

1. 不同层次的项目管理：

（1）高层管理（投资人）：对项目进行重大决策，对项目投资行为负责。

（2）中层管理（项目法人）：是协调项目内、外事务矛盾的技术与管理核心，对项目实施全过程负责。

（3）基层管理（项目具体任务的执行者）：如施工项目管理、监理项目管理等。

2. 不同责任主体的项目管理，包括项目法人、设计、监理、材料和设备供应商、工程咨询机构等的管理。

3. 不同阶段的项目管理，分为建设项目启动阶段、计划阶段、执行（实施）阶段、验收阶段、收尾阶段的管理。所有与工程项目建设和内部管理有关的重大决策，均需经过集体讨论，指定专人做好会议记录，必要时形成会议纪要，并保留完整的过程记录和决策结果记录，随时备查。

二、水利工程建设项目管理体制

我国水利工程建设项目管理体制在管理过程上大致分为两个阶段，每个阶段的建设管理体制有各自的特点。

（一）计划经济时代

计划经济时代水利工程建设项目管理体制，基本上是由国家出资兴建、政府通过行政手段直接管理。其管理模式以政府自营模式、指挥部模式、投资包干模式为主。缺点是"投资无底洞，工期马拉松"。

（二）党的十四届三中全会以后

党的十四届三中全会以后，水利工程建设项目管理体制强调实行以项目法人为核心的"三项制度"。水利工程建设项目管理体制必须按照社会主义市场经济的体制需要，根据有关法规、政策要求，结合水利工程建设的特点，加强行业管理。此阶段的水利工程基本建设项目的管理体制具体内容：一是实行项目法人责任制、招标投标制和建设监理制；二是严格按照建设程序进行水利工程建设项目管理；三是水利工程建设项目实行统一管理、分级管理和目标管理，逐步建立水利部、流域机构和地方水行政主管部门及项目法人分级、分层次管理的管理体系。

三、水利工程建设项目管理模式

截至目前，我国传统水利工程建设管理体制大致分为 5 种形式：

（一）指挥部模式

公益性较强的防洪除涝、农田灌溉、城市防洪、水土保持、水资源保护等甲类水利建设项目，在建设管理过程中，因其涉及行业广、部门多，大多采取地方行政领导小组、工程指挥部等管理体制。此类项目要求由政府机构或社会公益性机构作为责任主体，对项目建设的全过程负责并承担风险。

此种管理模式以组建临时管理机构为主，如领导小组、工程指挥部等形式来进行水利工程建设和管理，此种水利工程建设管理组织模式由地方主要行政领导负总责、由相关部门负责人参加。此种体制在 1998 年以前比较常见。在计划经济时代，这种管理模式对我国水利事业的发展曾发挥了很大作用。

其特点是：未明确投入、产权、分配的关系，在资金、质量、工期等出现问题时，难以明确和追究主体责任。

（二）投资包干责任制

20 世纪 80 年代初，为了解决指挥部体制投资效率低的问题，开始推行投资包干责任制。重新设计了建设过程中各方的制约机制，特别是下级对上级的负责机制。但是此种承包制和指挥部体制并没有本质的不同，都是"自营制"建设管理模式，即由国家指派项目法人（建设单位）施工，建成后移交生产管理单位。

其特点是："建、管分离，收、支分离"，项目法人不管后续的生产运营，存在设计、建设、生产等环节各自为政、脱节的问题，这些部门均不对投资全过程的综合效益负责。

（三）企业法人——公司制

以经济效益为主的供水、水力发电、水库养殖、水上旅游、水利综合经营等乙类水利建设项目，在建设管理过程中大多组建了企业法人——有限责任公司。

1. 国有独资工程项目法人。国有独资工程指由各级水行政主管部门授权的水利投资机构单独投资（包括贷款）而建立的工程。例如我国的小浪底工程，目前主要由水利部投资兴建。根据《中华人民共和国公司法》的规定，此类工程应首先建立国有独资的有限责任公司，由国家授权投资的机构或者国家授权的部门制订或批准公司章程，决定公司董事会的部分职权。公司董事会是公司的法定代表人，决定公司的重大事项，负责工程建设、管理、经营等全面工作。公司董事会一般聘任总经理具体负责日常工作。这种管理体制类型适用于水利工程中的公益性项目。

2. 合资工程项目法人。合资工程项目法人指由多个投资方（包括国有资产投资方在内）合资兴建的工程。具体分为两类：一类不向社会公开募集股东，由 2 个以上、50 个以下的出资者（可以是企业，也可以是其他投资主体）发起并认缴股本而成立有限责任公司；另一类由 5 个以上投资者发起，同时采用发起认缴和向社会公开发行股票两种方式募集股东的股份有限公司。

这两类公司都必须按《中华人民共和国公司法》的规章条件和程序筹集资本金，制订章程，建立公司组织机构，召开有关会议等。在向国家规定的公司登记部门登记并领取营业执照之后，即完成了公司的设立程序。这两类公司均以公司董事长为法定代表人，公司董事会是掌握公司法人财产权的领导机构，负责公司的全面领导工作；公司董事会聘任的（总）经理具体管理项目的建设和项目建成投产后的经营工作。对于有个人参股的水利工程工程项目，采取国家控股的方式实行项目法人责任制。

此种管理体制在 1997 年 10 月 28 日国务院印发《水利产业政策》（国发〔1997〕35号）以后出现得较多。其特点是：国家股为维护公共利益提供了监督权；增强了个人股对企业提高效率的推动力。

（四）项目法人责任制

20 世纪 90 年代，建设管理体制开始了产权制度改革，许多水利工程实行项目法人责任制建设管理模式。它具体表现为"建、管结合，贷、还结合"，把自营体制下分离的建设、运营等环节，以市场经济的形式，由业主整合起来。项目法人责任制确立了业主在整个投资过程（包括筹划、筹资、设计、建设、生产、经营、收益全过程）的核心地位。

其特点是：项目法人责任明确，任务清晰。

（五）代建制

为了使工程建设项目管理走向市场化，采用工程建设托管方式是较好的途径，即由工程项目管理公司代替项目法人，对工程项目的组织实施、建设过程等进行管理。托管模式分为咨询型项目管理和代建型项目管理。水利工程建设项目大多采取代建型项目管理。

1. 代建制含义。代建制是专业化建设项目管理体制的简称，而"专业化建设管理体制"又是某种体系、制度、方法、形式等制度安排的总称，它由建设管理者进行项目的计划、设计和建设，最终达到控制工程进度、成本和质量的目的。

政府运用制度规定其投资的建设项目（一般为非经营性政府投资项目）采用代建制这种管理模式进行项目建设。政府或项目法人通过招标和直接委托等方式，选择具有相应资质等级的社会专业化、具有工程管理能力及具有独立法人资格的专业项目管理公司，代理项目法人行使其建设项目组织、管理任务。

2. 代建制"特点。代建单位具有项目建设阶段的法人地位，拥有法人权利，是工程建设的主要参与者，是第四方，是"他人控制"，其具有专门的协调管理技能和高效率的管理技巧，使得工程建设更加规范，更能达到工程建设的预期目的。

代建制的特点是提高项目管理效益。

3. 代建型项目管理分类。代建型项目管理是在项目法人的监督下代理项目法人管理承包商，对工程建设项目进行全过程管理和控制，分为两种类型：

（1）承包项目管理。项目管理单位代表项目法人对工程进行全过程、全方位的项目管理，包括进行工程整体规划、项目前期工作、工程招标、选择设计和施工承包商，对设计、施工全过程进行管理，并对项目法人负责。此种管理模式适用于项目组织比较复杂，技术和管理难度较大的大型建设项目。

（2）交钥匙管理。交钥匙管理是指项目管理单位负责项目的设计、施工、采购、安装和试运行服务的全过程管理，向项目法人交付具备使用条件的工程。此种管理模式适用于工程项目建设规模较小、工期较短、使用功能简单、意图明确的小型水利工程建设项目或小型中小河流治理工程建设项目。

第三节　项目法人组建

水利工程建设项目法人由组建机构负责组建。项目法人组建内容包括：项目法人名称、类型、主要职责、人员组成、内设机构、财产经费来源、办公地点、主要负责人（法定代表人）、技术负责人等。

一、水利工程项目法人组建机构

组建项目法人的机构，应本着"谁负责谁组建、谁负责谁是项目法人"的原则组建机构。国家各有关部门对组建项目法人均有明文规定，根据发文效力应以国务院批转国家计委、财政部、水利部、建设部《关于加强公益性水利工程建设管理的若干意见》（国发〔2000〕20号）的规定为准。

中央水利建设项目项目法人组建机构：由水利部（或流域机构）负责组建，任命法人代表。

地方水利建设项目项目法人组建机构：由项目所在地的县级以上地方人民政府组建，任命法人代表，其中总投资在 2 亿元以上的地方大型水利工程项目，由项目所在地的省（自治区、直辖市及计划单列市）人民政府负责或委托组建项目法人，任命法人代表。

新建水利建设项目项目法人组建机构：一般按建管一体的原则组建。

经营性水利建设项目项目法人组建机构：由投资各方共同协商组建。

其他水利建设项目项目法人组建机构：除险加固、续建配套、改建扩建等水利建设项目，原管理单位基本具备项目法人条件的，原则上由原管理单位作为项目法人或以其为基础组建项目法人。

二、项目法人组建时间

在水利工程建设过程中，及时落实项目法人责任制，适时、规范组建项目法人，对水利工程建设管理规范化、正规化十分重要。

（一）新建项目

新建项目应符合国家计划委员会《关于实行建设项目法人责任制的暂行规定》（计建设〔1996〕673 号）第四条规定："新上项目在项目建议书被批准后，应及时组建项目法人筹备组，具体负责项目法人的筹建工作。项目法人筹备组应主要由项目的投资方派代表组成"；第六条规定："项目可行性研究报告经批准后，正式成立项目法人"。

（二）公益性项目

公益性水利工程建设项目应符合水利部《印发关于贯彻落实加强公益性水利工程建设管理若干意见的实施意见的通知》（水建管〔2001〕74 号）第一条规定："项目主管部门应在可行性研究报告批复后，施工准备工程开工前完成项目法人组建"。

财政部、水利部《关于印发〈全国中小河流治理项目和资金管理办法〉的通知》（财建〔2011〕156 号）第二十四条规定：各地要严格按照有关规定和程序，组建项目法人和建设管理机构。县级及以上人民政府负责组建项目法人，可对行政区域内项目打捆组建项目法人，集中组织实施，提高工作效率和管理水平。

中小河流治理工程建设项目所在地县级及以上人民政府，按照水利工程建设项目同类工程要求，及时、规范组建中小河流治理工程项目法人。

三、项目法人职能机构设置

由于水利工程建设项目的特殊性，特别是中小河流治理建设具有时间紧、任务重等特点，所以项目法人应尽快建立、健全项目法人内部机构及组建现场管理机构，明确项目法人内部各个机构分工职责。

（一）项目法人内部机构

项目法人应下设职能齐全的职能机构，以保证项目法人在水利工程建设管理中充分发挥责任主体作用。水利工程建设项目项目法人可下设办公室、财务部、工程技术部、计划管理部、合同部、机电物资部、发电部、人力资源部、征地移民安置部、环境保护部、安全管理部等机构，其中财务、技术、合同管理和质量控制是最重要的管理机构。

（二）项目法人现场机构

行政区域内项目打捆组建的项目法人，应在每个中小河流治理工程项目建立现场管理机构，该项目现场管理机构一般应有计划、合同、财务、技术、质量、安全等职能部门或管理人员。

四、项目法人人员要求

（一）项目法人人员结构要求

水利部《印发关于贯彻落实加强公益性水利工程建设管理若干意见的实施意见的通知》（水建管〔2001〕74号）有关规定：人员结构合理，应包括满足工程建设需要的技术、经济、财务、招标、合同管理等方面的管理人员。

大型工程项目法人具有高级专业技术职称的人员不少于总人数的10%，具有中级专业技术职称的人员不少于总人数的25%，具有各类专业技术职称的人员一般不少于总人数的50%。中型工程项目法人具有各级专业技术职称的人员比例，可根据工程规模的大小参照执行。

投资2亿元以下的中小型水利工程的项目法人组成中，技术、经济和管理人员技术职称可降低一级，人数比例不变。

中小河流治理工程项目法人，从事一般技术和管理工作的人员必须具备相应专业的初级以上技术职称。

主要行政和技术负责人、技术骨干是专职人员，并保持相对稳定，应业务过硬、认真负责、身先士卒、作风正派，能够深入工程现场实际，带领项目法人全体人员完成工程建设任务。

（二）法人代表要求

水利部《印发关于贯彻落实加强公益性水利工程建设管理若干意见的实施意见的通知》（水建管〔2001〕74号）有关规定：法人代表应为专职人员。

法人代表，必须由中级以上职称的专业技术人员承担；应具备与工程规模和技术复杂程度相适应的素质，应政治可靠、业务素质高、工作扎实、作风过硬，应熟悉有关水利工程建设的方针、政策和法规，有丰富的建设管理经验和较强的组织协调能力。

（三）技术负责人要求

水利部《印发关于贯彻落实加强公益性水利工程建设管理若干意见的实施意见的通知》（水建管〔2001〕74号）有关规定：技术负责人应具有高级专业技术职称，有丰富的技术管理经验和扎实的专业理论知识，负责过中型以上水利工程的建设管理，能独立处理工程建设中的重大技术问题，应政治可靠、业务素质高、工作扎实、作风过硬。

（四）人员稳定要求

项目法人主要人员应保持相对稳定，禁止频繁调动，特别要杜绝法人代表、技术负责人、财务负责人等主要管理人员频繁调动，以免造成工程管理中断，防止用于工程建设的财、物流失。

五、项目法人规章制度制订

项目法人应及时建立、健全内部质量检查、控制等各项内部规章制度和工作制度，并对建立、健全的各种制度认认真真落实。用制度约束人、用制度限制人，使项目法人的行为更加规范，真正成为中小河流治理工程建设管理的责任主体。

项目法人应建立《法人代表工作职责》、《技术负责人工作职责》、《项目法人内部各个机构负责人工作职责》、《项目法人工作人员工作职责》、《中小河流治理工程质量管理制度》、《中小河流治理工程合同管理制度》、《中小河流治理工程安全生产管理制度》、《中小河流治理工程验收制度》、《中小河流治理工程建设资金财务管理制度》、《中小河流治理工程信息管理和档案管理制度》、《总监及监理工作职责》、《中小河流治理工程计划管理制度》、《中小河流治理工程统计管理制度》、《中小河流治理工程会议制度》、《奖励惩罚制度》等。

六、项目法人的审批和备案

项目法人组建后，按工程建设项目的管理权限报上级主管部门审批和备案。

（一）上报和备案

水利部《印发关于贯彻落实加强公益性水利工程建设管理若干意见的实施意见的通知》（水建管〔2001〕74 号）有关规定：中央项目由流域机构负责组建项目法人的报水利部备案；地方项目由县级以上人民政府或其委托的同级水行政主管部门负责报上级人民政府或其委托的水行政主管部门审批。

一、二级堤防工程的项目法人可承担多个子项目的建设管理，项目法人的组建应报项目所在流域的流域机构备案。

（二）上报材料的主要内容

按照水利部《印发关于贯彻落实加强公益性水利工程建设管理若干意见的实施意见的通知》（水建管〔2001〕74 号）有关规定，组建项目法人需上报材料的主要内容包括：水利工程建设项目主管部门名称；水利工程建设项目法人名称、办公地址；项目法人的法人代表姓名、年龄、文化程度、专业技术职称、参加工程建设简历；项目法人的技术负责人姓名、年龄、文化程度、专业技术职称、参加工程建设简历；项目法人机构设置、职能及管理人员情况；项目法人主要规章制度。

七、法人组建形式

水利工程建设自始建至今，项目法人组建经历了领导小组、指挥部、建管局等形式，已逐步走向正轨，其项目法人各种组建形式如下：

（一）统一指挥建设——领导小组形式

有的水利工程行政主管部门，考虑到水利工程建设涉及行业广、部门多等因素，为便于协调、及时解决工程建设中出现的问题，采取地方行政领导小组、工程指挥部等形式。此形式由政府机构或社会公益性机构作为责任主体，对项目建设的全过程负责并承担风险。

水利工程项目法人的工作实际由指挥部替代，此种形式存在着工程建设项目责任主体不清的问题。此种建设管理形式大多出现在水利工程建设早期，目前，此种形式已淘汰。

（二）建管一体——建设管理局

此种水利工程项目法人组建形式，主要是在原水利工程管理单位基础上组建水利工程建设项目法人，是一种工程建设与建后管理合一的项目法人形式。

（三）政事政企分离——项目法人形式

政事、政企分离式项目法人形式是专为水利工程建设而单独设立的，负责工程的全过程建设，建设任务结束后，将完成的水利工程移交给水利工程管理单位。

第四节　中小型公益性水利工程项目法人组建

中小型公益性水利工程建设项目是政府投资或使用国有资金、由县级（包括县级以下）负责实施的水利工程建设项目，主要包括小型病险水库（闸）除险加固、中小河流治理、农村饮水安全、中小型灌区续建配套与节水改造、小型农田水利、牧区水利、节水灌溉、水土保持等项目。中小河流治理工程项目法人组建方式、方法完全等同于中小型公益性水利工程建设项目法人组建方式、方法，为了增加中小河流治理工程项目法人组建的法规依据性，本书以中小型公益性水利工程建设项目的项目法人组建为例进行说明。

一、法规依据

水利部 2011 年 12 月 8 日颁发的《关于加强中小型公益性水利工程建设项目法人管理的指导意见》（水建管〔2011〕627 号）（二）规定："中小型公益性水利工程建设项目实行项目法人责任制。中小型公益性水利工程建设项目法人是项目建设的责任主体，具有独立承担民事责任的能力，对项目建设全过程负责，对项目的质量、安全、进度和资金管理负总责。水行政主管部门应加强对项目法人的指导和帮助。水行政主管部门主要负责人不得兼任项目法人的法定代表人"；（三）规定："大力推广中小型公益性水利工程建设项目集中建设管理模式。按照精简、高效、统一、规范和实行专业化管理的原则，县级人民政府原则上应统一组建一个专职的项目法人，负责本县各类中小型公益性水利工程的建设管理，全面履行工程建设期项目法人职责，工程建成后移交运行管理单位。对项目类型多、建设任务重的县，可分项目类别组建项目法人或由项目法人分项目类别组建若干个工程项目部，分别承担不同类别水利工程的建设管理职责。对有能力独立实施中小型水利工程建设的乡镇，县级水行政主管部门应加强对其的业务指导和监管。有条件的县可组建常设的项目法人，办理法人登记手续，落实人员编制和工作经费，承担本县水利工程的建设管理职责"；（十一）规定："建立和完善对项目法人的考核制度，建立健全激励约束机制，加强对项目法人的监督管理。对项目法人及其法定代表人、技术负责人、财务负责人的考核管理工作，由其项目主管部门或上一级水行政主管部门负责"。

二、项目法人组建机构

《关于加强中小型公益性水利工程建设项目法人管理的指导意见》（水建管〔2011〕627 号）（四）规定："实行集中建设管理模式的中小型水利工程，项目法人由县级人民政府或其委托的同级水行政主管部门负责组建，报上一级人民政府或其委托的水行政主管部门批准成立，并报省级水行政主管部门备案。县级水行政主管部门是项目法人的主管部门"。

要点：实行集中建设管理模式的中小型水利工程项目法人组建，如果是县级人民政府委托同级水行政主管部门负责组建，应该有县级人民政府委托文件；上一级人民政府或其委托的水行政主管部门批准时，应有正式文件证明材料。

三、项目法人组建方案

《关于加强中小型公益性水利工程建设项目法人管理的指导意见》（水建管〔2011〕627号）（五）规定：项目法人组建方案的主要内容有：项目法人名称、办公地址；拟任法定代表人、技术负责人、财务负责人简历，包括姓名、年龄、文化程度、专业技术职称、工程建设管理经历等；机构设置、职能及管理人员情况；主要规章制度；其他有关资料，包括独立法人单位证明等。

四、项目法人构成

（一）机构

《关于加强中小型公益性水利工程建设项目法人管理的指导意见》（水建管〔2011〕627号）（七）规定："项目法人应有适应工程建设需要的组织机构，一般应设置综合、计划财务、工程技术、质量安全等部门"。

（二）人员

《关于加强中小型公益性水利工程建设项目法人管理的指导意见》（水建管〔2011〕627号）（六）规定：项目法人的人员配备要与其承担的项目管理工作相适应，具备以下基本条件：

基本条件1：法定代表人应为专职人员，熟悉有关水利工程建设的方针、政策和法规，具有组织水利工程建设管理的经历，有比较丰富的建设管理经验和较强的组织协调能力，并参加过相应培训。

基本条件2：技术负责人应为专职人员，具有水利专业中级以上技术职称，有比较丰富的技术管理经验和扎实的专业理论知识，参与过类似规模水利工程建设的技术管理工作，具有处理工程建设中重大技术问题的能力。

基本条件3：财务负责人应为专职人员，熟悉有关水利工程建设经济财务管理的政策法规，具有专业技术职称和相应的从业资格，有比较丰富的经济财务管理经验，具有处理工程建设中财务审计问题的能力。

基本条件4：人员结构合理，应有满足工程建设需要的技术、经济、财务、招标、合同管理等方面的管理人员，人员数量原则上应不少于12人，其中具有各类专业技术职称的人员应不少于总人数的50%。

（三）制度

《关于加强中小型公益性水利工程建设项目法人管理的指导意见》（水建管〔2011〕627号）（七）规定：项目法人应建立完善的工程质量、安全、进度、投资、合同、档案、信息管理等方面的规章制度。

五、中小河流治理工程项目法人的组建特点

中小河流治理工程建设项目法人与其他各类中小型公益性水利工程建设项目法人一样，但中小河流治理建设强度大、时间紧、责任重，因此，中小河流治理工程建设项目法

人组建主要特点体现如下：

（一）管理责任明确

为保证中小河流治理工程顺利实施，中小河流治理工程建设管理与其他水利工程建设项目的建设管理相比责任更加明确。财政部、水利部《关于印发〈全国中小河流治理项目和资金管理办法〉的通知》（财建〔2011〕156号）第二十八条规定：负责组建项目法人的县级及以上人民政府是所辖治理项目的行政责任主体，对项目建设负总责，应明确项目建设行政责任人，成立协调组织机构，负责工程建设期间的组织领导，地方资金落实和征地、拆迁、移民安置等有关协调工作；第三十八条规定：中小河流治理工程涉及人民群众生命安全，经治理的工程遇标准内洪水出现溃堤等重大安全、质量事故的，严肃追究相关人员责任。

（二）管理模式集中

中小河流治理工程规模小、等级低、技术较为简单、工期短，其建设管理模式可以采取集中建设管理模式。财政部、水利部《关于印发〈全国中小河流治理项目和资金管理办法〉的通知》（财建〔2011〕156号）第二十四条规定：各地要严格按照有关规定和程序，组建项目法人和建设管理机构。县级及以上人民政府负责组建项目法人，可对行政区域内项目打捆组建项目法人，集中组织实施，提高工作效率和管理水平。

对于中小河流治理项目多、任务重的县（市）或地（市），推行集中建设管理，由县级以上人民政府负责组建统一的项目法人，即将本地区中小河流治理建设项目以打捆方式组建项目法人，管理全县的中小河流治理工程建设。中小河流治理工程虽然规模小，但对人民的生命财产安全和公共事业具有重要作用，工程建设必须按有关规定和程序认真做好，保证万无一失。

（三）人员培训严格

中小河流治理工程项目法人，组成人员实行全员业务培训，是中小河流治理工程项目法人组建的主要特点。项目法人应组织主要管理人员认真学习有关中小河流治理工程建设管理的法律、法规，法人代表应尽快组织相关人员参加中小河流治理工程相关知识培训，尽快提高业务水平，利用中小河流治理工程相关的法律、法规管理工程建设。

第五节　项目法人主要职责

一、法规依据

项目法人在中小河流治理等水利工程建设中的职责的主要依据：国务院《批转国家计划委员会、财政部、水利部、建设部关于加强公益性水利工程建设管理的若干意见》（国发〔2000〕20号）一规定；国家计划委员会《关于建设项目实行业主责任制的暂行规定》（计建设〔1992〕2006号）第七条规定；国家计划委员会《关于实行建设项目法人责任制的暂行规定》（计建设〔1996〕673号）第十二条规定；水利部《水利工程建设项目实行项目法人责任制的若干意见》（水建〔1995〕129号）四规定；水利部《印发关于贯彻落实加强公益性水利工程建设管理若干意见的实施意见的通知》（水建管〔2001〕74号）一规定；财政部、水利部《关于印发〈全国中小河流治理项目和资金管理办法〉的通知》

（财建〔2011〕156 号）。

二、职责内容

（一）水利工程建设项目项目法人工作职责

项目法人在水利工程建设中的职责概括起来主要有 12 项：

职责 1：负责组织工程建设项目初步设计编制、审核、申报工作。

职责 2：根据工程建设需要组建现场管理机构并负责任免其主要行政及技术、财务负责人，建立健全各种项管理制度。

职责 3：负责办理工程质量监督、工程报建和主体工程开工报告等报批手续。

职责 4：按照基本建设程序和批准的建设规模、标准、内容组织工程建设，负责对工程质量、进度、资金等进行管理、检查和监督。

职责 5：组织编制、审核、上报项目年度建设计划，落实年度工程建设计划和资金，严格按照批复概算控制工程投资，用好、管好建设资金。

职责 6：负责与项目所在地地方人民政府及有关部门协调解决好工程建设外部条件。水利工程建设项目协调内容有 10 方面：①征地和移民安置：征地规划、用地移民实物调查、移民安置规划。项目法人要争取地方政府有关部门对征地、拆迁、移民工作的支持和协作。②原材料等供应：原材料、燃料来源确定；供应能力分析、确定；确定供应方式；进行原材料供应资源规划等。③动力供应：水源、电源及其线路供应、供应方式确定、供应指标确定。④通信：确定通信方式、线缆、通道、网络架设等。⑤集散条件：交通储运条件建设；站、场等设施建设。⑥外部配套条件：热、气、汽等供应，或水、电、气等接入系统建设。⑦重大设备：工程中的重大设备或特殊装备预安排。⑧工地消防设施：项目法人与消防部门协调，配置施工现场的消防设施，并请消防部门检查、认可。⑨环境保护：项目法人要敦促施工单位在施工中注意生态环境保护，防止环境污染及做好水土保持。⑩与社会团体配合：项目法人应积极争取社会各界对工程建设的关心和支持，特别与政府有关部门应建立联系通道，积极介绍工程建设进展和管理措施、征地移民工程动态，争取有关部门的指导、援助和支持，保证工程顺利实施。

职责 7：按照《中华人民共和国招标投标法》、《中华人民共和国合同法》和《建设工程质量管理条例》等有关规定，负责对工程项目的勘察、设计、施工、监理和材料及设备等组织招标工作，与中标单位签订合同，并明确各参建单位质量终身责任人及其所应负的责任。

职责 8：负责监督检查现场管理机构建设管理情况，包括工程投资、工期、质量、生产安全和工程建设责任制情况等。

职责 9：负责组织制订、上报在建工程度汛计划、相应的安全度汛措施，并对在建工程安全度汛负责。

职责 10：自觉接受政府或水行政主管部门依法进行的检查监督、审计和稽察。

河道治理工程是水行政主管部门稽察和监督、检查的重点。水利部统一负责全国河道治理工程建设项目实施监督管理，县级以上地方人民政府水行政主管部门对本行政区域内的河道治理工程建设项目实施监督管理。

在项目实施阶段，各级水行政主管部门不定期对工程项目国家法律、法规和有关规定的落实情况，工程进度、工程质量、资金到位和使用、合同执行管理等执行情况进行监督、检查和稽察，对违反规定和存在问题限期整改，逾期不改将追究有关单位和当事人的责任。

项目法人应定期向其报告建设情况，并应积极配合上级有关部门的专项检查、稽察和审计等工作。

职责11：负责组织编制竣工决算，并按照有关验收规程组织或参与验收工作。

职责12：负责工程档案资料的管理，对各参建单位所形成档案资料的收集、整理、归档工作进行监督、检查和验收。

（二）中小型公益性水利工程项目法人职责

《关于加强中小型公益性水利工程建设项目法人管理的指导意见》（水建管〔2011〕627号）（八）规定：项目法人是中小型公益性水利工程建设的责任主体，其主要职责有12项。

职责1：按照基本建设程序和批准的建设规模、内容、标准组织工程建设，按照有关规定履行设计变更的审核与报批工作。

职责2：根据工程建设需要组建现场管理机构并负责任免其行政、技术、财务负责人。现场建设管理机构作为项目法人的派出机构，其职责应根据实际情况由项目法人制定。

职责3：负责办理工程质量监督、开工申请报告报批手续。

职责4：负责与地方人民政府及有关部门协调落实工程建设外部条件。

职责5：依法对工程项目的勘察、设计、监理、施工和材料及设备等组织招标，签订并严格履行有关合同。

职责6：组织编制、审核、上报项目年度建设计划和建设资金申请，配合有关部门落实年度工程建设资金，按时完成年度建设任务和投资计划，严格按照概预算控制工程投资，用好、管好建设资金。

职责7：负责监督检查现场管理机构建设管理情况，包括工程投资、工期、质量、安全生产和工程建设责任制等情况。

职责8：负责组织制订、上报在建工程度汛方案，落实安全度汛措施，并对在建工程安全度汛负责。

职责9：负责按照项目信息公开的要求向项目主管部门提供项目建设管理信息。

职责10：负责组织编制竣工财务决算。

职责11：按照有关规定和技术标准组织或参与工程验收工作。

职责12：负责工程档案资料的管理，包括对各参建单位所形成档案资料的收集、整理、归档工作进行监督、检查。

第六节 河道治理项目法人组建存在的常见问题

一、组建项目法人的机构不合法

有的中小河流治理工程建设项目，组建项目法人的机构不具备组建资格，不是国家规定的组建机构。

主要体现在：有的项目法人组建单位不具有组建项目法人管辖权，出现越级发文组建项目法人现象，组建文件未由具有组建管辖权的行政机关发出；有的水行政主管部门在政府未下达委托组建文件的情况下，以自己的名义发布项目法人组建文件，既不符合规定，也有超越权限的嫌疑，水行政主管部门不能代替政府或机构编制主管部门发布机构组建文件，这样的文件无效，组建的机构也不合法。

二、项目法人组建不规范

有的中小河流治理工程建设项目未按法定程序和条件组建项目法人，使得项目法人有名无实，不是真正的独立法人，在中小河流治理工程建设管理中不具备合法的民事主体资格。

主要体现在：有的工程未落实项目法人责任制；有的工程项目法人形同虚设，招标投标由上级主管部门、领导（指挥）机构甚至地方政府包办代替；有的工程在项目法人组建文件中未明确该机构作为项目法人，未任命法定代表人，也未明确其建设管理的职责，有的用"启用公章通知"、"成立机构通知"来代替组建文件；有的工程未按照立项或报批的整体建设项目组建项目法人；有的项目法人为内设机构、协调议事机构、领导（指挥）机构等，不具有独立法人资格，不具备法律规定的法人应具备的条件规定；有的项目法人的法定代表人由其非主要领导人担任；有的项目法人内部规章制度不健全，未建立质量责任网络；有的项目法人成员人数过少，结构不合理，缺乏从事水利工程建设的经验和组织协调能力，内部未设置质量、安全、技术、财务、合同管理等机构；有的项目法人与监理、质量监督等机构职责划分不清，人员混岗；有的项目法人与现场建设管理机构层次不清，职责分工不明确；有的重点小型中小河流治理工程建设项目，按分项目组建若干个项目法人，并划分出"大项目法人、小项目法人"、"总项目法人、分项目法人"、"一级项目法人、二级项目法人"等，未按打捆办法组建项目法人。

第三章　工程建设前期管理内容

项目法人在中小河流治理工程建设前期工作与其他水利工程建设项目的前期工作一样，包括立项阶段、初步设计阶段和开工报告阶段。

第一节　项　目　立　项

一、立项程序

水利基本建设项目的实施必须首先通过基本建设程序立项。水利基本建设项目的立项报告要根据党和国家的方针政策、已批准的江河流域综合治理规划、专业规划和水利发展中长期规划由水行政主管部门提出，通过基本建设程序申请立项。立项过程主要包括项目建议书和可行性研究报告阶段。

二、立项过程简化条件

符合立项过程简化条件的水利工程建设项目应在立项时予以简化。此部分列举了符合立项过程简化条件的中小河流治理工程等有关水利工程建设项目的简化条件。

在已有的堤防基础上实施的堤防加高加固工程，可直接编写可行性研究报告并申请立项；拟列入国家基本建设投资年度计划的大型灌区改造工程、节水示范工程、水土保持、生态建设工程，可在限额之内（3000 万元）直接编制应急可行性研究报告并申请立项；小型省际边界工程，可直接编制可行性研究报告并申请立项；其他国家计划主管部门认为可以简化水利基本建设立项过程的项目；水库工程立项工作，在流域机构或省（自治区、直辖市）水行政主管部门出具的三类坝鉴定意见和水利部大坝安全管理机构复核意见的基础上进行。总投资 2 亿元（含 2 亿元）以上或总库容大于 10 亿 m³ 的中小河流治理工程，必须编制可行性研究报告直接申请立项；总投资 2 亿元以下或总库容少于 10 亿 m³ 的中小河流治理工程，直接编制初步设计申请立项。

第二节　中小河治理工程有关要求

财政部、水利部《关于印发〈全国中小河流治理项目和资金管理办法〉的通知》（财建〔2011〕156 号）第八条规定：中小河流治理项目要服从流域防洪规划，治理标准要与干流、区域防洪除涝标准相协调。对一条河流上的多个河段进行治理，原则上先规划、后设计，统筹整条河流治理，防止洪水灾害转移。地方政府要切实落实和保障前期工作经费，做好项目储备，依据国家规划等相关要求抓紧开展项目初步设计等前期工作，经批准后组织实施。第九条规定：省级水行政主管部门负责组织、指导项目前期工作，督促项目实施单位按规定选择具备相应资质的设计单位编制建设项目初步设计报告。有条件的地方可采取项目打捆方式招标勘察设计单位，通过招标竞争方式选择实力强、技术水平高的勘察设计总承包单位统一勘察、统一设计。初步设计报告由省级水行政主管部门会同省级财政主管部门审批，其中涉及省际河段的建设项目，须经流域机构复核后审批。建设项目涉及征地、环保等，应履行相应程序。第十条规定：省级水行政主管部门应建立项目前期工作责任制，项目实施单位要对前期工作质量和进度负总责，审查单位要严把审核关，确保建设项目前期工作质量和深度。各流域管理机构负责按年度开展对流域内项目初步设计报告进行抽查。地方政府要严格按照批复的初步设计概算组织实施。设计变更应履行相应程序，重大设计变更应报原审批部门审批。

一、中小河流规划原则

中小河流治理项目要服从流域防洪规划，治理标准要与干流、区域防洪除涝标准相协调。对一条河流上的多个河段进行治理，原则上先规划、后设计，统筹整条河流治理，防止洪水灾害转移。地方政府要切实落实和保障前期工作经费，做好项目储备，依据国家规划等相关要求抓紧开展项目初步设计等前期工作，经批准后组织实施。

二、项目前期工作负责组织、指导主管部门

省级水行政主管部门负责组织、指导项目前期工作，督促项目实施单位按规定选择具备相应资质的设计单位，编制建设项目初步设计报告。有条件的地方可采取项目打捆方式招标勘察设计单位，通过招标竞争方式选择实力强、技术水平高的勘察设计总承包单位统一勘察、统一设计。

三、初步设计报告审批、把关主管部门

初步设计报告由省级水行政主管部门会同省级财政主管部门审批，其中涉及省际河段的建设项目，须经流域机构复核后审批。建设项目涉及征地、环保等，应履行相应程序。

省级水行政主管部门应建立项目前期工作责任制，项目实施单位要对前期工作质量和进度负总责，审查单位要严把审核关，确保建设项目前期工作质量和深度。各流域管理机构负责按年度开展对流域内项目初步设计报告进行抽查。地方政府要严格按照批复的初步设计概算组织实施。设计变更应履行相应程序，重大设计变更应报原审批部门审批。

第三节　施工前期准备工作

一、软件准备

（一）办理质量、安全监督手续

在工程开工前，向水利工程质量监督、安全监督机构办理工程质量监督、安全监督手续，主动接受政府水利工程质量、安全监督机构对其质量体系和工程施工过程中的工程质量、安全进行的监督检查。

（二）组建现场管理机构

根据工程建设需要组建现场管理机构。

（三）签订合同

组织勘察设计、咨询、建设监理和主体工程建设施工招标，并择优选定建设监理单位和施工承包队伍，签订有关合同。

（四）审核施工组织设计

施工组织设计是指导现场施工全过程的重要技术经济文件。在满足国家或项目法人对拟建工程要求的前提下，施工单位依据设计文件与图纸、现场的施工条件及编制施工组织设计基本原则进行编制。在下达开工令前，项目法人（或委托监理单位）对施工组织设计进行审查，主要审查内容包括施工方案、施工进度计划、施工总平面布置图、施工质量和安全措施等。

（五）主持图纸会审和技术交底

施工图是进行施工的具体依据，图纸会审是施工前的一项重要准备工作。图纸会审工作一般在施工单位完成自审的基础上，由项目法人（或委托监理单位）主持，监理单位、设计单位、施工单位或设备材料供应单位有关人员参加。

完成施工图会审后，组织设计单位对设计意图、工程技术、质量和安全施工要求等向监理单位、施工单位做出明确的技术交底。

（六）落实各参建单位质量与安全责任制

明确并落实各参建单位质量与安全责任制，检查施工单位的施工项目经理部和监理单位项目监理部的落实、建立情况。

（七）筹措工程建设资金和材料

按建设年度计划，筹措工程建设资金，组织设备和物资采购，并作好同银行、物资供应及设备生产厂家等单位的协调工作，保证资金、材料及大型设备及时到位。

（八）提供测量基准点并完成工程放线

为施工单位提供准确的工程测量标准基准点（国家水准点引入的测量标准基准点）。委托勘察单位完成工程测量和地质勘察，建立工程施工控制点；组织监理和施工单位复核建筑物的定位、放线、各类施工基桩及测量控制网。为设计及施工提供详尽、真实、准确的依据。

（九）建立现场定期会商和汇报工作会制度

建立工程施工现场"定期工作会商和汇报"制度，详细规定"定期工作会商和汇报"有关时间、地点、参加人员等事项。

（十）其他材料准备

项目法人在中小河流治理等水利工程建设的各个阶段，应及时向勘察、设计、施工、监理等单位提供真实、准确、齐全的工程有关地质、水文、气象及原地下管网、障碍物等的原始材料，并协调处理施工现场周围地下管线和邻近建筑物、构筑物的保护，承担有关费用。

二、硬件建设

项目法人在中小河流治理等水利工程主体工程开工之前，应组织完成各项施工准备工作，主要包括：

（一）做好征地移民工作

项目法人负责工程施工现场场地的征地、拆迁、安置、补偿及外部环境的协调工作，解决好工程建设外部条件，应组织编制移民安置规划；依法缴纳耕地占用税、耕地开垦费、森林植被恢复费，依法进行征地补偿和移民安置工作。中小河流治理等水利工程开工前，项目法人应当根据经批准的移民安置规划，与移民区和移民安置区所在的政府和有关单位签订移民安置协议；根据移民安置年度计划，按照移民安置实施进度，将征地补偿和移民安置资金付给签订移民安置协议的地方人民政府。

中小河流治理工程如没有新的移民安置问题，此项工作可省略。

（二）完成"四通一平"

项目法人应完成满足中小河流治理等水利工程施工使用要求且合理的"四通一平"工作，即"通水、通电、通信、道路畅通和场地清理、平整"等施工准备工作，并要求施工道路及各种管线的敷设尽量利用建成以后永久使用的永久性设施。

（三）临时设施建设

临时设施分为生产设施和办公生活设施，在修建必要的生产、生活临时设施工程时，应充分利用原有的或将来运行管理需建造的永久性建筑物与设施，做到既能满足施工需要，又能降低工程建设成本，同时还应满足防火与施工安全的需要。

按施工进度要求，为施工单位提供临时用房和材料堆放、构件预制、临时设施等用地。

第四节 开 工 报 告

水利工程建设项目开工管理是基本建设程序的重要环节，是加强建设管理工作的有效手段。做好开工管理工作，对于严格执行基本建设程序，切实保证工程质量、安全，依法规范有序地开展水利工程建设具有重要作用。按照水利部《关于加强水利工程建设项目开工管理工作的通知》（水建管〔2006〕144号）规定，项目法人应在政府参与投资的大中型水利工程建设项目（含1、2、3级堤防工程）开工前（小型水利工程建设项目可参照执行）提出开工申请，经有审批权的水行政主管部门批准后，工程方能开工。

一、开工申报

中小河流治理等水利主体工程开工前，项目法人应将开工申请报告及有关材料报送水行政主管部门审查，有关要求如下：

（一）开工条件

条件1：项目法人（或项目建设责任主体）已经设立，项目组织管理机构和规章制度已健全，项目法定代表人和管理机构成员已经到位。

条件2：初步设计及总概算已经批准；项目法人与项目设计单位已签订供图协议，且施工详图设计可以满足主体工程三个月施工需要。

国家财政部和水利部2011年5月颁发的《〈全国重点地区中小河流近期治理建设规划〉实施方案》六（三）规定：年度实施项目应在项目初步设计审批后开工建设。

条件3：主体工程的施工单位和监理单位已经确定，施工、监理合同已经签订，能满足主体工程开工需要。

条件4：建设资金筹措方案已经确定，工程已列入国家或地方水利投资年度计划，年度建设资金已落实。

条件5：建设项目的施工组织设计已经编制完成，并经监理单位审核、项目法人确认。

条件6：质量与安全监督单位已经确定并已办理质量、安全监督手续。

条件7：建设项目征地和移民拆迁安置和施工场地"四通一平"即"通水、通电、通信、道路畅通和场地清理、平整"等施工准备工作已经完成，施工准备工作能够满足主体工程开工需要，已具有必需的生产、生活临时建筑工程设施，工程建设外部条件已经具备。

条件8：建设项目需要的主要设备和材料已落实来源或已采购，能够满足主体工程施工需要。

条件9：开工报告已批复。

（二）开工申请报告内容

内容1：工程概况。

条件2：项目法人机构和人员情况。

条件3：可行性研究、初步设计文件批复情况，供图协议签订情况、施工详图供图情况。

条件4：投资落实和资金到位情况。

条件5：质量及安全监督手续办理情况。

条件6：工程监理单位、施工单位招标和合同签订情况。

条件7：征地移民工作完成情况。

条件8：施工准备完成情况和主要设备和材料采购情况。

条件9：其他应说明的情况。

条件10：附录材料：

附录之一：项目法人组建批准文件。

附录之二：可行性研究、初步设计批准文件。

附录之三：建设资金落实情况证明材料、年度投资计划下达文件。

附录之四：质量监督书。

附录之五：施工图供图协议。

附录之六：监理合同及主体工程施工承包合同副本。

附录之七：征地审批手续。

附录之八：其他证明材料。

二、开工报告审批

（一）审查、审批时限

水行政主管部门接收到项目法人报送来的中小河流治理等水利工程开工申请报告及有关材料后，应组织有关人员在20个工作日内完成审查，合格后由该水行政主管部门上报开工审批单位审批，审批单位在20个工作日内予以批复。

（二）审批权限

水利部《关于加强水利工程建设项目开工管理工作的通知》（水建管〔2006〕144号）有关规定：

1. 水利部（含流域机构）审批。国家重点建设工程、流域控制性工程、流域重大骨干工程由水利部负责审批；中央项目由水利部或流域机构负责审批，其中水利部直接管理或总投资 2 亿元（含 2 亿元）以上的项目由水利部负责审批，总投资 2 亿元以下的项目由流域机构负责审批并报水利部备案；中央参与投资的地方项目中，以中央投资为主的由水利部或流域机构负责审批，其中总投资 5 亿元（含 5 亿元）以上的项目由水利部负责审批，总投资 5 亿元以下的项目由流域机构负责审批并报水利部备案。

2. 省级水行政主管部门审批。中央参与投资的地方项目中，以地方投资为主的由省级水行政主管部门负责审批；中央补助地方项目和一般地方项目由省级水行政主管部门负责审批。

三、开工时间确定

中小河流治理等水利工程建设项目，设计文件中规定的任何一项永久性工程第 1 次正式破土开槽开始的施工日期即为开工时间；不需开槽的工程，以正式打桩日期作为正式开工时间。

项目法人应自开工申请批准之日起三个月内开工。因故不能按期开工的，应当向开工审批单位申请延期；延期以两次为限，每次不超过三个月。在三个月内既不开工又不申请延期或者超过批准延期时限的，开工审批文件自行废止。两次延期后仍因故不能按期开工的，应当重新申请开工。

在建工程因故中止施工的，项目法人应当向开工审批单位报告，并按照规定做好工程的维护管理工作。工程恢复施工时，应当向开工审批单位报告；中止施工满一年的工程恢复施工前，应当重新申请开工。

对未经批准擅自开工、开工审批文件废止后仍开工或弄虚作假骗取开工审批的建设项目，有关水行政主管部门应责令其立即停工，限期改正，对有关责任人由其主管部门给予行政处分。

第四章 勘察设计阶段管理内容

水利工程建设项目设计工作贯穿于从工程项目选址到竣工验收整个建设过程，承担勘察、设计任务的单位对勘察、设计质量负保证职责，设计单位依据与项目法人签订的设计合同，按时、按质、按量完成工程勘察、设计任务。

中小河流治理工程建设项目列入施工计划的，必须有经过批准的施工设计方案。项目法人在中小河流治理工程项目勘察、设计各阶段的前期工作中，应严把勘察设计各方面审查关，杜绝工程建设先天不足，严禁实施"边施工、边勘察、边设计"的三边工程，对工程质量负责、对国家负责。

第一节 水利工程主要设计阶段及其相关工作内容

中小河流治理等水利工程主要设计阶段分为项目建议书阶段、可行性研究报告阶段、初步设计阶段和施工图设计阶段。各阶段勘察、设计单位和项目法人的主要任务如下。

一、项目建议书阶段

水利水电工程项目建议书是国家基本建设程序中的一个重要阶段。项目建议书被批准后，将作为列入国家中、长期经济发展计划和开展可行性研究工作的依据。

（一）项目建议书编制要求

设计单位按照国家产业政策和有关投资建设方针编制项目建议书时，应以党和国家的方针政策、已批准的流域综合规划及专业规划、水利发展中长期规划为依据，根据国民经济和社会发展规划与地区经济发展规划的总要求，在经批准（审查）的江河流域（区域）综合利用规划或专业规划的基础上提出开发目标和任务，对项目的建设条件进行调查和必要的勘察工作，并在对资金筹措进行分析后，择优选定建设项目和项目的建设规模、地点和建设时间，论证工程项目建设的必要性，初步分析项目建设的可行性和合理性。项目建议书是对拟建项目的初步说明。

（二）项目建议书的结构和内容

项目建议书结构和内容主要按照水利工程建设项目"项目建议书结构和内容"的要求进行编写。中小河流治理工程的"项目建议书的结构和内容"参照执行。

中小河流治理工程建设项目不编制项目建议书。

（三）项目建议书申报文件

项目建议书编制完成后应按有关程序进行申报，项目建议书上报应具备以下必要文件：

必要文件1：水利工程建设项目的外部建设条件涉及其他省、部门等利益时，必须附具有关省和部门意见的书面文件。

必要文件2：水行政主管部门或流域机构签署的规划同意书。

必要文件3：项目建设与运行管理初步方案。

必要文件4：项目建设资金的筹集方案及投资来源意向。

（四）项目建议书审查

中央大中型水利基本建设项目项目建议书上报后，由水利部组织技术审查。中央其他项目项目建议书上报后，由水利部或委托流域机构等单位组织技术审查。

地方大中型水利工程建设项目项目建议书，由省级计划主管部门报送国家发展和改革委员会，并抄报水利部和流域机构，由水利部或委托流域机构负责组织技术审查。地方其他水利工程建设项目项目建议书上报后，由省级水行政主管部门组织技术审查，其中省际边界工程，须由流域机构组织对项目建议书进行技术审查。

（五）项目建议书审批

项目建议书按现行管理体制、隶属关系分级审批。特大型项目（总投资在4亿元以上的交通、能源、原材料项目和2亿元以上其他项目），由国家发改委审核报国务院审批；大中型项目、限额以上的更新改造项目委托有资格的工程咨询、设计单位初评，经省发改委及行业主管部门初审后，报国家发改委审批；其他中央项目的项目建议书由水利部或委托流域机构审批；其他地方项目，使用中央补助投资的由省有关部门按基本建设程序审批；涉及省际水事矛盾的地方项目，项目建议书应报经流域机构审查、协调后再行审批。小型基建项目、限额以下项目由地方发改委或国务院有关部门审批。

项目建议书批准后，未能在3年内按条件报送下一程序文件的，需重新编报项目建议书。

二、可行性研究报告阶段

项目法人在可行性研究报告阶段应监督勘察、设计单位在编制可行性研究报告时，力求全面，能涉及规划到的尽量规划到，做到大而全。

（一）可行性研究报告编制要求

编制可行性研究报告应根据批准的项目建议书、江河流域（河段）规划、区域综合规划或水利水电专业规划的要求，贯彻国家基本建设的方针政策，遵循有关规程和规范，对工程项目的建设条件进行调查和必要的勘察，在可靠资料的基础上，进行方案比较，从技术、经济、社会、环境等方面进行全面分析论证，提出可行性评价。

（二）可行性研究报告结构和内容

可行性研究报告结构和内容主要按照水利工程建设项目"可行性研究报告结构和内容"要求进行编写（详见"水利工程建设程序"有关章节）。

（三）可行性研究报告的设计深度要求

此部分内容可行性研究报告阶段设计深度，主要针对普通水利工程建设项目。中小河流治理工程不涉及可行性研究报告阶段。

1. 论证工程建设的必要性，确定本工程建设任务和综合利用的主次顺序。

2. 确定主要水文参数和成果。

3. 查明影响工程的主要地质条件和主要工程地质问题。

4. 选定工程建设场址、坝（闸）址、厂（站）址等。

5. 基本选定工程规模。

6. 选定基本坝型和主要建筑物的基本形式，初选工程总体布置。

7. 初选机组、电气主接线及其他主要机电设备和布置。

8. 初选金属结构设备形式和布置。

9. 初选水利工程管理方案。

10. 基本选定对外交通方案，初选施工导流方式、主体工程的主要施工方法和施工总布置，提出控制性工期和分期实施意见。

11. 基本确定工程淹没、工程占地的范围，查明主要淹没实物指标，提出移民安置、专项设施迁建的可行性规划和投资。

12. 评价工程建设对环境的影响。

13. 提出主要工程量和建材需要量，估算工程投资。

14. 明确工程效益，分析主要经济评价指标，评价工程的经济合理性和财务可行性。

15. 提出综合评价和结论。

（四）申报文件

地方大中型水利工程建设项目的可行性研究报告由省级计划主管部门申报。申报水利工程建设项目可行性研究报告应必备的文件：

必备文件1：项目建议书的批准文件。

必备文件2：项目建设资金筹措有关各方的资金承诺文件。

必备文件3：项目建设及投入使用后的管理体制及管理机构落实方案，管理维护经费开支的落实方案。

必备文件4：使用国外投资、中外合资和BOT方式建设的外资项目，必须有与国外金融机构、外商签订的协议和相应的资信证明文件。

必备文件5：其他外部协作协议。

必备文件6：环境影响评价报告书及审批文件。

必备文件7：需要办理取水许可的水利建设项目，要附具对取水许可预申请的书面审查意见以及经审查的建设项目水资源论证报告书。

必备文件8：项目法人组建方案及运行机制。

（五）可行性研究报告审查

中央大中型水利工程建设项目可行性研究报告上报后，由水利部组织技术审查，其他中央项目项目可行性研究报告由水利部或委托流域机构等单位组织技术审查。

地方大中型水利工程建设项目可行性研究报告由省级计划主管部门报送国家发展和改革委员会，并抄报水利部和流域机构，由水利部或委托流域机构负责组织技术审查；地方其他水利工程建设项目可行性研究报告完成后，由省级水行政主管部门组织技术审查，其中省际边界工程，须由流域机构组织对项目可行性研究报告进行技术审查。

（六）可行性研究报告审批

可行性研究报告的审批权限：大中型水利工程建设项目的可行性研究报告，经技术审查后，由水利部提出审查意见，报国家发展和改革委员会审批；其他中央项目的可行性研究报告由水利部或委托流域机构审批；其他地方项目，使用中央补助投资的由省有关部门按基本建设程序审批；涉及省际水事矛盾的地方项目，可行性研究报告应报经流域机构审查、协调后再行审批。

审批部门要委托有项目相应资格的工程咨询机构对可行性研究报告评估，并综合行业归口主管部门、投资机构（公司）、项目法人（或项目法人筹备机构）等方面的意见进行审批。

可行性研究报告经批准后，不得随意修改和变更，在主要内容上有重要变动，应经原批准机关复审同意。项目可行性报告批准后，应正式成立项目法人，并按项目法人责任制实行项目管理。

可行性研究报告批准后，未能在3年内按条件报送下一程序文件的，需重新编报可行性研究报告。

三、初步设计阶段

项目法人要全力关注、配合设计单位，做好初步设计阶段的有关工作，要仔细做好设计方案的比选和优化，要切合实际编制概算。在这个阶段，项目法人要密切关注初步设计阶段的设计深度是否达到规程、规范要求的设计深度，尽量减少工程实施过程中出现设计变更。

（一）初步设计报告编制要求

初步设计在上级主管部门批准的可行性研究报告的基础上，应遵循国家有关政策法令，按有关规程、规范进行编制。编制初步设计报告时，应认真进行调查、勘察、试验和研究，取得可靠的基本资料。设计应安全可靠，技术先进，密切结合实际，节约投资，注重经济效益。初步设计报告应有分析，有论证，有必要的方案比较，并有明确的结论和意见，文字应简明扼要，图纸要完整清晰。

2012年5月22日，水利部党组书记、部长陈雷在全国中小河流治理视频会议暨责任书签署仪式上的讲话指出："切实落实前期工作责任。省级水利部门要根据全省中小河流治理任务，提出分年度治理项目前期工作方案，明确前期工作进度要求，及时组织力量审查审批，《2013～2015年实施方案》内的治理项目，今年7月底前要审批完成20%，年底前要审批完成40%。各级政府要加大前期投入，保障前期工作的资金需求。各级水利部门要组织好勘测设计力量，加强前期工作帮扶指导，同时要创新工作机制，采取集中打捆招标等方式，选择有实力、资质高的勘测设计单位承担初步设计编制工作。要严格落实审查审批责任制，严把技术审查和初步设计审批关，确保前期工作深度和质量"。

国家财政部和水利部2011年5月颁发的《〈全国重点地区中小河流近期治理建设规划〉实施方案》六（一）规定："为了规范项目初步设计主要设计内容，提高设计工作质量，在项目初步设计编制工作中，做到科学规划工程布局，合理确定治理方案"；九（三）规定："抓好前期工作。中小河流治理涉及防洪、生态环境保护、水资源利用等方面，需要统筹规划、精心设计，特别是要加强方案比选，在保证防洪的前提下，注重生态保护，维护河流自然生态。同时，处理好干支流、上下游、左右岸的关系，编制好中小河流治理规划，防止灾害转移。地方各级政府应高度重视项目前期工作，加大对中小河流规划和前期工作经费的投入，保证前期工作的投资需求。各级水利部门要适应大规模开展中小河流治理的需要，统筹勘测设计力量，对于治理项目集中的地区可以采用项目'打包'的方式，择优选择实力强、资质高的勘测设计单位承担初步设计编制工作。应建立项目前期工作责任制，实行责任追究制度，严格按照程序组织审查审批，落实审查审批责任，对项目初步设计报告的编制、审查、复核、审批等环节严格把关，确保建设项目前期工作质量和深度。要完备项目报批手续、土地、环评等各项建设条件。地方各级政府要高度重视治理项目所涉及的征地、移民等问题，做好部门之间的协调，保证治理项目顺利实施"。

（二）初步设计报告结构和内容

初步设计的结构和内容主要按照水利工程建设项目"初步设计的结构和内容"要求进行编制，中小河流治理工程的"初步设计的结构和内容"参照执行，有些内容可根据中小河流治理工程建设实际情况进行增减。

（三）初步设计报告编制深度

初步设计报告编制深度主要针对普通水利工程建设项目，中小河流治理工程在可行性研究报告阶段可作部分删减。

1. 复核工程任务及具体要求，确定工程规模，选定有关特征值，明确运行要求。

2. 复核水文成果。

3. 复核区域构造稳定，查明工程地质和建筑物工程地质条件等，提出相应的评价和结论。

4. 复核工程的等级和设计标准，确定工程总体布置、主要建筑物的轴线、线路、结构形式和布置、控制尺寸、高程等参数和工程数量。

5. 确定电厂或泵站的装机容量，选定机组机型、单机容量、单机流量及台数，确定接入电力系统的方式、电气主接线和输电方式及主要机电设备的选型和布置，选定开关站的形式，选定泵站电源进线路径、距离和线路形式，确定建筑物的闸门和启闭机等的形式和布置。

6. 提出消防设计方案和主要设施。

7. 选定对外交通方案、施工导流方式、施工总布置和总进度、主要建筑物施工方法及主要施工设备，提出天然（人工）建筑材料、劳动力、供水和供电的需要量及其来源。

8. 确定工程淹没、工程占地的范围，核实水库淹没实物指标及工程占地范围的实物指标，提出工程淹没处理、移民安置规划和投资概算。

9. 提出环境保护措施设计。

10. 拟定水利工程的管理机构，提出工程管理范围和保护范围以及主要管理设施。

11. 编制初步设计概算，利用外资的工程应编制外资概算。

12. 复核经济评价。

（四）初步设计申报与审查

1. 初步设计论证优化。项目法人委托有相应资质的工程咨询机构或组织行业内工程管理、设计、施工、咨询等方面的专家，对初步设计中的重大问题进行咨询论证，设计单位根据咨询论证意见，对初步设计文件进行补充、修改和优化。

2. 初步设计申报文件。初步设计报告上报应必备的文件：可行性研究报告的批准文件，该项水利工程建设项目资金筹措文件，项目建设及建成投入使用后的管理机构批复文件和管理维护经费承诺文件。

3. 初步设计报告申报与审查。项目法人将修改、优化后的初步设计及时按国家现行规定权限申报，中央项目的初步设计由流域机构报送水利部，其中大中型项目由水利部组织技术审查，一般项目由流域机构组织技术审查。

地方大中型项目初步设计由省级水行政主管部门报送水利部，由水利部或委托流域机构组织技术审查。地方其他项目初步设计由省级水行政主管部门组织审查，其中地方省际边界工程的初步设计须报送流域机构组织技术审查。

（五）初步设计审批

项目法人将初步设计报县级以上水行政主管部门申报审批，初步设计文件经批准后，主要内容不得随意修改、变更，并作为项目建设实施的技术文件基础。如有重要修改、变更，须经原审批机关复审同意。初步设计审批权限：

1. 水利部或流域机构审批的初步设计项目。中央项目；地方大中型堤防工程、河道堤防工程、水电工程以及其他技术复杂的项目；中央在立项阶段决定参与投资的地方项目；全国重点或总投资 2 亿元以上的病险水库（闸）除险加固工程；省际边界工程；中央项目的年度应急工程的初步设计项目；地方大中型项目年度应急工程初步设计由省级水行政主管部门报流域机构审批。

2. 省级水行政主管部门审批的初步设计项目。上述项目以外的其他地方项目及地方一般项目年度应急工程项目。

3. 中小河流治理项目。财政部和水利部 2011 年 5 月颁发的《〈全国重点地区中小河流近期治理建设规划〉实施方案》六（一）规定："重点中小河流治理实行项目管理，地方履行项目的基本建设程序。地方水行政主管部门或建设管理机构，按规定选择具备相应资质的设计单位编制建设项目初步设计报告。初步设计报告由省级水行政主管部门会同省级财政部门审批，建设项目涉及征地、环保等，应履行相应程序。其中涉及省际利益的建设项目，经流域机构复核后审批。项目调整以及设计变更应履行相应程序"。

（六）中小河流治理工程项目初步设计报告编制要求

2011 年 5 月 25 日，财政部和水利部颁布《关于印发〈中小河流治理工程初步设计指导意见〉的通知》（水规计〔2011〕277 号），对中小河流治理工程初步设计工作提出了具体要求（详见附录二）。

四、施工图设计阶段

施工图是中小河流治理等水利工程建设项目实施的主要依据。施工图设计质量直接关系到工程建设项目的质量、结构稳定和安全、投资控制、环境保护及水土保持、社会公共利益等问题。未经设计单位同意，建设单位、监理单位、施工单位不得擅自改变施工图设计。设计单位相关人员在工程寿命期限和法律追诉期限内对施工图负终身质量责任。

（一）有关要求

项目法人在施工图设计阶段应抓住施工图设计质量，按照现行设计规范尽量做到细致入微，以满足施工要求；应按合同规定抓好施工图的提交时间，防止延误工期；与监理单位共同抓好施工图设计文件中涉及公共利益、公众安全、工程建设强制性标准的内容审查；报送施工图设计，将施工图设计文件报县级以上人民政府水行政主管部门或者其他有关部门审查，施工图设计文件未经审查批准的，不得使用。

（二）施工图设计条件

条件1：项目法人已经取得的经上级机关或主管部门对初步设计的审核、批准等批准文件，年度基本建设计划已经落实。

条件2：重大问题已经解决。初步设计审查时，提出的重大问题和初步设计的遗留问题，诸如补充勘探、勘察、试验、模型等已经解决；施工图阶段勘察及地形测绘图已经完成。

条件3：外部协作条件已经具备，水、电、交通运输、征地、安置等各种协议已经签订或基本落实。

条件4：主要设备订货基本落实，设备总装图、基础图资料已收集齐全，可满足施工图设计要求。

（三）施工图设计深度

施工图设计必须依据国家有关法律、法规、强制性标准和技术规范及初步设计批准的规模、任务、标准和设计方案进行，应达到规定的设计深度。

1. 施工图设计是对中小河流治理等水利工程建设项目的建筑物（结构物）进行详细设计，应按有关专业要求，完整地表现建筑物构造情况，以及建筑物的组成和周围环境的配合，应包括各种运输、通信、管道系统、建筑设备的设计，配套出齐工程施工、安装所需的全部图纸，并注明建设工程合理使用年限。

2. 编制施工图设计文件应当满足设备材料采购、非标准设备制作和施工的需要。

3. 施工详图是施工单位进行现场施工的主要依据，因此，施工图设计应绘制各建筑物结构图、开挖图、基础处理图及钢筋布置图等施工详图。

4. 在施工总图（平、剖面图）上，应有设备、构造物、结构、管线各部分的布置，以及它们的相互配合、标高、外形尺寸、坐标。

5. 在施工图设计中，应有工程建设所用设备和标准件清单，设计建筑物、构筑物及一切配件和构件尺寸，连接、结构断面图等其他内容。

6. 在施工图设计中，应编制施工图设计说明和重要施工、安装部位和生产环节的施工操作说明。

7. 在施工图设计中，应编制施工图设计预算书和设备、材料明细表。

（四）施工图修改初步设计的条件

施工图设计中确需对批准的初步设计进行修改的，应报监理工程师审查，并经项目法人同意后方可修改，施工图设计中发生重大设计修改，必须报中小河流治理等水利工程建设项目原初步设计批准部门批准。

施工图设计阶段发生重大设计变更或修改初步设计的前提如下：

前提1：工程任务调整。

前提2：工程规模变化。

前提3：工程建设标准变化。

前提4：大坝、溢洪道、放水设施、输水渠（管）道、电站、供水工程等建筑物位置、结构形式变化。

前提 5：坝体填筑材料变化。

前提 6：料场位置变化。

前提 7：工程投资变化超过初步设计批准投资的额度。

前提 8：发生对工程、人民群众生命安全、公共利益有重大影响的其他情况。

（五）施工图设计审查

审查施工图设计是设计阶段质量控制的一个重点。主要程序如下：

1. 提出申请。水利工程建设项目法人向省水利厅提出申请。水利工程施工图设计文件审查申请表如表 3.1 所示

表 3.1 水利工程施工图设计文件审查申请表　　　　申请日期：

申请单位		法定代表人	
详细地址		联系电话	
申请事项			
申报材料			
施工图设计要点			
地（市）水行政主管部门审批意见： （印章） 　　年　　月　　日			

2. 组织审查。省水利厅受理后，应组织专家对项目法人提出的施工图设计进行审查，并在受理申请之日起 20 个工作日内作出审查决定。如果项目法人或设计单位对施工图审查机构作出的审查报告有重大分歧的，省水利厅负责组织专家论证复查，并根据复查结果作出审查决定，复查时间另计。

设计单位应当针对审查合格的施工图设计文件向施工单位作出详细说明。

3. 送达批准书。省水利厅作出施工图审查批准的，应当自作出批准之日起 10 日内向申请人颁发、送达施工图审查批准书。

（六）施工图审批

1. 申报条件。中小河流治理等水利工程建设项目初步设计已经批准；中小河流治理等水利工程建设项目施工图设计文件已经施工图审查机构审查；施工图审查机构已完成《施工图审查报告》；施工图审查机构已在施工图上加盖施工图审查单位专用章、审查人员专用章。

2. 申报材料。中小河流治理等水利工程建设项目初步设计批准文件复印件；施工图审查机构出具的《施工图审查报告》；水利工程建设项目施工图设计文件（应加盖施工图审查单位专用章、审查人员专用章）；施工图设计文件审查报审表（见表 3.2）。

表 3.2　施工图设计文件审查报审表

送审单位（公章）：

送审日期：　　　　　　　　　　　　　　　　　　编号：＿＿＿＿＿＿

项目名称		建设地点		
送审人		联系电话		
项目性质	□新建　　□改建　　□扩建　　□除险加固　　□维修　　□其他			
项目类别	□防洪　　□除涝　　□灌溉　　□水力发电 □供水　　□围垦　　□防潮　　□排水　　其他＿＿＿＿			
工程规模		工程造价	万元	计划工期 具体到日
可行性研究 审批单位		批复文号及日期		
初步设计 审批单位		批复文号及日期		
勘察单位名称		资质证号	资质等级	
勘察合同编号		签订时间	勘察收费	
勘察报告编号		出版时间		
单位负责人		项目负责人	联系电话	
设计单位名称		资质证号	资质等级	
设计合同编号		签订时间	设计收费	
施工图编号		出版时间		
单位负责人		项目负责人	联系电话	

注：本表一式两份，一份同送审资料送施工图审查机构，另一份送至市水行政主管部门。

3. 审批流程。

第一步：受理。审批初步设计的水行政主管部门受理项目法人提出的施工图材料审查申请。如材料不齐全或不符合规定，水行政主管部门应当场或者 5 个工作日内，一次告知申请人，逾期不告知的，自收到申请材料之日起即为受理。水行政主管部门受理或者不予受理申请，应当出具加盖本行政主管部门专用印章和注明项目的书面凭证。

第二步：审查。水行政主管部门应当自受理申请之日起 7 个工作日内作出审查决定。如项目法人或设计单位对施工图审查机构作出的审查报告有重大分歧的，水行政主管部门负责组织专家论证复查，并根据复查结果作出审查决定（复查时间另计）。批准或者不批准决定应书面通知项目法人，对不批准的，应说明理由，告知权利。

第三步：颁发批准书。行政主管部门作出施工图审查批准的，应当自作出批准之日起 5 个工作日（法定 10 日）内向项目法人颁发施工图审查批准书。

第二节　设计单位的选择

设计工作属于高智力型且是技术与艺术相结合的工作，一份高质量的设计文件是从高素质的设计队伍中诞生的，勘察设计单位工作水平的高低决定设计文件的质量。为保证中小河流治理等水利工程建设项目设计质量，选择设计单位是关键，所以审查中小河流治理等水利工程建设项目设计单位的资质和设计人员的资格特别重要。

一、设计资质

（一）设计资质要求

《建设工程勘察设计管理条例》规定：建设工程勘察、设计单位应当在其资质等级许可的范围内承揽建设工程勘察、设计业务。禁止建设工程勘察、设计单位超越其资质等级许可的范围或者以其他建设工程勘察、设计单位的名义承揽建设工程勘察、设计业务。禁止建设工程勘察、设计单位允许其他单位或者个人以本单位的名义承揽建设工程勘察、设计业务；项目法人或发包方不得将建设工程勘察、设计业务发包给不具有相应勘察、设计资质等级的建设工程勘察、设计单位；设计单位或承包方必须在建设工程勘察、设计资质证书规定的资质等级和业务范围内承揽建设工程的勘察、设计业务。

（二）水利水电行业工程勘察设计单位承担设计任务通用标准

能源部、水利部《水利、水电行业工程勘察设计资格分级标准》（能源部基设〔1992〕72 号、水利部建开〔1992〕5 号）对水利、水电行业工程勘察设计单位承担设计任务范围规定如下：

1. 甲级设计资质。可承担总库容大于（含）5 亿 m^3 的综合利用水利枢纽及水库工程；或承担保护面积大于（含）100 万亩（或保护重要城市、工矿区）的堤防及河道整治工程；或承担灌溉面积大于（含）50 万亩的灌溉工程；或承担排涝面积大于（含）60 万亩的排涝工程；或承担总投资 2 亿元以上跨流域或省（市、自治区）引、调水工程。

2. 乙级设计资质。可承担总库容小于 5 亿 m^3 的综合利用水利枢纽及水库工程；或承担保护面积小于 100 万亩（或保护中等城市、工矿区）的堤防及河道整治工程；或承担灌溉面积小于 50 万亩的灌溉工程；或承担排涝面积小于 60 万亩的排涝工程；或承担总投资 2 亿元以下流域内或省（市、自治区）内引、调水工程。

3. 丙级设计资质。可承担总库容小于 0.10 亿 m^3 的综合利用水利枢纽及水库工程；或承担保护面积小于 30 万亩（或保护一般城镇、工矿区）的堤防及河道整治工程；或承担灌溉面积小于 5 万亩的灌溉工程；或承担排涝面积小于 15 万亩的排涝工程；或承担总投资在 0.30 亿元以下本地区引、调水工程。

4. 丁级设计资质。可承担总库容小于 0.01 亿 m^3 的综合利用水利枢纽及水库工程；或承担保护面积小于 5 万亩的堤防及河道整治工程；或承担灌溉面积小于 0.50 万亩的灌溉工程；或承担排涝面积小于 3 万亩的排涝工程；或承担单项引、调水工程。

（三）中小河流治理工程勘察设计单位承担设计任务特定标准

2012 年 5 月 22 日，水利部党组书记、部长陈雷在全国中小河流治理视频会议暨责任书签署仪式上的讲话指出："各级水利部门要组织好勘测设计力量，加强前期工作帮扶指导，同时要创新工作机制，采取集中打捆招标等方式，选择有实力、资质高的勘测设计单位承担初步设计编制工作。要严格落实审查审批责任制，严把技术审查和初步设计审批关，确保前期工作深度和质量"。

国家财政部和水利部 2011 年 5 月颁发的《〈全国重点地区中小河流近期治理建设规

划）实施方案》六（一）规定："重点中小河流治理实行项目管理，地方履行项目的基本建设程序。地方水行政主管部门或建设管理机构，按规定选择具备相应资质的设计单位编制建设项目初步设计报告"。

财政部、水利部《关于印发〈全国中小河流治理项目和资金管理办法〉的通知》（财建〔2011〕156号）第九条规定："省级水行政主管部门负责组织、指导项目前期工作，督促项目实施单位按规定选择具备相应资质的设计单位编制建设项目初步设计报告。有条件的地方可采取项目打捆方式招标勘察设计单位，通过招标竞争方式选择实力强、技术水平高的勘察设计总承包单位统一勘察、统一设计。初步设计报告由省级水行政主管部门会同省级财政主管部门审批，其中涉及省际河段的建设项目，须经流域机构复核后审批。建设项目涉及征地、环保等，应履行相应程序"。

二、审查内容

项目法人应按照上述有关规定严格把住设计资质审查关，认真审查勘察设计单位资质，杜绝超过其资质允许范围或无资质设计单位承担工程设计任务，特别是初步设计和施工图设计必须由具有相应资质的设计单位承担，无资质或资质不满足要求的设计单位和个人不得承担设计任务；严格审查设计人员的资格及注册情况，防止设计单位借用社会闲散人员或其他无设计经历和无设计资历的人员参加设计，以免为中小河流治理等水利工程建设项目建设埋下安全隐患。

三、签订设计合同

项目法人应与勘察设计单位签订勘察设计（可行性研究报告、初步设计、施工图三个阶段）合同，勘察设计合同一定按照规范合同文本签订，内容要严密，避免出现合同纠纷。

签订设计合同可以1次签订，也可以按设计阶段分别签订。

第三节　设计质量的审查

项目法人要求达到的中小河流治理等水利工程建设项目的总体目标是：安全可靠、经济、适用三大目标。项目法人根据这三大目标，为勘察、设计单位提供准确的原始资料，随时检查设计过程，全面审查设计质量。项目法人对设计过程的控制重点应放在可行性研究和初步设计阶段。

一、勘察设计质量特性要求

勘察、设计质量特性是衡量勘察、设计成果优劣的依据。项目法人掌握勘察、设计质量特性对审查勘察、设计质量将起到重要作用。

（一）工程地质成果质量特性的审查

1. 功能性。评定项目工程地质成果是否达到规定的目的。经论证后如果达到规定的目的即为合格，如果未达到规定的目的即为不合格。

2. 安全性。评定项目是否满足安全要求。如果影响建筑物安全的地质因素考虑齐全、推荐的地质参数合理即为合格，如果遗漏影响建筑物安全的重要地质因素、推荐的地质参数不能保证工程安全即为不合格。

3. 经济性。评定项目提供的地质参数是否考虑工程的经济问题。如果推荐的地质参数基本合理即为合格，如果推荐的地质参数过于保守即为不合格。

4. 可信性。评定项目成果的可信程度。如果立论、论证手法（试验、观测、补勘等）正确，针对专门问题论证材料全面，主要地质参数经过充分分析和结论正确即为合格；如果立论错误，论证手法（试验、观测、补勘等）不正确，重要的论证材料缺少，主要地质参数分析不够和结论错误即为不合格。

5. 可实施性。评定项目是否便于实施。如果提出的建议方案现实可行即为合格，如果提出的建议方案无法实施即为不合格。

（二）地质图质量特性的审查

1. 功能性。评定项目证实基础设计（地质条件）的可靠性（地质条件不符合前期提供的资料时应提供设计修改依据）。如果图纸能够满足规定的功能要求即为合格，如果图纸不能满足规定的功能要求即为不合格。

2. 安全性。评定项目是否满足安全要求。如果影响建筑物安全的地质现象已经如实正确反映即为合格，如果遗漏影响建筑物安全的主要地质现象即为不合格。

3. 可信性。评定项目图纸可信的程度。如果主要建筑物地基、围岩均有大比例尺地质测绘成果，地质分幅图在内容和精度方面满足规程、规范要求，遗留问题或不良地质现象经补勘论证，图纸的标注基本正确，图面内容质量符合相应规范即为合格；如果重要部位地质测绘成果、分幅图有10%或重要部位有一幅图的重要内容不满足规程、规范要求，遗留问题或不良地质现象无法补勘论证，重要的标注错误，图面内容混乱及一般错误较多即为不合格。

（三）设计计算书质量特性的审查

1. 功能性。评定项目设计的用途、目的及各种指标要求是否明确。如果计算目的明确，计算结果达到了计算的目的即为合格；如果计算目的不明确，计算结果未满足计算目的即为不合格。

2. 安全性。评定项目是否满足安全要求。如果选用的安全系数符合规范要求，或对超出规范要求的安全系数已有论证结论，并且是经有关部门批准后采用的即为合格；如果选用的安全系数不符合规范要求，或对超出规范要求的安全系数未进行论证和经有关部门批准随意采用的即为不合格。

3. 经济性。评定项目设计是否经济。如果选用的结构和材料及设备经济合理，施工安装方法、施工工期及加工工艺等合理即为合格；如果选用的结构、材料及设备不经济、不合理造成浪费，施工安装方法、施工工期及加工工艺等不合理即为不合格。

4. 可信性。评定项目在设计状况下处于可工作及可使用状态的程度，评定项目在规定条件和时间内完成规定功能的能力，评定项目是否考虑了维修性和维修保障性。如果基本资料完整正确及计算边界条件清晰，符合规程、规范要求，计算方法和计算公式及计算程序选择正确，计算结果正确即为合格；如果基本资料不足或不正确及计算边界条件混乱影响了计算结果的正确性，不符合规程、规范要求造成较大错误，计算方法和计算公式及计算程序选择不当、有原则性错误，计算结果错误而不能使用即为不合格。

5. 可实施性。评定项目是否便于制造、安装、施工。如果计算中考虑了加工制造、安装及施工因素即为合格；如果计算中未考虑加工制造、安装及施工因素即为不合格。

6. 适应性。评定项目是否满足合同中规定的适应外界环境变化的能力。如果考虑了规定的外界环境变化即为合格，如果在计算时遗漏了主要的控制性因素及不适应外界环境变化或合同要求即为不合格。

（四）设计部分图纸质量特性的审查

1. 功能性。评定项目设计的用途、目的及各种指标要求是否正确反映建筑物的用途和功能。如果符合设计输入要求且与有关计算结果一致，能如实、正确反映建筑物设施、设备的用途和功能即为合格；如果不符合设计输入要求，不能正确反映建筑物设施、设备的用途和功能即为不合格。

2. 安全性。评定项目是否满足安全要求。如果满足规范中的安全要求即为合格，如果未满足安全要求造成安全隐患即为不合格。

3. 经济性。评定项目设计是否经济。如果设计中选型及选材经济合理，设计中施工安装方法及加工工艺等合理即为合格；如果设计中选型及选材过于浪费，设计中施工安装方法及加工工艺等不合理即为不合格。

4. 可信性。评定项目在设计状况下处于可工作及可使用状态的程度，评定项目在规定条件和时间内完成规定功能的能力，评定项目按规定的程序进行维修时保持或恢复到规定状态的能力。如果符合规程、规范要求，便于运行及维修，专业配合协调，图纸无错误及漏项等即为合格；如果违反规程、规范要求造成原则性错误，有重大运行隐患或难于维修，专业配合差，图纸多处出现错误及漏项，且造成工程损失在 10 万元以上即为不合格。

5. 可实施性。评定项目是否便于制造、安装、施工。如果考虑了施工现场条件和方式，便于施工安装及制作，剖视图足够、恰当且表达完整，能够反映设计意图，图纸设计尺寸标注正确，设备和材料工程量统计正确等即为合格；如果未考虑施工现场条件和方式，不便于施工安装及制作，剖视图有许多错误且无法反映设计意图，图纸设计尺寸标注有许多错误可能造成严重施工错误，设备和材料工程量统计错误累计误差超过 10% 等即为不合格。

6. 适应性。评定项目是否满足合同中规定的适应外界环境变化的能力。如果考虑了合同规定的适应外界环境要求即为合格，如果合同有要求但未考虑适应外界环境变化的要求即为不合格。

（五）设计文字报告质量特性的审查

1. 功能性。评定项目设计用途、目的及各种指标要求是否明确。如果设计目的明确，经论证后达到规定的目的即为合格；如果设计目的不明确，经论证后未达到规定的目的即为不合格。

2. 安全性。评定项目是否满足安全要求。如果满足规范中的安全要求即为合格，如果未满足规范中规定的安全要求造成安全隐患即为不合格。

3. 经济性。评定设计是否经济。如果设计中进行了方案、设备和材料的经济比选，方案、设备及材料选用经济合理即为合格；如果设计中方案、设备和材料未进行比选，经济不合理造成浪费即为不合格。

4. 可信性。评定项目在设计状况下处于可工作及可使用状态的程度，评定项目在规定条件和时间内完成规定功能的能力，评定项目是否考虑了维修性和维修保障性。如果设计文字报告基本资料完整且正确，设计符合规程规范要求，设计思路正确，设计方案合理，分析论证充分且数据准确、可靠，结论正确，文字通顺，图表完备无误且完整、正确表达设计意图等即为合格；如果设计文字报告基本资料存在问题且导致结论错误，设计不符合规程、规范要求，造成安全质量问题或经济损失，设计思路不正确，重要的设计方案遗漏，分析论证不全面且数据不准确、不可靠，结论错误，文字表达不清楚，图表错误且不正确表达设计意图等即为不合格。

5. 可实施性。评定项目是否便于现场施工、安装和制作。如果考虑了工程实际，便于施工、安装及制作等即为合格；如果脱离现场条件，难以施工、安装及制作等即为不合格。

6. 适应性。评定项目是否满足合同中规定的适应外界环境变化的能力。如果考虑了合同中适应外界变化的要求即为合格，如果合同有要求但未考虑适应外界环境变化的要求即为不合格。

（六）设计部分施工技术要求质量特性的审查

1. 功能性。评定项目设计用途、目的及各种指标要求是否正确。如果设计达到了质量的目的，各种施工技术指标正确即为合格；如果设计未达到质量的目的，各种施工技术指标不正确即为不合格。

2. 安全性。评定项目是否满足安全要求。如果设计提供的各种指标、施工方法及工艺满足安全要求即为合格，如果各种指标、施工方法及工艺不满足安全要求即为不合格。

3. 经济性。评定设计是否经济。如果设计中提出的施工技术要求经济、合理即为合格，如果设计中提出的施工技术要求明显不经济即为不合格。

4. 可信性。评定项目在设计状况下处于可工作及可使用状态的程度，评定项目在规定条件和时间内完成规定功能的能力，评定项目是否考虑了维修性和维修保障性。如果施工技术要求符合规程、规范要求，对材料、施工方法及施工程序提出了具体要求，对产品质量提出了具体的指标要求，考虑了维修性和维修保障性要求等即为合格；如果施工技术要求不符合规程、规范要求且产生原则性错误，未提出材料、施工方法及施工程序具体要求，重要的质量指标遗漏或不正确，未考虑有关维修性和维修保障性的要求等即为不合格。

5. 可实施性。评定项目是否便于现场施工、安装和制作。如果提出的施工技术要求合理、便于施工和安装及制作等即为合格，如果各种指标、施工方法及工艺无法表达或无法实施等即为不合格。

二、设计质量审查方法

（一）逐段控制把关法

将总体设计任务分为几个设计阶段，对各个设计阶段的设计成果进行审查，将审查合格的前段设计成果作为后阶段设计的依据，前段设计工作经审查合格后再开展下一段、深入的设计工作，否则无效。逐渐由总体到细节。这种方法对提高设计质量十分必要。

（二）专家审查定调法

对一些大的、技术复杂的中小河流等水利工程建设项目，项目法人常常不具备相关的知识和技能，所以有必要聘请水利行业的专家进行咨询，对设计进度和质量、设计成果进行审查。这种方法对查找设计中存在的问题十分有效。

（三）多种措施选优法

由于设计单位对项目的经济性不承担责任，所以设计单位常常从自身效益的角度出发，尽快出设计方案和设计图纸，不希望、也不愿意做多方案的对比分析，有时尽管做了也不认真做。项目法人对此类情况须采取如下措施：

1. 采用设计招标。根据项目建设有关批文、资料，编制设计大纲或设计单位招标文件，组织设计招标或方案竞争。在中标前审查设计单位提出的设计方案，并对多家设计方案进行比较，优中选优确定最佳的设计方案和设计单位。

2. 采取奖励措施。鼓励设计单位进行设计方案优化，从优化设计所降低的费用中拿出一部分资金作为对设计人员的奖励，调动起参与设计的有关人员的积极性，使设计人员"心往一处想、劲往一处用"，尽快拿出高质量的设计文件。

3. 设计方案优化。设计优化是从多个设计方案中，选择一个最优的设计方案，以使预先规定的目标达到最佳。方法是请科研单位有关专家专门对设计方案进行试验或研究，并进行全面技术、经济分析，最后选择优化方案。多方案的论证不仅对项目的质量有很大的影响，而且对节约项目投资将有很大帮助。

设计优化不能片面强调节约投资，要正确处理技术与经济的关系，设计人员应用价值工程的原理来进行设计方案分析，以提高价值为目标，以功能分析为核心，以系统观念为指针，以总体目标为出发点，从而真正达到设计优化效果。

（四）设计文件会审法

要将中小河流等水利工程建设项目技术设计付诸实施，首先项目法人要组织与建设有关的设计咨询、施工、制造厂家、运行使用管理等单位有关人员对设计各阶段的设计文件进行检查、会审。这是一项十分细致的工作，同时，又是技术性很强的工作。

1. 理解设计意图。中小河流等水利工程建设项目有关实施单位必须全面理解设计文件、设计意图。只有这样才能正确制订实施方案和报价。

2. 修改设计文件中存在的问题。通过会审，可以查找出设计文件中存在的矛盾、错误等各种问题和薄弱环节及说明不清楚或无法实施的地方，并向设计单位质询或要求修改，确保在实施前所有的设计文件都应是正确的，不能有任何疑问。此时纠正是最方便、最省事、最省钱的，影响也最小。

3. 加强沟通和协商。由于设计和实施单位很多，必须解决参建各方之间的协调问题，即各个承包商的实施方案必须在质量要求、时间上协调一致。通过会审可以解决沟通和协调问题。

（五）设计结果反证法

科学地评价设计工作，使中小河流等水利工程功能组合、数量、质量，完全实现项目的预期目的。从宏观到微观分析设计构思及设计文件的正确性、全面性、安全性，识别整个系统错误和薄弱环节。

分析、预测设计成果实施时，施工的可能性、便捷性和安全性。

分析、预测设计成果实施后，工程项目运行、维修、设备更换、保养的方便性及能否安全、高效、稳定、经济运行，工程建成后是否美观，能否与环境协调一致。

三、设计质量审查内容

（一）审查勘察设计单位质量保证体系

主要审查勘察设计单位是否建立、健全质量保证体系；勘察设计单位是否进行设计全过程的质量控制，是否明确相关设计人员质量责任；设计文件的审核、会签制度是否健全。

单位负责人对勘察质量负全面责任；项目负责人对项目的勘察文件负主要质量责任；项目审核人、审定人对其审核、审定项目的勘察文件负审核、审定的质量责任。

（二）审查设计文件质量的主要内容

要求设计文件应具备"三性"，即设计成果的正确性、各专业设计的协调性、文件的完备性。要求设计文件清晰、易于理解、直观明了，符合规定的详细程度和设计成果数量要求，且不能前后矛盾，漏洞百出。项目法人审查设计文件质量主要包括以下内容：

1. 审查设计方案的合理性。

（1）设计依据审查重点：设计单位是否以项目批准文件、有关法规、城市规划等为依据，编制建设工程勘察、设计文件。设计依据的基本资料是否完整、准确、可靠，项目法人应首先审查设计方案的合理性，以保证中小河流治理工程项目建设符合国情、省情及实际情况；加固后充分发挥工程项目的社会效益、经济效益。

（2）工程勘察文件审查重点：工程勘察文件是否真实、准确；是否满足建设工程规划、选址、设计、岩土治理和施工的需要；是否真实准确反映、评价工程地质、地形地貌、水文地质状况；是否符合国家规定的勘察深度。

（3）初步设计方案审查重点：初步设计文件应当满足编制施工招标文件、主要设备材料订货和编制施工图设计文件的需要。审查初步设计所采用的技术方案是否合理，是否符合总体方案的要求，是否达到项目决策阶段的质量标准；同时审查工程概算是否在控制限额之内。

（4）施工图设计方案审查重点：施工图设计文件应当满足设备材料采购、非标准设备制作和施工的需要。审查施工图使用功能是否满足质量目标和水平，施工图对设备、设施、建筑物、管线等工程的尺寸、布置、选材、构造及相互关系，施工及安装质量要求的详细图纸和说明，是否对施工具有指导作用。

2. 审查设计文件质量标准执行情况。项目法人应监督、检查勘察设计单位对国家规定的有关标准执行情况。勘察设计单位进行勘察设计工作、设计文件，采用的技术标准、工程规模、达到的生产能力等应符合规范要求，设计文件应符合国家有关防火、安全、环保、抗震的标准以及质量标准、卫生标准等，特别是必须符合国家强制性标准及规范要求。

3. 审查设计参数。决定工程质量、投资和寿命的关键因素，是设计阶段的设计参数的正确选择。因此，项目法人应把设计文件选用的设计参数是否正确、设计论证是否充分、计算成果是否可靠作为审查主要内容，并评价其合理性、正确性、先进性和科学性。

4. 审查设计文件深度。设计文件的深度应符合国家规定的建设工程勘察、设计深度要求（专业规划要求）深度，满足相应设计阶段的有关技术规定要求，设计质量必须满足工程质量需要、安全需要，并符合设计规范的要求，应注明工程合理使用年限。

5. 审查工程投资。为了保证工程投资准确、完整，防止扩大投资规模或漏项，减少投资缺口，提高建设项目的经济效益，项目法人审查的主要内容是各设计阶段的估算、概算和预算的准确性、合理性；编制依据的合法性和适用性，取费标准的实效性；工程量、定额单价和收费标准；经济效益和各项经济技术指标等。

在施工过程中发生的概算调整，项目法人审查的主要内容：设计单位是否出具设计变更通知书，监理单位是否进行审核，设计变更费用是否超过批准的工程总投资额。

6. 审查总说明。在施工图设计中所采用的设计依据、参数、标准是否满足质量要求，各项工程做法是否合理，选用设备、仪器、材料等是否先进、合理，工程措施是否合适，所提技术标准是否满足工程需要。

7. 审查设计文件的完备程度。首先审查施工图纸的完整性和完备性及各级的签字盖章，其次审查设计文件的必备内容，如各种专业图纸、规范、模型和相应的概、预算文件，设备清单和各种技术、经济指标说明，以及设计依据的说明文件、边界条件的说明等。

设计文件应能够为施工单位和各层次的管理人员所理解。

8. 审查设计图纸。首先审查工程施工设计总布置图和总目录，其次审查施工图是否符合现行规范、规程、标准、规定的要求；施工图纸是否符合现场和施工的实际条件，深度是否达到施工和安装的要求，是否达到工程质量的标准。

9. 审查设计文件中选用的建筑器材性能。设计单位在设计文件中选用的建筑器材，应注明规格、型号、性能等技术指标，其质量必须符合国家规定的标准，除有特殊要求的建筑材料、专用设备、工艺生产线等外，设计单位不得指定生产厂家或供应商。

（三）中小河流等水利工程建设项目审查侧重点

国家财政部和水利部 2011 年 5 月颁发的《〈全国重点地区中小河流近期治理建设规划〉实施方案》二（三）3 规定："结合地域特点，优化治理方案。江苏、安徽、湖北等许多省份在审查设计方案时，注重在保障防洪安全的同时，结合考虑生态景观需求，兼顾上下游、左右岸关系，与河流生态修复、河流水资源利用、小流域治理以及社会主义新农村建设等有机结合。重庆市提出了'河道行洪达标畅通化，河势平稳水流清洁化，治理效果自然生态化，人到河边休闲舒适化'的'四化'目标进行治理"。

中小河流等水利工程建设项目有其特有的特点，设计文件审查时，应参考上述因素进行。

第四节　设　计　变　更

《建设工程勘察设计管理条例》第二十八条规定：建设单位、施工单位、监理单位不得修改建设工程勘察、设计文件；确需修改建设工程勘察、设计文件的，应当由原建设工程勘察、设计单位修改。经原建设工程勘察、设计单位书面同意，建设单位也可以委托其他具有相应资质的建设工程勘察、设计单位修改。修改单位对修改的勘察、设计文件承担相应责任。施工单位、监理单位发现建设工程勘察、设计文件不符合工程建设强制性标准、合同约定的质量要求的，应当报告建设单位，建设单位有权要求建设工程勘察、设计单位对建设工程勘察、设计文件进行补充、修改。

一、设计变更有关规定

（一）设计变更定义

水利部 2012 年 3 月 15 日颁发的《关于印发〈水利工程设计变更管理暂行办法〉的通知》（水规计〔2012〕93 号）第三条规定："设计变更是自水利工程初步设计批准之日起至工程竣工验收交付使用之日止，对已批准的初步设计所进行的修改活动"；第四条规定："水利工程的设计变更应当符合国家有关法律、法规和技术标准的要求，严格执行工程设计强制性标准，符合项目建设质量和使用功能的要求。"

（二）设计变更有关要求

水利部 2012 年 3 月 15 日颁发的《关于印发〈水利工程设计变更管理暂行办法〉的通知》（水规计〔2012〕93 号）第十条规定："涉及工程开发任务变化和工程规模、设计标准、总体布局等方面较大变化的设计变更，应当征得原可行性研究报告批复部门的同意"；第十一条规定："项目法人、施工单位、监理单位不得修改建设工程勘察、设计文件。根据建设过程中出现的问题，施工单位、监理单位及项目法人等单位可以提出变更设计建议。项目法人应当对变更设计建议及理由进行评估，必要时，可以组织勘察设计单位、施工单位、监理单位及有关专家对变更设计建议进行技术、经济论证"；第十三条规定："涉及其他地区和行业的水利工程设计变更，必须事先征求有关地区和部门的意见"。

二、设计变更的范围

取消合同中任何一项工作，或增加合同外的任何一项工作；增加或减少合同中工程项目的工程量超过专用合同条款约定的百分比；改变合同中任何一项工作的标准和性质；改变工程建筑物的形式、基线、标高、位置或尺寸；改变合同中任何一项工程的完工日期或改变已经批准的施工顺序；增加为完成工程所必需的任何附加工作。

三、设计变更分类

变更指示的内容应包括变更项目的详细变更内容、变更工程量和有关文件、图纸以及变更处理原则。水利部 2012 年 3 月 15 日颁发的《关于印发〈水利工程设计变更管理暂行办法〉的通知》（水规计〔2012〕93 号）第七条规定："水利工程设计变更分为重大设计变更和一般设计变更"。

（一）重大设计变更

《水利基本建设投资计划管理暂行办法》（水规计〔2003〕344 号）第三十条规定：工程项目设计变更、子项目调整、建设标准调整、概算调整等变更为重大设计变更。

水利部 2012 年 3 月 15 日颁发的《关于印发〈水利工程设计变更管理暂行办法〉的通知》（水规计〔2012〕93 号）第七条规定："重大设计变更是指工程建设过程中，工程的建设规模、设计标准、总体布局、布置方案、主要建筑物结构型式、重要机电金属结构设备、重大技术问题的处理措施、施工组织设计等方面发生变化，对工程的质量、安全、工期、投资、效益产生重大影响的设计变更"；第八条规定："以下设计内容发生变化而引起的工程设计变更为重大设计变更：（一）工程规模、建筑物等级及设计标准：1、水库库容、特征水位的变化；引（供）水工程的供水范围、供水量、输水流量、关键节点控制水位的变化；电站或泵站装机容量的变化；灌溉或除涝（治涝）范围与面积的变化；河道及堤防工程治理范围、水位等的变化；2、工程等别、主要建筑物级别、抗震设计烈度、洪水标准、除涝（治涝）标准等的变化。（二）总体布局、工程布置及主要建筑物：1、总体布局、主要建设内容、主要建筑物场址、坝线、骨干渠（管）线、堤线的变化；2、工程布置、主要建筑物型式的变化；3、主要水工建筑物基础处理方案、消能防冲方案的变化；4、主要水工建筑物边坡处理方案、地下洞室支护型式或布置方案的变化；5、除险加固或改（扩）建工程主要技术方案的变化。（三）机电及金属结构：1、大型泵站工程或以发电任务为主工程的电厂主要水力机械设备型式和数量的变化；2、大型泵站工程或以发电任务为主工程的接入电力系统方式、电气主接线和输配电方式及设备型式的变化；3、主要金属结构设备及布置方案的变化。（四）施工组织设计：1、主要料场场地的变化；2、水利枢纽工程的施工导流方式、导流建筑物方案的变化；3、主要建筑物施工方案和工程总进度的变化"。

（二）非重大设计变更（一般设计变更）

在上述重大设计变更范围之外的设计变更为非重大设计变更。

水利部2012年3月15日颁发的《关于印发〈水利工程设计变更管理暂行办法〉的通知》（水规计〔2012〕93号）第九条规定："对工程质量、安全、工期、投资、效益影响较小的局部工程设计方案、建筑物结构型式、设备型式、工程内容和工程量等方面的变化为一般设计变更。水利枢纽工程中次要建筑物基础处理方案变化、布置及结构型式变化、施工方案变化，附属建设内容变化，一般机电设备及金属结构设计变化；堤防和河道治理工程的局部线路、灌区和引调水工程中非骨干工程的局部线路调整或者局部基础处理方案变化、次要建筑物布置及结构型式变化，施工组织设计变化，中小型泵站、水闸机电及金属结构设计变化等，可视为一般设计变更"。

四、设计变更文件编制

（一）编制单位

水利部2012年3月15日颁发的《关于印发〈水利工程设计变更管理暂行办法〉的通知》（水规计〔2012〕93号）第十二条规定："工程勘察、设计文件的变更，应当委托原勘察、设计单位进行。经原勘察、设计单位书面同意，项目法人也可以委托其他具有相应资质的勘察、设计单位进行修改。修改单位对修改的勘察、设计文件承担相应责任"。

（二）设计变更文件编制设计深度

水利部2012年3月15日颁发的《关于印发〈水利工程设计变更管理暂行办法〉的通知》（水规计〔2012〕93号）第十四条规定："重大设计变更文件编制的设计深度应当满足初步设计阶段技术标准的要求，有条件的可按施工图设计阶段的设计深度进行编制，主要内容应包括：（一）工程概况，设计变更发生的缘由，设计变更的依据，设计变更的项目和内容，设计变更方案及技术经济比较，设计变更对工程规模、工程安全、工期、生态环境、工程投资和效益等相关方面的影响分析，与设计变更相关的基础及试验资料，项目原批复文件。（二）设计变更的勘察设计图纸及原设计相应图纸。（三）工程量、投资变化对照清单和分项概算文件。一般设计变更文件的编制内容，项目法人可参照以上内容研究确定"。

五、设计变更的审查和处理程序

第一步：参与工程建设的有关单位提出设计变更申请后，监理单位应对变更引起的合同工期、质量、进度、造价等要素进行审查后，提出书面设计变更方案的意见，由项目法人审查同意。

第二步：项目法人委托原设计单位提出设计方案及估算，经项目法人同意后，原设计单位负责完成具体的设计变更工作，原设计单位签发出正式的设计变更通知书（包括施工图纸），并经设计单位项目负责人或其委托的代理人签字、加盖设计单位图章，报送项目法人。

第三步：项目法人确认并同意后，项目法人签字并加盖单位公章。监理单位对设计变更通知书进行核实，对施工单位下达工程变更令，由施工单位组织实施。

项目法人和监理单位应在 14 天内对变更合同价款的报告给予答复，逾期未答复的，变更合同价款的报告视为已被认可。经项目法人确认的设计变更和变更合同价款的报告作为工程结算的依据。

第四步：施工单位收到设计变更通知单后，应在 14 天内提出变更合同价款的报告，报项目法人和监理单位进行审查确认，否则，该项设计变更视为不涉及合同价款的变更。

六、设计变更的审批与实施

《水利基本建设投资计划管理暂行办法》（水规计〔2003〕344 号）第三十条规定：工程项目设计变更、子项目调整、建设标准调整、概算调整等，须按程序上报原审批单位审批。在工程项目建设标准和概算投资范围内，依据批准的初步设计原则，一般的非重大设计变更、生产性子项目之间的调整，由项目主管部门审批。

财政部、水利部《关于印发〈全国中小河流治理项目和资金管理办法〉的通知》（财建〔2011〕156 号）第十条规定："设计变更应履行相应程序，重大设计变更应报原审批部门审批"。

水利部 2012 年 3 月 15 日颁发的《水利部关于印发〈水利工程设计变更管理暂行办法〉的通知》（水规计〔2012〕93 号）第十五条规定："工程设计变更审批采取分级管理制度。重大设计变更文件，由项目法人按原报审程序报原初步设计审批部门审批。一般设计变更由项目法人组织审查确认后实施，并报项目主管部门核备，必要时报项目主管部门审批。设计变更文件批准后由项目法人负责组织实施"；第十六条规定："特殊情况重大设计变更的处理：（一）对需要进行紧急抢险的工程设计变更，项目法人可先组织进行紧急抢险处理，同时通报项目主管部门，并按照本办法办理设计变更审批手续，并附相关的影像资料说明紧急抢险的情形。（二）若工程在施工过程中不能停工，或不继续施工会造成安全事故或重大质量事故的，经项目法人、监理单位、设计单位同意并签字认可后即可施工，但项目法人应将情况在 5 个工作日内报告项目主管部门备案，同时按照本办法办理设计变更审批手续"。

七、设计变更的监督与管理

设计变更的程序应接受上级水行政主管等部门的监督检查。

水利部 2012 年 3 月 15 日颁发的《关于印发〈水利工程设计变更管理暂行办法〉的通知》（水规计〔2012〕93 号）第十七条规定："各级水行政主管部门、流域机构按照规定的职责分工，负责对水利工程的设计变更实施监督管理。由于项目建设各有关单位的过失引起工程设计变更并造成损失的，有关单位应当承担相应的责任"；第十八条规定："项目法人有以下行为之一的，各级水行政主管部门、流域机构应当责令改正，并提出追究相关责任单位和责任人责任的意见：（一）不按照规定权限、条件和程序审查、报批工程设计变更文件的；（二）将工程设计变更肢解规避审批的；（三）未经审批，擅自实施设计变更的"。

八、设计变更档案管理

在办理设计变更和现场签证程序中，项目法人、施工单位和设计单位、监理等单位之间的函件往来，均须办理有关签收手续，并作为工程结算的证据。

水利部 2012 年 3 月 15 日颁发的《关于印发〈水利工程设计变更管理暂行办法〉的通知》（水规计〔2012〕93 号）第二十条规定："项目法人负责工程设计变更文件的归档工作。项目竣工验收时应当全面检查竣工项目是否符合批准的设计文件要求，未经批准的设计变更文件不得作为竣工验收的依据"。

第五节　督促设计单位履行职责

一、负责设计质量

勘察、设计单位应根据有关政策、法规、技术标准、强制性条文和设计任务书的要求进行设计，并对设计质量负责；设计文件交付后，要参加有关上级部门的审查，对设计文件的遗漏和错误负责修改和补充。

二、进行设计交底

在中小河流治理等水利工程开工前，项目法人（或委托监理单位）应组织设计单位向施工单位和监理单位说明工程勘察、设计意图，解释建设工程勘察、设计文件，做好设计文件的技术交底工作，力争做到全面、彻底，不留遗漏。

三、做好现场服务

《水利工程质量管理规定》第二十八条规定：设计单位应按合同规定及时提供设计文件及施工图纸，在施工过程中要随时掌握施工现场情况，优化设计，解决有关设计问题。对大中型工程，设计单位应按合同规定在施工现场设立设计代表机构或派驻设计代表。第二十九条规定：设计单位应按水利部有关规定在阶段验收、单位工程验收和竣工验收中，对施工质量是否满足设计要求提出评价意见。

在工程建设初期，项目法人应督促设计单位在施工现场设立设计代表机构并派驻设计代表（小型水利工程参照执行）；在施工过程中，项目法人应督促设计单位按合同规定及时提供设计文件及施工图纸，督促设计单位参与施工验槽，督促设计单位要随时掌握施工现场情况，优化设计，随时解决施工中出现的有关设计问题和设计修改、调整补充等问题，解决施工单位、监理单位和项目法人提出的质量和技术问题，对一般设计变更、重大设计变更和概算进行调整，督促设计单位参与质量事故分析、处理，及时对因设计造成的质量事故，提出相应的技术处理方案；在工程验收期，设计单位应与项目法人共同参与阶段验收、单位工程验收和竣工验收等工程验收，并对施工质量是否满足设计要求提出评价意见。

第六节　规划勘察设计存在的常见问题

项目法人应充分了解勘察设计单位存在的常见问题，以便及时发现勘察设计单位在工作过程中存在的缺点和不足，并及时予以纠正，保证工程设计任务按时间完成，保证工程勘察设计质量。

一、超越资质承担设计任务

体现在：有的水利工程，无资质设计单位承担设计任务，或无资质设计单位挂靠有设计资质单位承担设计任务，或低资质设计单位挂靠高设计资质单位承担设计任务；有的设计单位将设计资质出借给其他设计单位或个人（小团体）承担设计任务。

上述问题容易造成设计成果无人把关或把关不严，漏洞百出，设计与实际情况不符，在工程实施过程中，容易出现大量设计变更。

二、设计深度不够

在设计阶段存在的设计深度不够的问题，容易造成设计质量先天缺陷，如空中楼阁，难以用施工图设计准确指导施工，致使工程出现大量返工，为工程埋下大量安全隐患。

（一）在中小河流治理规划阶段

1. 中小河流治理范围不明白。我国流域面积在 $100km^2$ 以上的河流约有 5 万多条，流域面积在 $200km^2$ 以上的河流有 5000 多条，如果全部纳入规划进行治理，任务非常艰巨。中小河流治理规划范围以 $200 \sim 3000km^2$ 的中小河流为治理范围。

2. 中小河流治理投资规模不清楚。根据面向"三农"的总体要求和各地中小河流治理的特点，采用"因素法"确定分省（区、市）投资控制规模，主要考虑了水灾成灾面积、洪灾死亡人口、中小河流数量、多年平均降水深、农业总人口、粮食总产量等六个因素，经过多方案比较确定，中小河流治理适当向国家级贫困县倾斜。

3. 治理重点不准确。针对重点地区中小河流防洪最薄弱环节，以保障人民群众生命财产安全为根本，以中小河流防洪保安为主要任务，兼顾生态环境改善和重要城镇水源地保护。因此，中小河流治理治理重点是在区域上，规划以洪涝灾害发生频繁、灾害损失严重的河流和河段为重点，以河流受洪水威胁的人口较多、有需要保护的城镇、乡村，以及有较大范围农田为保护对象；措施上以堤防（护岸）加固和建设、生态护坡、河道清淤疏浚等工程措施为主，兼顾水生态环境治理措施以及防洪非工程措施。

4. 与相关规划和已有投资渠道项目的关系糊涂。中小河流的治理要在流域防洪工程体系的总体框架下进行，与干流防洪标准相协调，既有效防御洪水，又安排好洪水出路，不能盲目提高建设标准，更不能加大干流的防洪压力，规划在编制过程中注意与相关规划关系、已有投资渠道项目的关系，如凡是已经列入大江大河及其主要支流和重要湖泊治理、国境界河整治，国家其他专项治理规划以及国家明确投资渠道的项目不列入中小河流治理规划，防止重复建设。

（二）在工程地质勘察阶段

体现在：有的勘察设计单位在地质勘察报告中缺少工程地质测绘图，未注明钻孔、探孔、探槽位置和取样高程，地质柱状图只注高程和岩性而缺少岩芯获得率及岩性描述和渗透情况，缺少水文地质剖面图；有的设计单位未对工程现状进行实地地形图测量，而是采用20世纪60、70年代的工程地形图进行设计，闭门造车；有的勘察设计单位，在地质勘察报告中缺少坝体、坝基的物理力学参数；有的勘察设计单位，未勘察坝体填筑料场；有的水利工程无钻探孔资料，大部分岩体力学参数无试验值，参照其他类似工程取值。

（三）在初步设计阶段

1. 设计单位技术力量薄弱。中小河流治理项目量多、面广，且主要由县级组织实施，许多初步设计编制主要由市、县级勘测设计单位承担，技术力量比较薄弱，加之部分地区特别是中西部地区项目前期工作经费落实较差，使得部分项目初步设计质量有待提高。

2. 初步设计方案选定问题。在项目初步设计审定方案中，未按照中小河流防洪保安为主要任务、兼顾生态环境改善和重要城镇水源地保护等有关要求，容易出现不能严格依据原批准的规划等相关要求，开展前期工作及审查工作，存在城镇土地开发与河流治理工程争地等问题。

如某河道治理工程，原在一期工程建设中已按防洪标准修筑了一道直接连到山体的左岸堤防，在本次治理中，为满足县城开发规划土地的需求，在堤内河滩地又修筑一道堤防，因而缩窄了河道行洪断面，改变了河道治导线及流向，占压了右岸可耕种滩地。为满足群众要求，地方县政府财政又自筹资金在对岸修了一道堤防。造成此问题的主要原因是：设计单位未认真进行防洪经济效益分析，省水利厅主管部门审批把关不严。

3. 初步设计深度不够问题。由于有些省份不仅地方财力有限，前期工作经费投入不足，而且设计人员缺乏，设计单位资质偏低，致使一些项目前期工作质量较差，初步设计深度不够，容易造成一些项目的前期工作费用由设计单位垫付、设计变更较多的现象。

部分项目初步设计报告编制过程中与地方政府沟通不足，缺乏与城建、国土部门的规划衔接，初步设计报告送审后反复修改，不仅影响了前期工作进度，而且还会对工程质量造成一定的影响；部分项目工程措施较为单一，硬化、渠化偏多，加大了工程投资规模；有的中小河流治理等水利工程设计单位在进行中小河流治理工程设计时水文资料选取不当，计算过程及采取的有关系数考虑得不全面、叙述不清楚；有的中小河流治理等水利工程设计单位在进行中小河流治理工程初步设计阶段缺少安全生产设计等内容。

（四）在施工图设计阶段

体现在：有的设计单位在中小河流治理工程施工图设计中，未落实水利部流域机构对初步设计提出的复核意见；有的设计单位未提交堤防工程设计计算成果，未编写与施工图相应的施工图设计报告、施工图设计说明；有的设计单位未明确混凝土施工、岩塞爆破等主要项目的施工技术措施、质量控制标准及安全施工要求；有的设计单位在堤防工程土方填筑工程中，只提出了土方填筑干密度指标，未提出压实度指标等。

三、施工图设计与初步设计不符

体现在：有的设计单位进行的施工图设计与初步设计内容、建设规模、结构尺寸、高程坐标系等设计参数前后矛盾、出入较大；有的设计单位确定的是假定高程系统，施工图设计时改为黄海高程系统，且在设计文件及图纸中未做任何说明和标注，也未进行换算。

项目法人应对初步设计和施工图设计进行仔细审查、比对，及时提醒设计人员更改。

四、设计变更不规范

体现在：有的设计单位提出的设计变更未按设计变更通知单格式填写；有的设计变更无变更原因、变更工程量及投资数等参数；有的设计变更通知单格式不统一，填写不正规，只填写原图名和图号，未填写修改图名和图号，变更通知单编、校、签手续不完备，只有设计代表签字，无设计单位盖章。

五、设计现场服务不到位

体现在：有的设计单位未在施工现场设立办公机构，未派驻设计代表，工程中出现设计问题需要设计人员协商时，项目法人很难联系到设计人员，影响工程建设进度；有的设计单位，提供设计图纸滞后；有的设计单位未进行设计交底；有的设计单位设计代表即使在工程现场也缺少现场工作记录；有的设计单位未参加隐蔽工程验收。

第五章 招标投标阶段管理内容

中小河流治理等水利工程建设项目招标，是项目法人（招标人）对自愿参加某一中小河流治理等水利工程建设项目投标人进行审查、评比和选定的过程。工程建设项目的招标既能为项目法人获得一个高效率的承包人、按规定的时间和成本圆满完成合格工程，又能为投标人在公平的市场竞争中靠自己的能力和实力获得工程任务及应得的报酬。在我国社会主义市场经济条件下推行招标投标制，对于健全建筑市场竞争机制，促进资源优化配置，提高项目管理水平和经济效益，保证工程建设项目工期和质量都具有十分重要的意义。本节主要论述项目法人在招标投标中的主要工作。

第一节 水利工程建设项目招标投标概述

一、招标类型

（一）按招标方式分

1. 公开招标。项目法人（招标人）以招标公告的方式邀请不特定的法人或其他组织投标。依法必须招标的水利工程项目中，国家重点水利项目、地方重点水利项目及全部使用国有资金投资或者国有资金投资占控股或者主导地位的项目应当公开招标。

2. 邀请招标。项目法人（招标人）以投标邀请书的方式，邀请特定的法人或其他组织投标，通过竞争从中选定中标人的招标方式。经批准后可采用邀请招标的工程项目：国务院发展计划部门确定的国家重点项目和省（自治区、直辖市）人民政府确定的地方重点项目不适宜公开招标的，经国务院发展计划部门或者省（自治区、直辖市）人民政府批准，可以进行邀请招标；项目技术复杂，有特殊要求或涉及专利权保护，受自然资源或环境限制，新技术或技术规格事先难以确定的项目及应急度汛项目或其他特殊项目均可进行邀请招标。

采用邀请招标的，招标前，招标人必须履行下列批准手续：国家重点水利项目经水利部初审后，报国家发展和计划委员会批准；其他中央项目报水利部或其委托的流域管理机构批准；地方重点水利项目，经省（自治区、直辖市）人民政府水行政主管部门，会同同级发展计划行政主管部门审核后，报本级人民政府批准；其他地方项目报省（自治区、直辖市）人民政府水行政主管部门批准。

（二）按工程建设业务范围分

一类：工程建设全过程招标。

二类：勘察设计招标。

三类：材料、设备供应招标，工程施工招标。

四类：工程施工招标。

（三）按工程的施工范围分

一类：全部工程施工招标。

二类：单项或单位工程招标。

三类：分部工程招标。

四类：专业工程招标。

（四）按招标的区域分

一类：国际招标。

二类：国内招标。

三类：地方招标。

二、招标范围和规模

根据《水利工程建设项目招标投标管理规定》规定，水利工程建设项目招标范围和规模如下：

（一）具体范围

范围1：关系社会公共利益、公共安全的防洪、排涝、灌溉、水力发电、引（供）水、滩涂治理、水土保持、水资源保护等水利工程建设项目。

范围2：使用国有资金投资或者国家融资的水利工程建设项目。

范围3：使用国际组织或者外国政府贷款、援助资金的水利工程建设项目。

（二）规模标准

标准1：施工单项工程合同估算价在200万元人民币以上的。

标准2：重要设备、材料等货物的采购，单项合同估算价在100万元人民币以上的。

标准3：勘察设计、监理等服务的采购，单项合同估算价在50万元人民币以上的。

标准4：项目总投资额在3000万元人民币以上，但分标单项合同估算价低于上述3项规定标准的项目原则上都必须招标。

标准5：中小河流治理项目打捆招标选择施工、监理队伍，集中采购重要设备、原材料等建设管理模式。

2012年5月22日，水利部党组书记、部长陈雷在全国中小河流治理视频会议暨责任书签署仪式上强调：切实落实建设管理责任。要严格履行基本建设程序，认真落实项目法人责任制、招标投标制、建设监理制和合同管理制。县级政府要切实履行中小河流治理组织实施的具体责任，组建专业项目法人，打捆招标选择施工、监理队伍，集中采购重要设备、原材料等建设管理模式。要加大对招投标行为监管力度，强化对监理人员履行职责的监管，建立健全项目法人负责、施工单位保证、监理单位控制和政府有关部门监管的质量管理体系，确保工程安全、资金安全、干部安全和生产安全。

《〈全国重点地区中小河流近期治理建设规划〉实施方案》九（四）规定："要严格招标投标程序，按照有关规定规范招标行为，选择符合资质要求、信誉良好、有较好业绩的承包商承担建设任务。规模较小治理项目可以采取打捆方式招标，以吸引建设能力强的施工单位参与中小河流治理，保证施工力量满足建设需要，严防围标、串标等违法违规行为"。

水利部《关于加强中小河流治理和小型病险水库除险加固建设管理工作的通知》（水建管〔2011〕426号）二（二）规定："中小河流治理和小型病险水库除险加固项目的施工、监理和重要设备材料采购，均应通过招标确定。各级水行政主管部门要切实加强对建设项目招投标工作的监管，原则上一个初步设计一个标的，有条件的地方可采取打捆招标方式，选择符合资质要求、信誉好、实力强的施工、监理队伍。可将项目的设计和施工作为一个整体，采取设计、施工总承包的形式进行招标，吸引有实力的设计、施工单位积极参与。要完善标底编制方案和评标方法、加强评标专家组织管理等，严禁泄露标底、围标、串标等违法违规行为，同时要避免施工、监理单位恶性低价竞争，明显低于合理标底价的不得中标。对违法违规行为要依法查处并载入水利建设市场信用档案"。

财政部、水利部《关于印发〈全国中小河流治理项目和资金管理办法〉的通知》（财建〔2011〕156号）第二十三条规定："中小河流项目建设管理严格实行项目法人责任制，招标投标制，建设监理制和合同管理制"；第二十五条规定："严格招标投标程序，按照有关规定规范招标行为，有条件的地方可采取项目打捆招投标，选择符合资质要求、信誉良好、有较好业绩和实力强的承包商承担建设任务。主管部门要加强对施工招标投标的监督管理，严防围标、串标等违法违规行为，严肃查处转包和违法分包"。

（三）不需招标的项目

按照《水利工程建设项目招标投标管理规定》规定，下列项目可不进行招标，但须经项目主管部门批准：

项目1：涉及国家安全、国家秘密的项目。

项目2：应急防汛、抗旱、抢险、救灾等项目。

项目3：项目中经批准使用农民投工、投劳施工的部分（不包括该部分中勘察设计、监理和重要设备、材料采购）。

项目4：不具备招标条件的公益性水利工程建设项目的项目建议书和可行性研究报告。

项目5：采用特定专利技术或特有技术的。

项目6：其他特殊项目。

三、招标条件

根据有关规定、工程特点和工程建设项目的组成情况，工程建设项目一般分为勘察设计标、建设监理标、施工标、物资采购标等标段，每个标可根据需要再分为若干个标段。主要标段应当具备的条件如下：

（一）勘察、设计招标应当具备的条件

勘察、设计招标应当具备的条件有如下3项：勘察、设计项目已经确定；勘察、设计所需资金已落实；必需的勘察、设计基础资料已收集完成。

（二）施工监理招标应当具备的条件

监理招标应当具备的条件有如下3项：初步设计已经批准；监理所需资金已落实；项目已列入年度计划。

（三）施工招标应当具备的条件

施工招标应当具备的条件有如下5项：初步设计已经批准；建设资金来源已落实，年度投资计划已经安排；监理单位已确定；具有能满足招标要求的设计文件，已与设计单位签订适应施工进度要求的图纸交付合同或协议；有关建设项目永久征地、临时征地和移民搬迁的实施、安置工作已经落实或已有明确安排。

（四）重要设备、材料招标应当具备的条件

重要设备、材料招标应当具备的条件有如下 3 项：初步设计已经批准；重要设备、材料技术经济指标已基本确定；设备、材料所需资金已落实。

四、招标组织形式

招标是一项复杂的系统化工作，有完整的程序，其环节多、专业性强、组织工作繁杂。

（一）自行办理招标

1. 自行招标应当具备的条件。招标人符合自行招标条件的可自行组织招标，《水利工程建设项目招标投标管理规定》第十三条规定，招标人可以按有关规定和管理权限，经核准自行办理招标事宜具备的条件：具有项目法人资格（或法人资格）；具有与招标项目规模和复杂程度相适应的工程技术、概预算、财务和工程管理等方面专业技术力量；具有编制招标文件和组织评标的能力；具有从事同类工程建设项目招标的经验；设有专门的招标机构或者拥有 3 名以上专职招标业务人员；熟悉和掌握招标投标法律、法规和规章。

2. 自行招标需报送的材料。《水利工程建设项目招标投标管理规定》第十五条规定，招标人申请自行办理招标事宜时，应当报送以下书面材料：项目法人营业执照、法人证书或者项目法人组建文件；与招标项目相适应的专业技术力量情况；内设的招标机构或者专职招标业务人员的基本情况；拟使用的评标专家库情况；以往编制的同类工程建设项目招标文件和评标报告，以及招标业绩的证明材料；其他有关材料。

（二）委托代理招标

专业招标代理机构由于其专门从事招标投标活动，在人员力量和招标经验方面具有得天独厚的条件。目前，国际上一些大型的招标项目的招标工作通常由专业招标代理机构代为进行。国内也相继出现了水电工程建设招标公司、机电设备招标公司、设备成套公司等专业招标代理机构。项目法人（招标人）自己不符合自行招标条件的，可委托具有招标代理资质且具有水利工程招标代理业绩的招标代理机构办理招标事宜。

1. 招标代理机构应当具备的条件。《中华人民共和国招标投标法》第十三条规定：招标代理机构是依法设立、从事招标代理业务并提供相关服务的社会中介组织。招标代理机构应当具备的条件：有从事招标代理业务的营业场所和相应资金；有能够编制招标文件和组织评标的相应专业力量；有符合规定条件的技术、经济等方面的专家库。

2. 招标代理有关要求。项目法人（招标人）有权自行选择招标代理机构，委托其办理招标事宜；项目法人（招标人）委托招标代理机构由自己自行决定，任何单位和个人不得以任何方式给项目法人（招标人）施加各种压力，迫使其委托指定的招标代理机构；项目法人（招标人）委托招标代理机构从事招标工作的，应当与招标代理机构签订书面委托合同，分清责任，避免越权代理和发生不必要的纠纷，保证招标代理工作的顺利进行。

五、招标程序

按照《水利工程建设项目招标投标管理规定》规定，水利工程建设项目招标（公开招标和邀请招标）程序如下：

第一步：招标前，按项目管理权限向水行政主管部门提交招标报告备案。报告具体内容应当包括：招标已具备的条件、招标方式、分标方案、招标计划安排、投标人资质（资格）条件、评标方法、评标委员会组建方案以及开标、评标的工作具体安排等。

第二步：编制招标文件。

第三步：发布招标信息（招标公告或投标邀请书）。

第四步：发售资格预审文件。

第五步：按规定日期接受潜在投标人编制的资格预审文件。

第六步：组织对潜在投标人资格预审文件进行审核。

第七步：向资格预审合格的潜在投标人发售招标文件。

第八步：组织购买招标文件的潜在投标人进行现场踏勘。

第九步：接受投标人对招标文件有关问题要求澄清的函件，对问题进行澄清，并书面通知所有潜在投标人。

第十步：组织成立评标委员会，并在中标结果确定前保密。

第十一步：在规定时间和地点，接受符合招标文件要求的投标文件。

第十二步：组织开标评标会。

第十三步：在评标委员会推荐的中标候选人中确定中标人。

第十四步：向水行政主管部门提交招标投标情况的书面总结报告。

第十五步：发中标通知书，并将中标结果通知所有投标人。

第十六步：进行合同谈判，并与中标人订立书面合同。

第二节　项目法人（招标人）的招标准备工作

一、制订招标计划

水利工程建设项目初步设计批准后，项目法人（招标人）应及时做好招标投标的准备工作，制订完整的招标计划。应根据水利工程建设的有关规定、工程特点和工程建设项目的组成情况，按照有利于工程实施和便于控制的原则，系统地将工程分为若干个标段。然后初步确定标的划分、计划招标时间、招标内容、招标方式、投标人资格等内容。

邀请招标可以采取两个阶段进行。第一阶段，当项目法人（招标人）对新建项目缺乏足够的经验，对其技术指标尚无把握时，可以通过技术交流会等方式摸底，博采众议；第二阶段，在收集了大量的技术信息并进行评价后，再向选定的特定法人或组织发出投标邀请书。

二、提交招标报告备案

按照制订的招标计划，在招标前，项目法人（招标人）按项目管理权限，向水行政主管部门提交招标报告备案。招标报告具体内容包括：招标已具备的条件、招标方式、分标方案、招标计划安排、投标人资质（资格）条件、评标方法、评标委员会组建方案以及开标、评标的工作具体安排等。

第三节 编制招标文件

招标文件是招标人向承包人发出的旨在向其提供为编写投标文件所需的资料，并向其通报招标投标依据的规则和程序等项内容的书面文件。招标文件是招标过程中最重要的文件之一，是形成合同文件的主要文件基础。

一、编制单位及要点

项目法人（招标人）应当根据国家有关规定、招标项目的特点和需要，编制或组织编制招标文件。项目法人（招标人）具有编制招标文件能力的可以自己编制，不具备编制招标文件能力的招标人，可以委托具有编制招标文件专业力量的招标代理机构或咨询机构进行编制。委托编制的招标文件完成后应由招标人批准，并报主管部门核定和备案。

招标文件的要点主要包括：工程分类、合同类型的选择、发包提供的条件、投标保证和履约保证、合同条件、价格调整方式、编制施工规划。

二、招标文件内容

《中华人民共和国招标投标法》第十九条规定："招标文件应当包括招标项目的技术要求、对投标人资格审查的标准、投标报价要求和评标标准等所有实质性要求和条件以及拟签订合同的主要条款。国家对招标项目的技术、标准有规定的，招标人应当按照其规定在招标文件中提出相应要求。招标项目需要划分标段、确定工期的，招标人应当合理划分标段、确定工期，并在招标文件中载明"；第二十条规定："招标文件不得要求或者标明特定的生产供应者以及含有倾向或者排斥潜在投标人的其他内容"。

招标文件主要内容如下：

招标文件内容格式：

---

1 招标说明

1.1 工程概况。

1.2 招标工程规模。

1.3 招标工程所在地区的自然环境。

1.4 工程地区的周围环境。

2 投标须知

投标须知是投标人了解合同的内容性质，并按照业主的要求编制投标书的文件。内容如下：

2.1 承包方式。

2.2 投标人应具备的条件。

2.3 招标程序及时间安排。

2.4 投标单位填写投标文件应遵守的规则。

2.5 货币支付规定。

2.6 中标后的保证条件。

3　合同主要条款

合同条款是标书的重要组成部分，其目的在于使投标单位预先明确其中标后的权利、义务和责任，以便在投标报价时充分考虑这些因素，决定能否愿意和能够承担各项责任。内容如下：

3.1　基本条款。

3.2　技术条款。

3.3　经济条款。

3.4　双方权利和义务条款。

3.5　法律条款。

4　工程设计说明与图纸

工程设计说明与计量工程量、拟定报价的依据应力求准确。主要包括：

4.1　工程总体布置的图纸和说明。

4.2　土建工程的图纸和说明。

4.3　安装工程的图纸和说明。

5　工程技术与质量要求

5.1　工程质量检查验收的依据。

5.2　按图施工允许的误差。

5.3　技术检验和技术监督。

5.4　质量事故处理。

5.5　关于施工技术的补充规定。

6　工程量报价表和报价须知

6.1　说明报价表中的计算工程量是否供投标人填写标书、确定报价之用，实际工程量有变化是否可以调整，如何调整。

6.2　对工程直接费用、间接费用和其他费用等提出明确规定。

6.3　规定采取哪种特定的工程测量方法，并说明其用法。如有修正的，要说明修正的部分。

6.4　当施工价格与报价价格出现价差时如何处理。

7　其他说明

招标文件合同条件采用水利部颁发的示范文本，其中通用条款需全文引用，注意合理划分标段。

三、标底编制

招标标底又称底价，是招标工程的预期价格，是由项目法人或其委托的设计、咨询顾问公司或估算公司算出该工程的造价。标底应具有合理性、公正性、真实性和可行性。

（一）标底编制原则和编制要求

要求1：招标项目划分、工程量、施工条件等应与招标文件一致。

要求2：应根据招标文件、设计图纸及有关资料，按照国家的现行技术标准、经济定额标准及规范等认真编制，不得简单地以概算乘以系数或用调整概算作为标底。

要求3：在标底的总价中，必须按照国家规定列入施工企业应得的计划利润。

要求4：施工企业基地补贴费和特殊技术装备补贴费可暂不计入标底，使用方法另行规定。

要求5：一个招标项目只有一个标底，不得针对不同的投标单位而有不同的标底。《水利工程建设项目招标投标管理规定》规定：标底必须控制在上级批准的总概算内，如有突破，应说明原因，由设计单位进行调整，并在原概算批准单位审批后才可招标。标底一经审定应密封保存至开标，所有接触过标底的人员均负有保密的法律责任，不得泄露。

要求6：编制标底应按照水利工程的有关定额、市场材料价格、费用标准严格控制，不得随意压低工程项目标价。

（二）标底构成

内容1：工程项目成本（含主体工程费、临时工程费、其他工程费用）。

内容2：投标人的合理利润。

内容3：风险系数。

第四节　资　格　审　查

《中华人民共和国招标投标法》规定：投标人应当具备承担招标项目的能力；国家有关规定对投标人资格条件或者招标文件对投标人资格条件有规定的，投标人应当具备规定的资格条件。中小河流治理等水利工程项目，资格审查必须进行。

一、资格审查分类

资格审查包括资格预审和资格后审两种，其目的是确定投标人是否有能力承担并完成所要承担的工程项目。

（一）资格预审

资格预审是项目法人（招标人）在投标前对潜在的投标人进行的事先资质、资格审查，即对投标人具备的条件、身份、业绩、人员素质、管理水平、资金数量、技术装备等资质、资格的综合审查。资格预审是招标过程中的一个重要环节，资格预审程序实际上是对所有投标人的过一遍"粗筛"，目的是为了在招标工程中早期剔除资格条件不适合履行合同的投标人。

在资格预审时，项目法人（招标人）应根据招标事项本身的要求对投标人进行资格审查，不得以不合理的条件限制或者排斥潜在投标人，不得对潜在投标人实行歧视待遇。

（二）资格后审

资格后审是项目法人（招标人）在投标人提交投标文件后或经过评标已有的中标人选后，再对投标人或中标人选进行资格审查。

二、资格审查程序

资格审查程序是为了在招标投标过程中剔除资格条件不适合承担或履行合同的潜在投标人或投标人，这种程序对复杂的或高价值的招标项目特别有用，甚至对于价值较低、但技术复杂或高度专业化的招标项目，也是非常有帮助的，如果超越这道程序而直接对投标人的投标文件进行审查和比较，不仅费用高，而且也更加耗费时间。采用资格审查程序可以缩减招标人评审和比较投标文件的时间。

（一）资格预审程序

第一步：在发出招标公告和招标邀请书以前，发出资格预审的公告或邀请，要求潜在投标人提交资格预审的申请及有关证明资料。

第二步：发售资格预审文件。

第三步：按规定日期接受潜在投标人编制的资格预审文件。

第四步：组织对潜在投标人资格预审文件进行审核，资格预审机构和预审结果要存档备查。

第五步：项目法人（招标人）按照招标公告或招标邀请书中载明的要求和标准，对提交资格审查证明文件和资料的潜在投标人的资格作出决定，告知潜在投标人或投标人是否审查合格。

第六步：向资格预审合格的潜在投标人发售招标文件。

（二）资格后审程序

资格后审程序相对比较简单，在此不作叙述。

三、资格审查文件

资格审查文件是指导资格审查的核心文件，主要针对资格预审阶段，资格审查文件即为资格预审文件。资格预审文件主要包括以下内容：

内容1：工程概括和合同条款。

内容2：对投标单位提出具体的要求和限制条件。

内容3：资格预审文件说明。

内容4：要求投标者填报的各种报表，一般包括：投标人基本情况、近期完成的类似工程情况表、正在施工的和新承接的工程情况表、财务状况表。

内容5：工程主要图纸。

内容6：评审有关标准。

四、资格审查内容

质量管理的关键因素是具体实施者，只有选对了实施者，工程质量才能有保证。如果每个参建单位均由高素质员工组成，参建单位才谈得上具有完成建设任务的综合实力；如果参建工程的每个单位综合实力都很强，那么工程质量也能得到保证，项目法人也将减少很多麻烦。因此，优选工程建设各方参建单位对保证工程质量起着重要作用。

资格审查内容包括资格预审和资格后审两部分，资格预审和资格后审内容基本相同，资格预审内容比资格后审内容更加详细，下面以资格预审内容为例进行说明。资格预审内容主要有八看：

（一）看身份合法性

投标人应是正式注册的法人或其他组织；应具有独立签约能力和独立订立合同的权利；应处于正常营业状态；投标行为合法。项目法人（招标人）应对投标人上述情况进行审查，如果投标人不具备投标条件应将其排除。

（二）看投标人资质

项目法人（招标人）对投标人的资质、资格审查的主要内容：投标人的资质证书应真实有效，投标人的资质、资格应具有与投标的工程项目要求的规模对等，符合招标文件要求，正常情况下高资质代表高水平，高资质代表团体整体素质，因此，选择高资质的、著名的设计院、监理单位、施工单位和供应商等投标人，从原则上讲投标人应该具备了投标条件。

由于邀请招标特定的潜在投标人数量有限，因此，对参与邀请招标的投标人资质应提出相对严格的要求，尽量要求业绩好、信誉佳、承担招标项目的能力强。

（三）看综合实力

考察各方参建单位的人员综合素质、技术人员数量、技术人员职称、水利专业业务实力及其他相关专业的综合业务实力。如果选择施工单位、供应商出错，则项目法人对质量的控制会很困难。

质量管理能力审查，主要看投标人的技术水平、装备水平，管理能力；特别是项目负责人、技术负责人的经历、经验，是否圆满完成过与招标项目在类型、规模、结构、复杂程度和所采用的技术以及施工方法等方面相类似项目的经验，或者具有曾经提供过同类优质货物、服务的经验。由于水利建设工程项目的特殊性，实施工程的方案、技术措施、工艺应是先进的同时必须是成熟的。

投标人的人员配备能力审查，主要看承担项目主要人员的学历、经历、管理经验。

投标人的设备配备能力审查，主要看投入相应的设备、机械是否完好。

（四）看财务状况

主要查看投标人的资金总额（包括固定资金数和流动资金数）；最近两年的财务状况、财务年报和资产负债表；开户银行的证明或信誉公司、保险公司的证明；其财产未被接管或冻结；已承担的工程任务，目前的剩余能力；工程建设用流动资金的准备情况。

（五）看认证情况

工程各方参建单位的质量管理体系，如是否经过国际质量管理贯标认证，经过国际质量管理贯标认证的设计、施工等单位的质量管理体系是比较健全的。

（六）看昔日业绩

综合评看各方参建单位过去5～10年的工作经验，尤其是水利专业工程的经验和工作业绩，主要审查投标人完建的工程工期、施工质量情况和用户评价证明；正在执行的合同情况；评价投标人在工程经验方面能否胜任本招标工程的工作。对于专业性很强、特别重要的水利工程建设项目，项目法人在资格预审通知中，提出投标者应具备的施工经验标准。

审查投标人获奖情况，如获取优秀设计奖、大禹奖、鲁班奖等。

（七）看商业信誉

主要看以往工程的质量标准、资信及企业形象、声誉、有无发生过违约行为；在最近几年内有无骗取合同有关的犯罪或严重违法行为；有无串标等违纪行为记录；项目实施质量、服务质量水平和以往履约情况等，将它们作为评标、签订合同的一个重要指标。

在过去的工程建设的合作中，与项目法人有良好的合作记录，信誉好，应作为再次合作的理由。

（八）看其他情况

了解投标人的名称、住所、电话、经营等概况。

第五节 项目法人发布招标公告

招标公告可广泛招揽国内外有名望的投标人前来投标，同时也使无能力的、不合格的投标人知难而退，避免其盲目性。项目法人（招标人）应当对招标公告的真实性负责。招标公告不得限制潜在投标人的数量。

一、招标公告内容

1. 项目概述。包括工程项目名称、建设地点、资金来源、招标内容、招标项目性质、工期要求等。

2. 招标机构。招标机构是项目法人还是代理机构，如果是委托代理机构招标的，应注明该机构的名称和地址。

3. 招标投标要求。发放招标文件的日期和地点；招标文件的价格（每份招标文件售价按 1000~3000 元人民币标准控制）；投标地点和投标截止日期（写清年、月、日、时），开标时间（写清年、月、日、时，一般与投标截止日期只相差 1~2 小时，最多不超过 24 小时）；对投标人的资格（资质）要求。

4. 联系方式。招标单位的地址、电话号码、邮编、传真号码等。

二、招标公告发布媒介

项目法人（招标人）采用公开招标的，应在国家发展和改革委员会指定的媒介发布招标公告。国家计委《关于指定发布依法必须招标项目招标公告的媒介的通知》（计政策〔2000〕868 号）规定："国家计委指定《中国日报》、《中国经济导报》、《中国建设报》和《中国采购与招标网》（http://www.chinabidding.com.cn）为发布依法必须招标项目招标公告的媒介"。

大型水利工程建设项目以及国家重点项目、中央项目、地方重点项目同时还应当在《中国水利报》发布招标公告。

采用邀请招标方式的，招标人应当向 3 个以上有投标资格的法人或其他组织发出投标邀请书。投标人少于 3 个的，招标人应当依照相关规定重新招标。

三、招标公告发布时限

招标公告正式媒介发布至发售资格预审文件（或招标文件）的时间间隔一般不少于 10 日。

第六节 帮助潜在投标人了解有关情况

一、踏勘现场

按照国际惯例，投标人提出的标价一般被认为是在审查投标文件并现场勘察的基础上编制出来的，一旦标价提出并经过开标以后，投标人就无权因为现场勘察不周、情况了解不细或其他因素考虑不全面而提出修改标价、调整标价或给予补偿等要求。项目法人（招标人）在招标文件中应注明投标人进行现场勘察的时间和地点。

项目法人（招标人）和监理工程师应组织购买招标文件的潜在投标人进行现场踏勘，其目的是使投标人进一步了解工程所在地的社会与经济状况，了解自然环境、建筑材料、劳务市场、进场条件和手段、工程地质地貌和地形、当地气象和水文情况、施工条件、住宿和医疗条件、收集施工布置和编制投标文件所需的资料等，并做出详细的记录，作为编制投标书的重要依据。项目法人（招标人）和监理工程师应主动创造各种条件，使得投标人在短时间内方便地完成现场踏勘，为编制投标报价和投标文件奠定基础，项目法人（招标人）和监理工程师现场先口头答复投标人就招标文件和现场踏勘提出的问题。

二、标前会议

标前会议是项目法人（招标人）给所有投标者提供的一次质疑机会，在标前会议上接受投标人对招标文件有关问题要求澄清的函件，对问题进行澄清，并书面通知所有潜在投标人。项目法人（招标人）在回答问题时，展示工程勘探资料，供投标人参考。

三、修改和补遗招标文件

为了所有潜在投标人形成的投标报价能在同一基础上做出，在招标文件要求提交文件截止时间至少15日前，项目法人（招标人）对投标人提出的需要澄清和解决的问题以及项目法人（招标人）查阅招标文件发现的问题，以书面形式进行修改和补遗招标文件，并通知所有潜在投标人，以便所有潜在投标人及时做出反应。

四、书面答复

对于现场踏勘和标前会议投标人口头提出的或以书面形式提出的质疑，项目法人（招标人）以书面方式正式解答和澄清，无论以何种形式提出的质疑，项目法人（招标人）答复均应以书面形式通知给所有购买招标文件并参加现场踏勘的投标人。

投标人提出书面质疑必须在截止投标日期的一定时间（国际招标为42天）内，项目法人（招标人）必须在截止投标日期前的一定时间（国内招标为15天、国际招标为28天）内作出答复。

第七节　开　　标

一、参加单位和人员

开标应在招标公告或者投标邀请书规定的时间、地点公开进行，所有的投标人、项目法人（招标人）和监理单位均应派代表参加，若是公开招标，参加的部门还应有项目法人上级主管部门、当地计划部门、经办银行、公正机关等。必要时贷款单位派代表参加，并在项目法人（招标人）指定的登记册上签名报到。所有参加开标的人，均可以记录或录音开标实况，但不得查阅投标文件。项目法人（招标人）或委托的招标代理机构的代表作为主持人主持开标会议。

二、开标时间

选定开标时间，应当在招标文件中明确规定，一般规定提交投标文件截止的时间即为开标时间，以免造成投标文件失密或被怀疑泄密。

凡在规定的截止时间之后送达的投标文件原则上不予接收，按废标处理，予以原封退回。但迟到的时间不长，而且耽误原因并非投标单位的过失，如交通、自然灾害等不可抗力造成的延误，招标人可以考虑接收迟到的标书。

三、开标

主持人在招标书中规定的时间和地点接受符合招标文件中要求的投标文件。开标程序：

1. 主持人宣布开标人员名单。开标人员至少由主持人、监标人、开标人、唱标人、记录人组成，上述人员对开标负责。确认投标人法定代表人或授权代表人是否在场。宣布投标件开启顺序。

2. 审查投标文件。在评标之前，投标人的代表或项目法人（招标人）委托的公证机关要对投标文件进行全面的检查和审查，主要内容包括：

（1）封装审查。依开标顺序，先检查投标文件密封是否完好，经确认无误后，按投标文件接到时间次序，公开启封投标文件正本。

（2）文书审查。检查投标文件是否齐全，是否按规定填写，有无重大计算错误等，若有上述问题存在，就按废标处理。

（3）技术审查。审查工程项目的规模、规格是否与招标书要求相符，设备的数量、质量、效率、消耗等指标是否达到要求。

（4）商务审查。从成本、财务和经济分析等方面，评定投标报价的合理性和可靠性，估算投标人的中标经济效果。

（5）保金审查。审查招标文件中明确的投标保证金金额是否符合要求，控制标准是：

合同估算价 10000 万元人民币以上，投标保证金金额不超过合同估算价的千分之五；合同估算价 3000 万元至 10000 万元人民币之间，投标保证金金额不超过合同估算价的千分之六；合同估算价 3000 万元人民币以下，投标保证金金额不超过合同估算价的千分之七，但最低不得少于 1 万元人民币。

3. 宣布投标要素。公布投标人名称、投标总价（国际招标要宣读人民币和外币）、投标价格折扣或修改函、投标保函、投标替代方案价格等，并作记录，同时由投标人代表签字确认。

在开标会议上既不允许投标人对投标文件做任何修改或说明，也不允许投标人提任何问题。

4。会后编写开标会议纪要。会后项目法人（招标人）或代理机构对上述工作进行记录，编写开标会议纪要，存档备查。开标会议纪要内容包括：招标工程项目名称、合同号、贷款编号、刊登招标公告日期、发售招标文件日期和地点、购买招标文件投标人的名称、投标截止时间、开标时间和地点、按投标货币表示的投标价格和会议进行情况，以及参加开标会议的单位和人员情况（包括主管部门、招标人、招标代理机构、监理单位、贷款单位和投标人的名称及代表的姓名等）。

第八节 评 标

一、评标有关规定与说明

（一）评标原则

1. 最低标原则：只要投标文件符合要求，选取最低报价者中标。但最低标原则风险较大。

2. 合理低标原则：选择报价合理且较低的投标人为中标对象。

（二）评标方法

评标方法即比标，对各个投标人的标价逐一进行比较，主要包括：综合评分法，综合最低评标价法，合理最低投标价法，综合评议法，两阶段评标法五种方法。

1. 综合评分法。评标委员会根据评标标准确定的每一投标不同方面的相对权重（得分），在对标书进行横向比较的前提下，对每一标书进行打分，得分最高的投标即为最佳的投标，可作为中选标段。一般适应于勘察、监理和技术较复杂的施工项目招标。

2. 综合最低评标价法。评标委员会根据评标标准确定的每一投标不同方面的货币数额，对投标文件进行横向比较，将投标标价以外的投标因素货币化，然后将这些货币数额与投标标价相加。相加估值后价格（评标价）最低的投标可作为中选标。

3. 合理最低投标价法。即能够满足招标文件的各项实质性要求，除低于其个别成本的外，投标价格最低的投标即可作为中选标。《水利工程建设项目招标投标管理规定》第三十六条规定：施工招标设有标底的，评标标底可采用招标人组织编制的标底（A）；以全部或部分投标人报价的平均值作为标底（B）；以标底（A）和标底（B）的加权平均值作为标底；以标底（A）值作为确定有效标的标准，以进入有效标内投标人的报价平均值作为标底。

施工招标未设标底的，按不低于成本价的有效标进行评审。

（三）评标标准

评标标准是指评标时对投标文件进行审查的标准，即如何运用这些标准来确定中选的投标文件。评标标准分为技术标准（是指从有利于项目建设出发，制订衡量投标人的投标文件中规程、规范引用，实施方案，方案的可操作性、先进性等方面的衡量方法）和商务标准（是指投标人的投标文件中，有关投标人的财务、商誉状况、报价、资金分配等方面的衡量方法）。

《水利工程建设项目招标投标管理规定》第三十四条规定：技术标准和商务标准一般包含以下内容：

1. 勘察设计评标标准。投标人的业绩和资信；勘察总工程师、设计总工程师的经历；人力资源配备；技术方案和技术创新；质量标准及质量管理措施；技术支持与保障；投标价格和评标价格；财务状况；组织实施方案及进度安排。

2. 监理评标标准。投标人的业绩和资信；项目总监理工程师经历及主要监理人员情况；监理规划（大纲）；投标价格和评标价格；财务状况。

3. 施工评标标准。施工方案（或施工组织设计）与工期；投标价格和评标价格；施工项目经理及技术负责人的经历；组织机构及主要管理人员；主要施工设备；质量标准、质量和安全管理措施；投标人的业绩、类似工程经历和资信；财务状况。

4. 设备、材料评标标准。投标价格和评标价格；质量标准及质量管理措施；组织供应计划；售后服务；投标人的业绩和资信；财务状况。

（四）无效标和废标

1. 无效标。《水利工程建设项目招标投标管理规定》第四十五条规定：招标人对有下列情况之一的投标文件可以拒绝或按无效标处理：

投标文件密封不符合招标文件要求的；逾期送达的；投标人法定代表人或授权代表人未参加开标会议的；未按招标文件规定加盖单位公章和法定代表人（或其授权人）的签字（或印鉴）的；招标文件规定不得标明投标人名称，但投标文件上标明投标人名称或有任何可能透露投标人名称的标记的；未按招标文件要求编写或字迹模糊导致无法确认关键技术方案、关键工期、关键工程质量保证措施、投标价格的；未按规定交纳投标保证金的；超出招标文件规定，违反国家有关规定的；投标人提供虚假资料的。

2. 废标。《评标委员会和评标方法暂行规定》有关规定：

在评标过程中，评标委员会发现投标人的报价明显低于其他投标报价或者在设有标底时明显低于标底，使得其投标报价可能低于其个别成本的，应当要求该投标人作出书面说明并提供相关证明材料。投标人不能合理说明或者不能提供相关证明材料的，由评标委员会认定该投标人以低于成本报价竞标，其投标应作废标处理。

评标委员会应当审查每一投标文件是否对招标文件提出的所有实质性要求和条件作出响应。未能在实质上响应的投标，应作废标处理。

下列情况属于重大偏差作废标处理：没有按照招标文件要求提供投标担保或者所提供的投标担保有瑕疵；投标文件没有投标人授权代表签字和加盖公章；投标文件载明的招标项目完成期限超过招标文件规定的期限；明显不符合技术规格、技术标准的要求；投标文件载明的货物包装方式、检验标准和方法等不符合招标文件的要求；投标文件附有招标人不能接受的条件；不符合招标文件中规定的其他实质性要求。

因有效投标不足三个使得投标明显缺乏竞争的，评标委员会可以否决全部投标。

（五）中标条件

条件1：能够最大限度地满足招标文件中规定的各项综合评价标准。

条件2：能够满足招标文件的实质性要求，并且经评审的投标价格合理最低；但投标价格低于成本的除外。

二、成立评标委员会

评标委员会对评标全权负责，并在中标结果确定前保密。评标委员会由项目法人（招标人）的代表和有关技术、经济、合同管理等方面的专家组成。成员人数为7人以上的单数，其中专家（不含招标人代表人数）不得少于成员总数的三分之二。与投标人有利害关系的人应当回避，不得进入相关项目的评标委员会，已经进入的应当更换。

《水利工程建设项目招标投标管理规定》有关规定：评标专家的选择应当采取随机的

方式抽取。根据工程特殊专业技术需要，经水行政主管部门批准，招标人可以指定部分评标专家，但不得超过专家人数的三分之一；公益性水利工程建设项目中，中央项目的评标专家应当从水利部或流域管理机构组建的评标专家库中抽取；地方项目的评标专家应当从省、自治区、直辖市人民政府水行政主管部门组建的评标专家库中抽取，也可从水利部或流域管理机构组建的评标专家库中抽取。

当项目由于科研、技术特别复杂，采取随机抽取方式确定的专家不能胜任评标工作，或者只有少数专家能够胜任时，项目法人（招标人）可以直接指定部分评标专家，但必须经相应部门批准。

三、评标程序

1. 第一步：招标人宣布评标委员会成员名单并确定主任委员。招标人（或行政监督人员）宣布有关评标纪律。

2. 第二步：在主任委员主持下，根据需要，讨论通过成立有关专业组和工作组。

3. 第三步：听取招标人介绍招标文件。

4. 第四步：组织评标人员学习评标标准和方法。

5. 第五步：经评标委员会讨论，并经二分之一以上委员同意，提出需要投标人澄清的问题，以书面形式送达投标人；对需要投标人澄清的问题，投标人应当以书面形式送达评标委员会。

6. 第六步：评标委员会按照招标文件确定的评标标准和方法对投标文件进行评审。

（1）初评。初评阶段对所有投标人的投标文件做综合评价，初选出几家具有竞争力的投标人，供下阶段评审。初评分为八个方面：

一方面：核查投标报价。对有计算错误的报价进行修正。如果文字量和数字量不一致，以文字量为准；如果《工程量清单》中的任一项目的单价与其工程量的乘积与该项目的总价不一致，以单价为准，并对总价进行修正，当经招标人与投标人共同核对后认为单价有明显的小数点错位时，则应以总价为准，对单价进行修正；如果分组工程量清单中的合计金额与投标汇总表中的金额不一致，以修正计算错误后的各分组工程量清单中的合计金额为准，然后按投标报价的高低进行排队。

二方面：评定投标文件的完整性和响应性。完整性评定主要是对投标报价书和合同格式及内容是否按招标文件要求填报；响应性评定主要看投标文件是否实质性偏离了招标文件的所有项目、条款和技术规范，如果投标文件对招标文件有实质性的偏离或保留，招标人将拒绝其投标。

三方面：评定法律手续和企业信誉。核查投标人所在国或所在地注册的实体公司的真实性。国内投标人应有注册证明和企业的资质等级证明国外投标人要有所在国的注册证明及我国驻外使馆经参处的证明，证明其是否是合法的开业公司。同时核查法定代表人对投标人是否按招标文件规定给予授权，并应有公证机关证明。

企业信誉的评定，主要看企业已实施合同的执行情况，业主是否满意，或诉讼等方面的记录。

四方面：评价财务能力：一看，企业的年生产能力分析承担本工程的履约能力；二看，年完成本工程计划资金量与净流动资产比率指标，衡量投标人是否有足够的营运资本来履行本合同；三看，用长期平衡系数指标衡量投标人目前自有资产对承包本工程的保证程度；四看，用债务比例、受益与利息比例衡量企业还债能力和举债经营的限度；五看，用速动比率指标测定企业迅速偿还流动负债能力；六看，用销售利润率和资产利润率指标衡量企业获利能力；七看，用银行提供的资信证明了解投标人在金融界的信誉及银行对投标人所持的态度。

五方面：评价施工方法的可行性和施工布置的合理性。评定投标人选用的施工方法是否可行，施工布置是否合理，是否符合工程实际情况，应变能力是否强等；并比较其优缺点，提出存在的问题，以便进一步澄清。

六方面：比较施工能力和经验。对各投标人拟派到现场的项目经理、总工程师、高级专业工程师、施工工程师和经济师等主要管理人员资力、经验和语音能力等进行评价；对现场机构的设置进行评价；对实施本工程项目投入现有设备、拟购设备和拟租用设备等名称、规格、型号、产地、新旧程度、价值、数量、出厂日期等进行评价；对已建成或在建或已承诺的类似本工程的项目状况进行评价。通过上述评价看企业的施工能力和经验。

七方面：评价保证工程进度、质量和安全等措施的可靠性。

八方面：评价投标报价的合理性。用招标人核定的标底或成本价为依据，分别评价投标人的投标报价。特别要以《工程量清单》中各主要项目的投标单价对比相应项目的标底单价。从监理工程师编制的施工规划与投标人编制的施工方法说明中，评价高低差的合理性，如果主要项目单价差过大，且不合理，或者投标人的投标报价低于成本价时，招标人可以按废标处理。如果投标价格合理，且不低于成本价格时，按投标价格大小顺序排队，选择较低的 3 至 4 个投标人计入终评。

（2）终评。终评是对经初评有竞争优势的潜在中标候选人进一步全面审评，确定最终中标人。首先要求投标人澄清疑问。对进行终评投标人的投标文件中存在的问题，以书面的方式分别发给投标人，投标人应以书面方式作出澄清答复，答复后召开澄清会议，招标人和投标人分别进行面对面的澄清，澄清会议结束后，开始终评。终评分为三个环节：

环节一：复审投标人资格。此阶段主要对投标人的资质、施工企业的信誉、财务状况进行复审，如果资格条件发生实质性的改变时，项目法人（发包人）有权取消其投标或中标资格。

环节二：复评投标人能否满足招标文件实质性要求。在初评的基础上，进一步核查施工方法、施工布置、施工能力、施工经验、施工进度、安全措施等，如有实质性改变，项目法人（发包人）有权取消其投标或中标资格。

经过上两方面的复审、复评，投标候选人不足 3 家时，应从淘汰的投标人中补进。

环节三：计算投标价格。经过上述评审合格的投标人，进行计算经评审的投标价格。在评标过程中，按以下方式调整投标价格以确定每份投标评估后的评标价：一是检查在计算上的错误；二是扣除工程量清单汇总表中的暂定金额即备用金、关税、不可预见费（如果有的话），但应包括计日工（参与投标竞争）；三是将可支付的投标价格的各种货币额转换为人民币，转换比率以指定的开标日期前 28 天由中国银行信息中心公布的卖出价为准；四是对投标人按投标价格（不包括暂定金额和不可预见费）的 0% ~ 12% 申请的预付金额，及可使业主产生的费用变化，并计算随时间可定量变化的货币费用以月为单位计入纯现金流项，再按指定日期（开标日期前 28 天）及 10% 的年贴现率折成现值，然后加到投标人的投标价格中，用作比较；五是对没有在投标价格或其他调整中反映的任何其他可接受的且可用货币数量表示的变更、偏离作适当的调整。

7. 第七步：确定中标候选人推荐顺序。通过初评和终评，对能够满足招标文件实质性要求的潜在中标候选人，按经评审的投标价格高低进行排队，以最低的价格投标人推荐为第一中标候选人，第二低价格的投标人为备补中标候选人。

8. 第八步：编制评标报告。评标结束后，评标委员会向招标人提出书面评标报告，在评标委员会三分之二以上委员同意并签字的情况下，通过评标委员会工作报告，并推荐合格的中标候选人，评标工作结束。评标委员会工作报告附件包括有关评标的往来澄清函、有关评标资料及推荐意见等。

评标报告是评审阶段的结论性报告，主要为项目法人定标提供参考意见。主要包括：招标过程简况，参加投标单位总数及被列为废标的投标单位名称，重点叙述可能中标的几份标书。

四、确定中标人

项目法人（招标人）根据评标委员会提出的书面评标报告和推荐的第一中标候选人确定中标人。招标人也可以授权评标委员会直接确定中标人。由于中标人的原因放弃中标时，项目法人（招标人）可以确定次候选人为中标人，但要向有关水行政主管部门备案。

国际上公开招标通用的定标办法是：只要招标文件符合要求，应选择报价最低者中标；我国规定的定标办法是：选出报价低且合理的投标人中标。

五、发出中标通知书

中标人确定后，项目法人（招标人）向招标人发出中标通知书，并将中标结果通知所有投标人。因中标通知书具有法律效力，且是合同文件的组成部分，在采用代理招标时，中标通知书也应由项目法人（招标人）发出，不应由代理机构发出。

六、提交总结报告

项目法人（招标人）在确定中标人后，应当在 15 日之内按项目管理权限，向水行政主管部门提交招标投标情况的书面总结报告。

七、履约保证金

在签订书面合同之前，项目法人（招标人）向中标人收取履约保证金。此部分内容详见本章"项目法人合同管理"。

第九节　签订书面合同

自中标通知书发出之日起 30 日内，招标人和中标人应当进行合同谈判，并按照招标文件和中标人的投标文件订立书面合同，中标人提交履约保函。

签订书面合同内容不得要求投标人承担招标文件以外的任务或修改投标文件的实质性

工期、报价、材料供应、单价等内容。招标人和中标人不得另行订立背离招标文件实质性内容的其他协议。

《水利工程建设项目招标投标管理规定》第五十四条规定：当确定的中标人拒绝签订合同时，招标人可与确定的候补中标人签订合同，并按项目管理权限向水行政主管部门备案。

第十节 项目法人在招标过程中的工作重点

项目法人对工程项目的立项、筹资、建设、生产经营、还本付息及资产的保值增值的全过程负责。项目法人在招标投标过程中，在遵守国家法律、法规的前提下，主要工作重点如下：

一、确保前期工作完善

前期工作要确保完善，特别是设计概算内容要全面，如果设计概算内容不全面或概算本身存在问题，靠压低报价来实现投资控制，容易导致工程质量低下。

二、确保分标内容合理

一个工程项目是否需要分标、分几个标，需要分标时，标与标之间的界线如何设定，不但是技术问题、经济问题，也是管理上的问题，必须综合分析，从管理效率高、经济成本低和质量有保证来确定。否则将会给工程建设带来很多麻烦。

三、严格把关招标文件编制

在编制招标文件时，项目法人应严格把关招标文件的质量，有标准示范文本的要使用标准示范文本，没有标准示范文本的尽可能采用成熟的条文，文件之间应可以相互说明和补充，避免相互矛盾，必要时请合同和技术专业人员审查，实行建设监理的可以委托监理单位审核。

四、确保评标原则和标准要合理

项目法人应确定合理的评标原则和标准，对于低于成本价中的标，在工程实施时，容易造成高价索赔。因此，项目法人应对投标报价进行必要的限制，对投标报价的合理性进行确定。

第十一节 招标投标中存在的常见问题

一、资格预审违规

体现在：有的项目法人（招标人）在资格预审时，超过招标项目的自身要求，故意抬高项目的技术指标，从而达到排斥其他潜在投标人、让某一特定的投标人中标的目的；有的项目法人（招标人）在招标时无投标人资格预审文件和成果；有的项目法人（招标人）

在招标预审文件中规定，对本地区的潜在投标人和其他地区的投标人适用不同的资格评审标准，造成对其他地区投标人的歧视待遇；有的招标机构对潜在投标人资质要求偏低，对中小河流治理工程等水利工程，要求投标人资质"具有水利水电工程施工总承包贰级及以上施工资质"，导致不具备合格资质的单位承建工程建设；有的项目法人（招标人）不公开资格预审程序和标准，暗箱操作，使资格预审处于不公开、不透明的状态，使得招标工作丧失公平性。

二、招标文件编制不规范

体现在：有的项目法人（招标人）编制的施工标标底中，缺少标底编制人员资格的说明、标底编制说明、分组工程计算表和工程单价分析表等，使编制的施工标标底资料不完整；有的项目法人（招标人）在组织材料采购招标时，招标文件中未载明技术要求、投标人资质标准和材料报价等实质性内容；有的招标文件标底编制人员未加盖水利造价工程师印章；有的招标代理机构编制的招标文件未采用示范文本，且规定"本工程业主不支付工程预付款"；有的项目法人（招标人）在招标文件中仅有"评标办法"，无"评标标准"；有的项目法人（招标人）在施工监理招标文件中，未载明评标使用水利工程监理标打分明细表；有的招标文件中无详细的技术条款。

三、招标行为不规范

体现在：有的项目法人（招标人）未按规定与招标代理机构签订招标代理合同；有的招标代理机构未在国家指定的新闻媒体上发布招标公告；有的项目法人（招标人）未严格执行招标活动有关时限的规定，提交投标文件时间间隔少于规定的20天；有的招标代理机构在招标过程中擅自取消在"招标信息和招标文件中"载明的工程项目，也未按规定提出此修改的书面通知书；有的项目法人（招标人）以直接委托的形式确定中小河流治理主体工程施工单位；有的项目法人（招标人）在招标文件中违规增加招标内容，将属于建设单位设备购置的计算机、经纬仪、水准仪等项目和招标前已经完成的防汛公路项目列入工程量清单中，挤占了主体工程建设投资。

四、评标不规范

体现在：有的评标委员会专家评委比例不足；有的评标委员会提交的"招标评标决议"，缺少对投标人的业绩、资信、总监素质和能力、资源配置等评价；有的评标委员会提交的评标报告无全体评委签名；有的施工招标评标委员会提交的"评标报告"，缺少基本情况、开标记录等内容；有的评标委员会提交的"水利工程施工招标情况总结报告表"，缺少招标范围、招标方式、评标标准和方法、合同主要条款等内容；有的项目法人（招标人）未向上级水行政主管部门提交招标投标情况的书面报告。

五、中标单位行为违规

体现在：有的中标单位既是施工单位又是监理单位，存在"同体"现象；有的中标单位将承包的全部工程分包给其他单位施工，未在施工现场设立项目管理机构，未对该工程的施工质量、进度及安全进行组织管理，其实质构成了转包。

第六章　合同管理内容

合同是在平等主体的法人、自然人、其他组织之间设立、变更、终止民事权利义务关系的协议。水利工程建设工程合同是发包方和承包方为完成拟定的建设工程项目而设立、变更、终止义务关系的协议。合同管理是高难度、高精度的工作，是水利工程建设项目管理的核心，贯穿于水利工程项目建设全过程的始终。

第一节　合同管理概述

工程建设项目合同管理的目的：对于业主方，是为完成水利工程建设任务、实现工程效益；对于承包方，是为完成水利工程建设任务、为企业获取利润。

合同管理对工程质量管理、工程进度管理、工程成本管理起总支配、总控制作用，合同管理是确保合同正常履行、维护合同双方正当权益，全面实现工程项目建设目标的关键性工作。

一、合同分类

按照合同分类方式不同，其种类也不同。

1. 按合同联系结构划分。分为总承包合同与分承包合同。

2. 按工程内容划分。分为勘察合同、设计合同、施工合同、监理合同、设备及材料采购合同等。

3. 按计价方式进行划分。按计价方式进行划分是工程建设项目合同最常用的分类方式，分为总价合同（固定总价合同和调整总价合同）、单价合同（固定单价合同和调整单价合同）、成本加酬金合同三类。

（1）总价合同。

①固定总价合同：合同以固定的总价形式确定。此种合同是在已基本完成设计工作的基础上、在工程量和工程范围十分明确或能清楚计算的前提下确定合同总价，在承包方接收总价后，合同双方签订合同。在实施中，工程范围变化不大，或其变化在工程总价允许范围之内，相对于承包方风险较小。此种合同形式适合于工期较短、对工程要求十分明确的项目。此种合同形式比较常用。

②调整总价合同：调整总价合同，是在报价及签订合同时，以招标文件要求及当时的物价水平计算总价而签订的合同。此种合同的特点是在合同执行过程中，由于物价浮动引起工料成本增加达到或超出一定限度时，合同总价也进行相应调整。这种合同，业主承担了通货膨胀而带来的风险。此种合同适合于建设工期较长（1年以上）的工程。

（2）单价合同。

①固定单价合同：合同以固定的单价形式确定。此种合同是在设计工作还未完成、在工程地质等情况不清楚、工程量和工程范围不明确或无法计算的前提下先确定合同单价，

在承包方接收单价后，合同双方签订合同。在实施中，工程范围或工程量变化较大，合同双方无法预测，由工程固定的单价适当追加合同内容。此种合同形式便于评标、议标。此种合同形式比较常用。

②调整单价合同：调整单价合同与调整总价合同形式基本相同。此种合同的特点是在合同执行过程中，由于物价浮动引起工料成本增加达到或超出一定限度时，合同单价也进行相应调整。这种合同业主承担了通货膨胀带来的风险。此种合同适合于建设工期较长（1年以上）的工程。

（3）成本加酬金合同。成本加酬金合同也称为成本补偿合同，即业主向承包方支付实际工程成本中的直接费，及按事先协议好的某一种方式或一定比例，支付给承包方管理费以及企业利润的一种合同方式。此种合同适合于工程内容及其技术、经济指标尚未完全确定而又急于上马的工程，以及施工风险很大的工程可采取这种合同。缺点是发包单位对工程总造价不易控制，而对承包方而言，成本直接费越高、管理费或企业利润也越高，所以承包方在施工中以任意加大工程量的方法追求高利，而不去精打细算。

二、合同管理内容和措施

广义的合同管理是对工程合同的签订、履行、变更和终止进行监督、检查和考核，对合同争议与纠纷进行调解和处理，以保证工程合同依法订立和全面履行；狭义的合同管理是对合同文件、工程付款、合同变更控制、违约处理、施工索赔以及工程风险分摊等进行管理。

（一）合同管理内容

1. 签约前业主方、承包方合同管理的内容。签约前业主方合同管理的内容：业主方应搞好工程项目的可行性研究和设计，编制有利的招标文件（含合同文件），选择理想的承包商签订合同。

签约前承包方合同管理的内容：承包方应搞好投标可行性分析，编制有利的投标文件，签订有利的合同。

2. 签约后业主方、承包方合同管理的内容。签约后业主方、承包方合同管理的内容：深入研究国家法律、法规与项目合同；履行项目合同约定；认真进行合同变更与合同价管理；合理对待索赔，并进行索赔管理；充分认识到合同的风险性，并进行合同风险管理；理性对待合同争端，并进行合同争端管理；加强合同文档管理。

（二）合同管理措施

通过合同管理保证中小河流治理等水利工程建设顺利实施，合同管理实施措施如下：

措施1：建立、健全各级水行政主管部门的合同管理机构，明确各自职责和分工。明确项目法人和各有关单位的合同管理任务。

措施2：加强培训，全面提高各级水行政主管部门、项目法人和相关单位合同管理人员的合同管理水平。

措施3：为了加强合同的宏观管理，应制订水利工程建设项目合同管理的各项规章制度，如水利工程合同管理月报制度、大中型水利工程合同备案制度。

凡是列入大中型水利基建工程和列入各级基建管理的工程（小型水利工程的合同管理制度由各市自行规定），主管部门审批工程建设项目开工报告时，项目法人应将建设项目的有关合同按审批权限报送主管部门备案，凡未附送合同备案的，主管部门不批开工报告。

三、合同内容相互解释顺序

合同文件应能互相解释、互为说明，除合同另有约定外，其相互解释顺序如下：协议条款→合同条件→洽商、变更等明确双方权利和义务的纪要协议→招标承包工程的中标通知书、投标书和招标文件→工程量清单或确定工程造价的工程预算书和图纸→标准、规范和其他严格技术资料、技术要求。

四、合同管理在工程建设中的作用

合同管理贯穿于水利工程建设项目建设全过程始终，从合同策划、合同条件选择、合同类型确定，到合同履行，最终到合同终止。项目法人合同管理包括设计合同、监理合同、施工合同、法律咨询合同、质量监督合同的管理，其在工程项目建设中的作用如下：

1. 确定工程建设和管理的目标。
2. 是建设过程中双方一切活动的准则，合同约定只要不与法规矛盾，应是至高无上的。
3. 是计量支付、风险的分担解决的依据。
4. 是合同纠纷、协调各方行为的手段。

第二节 中小河流治理等水利工程合同的订立

中小河流治理等水利工程建设的各类合同均应以书面形式订立。合同双方依法可以委托代理人订立合同，禁止假冒其他单位名义签订合同。

一、合同谈判

合同谈判是工程合同签订双方对是否签订合同以及合同具体内容达成一致的协商过程。

（一）合同谈判依据

合同谈判主要依据有关法律法规、《通用合同条款》、合同双方工作情况和施工场地情况、招标文件和中标通知书。

（二）合同谈判主要目的

合同谈判主要目的包括以下几方面：一是争取合理的价格包括潜在价格、调价、变更价等；二是争取合理工期包括总工期、分工期等；三是确认与设计、施工方案相对应的图纸资料；四是修订、补充改善合同条款，主要是争取修改过于苛刻的不合理条款，澄清模糊的条款，增加保护自身利益的条款。

（三）合同谈判准备工作

合同谈判的基础工作与准备工作主要包括：首先确定合同最佳目标、最后防线等谈判目标；选定对工程建设项目情况熟悉、本人判断准确、思维敏捷、反应迅速的谈判人员；充分分析对方的条件、要求、策略等情况；对谈判结果进行预估并拟定相应对策，然后进行资料准备和数据准备。

（四）合同谈判内容

1. 工程范围。工程范围包括施工、设备采购、安装和调试等，在签订合同时要做到范围清楚、责任明确，否则可能导致报价漏项。

2. 合同文件。应将双方一致同意的修改意见和补充意见整理为正式的"附录"，并由双方签字作为合同文件的组成部分；将投标前发包方回应各承包方质疑的书面答复作为合同的组成部分；应注明"同时由双方签字确认的图样属于合同文件"。

3. 自然条件。不可预见的自然条件和人为障碍问题，应在合同中明确界定"自然条件和人为障碍"内容。

4. 工程工期。要保证工程按期竣工，首先要保证按时开工，合同中应将影响开工的因素列入合同条件之中，并规定现场移交测量图样、文件和各种测量标志的时间和移交内容。

5. 材料问题。合同中应规定监理工程师或发包方审批的材料样品答复期限。

6. 工程质量。关于工程质量检查问题，应在合同中具体规定工程检验制度，特别要规定是对需要及时安排检验的工序的时间限制。

7. 其他问题。其他问题，诸如工程维修、工程变更和增减、关于争端等需要在合同中说明的，均需在合同中明确。

（五）合同谈判技巧

合同谈判是一门艺术，不是简单的机械性工作，在合同谈判过程中，掌握合同谈判策略和技巧，是合同谈判成功的关键。合同谈判技巧主要包括4方面。

1. 艺术控制谈判进程。工程建设项目的谈判涉及诸多需要讨论的事项，各谈判事项的重要性并不相同，谈判双方对同一事项的关注程度、侧重点也不同。谈判者应善于掌握谈判进程，在充满合作、友好的气氛中，展开增加所关注的议题，从而达到有利于自己的谈判目的；在气氛紧张时，应艺术地引导谈判进入双方具有共识的议题，达到缓和气氛、缩小双方差距、推进谈判的目的。

谈判者应懂得合理分配谈判时间，不要过多拘泥于细节问题，达降低交易成本的目的。

2. 合理分配谈判角色。将谈判团按照每个人的性格特征，分别办成不同角色，有的唱黑脸，有的唱白脸，有的进攻，有的防守，密切合作，以达到事半功倍的效果。

3. 密切注意谈判气氛。谈判各方存在利益冲突，兵不血刃达到自己的目的是不现实的，谈判者要密切注意谈判气氛，在双方意见分歧严重、交锋激烈时应采取润滑、舒缓措施，缓解气氛，如使用饭桌谈判方式等。

4. 充分利用专家作用。人的能力有限，不可能成为各方面的行家里手，而工程谈判又涉及广泛的学科领域，因此，谈判者应充分发挥各领域专家的作用，既可以在专业问题上获得技术支持，又可以利用专家的权威给对方施加心理压力。

二、合同订立原则和格式

（一）订立原则

1. 完备性原则。合同订立应本着内容齐全、具体、详细、条款完整的原则，应对工程实施过程中可能出现的情况进行预测、说明和规定，防止发生争执和扯皮。

2. 一致性原则。合同订立应强调双方的合作和双方利益的一致性；强调诚实信用，互相信任；强调发挥各方面的积极性、创造性，保护双方的利益；强调公平合理，共同分担风险、分担工作和责任，工作和报酬之间应平衡。

3. 控制性原则。订立合同的目的是为了对工程项目进行控制和良好的管理，因此，订立合同应设计良好的、适用的质量管理程序、账单审查程序、付款程序等工作程序和系统的控制方法，要符合工程管理需要，以达到对工程实现有效的控制。

4. 通俗性原则。订立合同尽量使用工程语言，做到文体清晰、简洁、易读、易懂，文本更接近实际工程，使合同条款能让工程建设有关人员看懂、看明白，利于解决合同争执。

（二）合同格式

中小河流治理工程等水利建筑工程合同订立的内容和格式，应符合水利部、国家电力公司、国家工商行政管理局联合发布的合同示范文本。凡列入国家或地方建设计划的大中型水利水电工程（小型水利水电项目参照使用）必须使用示范文本。

监理合同应采用《水利工程建设监理合同示范文本》（GF—2000—0211）。

施工合同应采用《水利水电土建工程施工合同示范文本》（GF—2000—0208）。《水利水电土建工程施工合同示范文本》（GF—2000—0208）分为《通用合同条款》和《专用合同条款》两部分。《通用合同条款》应全文引用，不得删改。若确因工程的特殊条件需要变更《通用合同条款》内容时，应按工程建设项目的隶属关系报国家有关业务主管部门批准；《专用合同条款》则应按其条款编号和内容，根据工程实际情况进行修改和补充。

三、合同订立时间

项目法人与监理单位、施工等单位应在发出中标通知书后15日内，按标书内容和中标金额签订相关合同。合同自双方签字盖章后即成立并生效。

四、中小河流治理工程合同主要内容

中小河流治理工程建设主要合同包括勘察、设计合同，施工合同，施工监理合同，招标代理合同。

1. 勘察、设计合同主要内容。工程勘察、设计合同是项目法人（发包人）与勘察、设计等承包人为完成特定的工程建设项目的勘察、设计任务，确定双方权利、义务关系的协议。勘察、设计合同的主要内容应包括提交有关基础资料和文件（包括概预算）的期限、质量要求、费用以及其他协作条件等条款。

2. 施工合同主要内容。施工合同是项目法人（发包人）与施工单位等承包人为完成特定的工程建设项目的施工建造任务，确定双方权利、义务关系的协议。施工合同的主要内容应包括投标承诺、工程范围、建设工期、工程质量、工程造价、技术资料交付时间、材料和设备供应责任、拨款和结算、竣工验收、质量保修范围和质量保证期、履约保证金额度及违约责任、双方相互协作等条款。

3. 监理合同主要内容。工程监理合同是项目法人（发包人）与工程监理等承包人为完成特定工程建设项目的施工监理任务，确定双方权利、义务关系的协议。监理合同的主要内容应包括工程基本情况、建设工期、监理酬金额度及支付方式、监理内容、监理大纲（监理规划）、双方的权利、责任和义务等条款。

4. 招标代理合同主要内容。招标代理合同的主要内容应包括工程概况、委托范围、委托代理的事项、委托人及代理人的权利和义务、代理费、委托期限及时间要求、争议解决等条款。

第三节　项目法人在合同管理中主要工作

中小河流治理工程等水利工程的合同管理主要依据项目法人组织实施，项目法人通过合同分别与设计、监理、施工、材料设备供应商、咨询单位、招标代理机构等建立协作关系，使各参建单位紧密地联系成一个整体，共同参与工程项目建设管理。项目法人在合同管理中的主要工作如下：

一、建立合同管理体系

1. 建立合同管理机构。督促各个参建单位建立完善的合同管理机构，形成合同管理的有效机制，对项目管理人员落实合同管理责任。

2. 实行合同目标管理。水利部《关于印发〈全国中小河流治理项目资金使用管理实施细则〉的通知》（水财务〔2011〕569 号）第十七条规定："项目法人要按照《合同法》的规定加强合同的订立、履行、保管等管理。项目财务部门应参与合同谈判，合同条款中涉及的合同价款、支付条件、结算方式、支付方式、支付时间等内容，必须经财务部门审核同意"；"要加强建设工程承包合同管理。合同中应明确规定预付工程款的数额、支付时限及抵扣方式；工程进度款、工程竣工价款的支付方式、数额及时限；工程质量保证（保修）金的数额、预扣方式及时限；变更、纠纷的处理以及与履行合同、支付价款相关的担保事项等"。

项目法人应确定合同管理的任务、手段、目标和责任，并将其细化、分解、落实；明确合同实施目标，即安全管理、质量控制、进度控制、投资控制、环境保护等合同目标。

3. 建立合同管理工作程序。合同管理工作程序主要包括：单项工程开工申请和批准程序；设备、材料进场检验程序；隐蔽工程、已完工程的检查验收程序；工程计量、签认程序；工程支付的审查程序；图纸审查和批准程序；工程变更程序；合同调价程序。

二、准确决策履行义务

项目法人在中小河流治理等水利工程建设中，对工程建设的重大问题进行决策，严格按照合同规定的时间和有关要求履行应尽的义务，主要包括：

一方面：按照合同要求，筹集建设资金，满足工程建设需要。

二方面：按照合同要求，落实合同规定的有关施工准备工作，包括提供施工单位进场条件，提供交通、水电、通信、办公场地，解决施工征地及现场场地。

三方面：按照合同要求，提供合同规定的资料，包括按合同规定向施工单位提交施工图纸、指定规范和使用标准，提供工程建设有关的水文、地质、气象资料、测量控制网点等原始资料，根据工程实际变化提供经审定的设计变更通知和图纸。

四方面：按照合同约定的时间向承包人支付工程款，确保满足工程建设进度需要。

三、建立健全制度

项目法人应及时建立健全中小河流治理工程建设项目合同管理制度、中小河流治理工程合同档案管理制度、合同专用章制度等管理制度。

四、依法订立合同

项目法人组织并主持工程建设项目的招标投标工作，遵循合法、平等、互利和协商一致原则，与参与中小河流治理工程建设的勘察、设计、施工、材料及设备采购、工程监理、技术咨询等单位，依法订立有关合同，并做好合同实施过程中的各项管理工作。

在签订的中小河流治理工程建设合同中，应明确履约担保和违约处罚条款和工程质量条款，明确图纸、资料、工程、材料、设备等质量标准及合同双方的质量责任。

五、协调各种关系

项目法人负责向有关主管部门办理国家规定的工程建设有关手续，协调处理工程建设与上级有关部门的关系；协调处理工程建设与当地政府及群众的关系；协调处理各个参建单位之间的关系；协调处理各个标之间的关系；协调处理工程建设与移民搬迁的关系，负责工程建设征地和移民安置，按合同要求及时提供工程建设用地，保证合同顺利实施。

六、收取履约保证金

履约保证金是指招标人要求投标人在接到中标通知后，提交的保证履行合同各项义务的担保。在项目法人与中标人签订合同之前，项目法人向承包方收取合同履约保证金，要求是承包方必须通过银行账户上汇出的并缴纳到项目法人指定的银行账户上的货币资金，合同履约保证金未经项目建设主管部门批准，任何单位和个人不得擅自挪用。凡未按规定缴纳合同履约保证金的项目，项目法人不得与中标人签订合同，项目建设主管部门不得批准施工项目开工申请。

（一）履约保证金形式

履约保证金分为三种形式，在投标须知中，招标人要规定使用哪种形式的履约担保，中标就应当按照招标文件中的规定提交哪种形式的履约保函。

1. 银行保函。银行保函是指由商业银行开具的担保证明。银行保函分为有条件银行保函和无条件银行保函。有条件银行保函是指下述情形：在投标人没有实施合同或者未履行合同义务时，由招标人出具证明说明情况，并由担保人对已执行合同部分和未执行部分加以鉴定，确认后才能收兑银行保函。

无条件银行保函是指招标人不需要出具任何证明和理由，只要承包人违约，就可进行收兑的银行保函。

2. 履约担保书。当中标人在履行合同时违约，由开具担保书的担保公司或者保险公司，用该项担保金去完成中标任务，或者向招标人支付该项保证金。工程采购项目保证金提供担保书形式的，其金额一般为合同价的30%～50%。

3. 保留金。在合同支付条款中，规定一定百分比的保留金，如果中标人未按合同的约定履行义务，招标人将扣除这部分金额作为损失补偿。

　　（二）履约保证金使用

　　承包方在完成合同工程量的三分之二时，项目法人应退还承包人当前合同履约保证金的50%。在竣工验收并办理工程移交证书后半个月内，项目法人应将剩余的合同履约保证金以及保证金利息退还承包人。

　　对因没有履行合同约定的情况，扣减部分合同履约保证金不予退还，用于弥补因承包人违约给项目法人（发包人）造成的损失及相关支出。

　　由于招标人自身原因致使招标工作失败（包括未能如期签订合同），招标人应当按投标保证金双倍的金额赔偿投标人，同时退还投标保证金。

七、跟踪、监控合同实施

　　在中小河流治理工程建设过程中，应对各个合同实施情况进行跟踪，收集合同实施的信息，找出偏离，对合同履行情况作出诊断，并对合同中出现的问题及时采取适当措施。

　　1. 监理合同的监控与管理。选好监理单位，并给予监理单位充分授权，明确建设监理职责，委托监理单位对工程建设合同进行具体管理，并对建设监理的工作进行监督。如果监理单位未按监理合同履行其责任和义务的，项目建设主管部门或项目法人依法追究其责任。涉及扣减监理酬金的，从履约保证金中扣除，不再扣除其监理酬金。监理人给项目法人（发包人）造成的损失超过履约保证金数额的，还应对超出的部分予以赔偿。

　　2. 施工合同的监控与管理。工程承包施工合同的管理，在所有合同管理中的作用最大，它直接关系到工程质量和投资效益。项目法人应加强施工合同的管理工作，监控、督促各个施工单位履行合同义务。以合同文件为依据进行施工合同管理的主要工作包括：

　　项目法人向工地派驻代表或聘请监理单位，依据国家有关法律、法规和签订的合同、履约保证金等监控施工单位履行合同；项目法人按合同要求核查施工单位进场人员的数量、主要技术人员资历和各种技术工人的配备情况，对不合格的人员要求撤换；核查施工设备的名称、数量、规格、交货地点、交货日期和质量是否符合合同专用条款的规定，是否按进度计划进场，核查进场物资材料种类、数量、规格和质量是否符合合同规定的标准，若不符合要求，要求施工单位予以更换；项目法人可以在不妨碍施工单位正常作业的情况下，按照合同要求，随时对工程项目进度、质量进行检查、督查，因施工单位的原因，致使工程质量不符合约定的，项目法人有权要求施工单位在合理期限内无偿修理或者返工、改建。经过修理或者返工、改建后，造成逾期交付的，施工单位应当承担违约责任。

　　施工单位未按建设合同要求履行其责任和义务的，项目建设主管部门或项目法人依法追究其责任。施工单位给项目法人（发包人）造成损失涉及扣减工程款的，从施工单位缴纳的履约保证金中扣除，不再扣除其工程款，造成的损失超过履约保证金数额的，还应对超出的部分予以赔偿。对施工单位未履行合同规定的责任和义务依法追究其责任的，应将处理结果在三天内上报项目建设主管部门。涉及扣除履约保证金的，经项目建设主管部门核实后，按照规定扣除承包人相应的履约保证金。

八、管理合同档案

　　项目法人在进行中小河流治理工程建设合同管理时，应及时对有关合同进行整理归档，保证合同档案的完整性。

九、上报备案材料

项目法人（招标人）与中标人签订的合同协议书应在三日内向项目主管单位上报合同备案材料。送交水行政主管部门备案的材料包括：

材料1：合同双方签订的合同协议书（原件）。

材料2：招标人编制的《招标文件》。

材料3：投标人编制的《投标报价书》或《投标文件》。

材料4：合同签署情况书面报告。

第四节 工程建设各方合同管理主要职责

一、行政主管部门建设管理机构主要职责

行政主管部门建设管理机构合同管理主要职责：宣传贯彻国家、地方政府、上级水行政主管部门的有关合同管理方面的法律、法规、方针政策和规范性文件；依据国家法律、法规制订有关合同管理的办法或实施细则，并组织贯彻执行；指导、监督、检查所负责范围内水利工程合同管理工作，培训建设工程合同管理人员；对合同签订进行指导、审查、监督，检查合同的履行，依法处理存在的问题，查处违法行为；总结交流所负责范围内水利工程合同管理经验；建立合同调解机制，调解、处理所负责范围内水利工程合同实施中出现的纠纷，并依法确认并处理无效合同；监督所负责范围内水利工程合同的签订和履行；接收上级水行政主管部门交办的其他工作。

二、监理单位在合同管理中的主要职责

在中小河流治理等水利工程建设中，工程建设监理受项目法人委托，负责具体的合同管理工作。监理单位在合同管理中的主要职责是：

1. 全面协调、处理中小河流治理工程参建各方工作关系。全面协调、处理中小河流治理工程参建各方工作关系及工程建设和征地移民的关系。针对工程建设过程中出现的具体问题，负责解释或说明合同条款，具体包括技术、经济、商务、法律、税收、劳务等方面的条款。

2. 落实合同规定的有关设计工作等条款。检查设计单位的设计进度和质量是否按合同履行；组织设计单位进行设计图纸交底并负责解释图纸，签发设计变更调整。

3. 落实合同规定的有关施工准备工作等条款。为承包单位提供进场条件，提供合同指定的所有材料和工艺方面的技术标准和要求，提供必要的地质资料、水文气象资料、测量基本数据；审核承包方的各种作业进度计划、月进度计划，全面监督进度计划执行情况，不定期召开承包方生产会议，协调各部位施工进度；审查承包方施工技术措施，批准施工方法和程序；审批确保工程质量的技术措施和工艺详图等；审查认可承包方施工需要的各种临时设施，检查、鉴定、批准工程原材料，解决施工中存在的各种技术问题；调解项目法人（发包方）与承包方的争议；审批各工序质量检查报告，对工程进行抽样检查，

对各单位实验室的各种试验程序与成果进行全面检查。

4. 作好合同变更、索赔的各项工作。

5. 落实合同规定的有关验收工作等条款。组织或主持分部工程验收，组织单位工程、单项工程和阶段验收；组织对施工单位的完工验收，签发工程保修合格证书，协助项目法人申请国家有关部门的竣工验收。

三、设计单位在合同管理中的主要职责

设计单位应按合同规定及时提供设计文件及施工图纸，在施工过程中要随时掌握施工现场情况，优化设计，解决有关设计问题；对大中型工程，设计单位应按合同规定在施工现场设立设计代表机构和派驻设计代表；设计单位应按水利部有关规定和合同规定在工程阶段验收、单位工程验收和竣工验收中，对施工质量是否满足设计要求提出评价意见。

四、施工单位在合同管理中的主要职责

施工单位在合同管理中的职责主要包括：按《施工合同技术条款》规定的内容和期限以及监理机构的指示，编制施工总进度计划报监理单位审批，施工单位根据监理单位审批的施工总进度计划（称为合同进度计划），编制年、季、月进度计划再报监理单位审批，并在每月末向监理单位提交完成工程量月报表。

五、其他单位在合同管理中的主要职责

中小河流治理工程设备供应等其他参建单位在合同管理中的职责，主要是负责履行各自与项目法人（建设单位）签订的合同中所规定的义务，建立各自的合同管理责任制，互相配合，按合同要求及有关规定协调完成各自承担的合同任务。

第五节 合同变更处理

一、合同变更

在中小河流治理工程建设中，合同变更是最普遍的合同管理工作。合同双方应妥善解决工程变更问题。

（一）合同变更分类及处理

合同变更分为：重大工程变更、较大工程变更、一般工程变更。无论哪种工程变更，经过审批后，仍由项目法人委托原设计单位负责完成具体的工程变更设计工作。

1. 重大工程变更。重大工程变更，指涉及总体工程规模、工程特性、工程标准、工程总体布置、工程设备选择及工程完工工期改变等重大问题的工程变更。重大工程变更应经设计单位、监理工程师同意后报项目法人，项目法人再报原审批设计概算的机关审批。

2. 较大工程变更。较大工程变更，指仅涉及单位工程或分部工程的局部布置、结构形式或施工方案改变的工程变更。较大工程变更应经设计单位、监理工程师同意后报项目法人，项目法人再报原审批设计概算的机关审批。

3. 一般工程变更。一般工程变更，指仅涉及分部、分项工程细部结构、局部布置或

施工方案改变，及由于设计条件或设计方案不适应工程施工实际情况或由于设计文件本身的错误或为优化设计目的所提出的对工程设计的调整与修改。一般工程变更应监理工程师按照合同的约定审查同意后报项目法人审批。

（二）合同变更原因

引起工程变更的原因很多，无论何种原因引起的工程合同变更，都可能导致工程费用和施工进度的变化。工程变更原因概括起来主要包括：

原因1：施工现场条件发生变化。

原因2：设计发生变更。

原因3：工程范围发生变化（新增项目）。

原因4：进度协调引起监理工程师发出的变更指令。

（三）合同变更内容

合同变更内容概括起来主要有7项。如果这7项范围内的变更项目未引起工程施工组织和进度计划发生实质性变动，不影响其原定的价格时，则不调整该项目的单价。合同变更内容如下：

变更内容1：增加或减少合同中任何一项工作内容。

变更内容2：增加或减少合同中关键项目的工程量超过一定的百分比。

变更内容3：取消合同中任何一项工作，但被取消的工作不能转为发包方或其他承包人实施。

变更内容4：改变合同中任何一项工作的标准或性质。

变更内容5：改变工程建筑的形状、基线、标高、位置和尺寸。

变更内容6：改变合同中任何一项工程的完工日期或改变已批准的施工程序。

变更内容7：追加为完成工程所需的任何额外工作。

（四）合同变更处理原则

由上述变更原因导致合同内容发生变化的，应及时进行合同变更处理。在项目主管单位批准后，由合同双方协商解决，并及时完善补充合同内容。合同变更处理原则主要分为两方面：

1. 承包方原因引起的合同变更处理原则。原则上承包方在未经批准的前提下不得擅自进行合同变更。

如果确为工程施工需要，对合同的任何项目要求变更时，承包方应将详细的合同变更申请报告提交监理工程师审批（批准的原则必须是技术上可行和经济上合理）。

如果承包方要求的合同变更属于合理化建议性质，合同变更对工程建设有益，承包方应与项目法人（发包方）协商，当建议被采纳后，承包方接到监理工程师发出的变更决定通知后实施，项目法人（发包方）应酌情给予奖励。

如果由于承包方违约等因承包方原因引起合同变更，其增加的费用由承包方承担。造成的工期延误，承包方必须采取适当的赶工措施，确保工程按期完成。

2. 非承包方原因引起的合同变更处理原则。在合同执行过程中，非承包方原因引起的合同变更，使关键项目的施工进度计划托后造成工期延误时，项目法人（发包方）应延长合同规定的工期；如果合同变更使合同工作量减少，项目法人（发包方）可以把变更项目的工期提前。

上述合同变更导致的合同变更价格变化，应按规定进行处理。当完工结算时，如果由于合同的全部变更工作以及工程量与本合同《工程量清单》中列明的估算工程量差值，引起合同价格增减的金额（不包括备用金、物价波动、立法改变的价格调整）的总和超过原合同价格（不包括备用金）15%时，在除了按合同变更工作规定的增减金额外，监理工程师还应考虑合同中承包方的现场费用及总管理费用后，对超过原合同价格15%部分进行调整。监理机构、承包方、项目法人（发包方）三方适当协商后再作确定，并通知承包方、呈报项目法人（发包方）。

（五）合同变更处理程序

监理工程师对合同变更处理，应以合同为依据，公平处理合同双方的利益纠纷。中小河流治理等水利工程施工合同变更处理程序主要包括：

第一步：合同一方（如施工单位等）提出合同变更申请书或建议书，并提交监理机构审核。

第二步：监理机构审核合同变更申请书或建议书，如果同意合同变更，监理机构将合同变更申请书或建议书交项目法人（发包方）审批；如果不同意合同变更，通知施工单位按原计划施工。

第三步：项目法人（发包方）审批合同变更申请书或建议书，如果同意合同变更，应将工程项目变更交设计单位进行变更设计图设计；如果不同意合同变更，返回监理机构通知施工单位按原计划施工。

第四步：设计单位进行变更设计图设计，将设计完工的工程项目变更设计图交监理机构审批、签发。

第五步：监理机构对工程项目变更设计图进行审批、签发。签发后，监理机构将变更设计图交施工单位施工，同时通知施工单位提交变更报价。

第六步：施工单位对合同变更进行报价。

第七步：监理机构审核施工单位合同变更报价，并将报价报项目法人（发包方）。项目法人（发包方）如果同意合同变更报价，项目法人（发包方）进行变更支付；项目法人（发包方）如果不同意合同变更报价，项目法人（发包方）与承包方进行报价协商，协商一致后，再进行合同变更支付。

第八步：项目法人（发包方）进行合同变更支付。如果项目法人（发包方）对合同变更报价不同意，且协商不能达成一致，进入争议解决程序。

第九步：进入争议解决程序。

二、合同索赔

合同索赔是在合同实施过程中，合同当事人根据合同及法律规定，因对方过错，并且由合同对方承担责任的情况所造成的实际损失，依据一定程序向责任承担者提出要求补偿请求。

（一）索赔原则

1. 公平性原则。根据合同有关理论，在大型工程项目中合同双方在法律地位上是平等的，索赔方的合理索赔是补偿性的，责任方仅对自己的责任范围内给对方造成的损害负责。

2. 合意标准原则。合同具有法律地位，合同双方都必须严格遵守。发生合同索赔是因为合同执行者违背了某种合同条款规定，如果没有相应的条款，就需要对合同条款进行分析推演，以得到双方在订立合同时的某种合意，从而确认合同中隐含的某种合同合意，以此合意确定合同索赔的基本出发点。

如果没有这种合意，必须进行新的谈判，订立新的合同或补偿条款对事件风险进行重新分配。

3. 事实原则。处理索赔的依据是事实，事实对确定索赔性质、确定索赔工程量具有十分重要的作用，也是做好索赔的前提条件，因此，合同双方应重视工程信息的收集、整理和保存。

（二）索赔处理程序

第一步：发生索赔事件。

第二步：承包人向监理机构提交索赔意向要求，并提出证据。

第三步：监理机构核查索赔项目记录和资料等索赔证据，合格后通知承包人。

第四步：承包人向监理机构提交正式书面索赔申请报告。

第五步：监理机构审核索赔申请报告，如果需要承包方提交补偿材料，通知承包人提交，然后监理机构再进行审核；如果不需要承包方提交补偿材料，监理机构作出索赔处理决定，并将决定送交项目法人（发包方）、承包人。

第六步：索赔款支付。如果项目法人（发包方）接受索赔条件，项目法人（发包方）支付索赔款；如果项目法人（发包方）不接受索赔条件，进入争议解决程序。

第七步：进入争议解决程序。

（三）索赔解决技巧

在索赔管理中，好的索赔方案不仅会降低事件的处理成本，而且会缩短纠纷解决时间，因此，确定索赔的解决方案和掌握索赔解决技巧十分重要。

1. 先主后次。将不同的索赔事件分类，先解决事实、证据清楚，对其他索赔事件的有影响的索赔事件，后解决事实、证据不太清楚，无关紧要的索赔事件。

2. 组合解决。多项事件组合解决方案，即将多个索赔事件并案处理，拿出一个总的解决办法。对有内在联系的索赔事件，在证据收集上可以相互佐证，可以以一带十，处理索赔比较容易；对一些没有内在联系的索赔事件，采用"合在一起解决"的方案进行索赔处理，能减少很多处理麻烦。

3. 冷静处理。在合同双方争执比较厉害，且索赔事件的证据比较模糊，双方责任的比例很难分辩，这种情况下，应进行"冷处理"，将这个索赔处理事件先搁置起来，待双方或双方中的其中一方急于要求处理时，该方会自己舍弃某些条件，这时，合适的索赔处理机会就来了，在这样的情况下双方意见很容易达成一致，处理索赔也比较容易。

三、合同争议

（一）合同争议原因

水利工程建设项目合同管理中，由于合同管理履行时间比较长和合同当事人对合同条款的不同解释及履行时的不同心态，难免会遇到国际和国内环境条件、法律法规、管理条例、项目法人（发包方）意愿的变化，这些变化是构成合同双方在履行合同上发生争议的主要原因。

（二）争议解决办法

《中华人民共和国合同法》第一百二十八条规定：当事人可以通过和解或者调解方法解决合同争议。当事人不愿和解、调解或者和解、调解不成的，可以根据仲裁协议向仲裁机构申请仲裁。涉外合同的当事人可以根据仲裁协议，向中国仲裁机构或者其他仲裁机构申请仲裁。当事人没有订立仲裁协议或者仲裁协议无效的，可以向人民法院起诉。当事人应当履行发生法律效力判决、调解和仲裁裁决；拒不履行的，对方可以请求人民法院执行。

1. 和解。合同争议的和解方法，是解决合同争议的最好办法，是在双方自愿的基础上，通过友好协商，达成和解协议。

2. 调解。合同争议的调解方法包括社会调解、行政调解、仲裁调解和司法调解，无论采取哪种调解方式，均是在双方自愿和合法的基础上，通过第三方进行的，最终达成争议解决协议。

3. 仲裁和诉讼。合同争议双方不愿意通过和解或调解，或者经过和解或调解不能解决争议时，采取由仲裁机构进行仲裁或由法院进行诉讼审判方式，解决合同争议。

第六节　合同管理中存在的常见问题

一、合同文本使用不规范

主要体现在：有的监理合同和施工合同未采用合同示范文本；有的监理合同大部分专用条款内容未填，双方的权力义务、违约责任、争议解决等重要内容不明确；有的堤防施工合同文本，未使用水利部编制的堤防和疏浚工程施工合同示范文本。

二、施工合同签订不规范

主要体现在：有的项目法人在施工单位没有提供履约保函的情况下签订施工合同；有的工程指挥部代表项目法人签订合同；有的工程部分合同签字人不是法人代表，也无法人代表的授权委托；有的项目法人与既没有法人资格又没有资质的施工单位签订施工合同；有的项目法人签订的施工合同或勘测设计合同或招标代理合同未填写合同金额、项目法人未盖章；有的工程已工期过半，但项目法人仍未签订设计合同；有的项目法人超过规定期限签订施工合同；有的不具备独立法人资格的项目法人派出机构，在未经项目法人授权的情况下，与相关单位签订了合同；有的项目法人未与工程承包联合体签订，而与联合体其中一方签订；有的项目法人签订的勘察合同中未明确委托内容、技术要求及资料提交时间等内容；有的项目法人签订的监理合同均未约定现场监理人员人数、专业，未填写开户银行、银行账号等内容；有的工程签订的施工合同，同一个人代表合同甲、乙方签字。

三、合同执行违规

主要体现在：有的地方财政部门违规核减中标价，项目法人按核减后的价格签订合同；有的项目法人履行合同不严格，单方面减少合同项目；有的施工单位的项目经理及部分主要管理人员发生变更，未报经监理单位及项目法人审查同意。

四、违法分包工程

主要体现在：有的中标施工单位在未经项目法人同意的情况下，将主体工程进行分包，且未签分包合同。

第七章　施工监理管理内容

监理工程师是受项目法人委托，在中小河流治理等水利工程施工现场进行管理的管理者，项目法人的决策和意见通过监理机构向其他工程建设参建单位进行贯彻落实。

第一节　监理分类及监理条件

一、监理分类

按照《水利工程建设监理规定》有关规定，防洪、排涝、灌溉、水力发电、引（供）水、滩涂治理、水土保持、水资源保护等各类工程（包括新建、扩建、改建、加固、修复、拆除等项目）及其配套和附属工程等水利工程建设监理，是指具有相应资质的水利工程建设监理单位，受项目法人（建设单位）委托，按照监理合同对水利工程建设项目实施中的质量、进度、资金、安全生产、环境保护等进行的管理活动。

水利工程建设监理包括水利工程施工监理、水土保持工程施工监理、机电及金属结构设备制造监理、水利工程建设环境保护监理等。

二、监理条件

按照《水利工程建设监理规定》有关规定，水利工程建设项目必须实行建设监理的条件：总投资 200 万元以上，且符合下列条件之一：关系社会公共利益或者公共安全的；使用国有资金投资或者国家融资的；使用外国政府或者国际组织贷款、援助资金的；铁路、公路、城镇建设、矿山、电力、石油天然气、建材等开发建设项目的配套水土保持工程。

水利工程建设必须实行监理制，监理单位必须具备相应的监理资质并通过公开招标的方式确定。大中型水利工程的监理任务，由具有甲级或乙级资质的单位承担；中小河流治理工程项目的监理任务要选配足够的、符合要求的监理力量承担，难以落实监理单位的，应采取多处中小河流治理工程项目监理业务打捆发包的方式确定监理单位，监理人员必须全部持证上岗。

第二节　监理单位

必须实施建设监理的水利工程建设项目，项目法人应当按照水利工程建设项目招标投标管理的规定，公开、公平、公正择优选择、确定具有相应资质的监理单位，并报项目主管部门备案；项目法人和监理单位应当依法签订监理合同。联合体中标的，联合体各方应当共同与项目法人签订监理合同，就中标项目向项目法人承担连带责任。

一、监理单位资质

根据《水利工程建设监理规定》有关规定，监理单位应当按照水利部的规定取得《水利工程建设监理单位资质等级证书》，并在其资质等级许可的范围内承揽水利工程建设监理业务。根据《水利工程建设监理单位资质管理办法》有关规定，具有相应资质的监理单位承担的相应监理业务要求如下：

1. 甲级资质。水利工程施工监理专业甲级资质，可以承担各等级水利工程的施工监理业务；水土保持工程施工监理专业甲级资质，可以承担各等级水土保持工程的施工监理业务；机电及金属结构设备制造监理专业甲级资质，可以承担水利工程中的各类型机电及金属结构设备制造监理业务。

2. 乙级资质。水利工程施工监理专业乙级资质，可以承担Ⅱ等（堤防2级）以下各等级水利工程的施工监理业务；水土保持工程施工监理专业乙级资质，可以承担Ⅱ等以下各等级水土保持工程的施工监理业务，同时具备水利工程施工监理专业资质和乙级以上水土保持工程施工监理专业资质的，方可承担淤地坝中的骨干坝施工监理业务；机电及金属结构设备制造监理专业乙级资质，可以承担水利工程中的中、小型机电及金属结构设备制造监理业务。

3. 丙级资质。水利工程施工监理专业丙级资质，可以承担Ⅲ等（堤防3级）以下各等级水利工程的施工监理业务；水土保持工程施工监理专业丙级资质，可以承担Ⅲ等水土保持工程的施工监理业务。

4. 不分级资质。目前，水利工程建设环境保护监理暂未分级，其监理单位可以承担各类各等级水利工程建设环境保护监理业务。

5. 联合体资质。两个以上具有资质的监理单位，可以组成一个联合体承接监理业务。监理联合体的资质等级，按照同一专业内资质等级较低的一方确定，按照较低的一方资质等级承担相应的监理业务。联合体各方应当签订协议，明确各方拟承担的工作和责任，并将协议提交项目法人。

二、监理机构职责

监理单位对水利工程施工承担"三控制、两管理、一协调"工作职责。监理单位应将项目监理机构及其人员名单、监理工程师和监理员的授权范围，书面通知被监理单位，监理实施期间监理人员如有变化，应及时通知被监理单位；监理单位应当协助项目法人编制控制性总进度计划，审查被监理单位提交的资金流计划、安全技术措施、专项施工方案和环境保护措施；监理单位不得修改工程设计文件。

《水利工程建设项目施工监理规范》（SL 288—2003）第3.2.2条规定：监理机构的基本职责与权限包括：协助项目法人（发包人）选择承包人、设备和材料供货人；审核承包人拟选择的分包项目和分包人；核查并签发施工图纸；审批承包人提交的各类文件；签发指令、指示、通知、批复等监理文件；监督、检查施工过程及现场施工安全、环境保护情况；监督、检查施工进度；检验施工项目的材料、构配件、工程设备的质量和工程施工质量；处置施工中影响或造成工程质量、安全事故的紧急情况；审核工程计量，签发各类付款证书；处理合同违约、变更和索赔等合同实施中的问题；参与或协助项目法人（发包人）组织工程验收，签发工程移交证书；监督、检查工程保修情况，签发保修责任终止证书；主持施工合同各方之间关系的协调工作；解释施工合同文件；监理合同约定的其他职责与权限。

第三节 监 理 人 员

监理单位派驻到工程施工现场项目监理机构的监理人员，主要由满足监理工作要求的总监理工程师、监理工程师和监理员组成。在中小河流治理等水利工程建设施工监理工作中，项目法人对不能胜任监理工作的监理人员有提出撤换的权利。

一、总监理工程师职责

《水利工程建设项目施工监理规范》（SL 288—2003）第3.3.3条规定：水利工程建设监理实行总监理工程师负责制。总监理工程师应负责全面履行监理合同中所约定的监理单位的职责。其主要职责应包括以下各项：主持编制监理规划，制定监理机构规章制度，审批监理实施细则，签发监理机构内部文件；确定监理机构各部门职责分工及各级监理人员职责权限，协调监理机构内部工作；指导监理工程师开展监理工作，负责本监理机构中监理人员的工作考核，调换不称职的监理人员；根据工程建设进展情况，调整监理人员；主持审核承包人提出的分包项目和分包人，报项目法人（发包人）批准；审批承包人提交的施工组织设计、施工措施计划、施工进度计划、资金流计划；组织或授权监理工程师组织设计交底；签发施工图纸；主持第一次工地会议，主持或授权监理工程师主持监理例会和监理专题会议；签发进场通知、合同项目开工令、分部工程开工通知、暂停施工通知和复工通知等重要监理文件；组织审核付款申请，签发各类付款证书；主持处理合同违约、变更和索赔等事宜，签发变更和索赔有关文件；主持施工合同实施中的协调工作，调解合同争议，必要时对施工合同条款做出解释；要求承包人撤换不称职或不宜在本工程工作的现场施工人员或技术、管理人员；审核质量保证体系文件并监督其实施情况；审批工程质量缺陷的处理方案；参与或协助项目法人（发包人）组织处理工程质量及安全事故；组织或协助项目法人（发包人）组织工程项目的分部工程验收、单位工程完工验收、合同项目完工验收，参加阶段验收、单位工程投入使用验收和工程竣工验收；签发工程移交证书和保修责任终止证书；检查监理日志；组织编写并签发监理月报、监理专题报告、监理工作报告；组织整理监理合同文件和档案资料。

总监不可委托、必须履行的职责：主持编制监理规划，审批监理实施细则；主持审核承包人提出的分包项目和分包人；审批承包商提交的施工组织设计、施工措施计划、施工进度计划和资金流计划；主持第一次工地会议，签发合同项目进场通知、合同项目开工令、暂停施工通知、复工通知；签发各类付款证书；签发变更和索赔有关文件；要求承包商撤换不称职或不宜在本工程工作的现场施工人员或技术、管理人员；签发工程移交证书和保修责任终止证书；签发监理月报、监理专题报告和监理工作报告。

二、监理工程师职责

《水利工程建设项目施工监理规范》（SL 288—2003）第3.3.6条规定：监理工程师应

按照总监理工程师所授予的职责权限开展监理工作，是所执行监理工作的直接责任人，并对总监理工程师负责。其主要职责应包括以下各项：参与编制监理规划，编制监理实施细则；预审承包人提出的分包项目和分包人；预审承包人提交的施工组织设计、施工措施计划、施工进度计划和资金流计划；预审或经授权签发施工图纸；核查进场材料、构配件、工程设备的原始凭证、检测报告等质量证明文件及其质量情况；审批分部工程开工申请报告；协助总监理工程师协调参建各方之间的工作关系，按照职责权限处理施工现场发生的有关问题，签发一般监理文件和指示；检验工程的施工质量，并予以确认或否认；审核工程计量的数据和原始凭证，确认工程计量结果；预审各类付款证书；提出变更、索赔、质量和安全事故处理等方面的初步意见；按照职责权限参与工程的质量评定工作和验收工作；收集、汇总、整理监理资料，参与编写监理月报，填写监理日志；施工中发生重大问题和遇到紧急情况时，及时向总监理工程师报告、请示；指导、检查监理员的工作，必要时可向总监理工程师建议调换监理员。

三、监理员职责

《水利工程建设项目施工监理规范》（SL 288—2003）第3.3.7条规定：监理员应按被授予的职责权限开展监理工作。其主要职责应包括以下各项：核实进场原材料质量检验报告和施工测量成果报告等原始资料；检查承包人用于工程建设的材料、构配件、工程设备使用情况，并做好现场记录；检查并记录现场施工程序、施工工法等实施过程情况；检查和统计计日工情况。核实工程计量结果；核查关键岗位施工人员的上岗资格，检查、监督工程现场的施工安全和环境保护措施的落实情况，发现异常情况及时向监理工程师报告；检查承包人的施工日志和试验室记录；核实承包人质量评定的相关原始记录。

第四节　监 理 文 件

在工程建设监理过程中，项目法人应要求监理机构提交监理规划、监理实施细则、监理报告（监理月报、监理专题报告、监理工作报告和监理工作总结报告）等监理文件，并对这些监理文件的结构、内容应充分了解和掌握，及时提醒监理单位少走弯路，防止监理单位、监理人员出现监理工作漏洞和失误，保证工程顺利进行。根据《水利工程建设项目施工监理规范》（SL 288—2003）规定，监理规划、监理实施细则、监理报告（监理月报、监理专题报告、监理工作报告和监理工作报告）等主要内容如下：

一、监理规划

在监理单位与项目法人（发包人）签订监理合同之后，总监理工程师应亲自主持监理规划的编制工作，所有监理人员应参与或熟悉监理规划的编制，掌握监理规划的内容和要求；监理规划具体内容应根据不同工程项目的性质、规模、工作内容等具体情况编制，格式和条目可有所不同；监理规划的基本作用是指导项目监理机构全面开展监理工作，《监理规划》应当对项目监理的计划、组织、程序、方法等做出表述；监理规划应在监理大纲的基础上，结合承包人报批的施工组织设计、施工进度计划编写，具有针对性，突出监理工作的预控性和注意规划的可行性和操作性；监理规划应随工程建设的进展或合同变更不断补充、修改与完善；监理规划编制完成后报项目法人备案。监理规划的主要内容如下：

监理规划内容格式：

---

1 总 则

1.1 工程项目基本概况。简述工程项目的名称、性质、等级、建设地点、自然条件与外部环境；工程项目组成及规模、特点；工程项目建设目的。

1.2 工程项目主要目标。工程项目总投资及组成、计划工期（包括项目阶段性目标的计划开工日期和完工日期）、质量目标。

1.3 工程项目组织。工程项目主管部门、项目法人（发包人）、质量监督机构、设计单位、承包人、监理单位、材料设备供货人的简况。

1.4 监理工程范围和内容。项目法人（发包人）委托监理的工程范围和服务内容等。

1.5 监理主要依据。列出开展监理工作所依据的法律、法规、规章，国家及部门颁发的有关技术标准，批准的工程建设文件和有关合同文件、设计文件等的名称、文号等。

1.6 监理组织。现场监理机构的组织形式与部门设置，部门分工与协作，主要监理人员的配置和岗位职责等。

1.7 监理工作基本程序。

1.8 监理工作主要方法和主要制度。制订技术文件审核与审批、工程质量检验、工程计量与付款签证、会议、施工现场紧急情况处理、工作报告、工程验收等方面的监理工作具体方法和制度。

1.9 监理人员守则和奖惩制度。

2 工程质量控制

2.1 质量控制的原则。

2.2 质量控制的目标。根据有关规定和合同文件，明确合同项目各项工作的质量要求和目标。

2.3 质量控制的内容。根据监理合同明确监理机构质量控制的主要工作内容和任务。

2.4 质量控制的措施。明确质量控制程序和质量控制方法，并明确质量控制点、质量控制要点与难点。

2.5 明确监理机构所应制订的质量控制制度。

3 工程进度控制

3.1 进度控制的原则。

3.2 进度控制目标。根据工程基本资料，建立进度控制目标体系，明确合同项目进度的控制性目标。

3.3 进度控制的内容。根据监理合同明确监理机构在施工中进度控制的主要工作内容。

3.4 进度控制的措施。明确合同项目进度控制程序、控制制度和控制方法。

4 工程投资控制

4.1 投资控制的原则。

4.2　投资控制的目标。依据施工合同，建立投资控制体系。

4.3　投资控制的内容。依据监理合同，明确投资控制的主要工作内容和任务。

4.4　投资控制的措施。明确工程计量方法、程序和工程支付程序以及分析方法。明确监理机构所需制订的工程支付与合同管理制度。

5　合同管理

5.1　变更的处理程序和监理工作方法。

5.2　违约事件的处理程序和监理工作方法。

5.3　索赔的处理程序和监理工作方法。

5.4　担保与保险的审核和查验。

5.5　分包管理的监理工作内容与程序。

5.6　争议的调解原则、方法与程序。

5.7　清场与撤离的监理工作内容。

6　协调

6.1　明确监理机构协调工作的主要内容。

6.2　明确协调工作的原则与方法。

7　工程验收与移交

明确监理机构在工程验收与移交中工作的内容。

8　保修期监理

8.1　明确工程保修期的起算、终止和延长的依据和程序。

8.2　明确保修期监理的主要工作内容。

9　信息管理

9.1　信息管理程序、制度及人员岗位职责。

9.2　文档清单及编码系统。

9.3　文档管理计算机管理系统。

9.4　文件信息流管理系统。

9.5　文件资料归档系统。

9.6　现场记录的内容、职责和审核。

9.7　现场指令、通知、报告内容和程序。

10　监理设施

10.1　制订现场交通、通信、试验、办公、食宿等设施设备的使用计划。

10.2　制订交通、通信、试验、办公等设施使用的规章制度。

11　其他根据合同项目需要应包括的内容

二、监理实施细则

在专项工程或专业工程施工前，监理单位按照工程建设进度计划，分专业编制监理实施细则，按照监理规划和监理实施细则开展监理工作，并在约定的期限内报送项目法人（发包人）；监理实施细则由监理工程师负责编制，相关各监理人员参与，并经总监理工程师批准，总监理工程师在审核时，应注意各个监理实施细则间的衔接与配套，以组成系统、完整的监理实施细则体系；监理实施细则应符合监理规划的基本要求，充分体现工程特点和合同约定的要求，结合工程项目的施工方法和专业特点，具有明显的针对性；监理实施细则要体现工程总体目标的实施和有效控制，明确控制措施和方法，具备可行性和可操作性；监理实施细则应突出监理工作的预控性，要充分考虑可能发生的各种情况，针对不同情况制订相应的对策和措施，突出监理工作的事前审批、事中监督和事后检验；监理实施细则可根据实际情况按进度、分阶段进行编制，但应注意前后的连续性、一致性；在监理实施细则条文中，应具体写明引用的规程、规范、标准及设计文件的名称、文号；文中涉及采用的报告、报表时，应写明报告、报表所采用的格式；在监理工作实施过程中，监理实施细则应根据实际情况进行补充、修改和完善；监理实施细则的主要内容及条款（可随工程不同调整）如下：

监理实施细则格式：

---

1 总 则

1.1 编制依据。包括施工合同文件、设计文件与图纸、监理规划、经监理机构批准的施工组织设计及技术措施（作业指导书），由生产厂家提供的有关材料、构配件和工程设备的使用技术说明，工程设备的安装、调试、检验等技术资料。

1.2 适用范围。写明该监理实施细则适用的项目或专业。

1.3 负责该项目或专业工程的监理人员及职责分工。

1.4 适用工程范围内使用的全部技术标准、规程、规范的名称、文号。

1.5 项目法人（发包人）为该项工程开工和正常进展应提供的必要条件。

2 开工审批内容和程序

2.1 单位工程、分部工程开工审批程序和申请内容。

2.2 混凝土浇筑开仓审批程序和申请内容。

3 质量控制内容、措施和方法

3.1 质量控制标准与方法。根据技术标准、设计要求、合同约定等，具体明确工程质量的质量标准、检验内容以及质量控制措施，明确质量控制点及旁站监理方案等。

3.2 材料、构配件和工程设备质量控制。具体明确材料、构配件和工程设备的运输、储存管理要求，报验、签认程序，检验内容与标准。

3.3 工程质量检测试验。根据工程施工实际需要，明确对承包人检测试验室配置与管理的要求，明确对检测试验的工作条件、技术条件、试验仪器设备、人员岗位资格与素质、工作程序与制度等方面的要求；明确监理机构检验的抽样方法或控制点的设置、试验方法、结果分析以及试验报告的管理。

3.4 施工过程质量控制。明确施工过程质量控制要点、方法和程序。

3.5 工程质量评定程序。根据规程、规范、标准、设计要求等，具体明确质量评定内容与标准，并写明引用文件的名称与章节。

3.6 质量缺陷和质量事故处理程序。

4 进度控制的内容、措施和方法

4.1 进度目标控制体系。该项工程的开工、完工时间，阶段目标或里程碑时间，关键节点时间。

4.2　进度计划的表达方法。如横道图、柱状图、网络图（单代号、双代号、时标）、关联图、"S"曲线、"香蕉"图等，应满足合同要求和控制需要。

4.3　施工进度计划的申报。明确进度计划（包括总进度计划、单位工程进度计划、分部工程进度计划、年度计划、月计划等）的申报时间、内容、形式、份数等。

4.4　施工进度计划的审批。明确进度计划审批的职责分工、要点、时间等。

4.5　施工进度的过程控制。明确施工进度监督与检查的职责分工；拟订检查内容（包括形象进度、劳动效率、资源、环境因素等）；明确进度偏差分析与预测的方法与手段（如采用的图表、计算机软件等）；制订进度报告、进度计划修正与赶工措施的审批程序。

4.6　停工与复工。明确停工与复工的程序。

4.7　工期索赔。明确控制工期索赔的措施和方法。

5　投资控制的内容、措施和方法

5.1　投资目标控制体系。投资控制的措施和方法，各年的投资使用计划。

5.2　计量与支付。计量与支付的依据、范围和方法；计量申请与付款申请的内容及应提供的资料；计量与支付的申报、审批程序。

5.3　实际投资额的统计与分析。

5.4　控制费用索赔的措施和方法。

6　施工安全与环境保护控制的内容、措施和方法

6.1　监理机构内部的施工安全控制体系。

6.2　承包人应建立的施工安全保证体系。

6.3　工程不安全因素分析与预控措施。

6.4　环境保护的内容与措施。

7　合同管理主要内容

7.1　工程变更管理。明确变更处理的监理工作内容与程序。

7.2　索赔管理。明确索赔处理的监理工作内容与程序。

7.3　违约管理。明确合同违约管理的监理工作内容与程序。

7.4　工程担保。明确工程担保管理的监理工作的内容。

7.5　工程保险。明确工程保险管理的监理工作内容。

7.6　工程分包。明确工程分包管理的监理工作内容与程序。

7.7　争议的解决。明确合同双方争议的调解原则、方法与程序。

7.8　清场与撤离。明确承包人清场与撤离的监理工作内容。

8　信息管理

8.1　信息管理体系。包括设置管理人员及职责，制订文档资料管理制度。

8.2　编制监理文件格式、目录。制订监理文件分类方法与文件传递程序。

8.3　通知与联络。明确监理机构与项目法人（发包人）、承包人之间通知与联络的方式与程序。

8.4　监理日志。制订监理人员填写监理日志制度，拟定监理日志的格式和内容以及管理办法。

8.5 监理报告。明确监理月报、监理工作报告和监理专题报告的内容和提交时间、程序。

8.6 会议纪要。明确会议纪要记录要点和发放程序。

9 工程验收与移交程序和内容

9.1 明确分部工程验收程序与监理工作内容。

9.2 明确阶段验收程序与监理工作内容。

9.3 明确单位工程验收程序与监理工作内容。

9.4 明确合同项目完工验收程序与监理工作内容。

9.5 明确工程移交程序与监理工作内容。

10 其他根据项目或专业需要应包括的内容

三、监理月报（监理报告内容之一）

监理月报应全面反映当月的监理工作情况，编制周期与支付周期同步，在下月的 5 日前发出。监理月报主要内容如下：

监理月报格式：

1. 本月工程描述。

2. 工程质量控制（包括本月工程质量状况及影响因素分析、工程质量问题处理过程及采取的控制措施等）。

3. 工程进度控制（包括本月施工资源投入、实际进度与计划进度比较、对进度完成情况的分析、存在的问题及采取的措施等）。

4. 工程投资控制（包括本月工程计量、工程款支付情况及分析，本月合同支付中存在的问题及采取的措施等）。

5. 合同管理其他事项（包括本月施工合同双方提出的问题、监理机构的答复意见以及工程分包、变更、索赔、争议等处理情况，对存在的问题采取的措施等）。

6. 施工安全和环境保护（本月施工安全措施执行情况，安全事故及处理情况，环境保护情况，对存在的问题采取的措施等）。

7. 监理机构运行状况［包括本月监理机构的人员及设施、设备情况，尚需项目法人（发包人）提供的条件或解决的情况等］。

8. 本月监理小结（包括对本月工程质量、进度、计量与支付、合同管理其他事项、施工安全、监理机构运行状况的综合评价）。

9. 下月监理工作计划（包括监理工作重点，在质量、进度、投资、合同其他事项和施工安全等方面需采取的预控措施等）。

10. 防汛、度汛情况。

11. 本月工程监理大事记。

12. 其他应提交的资料和说明事项等。

四、监理专题报告（监理报告内容之二）

监理专题报告针对施工监理中某项特定的专题撰写。专题事件持续时间较长时，监理机构可提交关于该专题事件的中期报告。监理专题报告的主要内容如下：

监理专题报告格式：

> **1 事件描述**
>
> **2 事件分析**
>
> **2.1** 事件发生的原因及责任分析。
>
> **2.2** 事件对工程质量与安全影响分析。
>
> **2.3** 事件对施工进度影响分析。
>
> **2.4** 事件对工程费用影响分析。
>
> **3 事件处理**
>
> **3.1** 承包人对事件处理的意见。
>
> **3.2** 项目法人（发包人）对事件处理的意见。
>
> **3.3** 设计单位对事件处理的意见。
>
> **3.4** 其他单位或部门对事件处理的意见。
>
> **3.5** 监理机构对事件处理的意见。
>
> **3.6** 事件最后处理方案或结果（如果为中期报告，应描述截至目前为止事件处理的现状）。
>
> **4 对策与措施**
>
> （为避免此类事件再次发生或其他影响合同目标实现事件的发生，监理机构的意见和建议）。
>
> **5 其他应提交的资料和说明事项等**

五、监理工作报告（监理报告内容之三）

在进行监理范围内各类工程验收时，监理业务完成后，按照监理合同向项目法人提交监理工作报告、移交档案资料。监理工作报告应在验收工作开始前完成。监理工作报告的主要内容如下：

监理工作报告格式：

> **1 验收工程概况**
>
> 包括工程特性、合同目标、工程项目组成等。
>
> **2 监理规划**
>
> 包括监理制度的建立、监理机构的设置与主要工作人员、检测采用的方法和主要设备等。
>
> **3 监理过程**
>
> 包括监理合同履行情况和监理过程情况。

4 监理效果

4.1 质量控制监理工作成效及综合评价。

4.2 投资控制监理工作成效及综合评价。

4.3 进度控制监理工作成效进行综合评价。

4.4 施工安全与环境保护监理工作成效及综合评价。

5 经验与建议

6 其他需要说明或报告事项

7 其他应提交的资料和说明事项等

8 附件

8.1 监理机构的设置与主要工作人员情况表。

8.2 工程建设监理大事记。

六、监理工作总结报告（监理报告内容之四）

监理工作结束后，监理机构应在以前各类监理报告的基础上，编制全面反映所监理项目情况的监理工作总结报告。监理工作总结报告应在结清监理费用后 56 日内发出。监理工作总结报告的主要内容如下：

监理工作总结报告格式：

1. 监理工程项目概况（包括工程特性、合同目标、工程项目组成等）。

2. 监理工作综述（包括监理机构设置与主要工作人员，监理工作内容、程序、方法，监理设备情况等）。

3. 监理规划执行、修订情况的总结评价。

4. 监理合同履行情况和监理过程情况简述。

5. 对质量控制的监理工作成效进行综合评价。

6. 对投资控制的监理工作成效进行综合评价。

7. 对施工进度控制的监理工作成效进行综合评价。

8. 对施工安全与环境保护监理工作成效进行综合评价。

9. 经验与建议。

10. 工程建设监理大事记。

11. 其他需要说明或报告事项。

12. 其他应提交的资料和说明事项等。

第五节 项目法人在中小河流治理工程施工监理中的职责

水利部《关于加强中小河流治理和小型病险水库除险加固建设管理工作的通知》（水建管〔2011〕426 号）二（三）规定：各地要严格按照《水利工程建设监理规定》的规

定，加强中小河流治理和小型病险水库除险加固项目的监理管理工作。各级水行政主管部门要加强对监理单位的市场监管，对监理工作不规范，影响工程建设的，要坚决予以纠正，并限期整改，情节严重的予以全国通报。在县城内尽可能将同类项目整体或同类项目分片区打捆选择相应资质等级的监理队伍承担中小河流治理和小型病险水库除险加固项目监理任务，要足额落实、及时支付监理费用，充分发挥监理队伍的作用。监理单位要按照合同及有关规定组建现场监理机构，履行监理职责，监理人员必须持证上岗，总监理工程师和各类监理人员要按合同约定到岗到位。（五）规定：监理单位应按要求配备现场检测设备，认真落实旁站、巡视、跟踪检测和平行检测措施。

项目法人应依据监理合同对监理工作进行监督、检查；应支持监理单位独立开展监理业务；应当向监理人员提供必要的工作条件；应按照监理合同，及时、足额支付监理报酬，对工程建设中的质量、安全、投资、进度等方面的重大问题进行决策；当监理违约时，解除监理合同。

一、确定监理单位

中小河流治理工程建设具有时间紧、任务重等特点，项目法人在选择监理单位时，应按照《中华人民共和国招标投标法》的规定实行公开招标或邀请招标；直接委托监理单位应按规定办理委托手续，选择符合资质条件的第三方监理单位进行监理，杜绝"同体"监理。中小河流治理工程，有条件的地方按招标程序，以县为单位采取打捆招标方式，选择符合资质要求、信誉好、实力强的监理队伍进行监理。

选择监理单位时，要对其资质、素质和能力进行严格审核，要充分考虑监理单位的人员配备和全过程监理能力，应重点对监理单位选派到工程项目监理机构的总监理工程师、监理工程师和监理员的来源、数量和质量进行检查、审核。监理人员数量是否满足承担的中小河流治理等水利工程项目规模大小及技术含量繁简程度要求，总监理工程师和其他监理人员数量是否与监理合同承诺的数量相等，是否持有上岗资格证书。查看监理人员是否来源于承担本工程监理任务的监理单位，有无冒充或其他顶替人员，监理人员具备的专业知识是否能满足本工程的专业需要。禁止监理单位允许其他单位或个人以本单位的名义承接工程监理业务，禁止监理人员以次充好、滥竽充数。

项目法人应指定一名联系人负责与监理机构联系。更换联系人时，应提前通知监理单位，联系方式均以书面函件为准，在不做出紧急处理有可能导致安全、质量事故的情况下，可先口头形式通知，然后在48小时之内补书面通知。

二、检查监理程序

监理工作程序流程：接收监理任务签订监理合同→成立监理项目部→接收并熟悉有关工程建设材料→按合同编制监理规划→组织召开第1次工地会议进行监理工作交底→分段编制各阶段监理实施细则→检查施工准备情况→满足要求下达开工令→进入工程施工阶段监理→工程验收并签发工程移交证书→工程保修阶段监理→签发工程保修责任终止证书→结清监理费用→编制监理总结→组织资料归档→监理合同结束。

项目法人应对监理单位在中小河流治理工程施工监理中的监理程序进行监督、检查。监理程序检查内容主要包括：监理单位是否按照监理合同选派满足监理工作需要的总监理工程师、监理工程师和监理员组建项目监理机构，进驻现场；是否按照监理的工程项目内容，编制监理规划，明确项目监理机构的工作范围、内容、目标和依据，确定监理工作制度、程序、方法和措施，是否上报项目法人备案；是否按照工程建设进度计划，分专业编制监理实施细则；是否按照监理规划和监理实施细则开展监理工作，编制并提交监理报告；监理业务完成后，是否按照监理合同向项目法人提交监理工作报告、移交档案资料。

三、检查监理制度

在水利工程建设过程中，项目法人应监督、检查监理单位建立、健全有关监理工作制度。监理工作制度主要包括：《技术文件审核、审批制度》、《原材料和构配件及工程设备检验制度》、《工程质量检验制度》、《工程计量付款签证制度》、《会议制度》、《施工现场紧急情况报告制度》、《工作报告制度》、《工程验收制度》。

1. 技术文件审核、审批制度。所有技术文件均需经过监理机构的审核、审批、核查后才能实施。监理机构应审批对承包人提交的图纸、施工组织设计、施工进度计划、开工申请、技术措施、安全措施等；应审核、核查项目法人（建设单位）或发包人提供的图纸等文件，如果承包人或项目法人（发包人）对技术文件进行调整的，监理机构应当对于调整后的技术文件重新进行审核、审批、核查。

2. 原材料和构配件及工程设备检验制度。所有需要进场的原材料、构配件及工程设备，均需得到监理机构的检验、认可，监理机构对不合格的原材料、构配件及工程设备有权下令禁止进场使用。对于可以考虑降级使用的原材料、构配件及工程设备等，应经监理机构批准和认可。

3. 工程质量检验制度。工程建设过程中，工程建设任何一道工序完工、施工单位"三检"合格后，报请监理机构检验，监理机构对"三检"资料不完善的工序或"三检"不合格的工序应予以拒绝检验。

4. 工程计量付款签证制度。施工单位提出工程款支付申请，监理机构应对施工单位实际完成工程量进行计量、核实、确认，并将完成工程量与图纸工程量进行比较，对于超出图纸设计工程量的额外工程量，应分析超出原因，判断合理程度，最终确定支付工程量，签署支付凭证。未经监理机构签证的付款申请，项目法人不应支付工程款。

5. 会议制度。监理机构总监理工程师或其授权的监理工程师，主持由参建各方负责人参加的会议，会后将监理工程师组织编写的会议纪要分发与会各方。

（1）第一次工地会议。在开工令下达之前召开，总监理工程师或其授权的监理工程师与项目法人（发包人）联合主持，会议具体内容可由有关各方会前约定。主要包括：介绍各方负责人及其授权代理人和授权内容，沟通相关信息，进行监理工作交底。

（2）监理例会。监理例会在施工过程中每月或每旬召开 1 次，是交流情况、协调关系、解决问题、处理纠纷的一种重要途径。由总监理工程师或其授权的监理工程师主持，参建各方负责人参加，主要内容：检查上次例会议定的事项完成情况；检查、总结项目进展及下步进度计划和措施；检查工程质量状况，对存在的问题提出改进建议和措施；商议解决有关需要议定的事项；解决需要解决的有关事项。

（3）监理专题会议。监理机构应根据需要召开监理专题会议，研究解决施工中出现的涉及施工质量、施工方案、施工进度、工程变更、索赔、争议等方面的专门问题。

6. 施工现场紧急情况报告制度。施工现场可能出现的紧急情况包括自然灾害、各种事故等。项目法人应检查监理机构对这些紧急情况是否编制了处理程序、处理措施等文件；当紧急情况发生时，指令施工单位采取的防护、处理措施是否得当，是否及时向项目法人或主管部门报告。

7. 工作报告制度。施工单位应向监理机构提交月进度报告；监理机构应向项目法人提交监理月报、监理专题报告，向验收部门提交监理报告。

项目法人应随时检查监理报告，提出有关建议。

8. 工程验收制度。工程验收包括合同项目验收和工程项目验收。监理机构在合同项目完成后，应及时督促施工单位提出合同项目验收申请，监理机构并对其是否具备验收条件进行审核，监理机构应及时提请并参与、组织或协助项目法人组织验收。

合同项目验收包括单位工程验收、部分工程验收和完工验收。工程项目验收是针对整个工程项目或工程项目某一阶段的验收。

四、监督监理行为

在工程建设过程中，监理单位应建立、健全质量控制体系和制度；严格执行国家及水利行业法律法规；严格履行监理合同；应"以工序质量控制为基础、以单元工程质量评定和分部工程验收为手段"对原材料、工程设备、工艺试验、施工工艺、永久工程和临时工程的施工活动进行全过程质量监督和控制。项目法人不得明示或者暗示监理单位违反法律、法规和工程建设强制性标准进行监理，不得更改总监理工程师指令。项目法人对监理行为检查内容主要包括：

（一）检查监理单位工作原则

水利部 2012 年 3 月 15 日颁发的《关于印发〈水利工程设计变更管理暂行办法〉的通知》（水规计〔2012〕93 号）第十一条规定："项目法人、施工单位、监理单位不得修改建设工程勘察、设计文件。根据建设过程中出现的问题，施工单位、监理单位及项目法人等单位可以提出变更设计建议。项目法人应当对变更设计建议及理由进行评估，必要时，可以组织勘察设计单位、施工单位、监理单位及有关专家对变更设计建议进行技术、经济论证"。

监理单位应严格遵守监理工作原则，监理工作原则主要包括：遵守国家法律、法规、规章和政策，维护国家利益、社会公共利益和工程建设当事人各方的合法权益；不得擅自超越资质等级或以其他监理单位的名义承接工程监理业务；不得与所承担监理项目的承包人、设备和材料供货人发生经营性隶属关系，也不得是这些单位的合伙经营者；禁止转让、违法分包监理业务；不得聘用无监理岗位证书的人员从事监理业务；禁止采用不正当竞争手段获取监理业务。

项目法人应主要检查监理机构在工程建设监理中是否以"廉洁、守法、公正、诚信"为职业职责，尊重科学、尊重事实，积极组织工程建设各方协同配合并维护各方合法权益；是否做好质量控制、进度控制、投资控制，保证工程建设顺利实施；监理单位是否将项目监理机构及其人员名单和监理工程师、监理员的授权范围，及在监理实施期间监理人员的变化及时书面通知被监理单位。

（二）检查监理机构对材料、设备把关情况

为保证监理活动的公平、公正，项目法人应对监理单位与建筑材料、建筑构配件和设

备供应单位的关系进行检查，如果有隶属关系或者其他利害关系，监理单位不得承担监理业务。

监理单位有权在材料和设备的制造地、装配地、储存地、工程现场及合同规定的任何地点，对工程使用的或施工单位负责采购的建筑材料、建筑构配件和设备的质量进行检查、测量、检验和交货验收，并随时提出要求，随时发出指示对不合格的工程设备加以改正，并采取措施补救，直至彻底消除工程的不合格材料和工程设备，未经监理工程师签字的建筑材料、建筑构配件和设备不得在工程上使用或者安装；对各种工程观测设备的采购、运输、保存、率定、安装、埋设、观测、维护进行全面检查；对施工单位的工地实验室的试验设备、试验用品、试验人员数量和专业水平进行监督检查，并核定试验方法和试验程序。

项目法人若检查发现监理人员将质量检测、检验不合格的建设工程、建筑材料、建筑构配件和设备按照合格签字，监理工程师未亲临工程观测仪器的率定、安装、埋设、观测，应要求监理单位及时对有关监理人员进行处理或更换。

（三）检查监理机构对设计文件的审核情况

检查监理单位是否按照监理合同组织设计等单位进行现场设计交底，核查并签发施工图。未经总监理工程师审核、签字的施工图不得用于施工，监理单位不得修改工程设计文件。

（四）检查监理工作方式、方法

监理单位主要采取旁站、巡视、跟踪检测和平行检测等方式，对中小河流治理等水利建设工程实施监理，把工程质量控制要求落实到每一位监理人员身上，贯穿到每一项监理工作中去，对每一项监理工作都要把好关，不能出现丝毫差错，努力实现工程项目的总目标。项目法人应对监理单位的监理方式进行监督、检查。监理方式、方法概括起来主要有以下6种：

1. 现场记录。监理现场记录是施工现场的客观记载，是计量支付、索赔处理、合同争议解决、质量检验、工程变更等重要的原始记录资料，监理机构应认真、完整记录每日施工现场的人员、设备和材料、天气、施工环境及施工中出现的各种情况，采用照相和摄像等手段记录重要隐蔽工程、重要部位、关键工序的施工过程，并妥善保管各类原始记录。

2. 监理指令。监理机构在监理过程中主要以施工暂停令、复工令、警告通知、各种批复和签认、质量整改通知单、备忘录、情况纪要等指令性文件，解决施工中的各种问题，对施工全过程进行控制和管理。监理机构发布监理指令文件是监理机构进行监理工作的重要手段，是今后解决纠纷、处理合同有关问题的重要依据。项目法人应对监理机构在监理过程中这些各种指令性文件应用情况进行检查，确保使用及时、正确。

3. 旁站监理。监理单位在监理实施细则中，应进一步明确旁站监理的内容、程序和方法，应对工程关键监理部位，针对性地详细描述监理工作方式、方法，并在施工过程中实施。

在工程开工前，监理机构应对施工放样和工程的几何尺寸（宽度、厚度、坡度）、高程控制等质量指标，按规范要求采取量测监理方式进行核查、验收。

在工程施工过程中，监理机构应根据工程施工难度、复杂性及稳定程度，对重要工序的施工过程采用全过程旁站监理或部分时间旁站监理方式进行监理，把精力放在工程项目主要控制工序和关键点上，以重点质量控制带动整个工程项目的质量管理工作，将监理规范要求深入落实到项目的每个实施环节中；对施工工序，特别是关键工序进行控制，应做到上道工序不合格下道工序不得施工。

4. 巡视检验。监理机构应对正在施工的一般工程项目部位或工序现场，有目的地进行定期或不定期检查、监督、管理等巡视检验。巡视检验内容主要包括：是否按照设计文件、施工规范和批准的施工方案、工法施工；是否使用合格的材料、构配件和设备；质检等施工现场管理人员是否在岗；施工操作人员的技术水平、操作条件是否满足工艺操作要求，特种操作人员是否持证上岗；施工环境是否对工程质量、安全产生不利影响。

5. 跟踪检验。监理机构应对施工单位的检测人员、仪器设备、检测程序和方法进行审核，施工单位进行试样检测时，监理机构跟踪监督，重点对其选择的试验样品采集部位、样品的采取和送达试验室过程进行跟踪，对其检测程序、方法的有效性及检测结果的可信性进行确认。

6. 平行检测。监理机构应在施工单位对试件自行检测的同时，按照一定比例独立对各种材料和工程内在品质进行抽样检验，项目法人应支持监理机构平行检测工作，并支付平行检测费用。

（五）检查监理单位与工程建设有关单位的配合情况

项目法人应随时关注监理单位的监理人员与项目法人、政府质量监督机构、施工单位等工程建设有关单位的配合情况及进行联合参加工程验收情况，发现存在配合不默契或矛盾突出的监理人员，应要求监理单位予以更换。

（六）共同做好工程质量控制

监理机构应审查被监理单位的"质量控制体系"、"编制的施工组织设计"、"施工进度计划"、"详细分项工程进度计划"、"质量控制措施"、"安全技术措施"、"专项施工方案和环境保护措施"等是否符合工程建设强制性标准、设计文件、技术标准、施工规范和环境保护要求，并督促被监理单位实施；在施工过程中，监理机构应审查施工单位各工序的质量自检报告，对施工全过程和各工序的质量进行全面的检查和监督；应参加工程质量检查，按照施工顺序、施工进度及时审核、签署有关质量文件、报表，以最快的速度判明质量状况，发现质量问题，并将质量问题信息及时反馈给施工单位；应对施工单位实验室的各种试验程序与成果进行全面检查，及时发出工程质量方面的各种指令；监理机构应参加工程质量事故调查处理工作，发现存在安全事故隐患，应要求被监理单位及时整改，对情况严重的安全事故隐患，监理单位应当要求被监理单位暂时停止施工，并及时报告项目法人，被监理单位拒不整改或者不停止施工的，监理单位应当及时向有关水行政主管部门或者流域管理机构报告。

项目法人应随时对上述质量控制情况进行检查，并对监理机构对工程质量控制情况进行监督，保证工程建设各阶段质量符合设计要求。

（七）共同做好工程投资控制

项目法人应与监理单位共同做好工程投资控制，严格支付制度，核定监理机构签发的工程计量、付款凭证，通过计量和支付手段进行费用控制，使有限的资金发挥最大的作用。工程投资控制措施有：

1. 组织措施。在监理机构中设立专门的投资控制人员，明确责任和职能分工；编制阶段投资控制工作计划和详细的工作流程图。

2. 经济措施。监理单位应当协助项目法人编制整个工程、单项工程和各合同投资控制性目标，编制工程年、季、月投资计划和付款计划，审查施工单位提交的资金流量和年、季、月资金使用计划，并根据工程进展情况和资金提供情况不断修改上述投资计划；按照合同约定全面审核施工单位的支付申请，核定完成的工程量、计量单位、计算方法。

总监理工程师审核、把关签发工程进度付款证书和完工付款证书，未经总监理工程师签字，项目法人不支付工程款；在施工过程中由监理工程师进行投资跟踪控制，定期对投资实际支出值与计划目标值进行比较，如发现偏差，分析原因及时采取纠偏措施；监理工程师对投资支出做好预测，定期向项目法人提交"投资控制和存在问题"报告。

3. 技术措施。监理工程师应严格控制设计变更，认真审核施工单位提交的施工组织计划，对主要的施工方案进行技术、经济分析。

（八）共同做好工程进度控制

项目法人应与监理单位共同做好工程进度控制。施工阶段进度控制的方法有单位工程形象控制法、控制曲线法、网络计划控制法。进度控制的基础是监理工程师必须了解、检查现场施工进展情况，并对施工单位的日进度报表和作业状况表进行监督、检查和分析，确定工程进展；进驻施工现场实地察看工程进度并与计划进度相比较，如不一致，监理人员应查明原因，对工程进度进行调整，并通知施工单位，施工单位提出赶工措施，经监理同意后实施；对于超过合同工期的进度调整，监理机构应及时做好监理日志并整理存档。

符合进度要求，进度控制的通用做法是：不按年度施工进度要求，而按当月（或季）达到的或预计比较容易达到的进度来安排下月（或下季）施工进度计划。

（九）共同做好合同管理

在合同管理过程中，项目法人应对监理工程师充分授权，监理工程师应熟知合同规定，并以合同为准则，合理平衡并督促合同双方严格履行双方的权利和义务，公平分配合同双方的责任和风险。在项目法人授权范围内，公正监督管理施工合同，解决和报告合同实施中出现的各种情况，通过合同管理，严格控制索赔及其因素的发生，保证工程按合同正常进展，使合同目标得以最优实现。

（十）监督监理机构做好信息管理工作

项目法人应对监理机构的信息管理工作进行经常检查，并及时收集监理机构上交的监理旬报、监理月报、监理季报和年报，以及其他应归档资料。

监理资料归档范围：上级单位、有关领导、项目法人对监理工作的指示、规定、批复文件；设计单位、施工单位提供的设计图纸、修改通知、施工技术要求、施工计划措施等资料；监理单位提出的方案、措施、意见、建议及其发出的一切指令、通知、通报、报告、文件、会议纪要、备忘录和信函；监理合同和施工合同；监理月报、季报、年报、工作总结、工程阶段验收和竣工验收报告；监理单位制定的各项制度、规定、办法；其他重要材料等。

（十一）共同做好费用索赔处理工作

索赔是工程承包合同履行过程中，发、承包人因对方不履行既定义务，或者由于对方的行为使权利人受到损失时，要求对方补偿损失的权利。发、承包人未能按合同约定履行自己的各项义务或发生错误，给另一方造成经济损失的，由受损方按合同约定提出索赔，索赔金额按合同约定支付。

1. 处理索赔方法。监理机构应以完全独立的身份，站在客观、公正的立场上审查索赔要求的公正性，项目法人应予以积极配合，支持监理工程师处理索赔工作。

监理工程师处理索赔的基本方法：加强预见性，建议项目法人在签订合同时留有余地，尽量不违约或尽量少违约；对项目相互干扰，影响施工进度的，做好协调工作，避免停工索赔，如因项目法人造成的暂停、终止合同可能引起的索赔，应积极安排施工单位进行其他项目的施工，减少索赔量；监理工程师应积累一切可能涉及索赔论证的资料，包括建立严密的监理日志和业务往来的文件编号档案，做到处理索赔时以事实和数据为依据；加强主动监理，尽量减少工程索赔；对必须赔偿的项目，监理工程师要严格审查，以合同为依据，按合同规定及时、合理处理索赔，尽量将单项索赔在执行过程中陆续加以解决，以维护合同双方的利益。

2. 施工索赔处理程序。提出索赔要求，报送索赔材料→监理工程师审核→会议协商解决或邀请中间人调解，提出仲裁加以公断。

第六节　监理存在的常见问题

一、监理单位现场监理人员不符合要求

体现在：有的工程现场监理人员数量不足，在工程现场只指定一般监理员负责监理工作，未设总监理工程师，未实行总监负责制；有的工程施工现场总监理工程师或监理工程师或监理员无证上岗；有的监理单位总监理工程师兼任其他监理部总监，未常驻施工现场；有的监理单位借用其他监理单位的监理人员承担本工程监理任务；有的监理人员具备的监理专业知识与目前实施的项目及合同中承诺的专业配置不对口；有的工程监理人员更换过于频繁。

二、监理工作不规范

体现在：有的监理单位编制的监理规划缺少"三控制二管理一协调"等主要工作内容，未针对中小河流治理等水利工程的实际情况编制监理细则；有的监理单位编制的监理实施细则缺少进度、资金控制及合同管理等监理方面的内容；有的监理单位对施工单位进行的质量检验、检测、监督检查不够，未进行巡视检验，未做跟踪检测和平行检测；有的监理机构未按规定认真进行单元工程质量评定结果进行复核，未按规定主持分部工程验收和参加阶段验收及单位工程验收；有的监理人员与项目法人混岗，总监理工程师为项目法人技术负责人；有的监理部未签发施工图纸，未指导、监督施工单位按合同质量标准和要求施工；有的监理单位未对中小河流治理等水利工程关键工序进行旁站监理；有的监理单位未落实水利工程质量监督单位对质量评定的整改意见；有的监理单位未签发设计图纸，未检查施工单位的质量保证体系，对施工单位不按规程规范、技术条款施工行为未进行监督纠正；有的监理单位对施工中出现的部分回填土干密度不满足设计要求等质量问题未进行控制和记录；有的监理单位未对砂浆、混凝土试块、钢筋、水泥、砂石骨料等工程质量

进行跟踪检测和平行检测，无抽检记录；有的监理单位未针对基础开挖、浆砌石、混凝土等重要隐蔽工程或关键部位制订质量控制措施；有的监理员越权承担属于监理工程师的工作，并代表监理工程师签字。

三、监理文字材料失真

体现在：有的监理机构编写的监理日志未记录施工过程中各种资源到位、施工质量检验、工程进度及施工中存在的问题，缺少安全作业情况和施工作业中存在的问题及处理情况等相关内容；有的监理机构编写的监理日志无混凝土外观质量缺陷的相关记录，未填写混凝土标号、配合比和浇筑的具体时间；有的监理机构编写的监理日志关于堤防工程桩号记录与施工日志不一致；有的监理机构的监理日志由一人使用一种笔迹一气写成，非现场记录，而是后补；有的监理机构的监理日志格式简单，未突出当日施工过程中出现的主要问题、处理方法和结果，且无监理人员签字；有的监理机构编写的监理月报未记录施工中存在的主要问题、办理的工程价款结算、当月工程进度及实际进度与计划进度的差别等情况；有的监理机构编写的监理月报未反映施工单位质量检测、检查项目及数量，未反映监理单位跟踪、平行检测的项目及数量，未对检测项目进行统计分析；有的监理机构编写的监理月报未按要求附上"完成工程量月统计表"、"监理抽检情况月汇总表"；有的监理机构编写的监理月报未根据工程实际情况记录工程质量与安全生产管理情况，而是照搬了施工单位的相关记录；有的监理月报等文件总监未签字，隐蔽工程、关键部位施工质量联合检验开仓证集中补签；有的监理机构在隐蔽工程验收签证中，缺少质量核定签证表、质量鉴定和验收结论，也未填写质量等级签证表；有的监理机构未对基岩帷幕灌浆的施工质量缺陷进行记录和备案；有的监理机构各种表证填写不规范，审核工程计量和签发各类付款证书不严格、不规范，在"工程计量报验单"和"合同单价项目支付明细表"中"监理核准工程量"和"审定合价"栏无审定数据；有的监理单位由监理员签发工程暂停令和工程款支付证书；有的监理机构发出的调整、制止、整顿、整改等监理文件未使用规范表格，亦未留底存档；有的监理机构无专门的现场质量抽检记录表格，而是将抽检结果临时记录在纸上，然后输入电脑，未保留原始记录；有的监理机构处理质量问题的监理通知与事实不符；有的监理单位对工期索赔管理控制不严，处理不及时。

第八章　计划管理内容

中小河流治理等水利工程计划管理主要包括投资计划管理和工程建设进度计划管理。项目法人应设置专职计划管理人员，制订计划管理制度，落实工程建设资金，组织编制、审查、认真执行、上报工程项目年度建设计划，及时编报基建统计报表，真实反映计划执行情况。

第一节　投资计划管理

一、中小河流治理工程投资计划管理要求

《〈全国重点地区中小河流近期治理建设规划〉实施方案》四（四）规定："县城防洪工程与城市道路、城市景观等结合的项目只计列防洪工程部分投资，治理工程的生态措施只能放在护岸、护坡、堤防等河道内治理工程上，中央财政专项资金不能用于城市绿化、景观等市政工程。治理项目如涉及征地、移民和必要的管理设施，其概算单列，不计入中央补助范围，由地方负责落实投资"；六（二）规定："中小河流治理建设资金由中央财政专项资金和省级财政资金以及地方各级政府筹措的资金为主。中央财政专项资金按照规划投资额进行控制和安排，由地方包干使用，中央资金切块下达省级财政部门，由水利和财政部门按照规划负责落实到具体项目；地方在确保完成规划任务的前提下，可按照实际情况在项目间自行调剂。地方财政部门会同水利部门，做好项目资金筹集方案，多渠道加大投入，鼓励社会积极参与，确保资金按时到位，不留缺口。同时，地方筹集资金时，应注意减轻县乡政府负担，西部地区应按中央 1 号文件要求，取消县及县以下资金配套"。

中小河流治理工程建设资金必须严格按项目管理，中央下达的资金要按照批准的设计方案、建设标准、工程规模和施工定额使用，专款专用，不得以任何名义滞留、克扣和挪用；中央补助资金主要用于防洪主体工程建设，不得用于移民征地、城市建设和景观建设、交通工具和办公设备购置以及楼堂馆所建设等支出，省级和省级以下等地方配套资金可用于主体工程以外的项目使用；非生产性项目计划也必须严格按工程批准内容和计划执行，专款专用且只能用于批准的建设内容；工程建设资金未经上级主管部门同意，不得擅自更改设计内容，不得扩大建设规模，不得提高定额标准，不得越权调整计划，不得将基建投资挪作他用，不得不合理压价和提高工程单价等。

项目法人要加强投资计划执行情况的监管，发现问题要及时纠正和处理。

二、投资计划管理程序

中小河流治理等水利工程投资计划管理工作程序：根据批准的年度投资计划批复年度内工程项目计划→批准项目开工时间→跟踪检查计划执行情况→调整年度投资计划。

三、投资计划编制与下达

1. 投资计划编制单位。

（1）中央项目。中央项目年度投资建议计划，由流域机构、部直属单位，根据国家发展和改革委员会、水利部要求，组织项目法人编制。

（2）地方项目。地方项目年度投资建议计划，由省计划和水行政主管部门负责组织编制。

2. 投资计划下达方式。中央水利基本建设项目投资计划由国家发展和改革委员会下达到水利部。水利部逐级下达到项目法人；地方水利基本建设项目投资计划，由国家发展和改革委员会与水利部联合下达到各省计划和水行政主管部门，抄送各流域机构。各省计划和水行政主管部门逐级下达到项目法人。

四、投资计划管理措施

中小河流治理等水利工程概算总投资是决定工程建设项目规模的主要指标。整个工程投资计划管理的最终目的，是控制工程总投资不突破国家批准的概算。整个工程投资计划管理的核心，是在国家批准的工程项目概算内，按质、按量、按时完成工程建设内容。工程建设期间，投资计划管理日常工作的重点是对年度内的工程项目进行投资控制，通过各个年度投资计划的管理和控制，确保总概算目标的实现。整个工程投资计划管理措施如下：

1. 严格控制单项工程概算执行。整个工程投资计划控制措施之一是严格控制单项工程概算执行，力求各个单项工程不突破分项概算，如果某个单项工程受客观影响必须增加投资的，需用节约其他单个项目投资来填补这个项目超出的投资，保证整个工程投资不发生变化，达到控制总概算的目的。工程投资控制三道防线：

第一道防线：利用"合同"对工程总投资进行控制，使得实际完成工程量控制在合同范围内，从而达到控制整个工程总投资的目的；

第二道防线：利用"项目管理预算"对工程总投资进行控制，在编制项目管理预算时，按照招标工程量和实际施工方案编制，额度略大于合同额，将主体工程的合同变更和索赔，根据预测控制在预算范围内；

第三道防线：用"动用可调剂预留费用"对工程总投资进行控制，结合中标情况编制项目管理预算，与预算比较，节约部分投资，在发生重大设计和施工变更时，项目法人可以随时使用，保证投资最终不突破概算。

2. 严格控制预备费开支。严格执行基本建设程序，对于个别单项工程项目，确需调整单项工程投资额度，或者概算外项目需要动用预备费的，均应按规定程序报请批准。

3. 跟踪项目投资计划执行情况。在工程建设过程中，要对工程建设项目投资计划的执行情况进行跟踪，随时做好项目实施过程中的监督检查，对不合理的支持及时进行控制和制止。

4. 定期总结。定期对工程项目投资进行分析和总结，找出不足和差距，积累经验，为下一个工程项目投资计划管理奠定基础。

五、前期投资计划管理

中小河流治理等水利工程项目主管单位和项目责任单位，要明确项目责任人，加强中小河流治理等水利工程前期工作投资计划管理，对项目的资金使用和质量负总责。中小河流治理等水利工程前期工作必须由项目主管单位委托具有相应资质的水利水电勘测设计研究单位、科研院所及大专院校（统称项目责任单位）承担，项目执行中要严格设计、校审签字制度，必须在加快在建工程的同时，按照中小河流治理分阶段目标任务，细化分解年度工作计划，对项目前期工作、资金拨付、工程招标、开工竣工等关键环节提出明确要求，实行节点控制，保证前期工作每一个环节责任到人，确保如期完成治理任务。

1. 前期工作投资计划管理要求。项目法人和行政领导责任人，要按照轻重缓急和各专业工作进展的情况安排经费计划，保证前期项目工作进度和质量；前期工作投资实行专款专用，不得滞留、挪用，不得随意调整，对需调整投资计划的项目，应由项目主管单位报水利部审批。

勘察设计单位应对中央安排水利前期项目工作经费的项目设立专门账户，不得多头开户、转户存储、与其他资金混用，确保前期工作资金专款专用，充分发挥效益。

对重大水利基建前期工作项目，项目主管单位要实行专家咨询制度，并对项目执行过程中的重大问题征求专家意见，提高前期工作科技含量。

2. 前期工作投资计划管理方式。在设计工作满足工程进展的前提下，有效控制勘察、设计费用。首先要根据工程建设的总体规划设计，确定工程建设所有单项工程勘察、设计任务量清单，再依据相关专业、行业的取费标准计算相关项目的勘察、设计费额度，最后根据工程总进度安排，把所有项目纳入分年度投资计划，经汇总平衡后，确定勘察、设计费的分年度投资控制计划，在工程建设期分年进行控制管理。

3. 前期工作投资计划检查监督。水利部有关单位和各流域机构负责对水利基建前期工作项目投资计划执行情况的检查监督，并承担监督责任。

定期检查以下内容：项目经费的到位、使用、完成情况；与经费对应的工作进度、工作量和质量情况；有关委托合同手续是否完备；项目执行中各勘察设计单位的人员、设备配置情况；集资项目的地方前期工作经费到位情况。

六、年度投资计划管理

水利部《关于印发〈全国中小河流治理项目资金使用管理实施细则〉的通知》（水财务〔2011〕569号）第七条规定："各级水行政主管部门会同财政部门报送年度项目资金完成情况和下一年度项目资金申请计划"。

各级水行政主管部门的计划管理部门是各级年度投资计划管理的责任单位，年度投资计划管理主要包括年度投资建议计划的编制、上报和年度投资计划的下达、调整和检查监督。

1. 年度投资计划管理目标。年度投资计划实行"统一管理，分类、分级负责"的原则，在概算总投资管理的前提下，进行分项概算、单项概算的控制、管理和对资金使用动向的管理。年度投资计划控制的目标是为了保障投资重点，把握资金流向，确保总体建设目标和年度建设目标的顺利实现。

2. 列入年度投资计划的条件。凡列入年度投资计划的项目必须具备以下条件：批复的初步设计文件；水利部流域机构或省级水行政主管部门上报的年度建议计划，或对于具体项目提出的当年申请中央投资补助的请示报告；应急项目要有批复的应急可行性研究报告或年度应急初步设计或实施方案。

项目法人在编制下一年度建议性计划和下一年度框架性计划时，要说明地方配套资金的具体来源，并出具证明，确保地方配套资金与中央投资同步到位，地方配套资金不能落实的项目和未按批复的初步设计建设方案和建设标准而编制的建设项目，不能列入中央年度投资计划。

3. 年度投资计划申报单位。

（1）中央项目。中央项目年度投资建议计划，由流域机构、部直属单位上报水利部；水利部在宏观调控、综合平衡基础上，每年第四季度编制下一年度中央项目年度投资建议计划，上报国家发展和改革委员会。

（2）地方项目。地方项目年度投资建议计划，由省计划和水行政主管部门联合报送国家发展和改革委员会、水利部，同时抄送流域机构；其中列入国家计划的大中型项目年度建议计划须报送有关流域机构审核，省计划、水行政主管部门将审核意见报送国家发展和改革委员会、水利部。没有流域机构审核意见的地方项目年度建议计划不予受理。

（3）中小河流治理工程项目。中小河流治理工程建设项目年度计划要按照管理权限逐级申报，由省级发展改革部门、水利厅（局）共同审查后，联合上报国家发展改革委和水利部。

4. 年度投资计划的编制方法。项目法人在编制下一年度建议性计划和下一年度框架性计划时，要根据投资总概算和中央补助投资规模，按施工总工期和工程建设内容，有的放矢地安排当年的工程项目建设任务，合理分配年度投资，按照轻重缓急将年度项目以一个季度为投资控制时段，将投资分解到月，在工程项目安排上以主体工程投资为主。

对用于工程"建设单位管理费"等非直接投资费用项目的投资计划管理，应根据国家批准的概算及工程规划建设任务和总体进度安排，合理确定分年度人员投入数量，然后按照国家规定的人员经费标准，核定分年度管理费控制额度，在项目概算投资额度下平衡确定分年控制计划，最后根据工程的建设的实际进度情况，合理调整各年度间的控制指标。

5. 年度投资计划编制原则。水利工程年度投资计划编制遵照保重点、保续建、保收尾，优先安排在建水利项目，根据国家的方针政策，满足列入已批准的江河流域综合规划、专业和专项规划及水利发展中、长期规划，并经国务院或有关部委批复确定，且已完成前期审批程序、符合开工条件工程。

中小河流治理工程项目，年度投资计划要严格按照批复的初步设计建设方案和建设标准进行编制，不得超越批复的初步设计建设方案和建设标准。

6. 年度投资计划编制内容。年度投资计划编制的主要内容包括：项目名称、地点、建设性质、建设起止年限；建设规模、设计工程量、总投资、投资来源、前期工作状况；已完成投资和实物工程量、形象进度等建设内容；建议计划工程量、工程形象进度、建议计划投资量等。编报时必须有详细的文字说明、图表等。

年度投资计划表格，中小河流治理工程主要填写《×年在建项目建设情况调查》表、《×省×年中央预算内投资中小河流治理工程建议计划》表。表格内容一般包括项目名称

（写工程全称并与批复工程初步设计名称一致）、建设性质（新建、扩建、改建等，除险加固属于改建）、建设规模（与批复工程初步设计确定的建设规模一致）、建设起止年限（按工程施工总工期或投资安排年限填写）、投资来源（按总投资、中央预算内投资、中央预算内专项资金、地方配套、银行贷款等渠道填写）、至上年度累计完成投资（截止上年末，累计完成投资情况，按总投资、中央投资、地方配套填写）、申请投资建议、主要建设内容等。

7. 申报年度投资计划需要提交的文件和材料。

（1）中小河流治理项目需要提交的文件和材料。初步设计批复文件；省级和地方有关部门对建设投资的承诺文件；工程体制改革实施方案和进度；工程所在地政府及主管部门、管理单位责任人名单；中小河流治理项目年度建设投资计划建议；附件：上一年度计划执行情况工作总结。

（2）重点小型中小河流治理项目需要提交的文件和材料。省级水行政主管部门初步设计批复文件；工程管理投资改革实施方案和进度；工程所在地政府及主管部门、管理单位责任人名单。

8. 投资计划下达。

（1）专项资金下达渠道。专项资金由财政部商水利部确定后，通过专项转移支付方式下达到省级财政部门。

专项资金下达到省级财政部门后，由省级财政、水行政部门负责按照规划、前期工作和建设进度等要求，在30个工作日内下达到具体项目，及时拨付资金，并将专项资金分项目安排清单（含地方投入情况）报财政部、水利部备案。

（2）下达方式。中央根据专项规划、地方项目实施进度、已完工项目绩效评价结果和年度财政预算，统筹安排年度专项资金，切块下达，由地方包干使用。省级人民政府负责统筹安排中央和地方资金，年度中央资金先到位时，省级政府可用中央资金先安排满一批项目，加快建设进度和预算执行；同时，切实落实地方资金，当年资金要当年落实，确保年度建设任务的完成。各地应以政府投入为主，统筹利用各类资金，多渠道筹集落实项目建设资金，确保治理项目的顺利实施。中部地区所需地方资金应主要由省、地市两级财政负责解决，西部地区及参照西部政策的县，地方资金全部由省、地市两级财政负责解决。省级财政、水行政主管部门，在每年年度终了时联合向财政部、水利部报送当年项目资金完成情况和下一年度项目资金申请计划。

专项资金遵循"早建早补、晚建晚补、不建不补"的原则，鼓励地方按照专项规划和本办法开展项目治理工作，加快规划内项目实施。对于前期工作基础好、建设资金能落实、项目管理水平高、组织实施工作有保证的地区，中央集中资金加以支持。中央先期安排规划内项目中央应补助资金的比例原则上不高于80%，剩余中央应补助资金待项目治理完成后，依据项目绩效评价结果与省级财政部门实行统一清算，奖优罚劣。奖励资金可用于冲抵项目地方投入。

资金下达后，项目法人应及时与县计划、财政部门和水行政主管部门衔接，按照下达的投资计划或资金，及时与计划、财政部门做好项目的请款工作、办理请款手续，要求县级财政部门及时将中小河流治理工程建设资金拨付到项目法人专户。

年度投资计划因各种原因不能按计划执行而需要调整的，由项目主管部门及时提出调整意见，原下达投资计划的部门进行审核、批准和调整，并报上级有关部门备案。

（3）有关要求。水利部流域机构、各省、市计划和水行政主管部门接到中央投资计划后，要尽可能减少中央投资计划下达层次和环节，特别要及时转下达中央下达的地方配套投资计划，并在转下达计划时对中央下达的地方配套投资计划予以落实、分解，明确省、市、县应配套的资金额度；转发过程中不得擅自减少上级下达的投资计划指标。

中央下达的资金，项目法人要按批准的设计方案、建设标准、工程规模和施工定额使用，做到专款专用，不得以任何名义滞留、克扣和挪用建设资金；不得建设计划外工程；不得扩大工程规模，提高建设标准，改变建设内容。

七、投资计划的监督检查

各级水行政主管部门要严格计划管理，制订计划管理检查监督制度，加强对投资计划执行情况的监管，发现问题要及时纠正和处理，逾期不改将追究有关单位和当事人的责任。负责项目实施的县级（或市级）人民政府要将项目预算和资金使用情况向社会公开，接受社会监督。

1. 监督检查部门。地方财政部门要将专项资金纳入地方同级财政预算管理。各地区和单位不得以任何理由、任何方式截留、挤占、挪用专项资金，也不得用于平衡本级预算。省级财政部门、水行政部门对本行政区域中小河流治理预算执行和资金监管工作负总责。

地方财政部门要会同水行政主管部门，督促项目建设单位强化基本建设财务管理和会计核算工作，及时批复项目竣工财务决算。

2. 监督检查内容。专项资金要专款专用，主要用于直接关系到防洪安全的堤防新建加固、护岸护坡、清淤疏浚等工程建设材料费、设备费和施工作业费等支出，不得用于移民征地、城市建设和景观、交通工具和办公设备购置，以及楼堂馆所建设等支出。

专项资金当年如有结余，可结转下一年使用。

3. 其他监管措施。财政部、水利部委托财政监察专员办事处、流域管理机构等单位对专项资金使用情况及使用效果进行不定期或重点监督检查；对于"报大建小"、虚列支出、进行虚假绩效考核等弄虚作假的项目和地区，财政部、水利部将视情况采取通报批评、停止相应资金安排或追缴已拨付资金等措施予以处理；对于专项资金不能按规定时间落实到具体项目、地方建设资金不能及时到位、项目建设进度严重滞后，以及未按要求报送专项资金细化预算和项目建设绩效评价等情况的地方，中央财政将扣减或收回其专项资金预算；中小河流治理工程涉及人民群众生命安全，经治理的工程遇标准内洪水出现溃堤等重大安全、质量事故的，要严肃追究相关人员责任；对于截留、挤占、挪用专项资金等违法行为，一经核实，财政部将收回已安排的专项资金，通报批评，并按《财政违法行为处罚处分条例》的相关规定进行处理。涉嫌犯罪的，移送司法机关处理。

4. 整改落实。工程项目主管部门对项目法人每个季度末上报的建设进展、工程质量、投资计划安排和执行、资金到位情况进行检查，如果发现问题要及时出具整改意见通知，督促项目法人进行整改，对未进行整改或对地方配套投资到位不足的，在必要时可采取调整计划或停止安排计划等措施，督促其整改，或督促地方配套资金落实到位。

第二节　工程建设进度计划管理

水利工程建设项目进度是指对水利工程建设项目各阶段的工作内容、工作程序、持续时间和衔接关系。水利工程建设进度计划控制的最终目的是在保证工程质量、不增加投资的条件下，缩短施工工期，使水利工程建设项目提前竣工或按计划要求竣工。水利工程建设进度计划控制的总目标是建设总工期。项目法人必须按照工程批准的建设内容和年度计划组织工程建设，必须根据批复的建设方案和概算范围及额度，严格控制工程概算，要组织各参建单位依照计划的工程进度安排，按时完成计划投资额、实物工程量、实际达到工程形象进度等各项计划指标和年度建设内容。

一、工程建设进度计划编制

中小河流治理等水利工程建设进度计划，包括工程项目前期工作计划、工程项目建设总进度计划、工程项目年度进度计划。上述进度计划由项目法人编制或委托监理单位编制。

1. 项目前期工作计划。项目前期工作计划，根据国民经济发展规划和水利发展规划要求，按有关要求编制。水利前期工作项目年度计划的安排，应重点保证延续项目和在本年度内完成的可研、初设、重大规划项目的需要。

项目前期工作计划主要内容包括：上阶段主要工作结论及审查意见，主要工作特性、立项的依据和理由、勘测设计和科研试验大纲、综合利用要求、外协关系、阶段总工作量及经费、勘测设计工作总进度（包括中间阶段主要成果及进度）等。

2. 工程建设总进度计划。工程建设总进度计划，是指初步设计批复后，对工程项目从开始建设至竣工全过程，安排各单位工程的建设进度，进行的统一部署，保证工程项目按照初步设计确定的全部内容顺利完成建设任务。工程建设总进度计划包括综合进度控制计划、设计进度控制计划、采购进度控制计划、施工进度控制计划、验收进度控制计划等。

3. 年度工程实施计划。

（1）编制。项目年度工程实施计划要严格按照批复的初步设计建设内容、建设方案和建设标准进行编制。

大中型项目和省际边界工程年度实施计划由水利部流域机构、省级水行政主管部门和项目法人组织编制，合理安排本年度建设的工程项目。

其他项目年度工程实施计划由项目法人依据工程项目建设总进度计划、批准的设计文件和下达的中央年度投资计划组织编制，按照分批投产或交付使用要求，合理安排本年度建设的工程项目。

（2）审批。不符合批复的初步设计建设内容、建设方案和建设标准的项目年度工程实施计划不予批复。

大中型水利工程项目年度工程实施计划，由所在地（市）上报省级水行政主管部门审批；跨省边界的项目，由省水行政主管部门报所在流域机构批准；跨七大流域或国际界河项目，报水利部或由水利部委托流域机构批准。

（3）调整。中小河流治理等水利工程年度工程实施计划需要调整的，按原审批渠道，由原审批部门调整。

二、进度计划控制手段

1. 组织手段。建立监理单位、项目法人和施工单位的进度控制体系和工程建设进度控制目标体系，明确建设工程进度控制人员及职责分工；落实监理内部的进度控制人员，专人负责，明确任务和职责；建立工程进度月报、旬报制度及进度信息沟通网络；建立工程建设进度控制制度，包括进度计划审核制度、进度控制检查制度、调度制度、进度计划实施中检查分析制度、进度协调会议制度（包括协调会议举行的时间、地点、参加人员等）、图纸审查、工程变更和设计变更管理制度。

2. 技术手段。项目法人应采取科学适用的管理方法对建设工程进度实施动态管理。如推广采用多级网络计划技术和其他先进适用的计划技术，提高工程进度控制水平；编制工程进度控制工作细则；委托监理单位具体控制工程进度；组织流水作业，保证作业连续、均衡、有节奏；缩短作业时间、减少技术间歇；采用先进高效的设备；审查施工单位提交的各种加快施工进度计划措施，保证施工方案合理。

3. 经济手段。经济手段是进度控制非常有效的措施。为了保证工程建设进度，项目法人应及时结算工程价款（及时办理工程预付款）和工程进度款；对应急赶工给予优厚的"赶工费"；在保证工程质量的前提下，对提前完成建设任务的施工单位予以奖励，对造成工程工期延误的施工单位予以经济处罚。

4. 合同手段。利用合同条件所赋予的权利，督促施工单位按期完成工程项目；利用合同文件规定可采取的各种手段和措施，监督施工单位加快工程进度；加强组织、指挥、协调等合同管理，严格控制合同变更，以保证合同目标的实现。

三、工程建设进度计划控制内容

项目法人应要求设计单位编制出图计划、要求施工单位编制总施工进度计划和工程建设年、季、月实施计划，并督促相关单位按计划不折不扣地执行。

1. 审核施工单位的工程施工进度计划。工程施工进度计划是施工单位进行施工进度控制的核心指导文件，是实施进度控制的依据。按期完工是施工单位的义务，项目法人应对施工单位编制的工程施工进度计划进行审核，重点审核关键工程、关键工序等关键路线上工程项目的进度控制计划，并督促施工单位落实。主要审核内容如下：

审核内容1：施工单位是否按《施工合同技术条款》规定的内容和期限以及监理机构的指示，编制施工总进度计划报监理单位审批；施工单位是否根据监理单位审批的施工总进度计划（或称为合同进度计划），编制年、季、月进度计划再报监理单位审批，是否在每月末向监理单位提交完成工程量月报表。

审核内容2：进度安排是否符合工程项目建设总进度计划中总目标和分目标的要求，是否符合施工合同中开工、竣工日期的规定。

审核内容3：施工总进度计划中的项目是否有遗漏，分期施工是否满足分批使用的需要和配套使用的要求。

审核内容4：施工顺序的安排是否符合施工程序的要求。

审核内容 5：劳动力、材料、构配件、机具和设备的供应计划是否能保证进度计划的实现，供应是否均衡、需求高峰期是否有足够能力实现保障和供应。

审核内容 6：施工进度的安排是否与设计单位要求的进度相一致。

审核内容 7：分包单位分别编制的各项单位工程施工进度计划之间是否协调，专业分工与衔接是否明确、合理。

2. 做好充足物资供应。资金、设备供应是保证工程建设进度按照计划进行的前提条件，是实现目标控制的物质基础，因此项目法人应对工程建设各个阶段的物资（材料、构配件、设备等）供应做出计划安排，确保工程建设顺利按计划实施。

（1）组织编制物资供应计划。项目法人应组织物资（设备）供应单位、设计单位、施工单位编制"材料、物资供应计划"，并进行审查，认可后执行。

材料、物资供应计划的主要内容包括：材料、设备、物资按工程建设进程供应时间表；预测由于物资供应紧张或不足造成的工程拖延而采取的对策；物资存放地点、存库量、运距情况及供应时间情况；分析物资供应滞后时对工程建设进度的不利影响。

（2）执行物资供应计划。项目法人执行供应计划主要内容包括：监督、检查订货情况；跟踪、掌握物资供应整个过程；保证急需物资供应的措施、方案；审查和签署物资供应情况分析报告；协调各有关单位的关系。

3. 优先安排主体工程建设。对于大型工程建设项目，应把主体工程项目建设放在首位，集中力量建设主体工程、主要单位工程。特别是中小河流治理工程建设，应把那些事关工程安全的大坝稳定、基础防渗、泄洪安全等主体工程放在首位施工，制订施工顺序、起止时间及衔接关系计划，严格控制建设时间，做出周密安排；其次安排观测房、道路等辅助、次要建设工程，确保中小河流治理工程在建设中不垮坝、不出事。

4. 合理利用外部资源。充分考虑工程项目所在地区的地形、地质、水文、气象等外部资源，充分利用有利条件，避开不利方面，为工程建设服务。针对中小河流治理工程建设特点，在汛前、汛中、汛后不同阶段，合理安排工程建设项目，避免发生"无汛施工项目多、汛期无施工任务"的现象发生。利用各种时间段争抢工期，保证工程建设进度。

5. 督促履行合同。合同是控制工程建设进度的主要手段，在工程建设过程中，应随时监督检查参建各方的合同执行情况，主要查看合同签约方是否按照批准的计划投入资源；是否按批准的施工方案组织施工；是否按计划完成要求的工程量，如果存在偏差，应研究对策进行调整。

6. 组织召开协调会。项目法人应定期组织召开现场协调会议，解决工程施工过程中的相互协调、配合问题，特别是施工单位无力解决的内、外协调问题。帮助施工单位排除一切干扰，确保工程建设按原有计划有序进行。

7. 确保合理建设工期。工程建设工期是按照工程各个建设环节经过科学论证后确定的，一定要尊重科学规律，不得任意压缩合理建设工期，避免工程为追求速度而偷工减料，降低工程质量。

项目法人在中小河流治理工程建设计划执行过程中，应根据动态控制原理，不断进行检查、按时统计工程投资计划执行进度与计划投资额、完成工程量、实际达到的工程形象进度等情况。定期、经常地收集、检查施工单位提交的有关进度报表资料，现场跟踪检查工程项目的实际进展情况，将实际工程进度情况与计划安排进行比较，如果发现工期延误，项目法人应分析造成工期延误偏离计划的原因，特别要找出主要原因，然后采取相应措施解决矛盾，排除障碍组织抢工。

无论何种原因造成工期延误，项目法人均应制订切实可行的赶工、抢工方案将延误的工期抢回来，督促施工单位按照抢工方案实施。抢工方法，一是通过压缩关键工作的持续时间来压缩工期；二是通过组织搭接作业或平行作业来压缩工期。

四、施工进度计划调整

在施工进度计划执行过程中，如果发现原有的进度计划不能适应实际情况时，为了确保进度控制目标的实现，需要对原有的进度计划进行调整，制订新的进度计划作为进度控制的新依据，由项目主管部门及时提出调整意见，报原下达投资计划的部门进行审核批准，并报上级有关部门备案。

1. 施工进度计划滞后的处理。

（1）因施工单位原因造成工期延误的处理。由于施工单位原因未能按合同进度计划完成预定工作，造成工期延误，可要求施工单位修订进度计划、制订赶工进度计划，施工单位的赶工进度计划经监理单位批准后，采取有效措施赶上进度。如果施工单位仍未能按合同规定的完工日期完工，施工单位除自行承担采取赶工措施增加的费用外，还应支付《施工合同专用条款》规定的逾期完工的违约金。

（2）非因施工单位原因造成工期延误的处理。造成工期延误的非施工单位原因主要包括：增加合同中的任何一项工作内容；增加合同中关键项目的工程量超过《施工合同专用条款》中变更的范围和内容规定的百分比；增加额外的工程项目；改变合同中任何一项工作的标准或特性；合同中涉及的由项目法人（发包方）责任引起的工期延误；异常恶劣气候条件造成工期延误等。

若发生上述事件时，施工单位应立即通知项目法人和监理单位，并在发出通知后的28天内，向监理单位提交一份"详细说明发生该事件的情节和对工期的影响程度"的细节报告，并修订进度计划、编制赶工措施报监理单位审批。如果项目法人要求工程按期完成，由项目法人承担由于采取赶工措施所增加的费用；如果事件持续的时间较长或事件影响工期较长，虽然施工单位采取了赶工措施仍然无法实现工程按期完工时，施工单位应在事件结束后的14天内，提交一份"详细说明要求延长工期的理由"的补充细节报告，并修订进度计划，监理单位应及时调查、核实施工单位提交的细节报告和补充细节报告，并在审批修订进度计划的同时，与项目法人和施工单位协商确定延长工期的合理天数和合理的费用补偿额度，按规定的程序批准施工单位延长合理天数，并通知施工单位。

2. 施工进度计划提前的处理。

（1）施工单位提前工期。施工单位在征得项目法人同意后，在保证工程质量的前提下，比合同规定的工期提前完工，监理单位应核实提前天数，并由项目法人按《施工合同专用条款》中的规定向施工单位支付提前完工奖金。

（2）项目法人要求提前工期。项目法人要求施工单位提前合同规定的工期时，项目法人与施工单位应按成本加奖金的办法签订提前完工协议，监理单位与施工单位共同协商采取赶工措施并修订赶工进度计划，付诸实施。

五、工程建设进度上报

项目法人要在每季度末及时将工程建设进展、工程质量、投资计划安排和执行、资金到位情况等上报主管部门，其中中央参与投资的地方项目工程建设进度情况由省级水行政主管部门汇总报流域机构。

第三节　工　程　统　计

统计是实施项目和投资计划管理的一项基础工作，水利部根据当前投资体制、监管体制、财务会计制度、计划管理等要求，在全国范围内推广使用水利统计管理工作。

列入水利基本建设投资计划的项目全部投资和当年投资均应统计。包括列入概算的群众投劳折资、折物（不包括概算以外的群众投劳折资）。没有列入各级水利基本建设投资计划的项目，如果建设单位不隶属各级水利行政部门，在水利基本建设投资统计中作为拨付其他单位基建款统计，不计算水利基本建设投资完成额。

一、统计指标

按照国家统计局、国家发展和改革委员会的要求，现行的水利基本建设投资统计指标体系主要由八部分内容组成，每个部分包括若干个统计指标。

内容1：建设项目统计指标，包括：本年度施工项目、开工项目、本年建成投产项目等。

内容2：投资额统计指标，包括：按资金来源分组指标，按用途分组指标等。

内容3：资金到位情况统计指标。

内容4：新增固定资产统计指标。

内容5：新增生产能力或工程效益统计指标。

内容6：房屋建筑面积统计指标。

内容7：投资效益统计指标。

内容8：工程量统计指标。

二、统计程序

1. 建立完善的统计工作制度。工程建设有关单位要根据单位具体情况明确统计工作任务、统计管理投资（统一领导、分级负责或归口管理）、设置统计机构和人员、明确统计机构和人员的职责、制订统计工作程序、工作原则和方法、奖惩方法等；统计报表制度包括具体的设置建设项目、投资额、资金到位、新建固定资产、新增生产能力、房屋建筑、工程量等，拟定调查对象，拟定调查范围，拟定调查方案，确定统计报表、抽样调查、重点调查等调查方法，规定报送程序。

2. 收集原始记录。提高统计质量，必须从数据源头抓起，规范基础工作。

原始记录是对工程建设活动投入的人工（分工种计）、材料（分规格、品种计）、机械（分型号计）、风、电、水等进行全面、详细、直接、不间断记录，做到文字摘要完整、数字准确。

对起源于施工单位人员记录施工和消耗情况，反映工程量及人工、机械、材料等使用情况的原始记录和数据，认真整理和保存。

3. 建立统计台账。统计台账是根据建设管理情况和填制报表的需要，将原始资料依据一定的标志、按一定的时间顺序、用一定的标格登记过录，系统地积累资料，并定期进行总结的账册。凡适合登录台账的，尽量设置简明的台账。台账包括建设项目、投资、实物工程量、资金到位、新增固定资产、房屋建筑等。

一、二级水利建设项目投资统计台账严格按照批准的概算列项，以便与计划、财务保持一致；实物工程量统计台账主要包括土方开挖、填筑、石方明挖、洞挖、填筑、混凝土等量大且具有代表性的实物工程量；房屋建筑统计台账按房屋用途不同列项，主要包括施工面积、新开工面积、竣工面积、房屋价值等指标。

4. 分析汇总。根据统计工作和建设管理的需要，对当期及以前各期数据进行分类、整理、分析，编制统计报表、编写分析报告。

三、工程量计算方法

1. 设计工程量计算方法。设计工程量按照设计图纸标注的尺寸进行计算。

（1）土石方工程量。土方工程量按设计断面和施工技术规范进行加宽或增放坡度计算，石方工程量按设计开挖的尺寸并加允许超挖部分的工程量计算。

（2）混凝土方工程量。混凝土工程量及衬砌工程量应包括设计衬砌厚度加允许超挖部分的工程量。

（3）地下工程量。中小河流治理等水利工程基础固结与帷幕灌浆工程量自基岩面算起，钻孔深度自孔顶高度算起；地下工程顶部的回填灌浆工程量按设计的混凝土外缘面积以平方米计算。

（4）临时工程量。施工导流与截流工程量按永久建筑物工程计算。

（5）金结安装工程量。金属结构安装工程量，各种门型及配套的门槽埋件、各种启闭机重量，按设计规程中的自重计算公式计算（不包括永久工程中作为建材的钢结构）。

2. 实物工程量计算方法。实物工程量是以自然物理计量单位表示的水利工程建设完成的各类主体工程、施工导流和围堰的土方（m³）、石方（m³）、混凝土方（m³）、金属结构安装（t）等各种工程数量（不包括一般房屋建筑、附属工程、临时工程完成的数量）。实物工程量由施工单位测量，监理单位或项目法人（建设单位）复核确认，或由施工单位和监理单位或建设单位联合测量确认。

（1）土石方。土方包括土方开挖、填筑（砂砾石、土毛石）的数量（不包括土地平整、植树造林中的土方）。石方包括石方的开挖、回填、砌筑、抛石护岸等数量。

挖方和疏浚按开挖后坑方量即下方计算；填方按填筑后的实际上方的方数计算，土坝的实际完成量，采用测量和实测高程按图纸计算。利用挖方进行回填不需要夯实的，只计算一次，需要夯实的可计算两次。已完成的土、石方被洪水冲毁，再挖填的土、石方，其数量及价值均要统计。

（2）混凝土方。包括浇筑、衬砌的混凝土的数量和大坝中埋块石的数量，不包括灌浆的数量。混凝土的方量按工程实际测量的断面进行计算。

四、工程量统计方法

1. 建筑工程投资统计方法。实行招标投标的建设项目，中标后价格有调整的，以调整后的价格作为计算投资完成额价格依据进行统计；没有实行招标投标的建设项目工程投资，按施工图设计阶段预算价格统计；经建设单位和施工单位双方协商同意，且经商业银行同意拨款的工程价差量价，视同修改预算价格，建筑安装工程应按修改后的预算价格计算投资完成额；有的工程项目在工程实施阶段编制了项目管理预算，按预算价格计算完成投资额度进行统计。同时，应将项目统计总投资向投资主管部门反映国家批准的设计概算的完成进度进行投资计划管理和控制。

2. 计划实物工程量统计方法。计划实物工程量是由设计图纸计算出来的工程量。

（1）全部计划实物工程量填报。有批准总体设计文件的，按其文件中的实物工程量填报，总体设计文件经批准修改时，填写批准后调整数字；没有批准总体设计文件的，按上报设计文件中的工程量填报；前两者都没有，按年内施工工程的计划实物工程量填报；当累计完成实物工程量超过全部计划实物工程量时，用累计完成实物工程量加未完工程计划实物工程量填报。

（2）当年内计划实物工程量统计方法。当年内计划实物工程量统计方法按年度施工计划中的工程量计划统计，年度施工计划有调整的，填调整数。

（3）累计完成实物工程量统计方法。累计完成实物工程量统计方法按建设项目自开始建设到报告期止累计完成的实物工程量统计。

（4）当年内完成实物工程量统计方法。当年内完成实物工程量统计方法按当年1月1日起至当年最后1天止，完成的全部实物工程量统计（不包括预拨下年的工程量）。

五、项目法人在工程建设统计中的主要任务

任务1：贯彻执行统计法规和有关规定，传达和布置上级主管部门布置的统计报表制度，并制订本单位统计报表制度，做好本单位投资统计工作的各项业务建设，编写统计分析报告，开展统计业务培训。

任务2：积累和整理历史资料，进行系统的加工整理，准确、及时、全面反映工程建设投资的速度及比例关系，并进行分析和预测，为有关部门制订政策、编制计划、进行宏观调控提供依据，使统计资料为工程建设发挥作用。

任务3：利用定期报表和年度报表，检查计划执行过程和结果，反映建设过程中存在的问题，提出建议，以供主管部门采取措施。

第四节　计划管理中存在的常见问题

一、年度投资计划管理不到位

体现在：有的项目未以批复的初步设计（或实施方案）作为依据编制年度投资计划；有的打捆项目分项计划内容超过批复的初设报告范围；有的对分解下达的工程项目，先下达投资计划，后批复单项工程初步设计和概算，存在计划管理程序倒置问题；有的工程分

年度下达的投资计划与初设批复的内容不符合，或超过批复的工程概算内容，出现概算外项目；有的工程发生设计重大变更后，调整的概算未经原设计批复单位审查批准，却用作安排投资计划；有的工程未执行年度工程实施计划报批制度；有的工程未集中资金优先安排与防洪保安关系重大的单项工程、单位工程，以及关系度汛安全的建设内容；有的项目未将中央补助资金全部用于堤防等主体工程建设上，在对上述内容资金安排存在缺口的情况下，利用中央补助资金安排前期费、建管费以及道路、房屋等非主体工程内容。

有的年度工程实施计划报批、下达和转发不及时，严重滞后于工程实施进度，影响工期；有的年度工程实施计划中的投资控制指标与中央下达投资计划不一致，安排的具体项目内容以及费用控制不符合初步设计批复的概算内容；有的年度工程实施计划的内容或费用安排与上年度工程实施计划不衔接，存在重复或脱节现象；有的年度工程实施计划中未区别不同资金构成（如中央国债、地方配套等）所应安排的项目或费用的具体内容；有的年度工程实施计划中缺少工程量计划和要求达到的形象进度，或者存在投资、工程量及形象进度三者不衔接的情况；有的年度工程实施计划中夹带超过批复初步设计范围的内容以及归还"历史欠账"等情况。

二、转发年度投资计划不畅

体现在：有的项目中央下达的年度投资计划未全部转下达至项目法人，或转发中央下达的年度投资计划严重滞后，中间环节过多，到达项目法人的时间间隔太长；有的项目各级转发投资计划的指标不衔接，转发过程中擅自减少上级下达的投资计划指标；有的省、市计划部门和水行政主管部门未转下达中央下达的地方配套投资计划；有的项目未落实中央下达的地方配套投资计划，未分解下达地方配套投资计划数额，造成地方配套投资责任不明确。

三、擅自调整计划、擅自动用预备费

体现在：有的项目各级计划管理部门在转发投资计划过程中，擅自改变已批复的工程规模、标准和主要建设内容；有的项目自行增加地方配套投资、擅自提高局部防洪工程的建设标准；有的项目在实施时安排初步设计范围外的工程；有的项目法人未认真按照批复的年度工程实施计划组织施工，在执行过程中擅自更改工程设计内容、扩大建设规模、提高建设标准、不合理压低或提高工程单价或擅自减少工程项目；有的项目已完工工程分项工程量和单价与批复概算分项内容比较，增减变化较多，影响工程项目总概算的控制；有的项目法人未组织有关单位编制工程度汛方案等；有的项目未经原概算审批部门或上级有关部门批准，擅自安排和动用预备费；有的项目擅自执行未经原审批单位批复的调整概算。

四、进度管理薄弱

体现在：有的项目统计报告完成投资额与完成工程实物量、工程实际达到的形象进度不相适应；有的项目施工进度缓慢，完成计划投资额少；有的项目虚报完成计划投资额和工程实物量；有的大型水利枢纽及重要堤防工程缺少网络进度计划、工程形象进度图表、工程分项累计完成工程量表。

第九章　工程财务管理内容

中小河流治理工程建设资金必须按国家规定用于经批准的中小河流治理等水利工程建设项目，各级财政部门要根据工程进度将国家专项资金及时拨付到项目法人。中央补助投资应全部用于防洪主体工程建设，专户存储，专款专用，不允许人为滞留、挤占和挪用，不得变更或变通。项目法人不得将中央补助资金支付上述主体工程投资以外的移民征地、城市建设和景观建设、交通工具和办公设备购置以及楼堂馆所建设等支出。

第一节　各级部门在财务管理中的主要职责

水利部《关于加强中小河流治理和小型病险水库除险加固建设管理工作的通知》（水建管〔2011〕426 号）二规定："按照规划，'十二五'期间需完成 5000 多条中小河流重点河段治理，涉及项目 8000 多个，治理河长 6 万多 km；2012 年汛前要全面完成 5400 座重点小（Ⅰ）型、2013 年完成 1.59 万座重点小（Ⅱ）型、2015 年完成 2.50 万座一般小（Ⅱ）型病险水库除险加固，中小河流治理和小型病险水库除险加固任务相当艰巨。各地要抓好组织实施中小河流治理项目，要按照水利部、财政部印发的全国中小河流治理实施方案和年度资金安排，组织好项目实施"；"各地要严格执行各项财务制度，规范资金使用管理，严禁挤占、滞留、挪用建设资金，确保专款专用，确保资金使用安全。中小河流治理中央专项资金主要用于防洪主体工程建设，不得用于移民征地、城市建设和景观建设、交通工具和办公设备购置以及楼堂馆所建设等支出"。

一、水行政主管部门在中小河流治理项目资金管理中的主要职责

水利部《关于印发〈全国中小河流治理项目资金使用管理实施细则〉的通知》（水财务〔2011〕569 号）第七条规定：各级水行政主管部门对中小河流治理项目资金管理的主要职责是：贯彻执行国家相关法律、法规，研究制订中小河流治理项目资金使用管理相关管理办法；配合财政部门审批下达项目年度支出预算；配合财政部门及时拨付财政性专项资金；监督检查项目资金的使用和管理，并对发现的问题提出处理建议；会同财政部门报送年度项目资金完成情况和下一年度项目资金申请计划；多渠道筹集落实项目资金，所需地方资金，应协商同级财政部门督促资金及时足额到位。

二、项目法人在中小河流治理项目资金管理中的主要职责

水利部《关于印发〈全国中小河流治理项目资金使用管理实施细则〉的通知》（水财务〔2011〕569 号）第八条规定：项目法人应设置内部相关专业管理机构或专业管理人员，明确其在资金使用管理中的职责。单位负责人对中小河流治理项目资金使用全过程负总责，对本单位会计工作和会计资料的真实性、完整性负责；各专业管理人员各负其责。项目法人对本项目资金管理的主要职责是：贯彻执行国家有关法律、法规和水利基本

建设财务管理规章、制度和有关政策，研究制订单位内部财务管理制度并组织实施；按照《国有建设单位会计制度》及其补充规定设置会计账簿，进行会计核算，正确归集项目建设成本和费用；筹集和申请资金，编报项目年度基本建设支出预算、政府采购预算、政府采购实施计划等；按概（预）算控制使用资金，遵循基本建设财务管理的要求办理资金支付；按规定及时编报财务信息、年度财务决算和竣工财务决算；组织项目实施、招投标、合同签订、项目验收、资产移交等工作；做好会计档案的归档管理；完成资产移交。

中小河流治理工程项目法人是执行中小河流治理工程建设投资计划、并负责建设资金管理的单位。项目法人的法定代表人应遵守国家法律、行政法规，贯彻执行国家有关中小河流治理工程建设方针政策、执行水利基本建设规章，建立健全建设资金内部管理制度，依法、合理、使用建设资金。

做好中小河流治理工程项目的概预算编制和年度建设支出预算编制工作，及其执行、控制、监督和考核工作，严格控制建设成本，减少资金损失和浪费，提高投资效益；项目法人对中小河流治理等水利工程基本建设活动中的材料、设备采购、保管、各项财产物资，要及时做好原始记录；及时掌握工程进度，定期进行财产物资清查；及时办理中小河流治理工程与设备价款结算，控制费用性支出，合理、有效使用中小河流治理工程建设资金；按规定向财政部门报送工程建设财务报表。

及时筹集（或落实）中小河流治理工程项目建设资金，加强地方配套资金管理，保证各种建设资金按比例同步到位；做好中小河流治理工程招投标、合同签订、竣工验收前各项准备工作，及时编制竣工财务决算；搜集、汇总并上报中小河流治理工程建设资金使用、管理信息，编报中小河流治理工程项目效益分析报告；自觉接受和配合国家发改委、审计署、财政部、水利部等权力机关的稽查、审计等监督检查。

三、项目法人财务管理机构在中小河流治理项目资金管理中的主要职责

中小河流治理等水利工程项目法人财务管理机构，具体履行中小河流治理等水利工程建设财务管理、会计核算职能；具体编制、执行、控制、分析、考核财务预算和编制财务决算，负责中小河流治理等水利工程建设资金的筹集、管理、使用，参与中小河流治理等水利工程建设全部经济管理活动。财务管理职责有以下10项：

职责1：贯彻执行水利基本建设及有关中小河流治理等水利工程建设规章制度。

职责2：做好中小河流治理等水利工程建设财务管理的基础工作，按照规定设置独立的财务管理机构或指定专人负责中小河流治理等水利工程建设财务工作。

职责3：建立、健全中小河流治理等水利工程建设资金内部管理制度。

职责4：严格按照批准的概预算建设内容，做好账务设置和账务管理，对中小河流治理等水利工程建设活动中的材料、设备采购、存货、各项财产物资及时做好原始记录。

职责5：及时掌握中小河流治理等水利工程进度，定期进行财产物资清查。

职责6：编报年度基本建设预算和年度基建财务决算，按规定向财政部门报送基建财务报表。

职责7：办理工程与设备价款结算，控制费用性支出，合理、有效使用基本建设资金。

职责8：编制中小河流治理等水利工程项目的工程概预算，及时筹集项目建设资金，

保证工程用款，组织实施项目工程招投标、合同签订、竣工验收等工作。

职责9：收集、汇总并上报中小河流治理等水利工程资金使用管理信息，编报建设项目的效益分析报告。

职责10：做好中小河流治理等水利工程项目竣工验收前各项准备工作，及时编报竣工财务决算。

第二节 财务管理机构

一、机构设置

水利部《关于印发〈全国中小河流治理项目资金使用管理实施细则〉的通知》（水财务〔2011〕569号）第三条规定："负责组织实施中小河流治理项目的地市级或县级人民政府应按照基本建设项目管理的要求，明确中小河流治理项目法人，保障人员的相对稳定，建立职责明确的责任制度。中小河流治理项目法人应按规定设置独立的财务管理机构或配备专人负责项目资金管理和核算工作"。

项目法人要做好中小河流治理工程建设财务管理的基础工作，按规定设置独立的会计机构、并指定专人负责中小河流治理工程财务管理和会计核算工作，配备会计机构负责人和相应会计人员，确保会计机构和人员的完整性，做好中小河流治理等水利工程账务设置和账务管理。

二、人员配备

1. 人员配备。

（1）从业资格。中小河流治理等水利工程财务机构应配备符合规定要求的专职会计人员，应当配备会计机构负责人，在财务机构中配备专职会计人员，并在专职会计人员中指定会计主管人员。

财务机构负责人、会计主管人员必须经基建财务专业培训，应具有规定的从业资格并持有会计从业资格证书，熟悉国家财经法律、法规、规章和方针、政策，具备较强的业务知识、政策水平、工作经验、组织能力等条件。

担任中小河流治理等水利工程会计机构负责人必须取得会计从业资格证书，必须具备会计师（含会计师）以上专业技术任职资格，具有从事会计工作3年以上经历；会计主管人员应具有助理会计师以上专业技术任职资格且具有2年以上主管一个单位或单位内一个重要方面的财务会计工作经历。

（2）岗位设置。中小河流治理等水利工程财务管理机构可以根据会计业务需要设置会计工作岗位，确定人员数量。会计工作岗位一般可分为：会计机构负责人或者会计主管人员、出纳、财产物资核算、工资核算、成本费用核算、财务成果核算、资金核算、往来核算、总账报表、稽核、档案管理等。开展会计电算化管理的单位，可以根据需要设置相应工作岗位，也可以与其他工作岗位相结合。会计工作岗位，可以一人一岗或者一岗多人。但出纳人员不得兼管稽核、会计档案保管和收入、费用、债权债务账目的登记工作，不能同时负责总分类账登记、保管，不能同时负责非货币资金账的记账工作。

（3）回避原则。任用会计人员应执行回避制度。项目法人主要负责人的直系亲属不得担任项目法人的会计机构负责人、会计主管人员；会计机构负责人、会计主管人员的直系亲属不得在项目法人会计机构中担任出纳工作。

需要回避的直系亲属为：夫妻关系、直系血亲关系、三代以内旁系血亲以及配偶亲关系。

2. 人员职责。项目法人财务机构应严格实行资金收支审批制度；财务管理机构负责人要认真贯彻执行国家的财经法规，严格审核重大财务事项，协调经济财务关系，编制实施财务预算，检查、分析、解决财务预算执行中的问题，组织实施会计核算，组织编制年度、竣工财务决算；会计人员应分工明确，职责清楚，资金收付、保管由被授权批准的专人负责，其他人员不得接触；财务印鉴应按规定分离管理，不得由同一人管理。

三、财务管理制度

中小河流治理等水利工程建设项目法人财务管理、会计核算工作，要以财政部《基本建设财务管理规定》、《国有建设单位会计制度》、《会计基础工作规范》等作为基本管理制度，应根据国家有关法律、法规、规范和水利系统内部财务会计规定，结合单位类型和内容管理的需要，制订适合本项目业务特点和管理要求的内部会计控制制度。

1. 制订财务管理制度应遵循的原则。

（1）遵循法规原则。中小河流治理等水利工程项目法人财务管理机构应当执行国家的法律、法规和国家统一的财务会计制度。

（2）不断完善原则。中小河流治理等水利工程项目法人财务管理机构制订的会计管理制度，应当体现中小河流治理等水利工程业务管理的特点和要求，应当根据中小河流治理等水利工程建设、管理需要和执行中出现的问题不断进行完善。

（3）规范性原则。中小河流治理等水利工程项目法人财务管理机构制订的会计管理制度，应全面、规范中小河流治理等水利工程项目法人财务管理机构的各项会计工作，保证会计工作的有序进行。中小河流治理等水利工程项目法人财务管理机构，应当定期检查会计管理制度的执行情况。

（4）可操作性原则。中小河流治理等水利工程项目法人财务管理机构，制订的内部会计管理制度应当科学、合理，便于操作和执行。

2. 财务管理制度内容。中小河流治理等水利工程项目法人财务管理机构，应当建立、健全的财务管理制度，主要包括：

（1）会计人员岗位责任制度：

①会计人员的工作岗位设置；

②各会计工作岗位的职责和标准；

③各会计工作岗位的人员和具体分工；

④会计工作岗位轮换办法；

⑤对各会计工作岗位的考核办法。

（2）账务处理程序制度：

①会计科目及其明细科目的设置和使用；

②会计凭证的格式、审核要求和传递程序；

③会计核算方法；

④会计账簿的设置；

⑤编制会计报表的种类和要求；

⑥单位会计指标体系。

（3）内部牵制制度：

①组织分工；

②内部牵制制度的原则；

③出纳岗位的职责和限制条件；

④有关岗位的职责和权限。

（4）稽核制度：

①稽核工作的组织形式和具体分工；

②稽核工作的职责、权限；

③审核会计凭证和复核会计账簿、会计报表的方法。

（5）原始记录管理制度：

①原始记录的内容和填制方法；

②原始记录的格式；

③原始记录的审核；

④原始记录填制人的责任；

⑤原始记录签署、传递、汇集要求。

（6）定额管理制度：

①定额管理的范围；

②制订和修订定额的依据、程序和方法；

③定额的执行；

④定额考核和奖惩办法等。

（7）计量验收制度：

①计量检测手段和方法；

②计量验收管理的要求；

③计量验收人员的责任和奖惩办法。

（8）财产清查制度：

①财产清查的范围；

②财产清查的组织；

③财产清查的期限和方法；

④对财产清查中发现问题的处理办法；

⑤对财产管理人员的奖惩办法。

（9）财务收支审批制度：

①财务收支审批人员和审批权限；

②财务收支审批程序；

③财务收支审批人员的责任。

（10）财务会计分析制度：

①财务会计分析的主要内容；

②财务会计分析的基本要求和组织程序；

③财务会计分析的具体方法；

④财务会计分析报告的编写要求等。

（11）预、决算和财务报告管理制度：

①预、决算和其他财务报告（包括财务会计分析）的主要内容；

②编制要求和组织程序；

③审批程序和职责；

④预算执行的要求；

⑤财务会计分析的具体方法等。

（12）单位财会负责人离任经济责任审计制度：

①审核、评价、区分单位领导应付的经济责任和财会负责人应付的经济责任及会计责任；

②财务负责人履行职能、权力程序和职责范围的有效性；

③财会负责人任期及离任交接的财会资料真实性、合法性、完整性和有效性。

（13）其他与工程建设有关的制度。其他与中小河流治理等水利工程建设管理有关的制度很多，项目法人可根据各自工程建设需要，有选择性地制订。如：项目法人财务管理制度；财务管理基础工作制度；工程建设资金筹集管理制度；建设资金支出预算、使用管理制度；工程建设成本管理制度；工程资产管理制度；工程建设收入管理制度；工程结余资金管理制度；工程财务报告制度；项目法人财务监督检查制度；会计人员回避制度；工程价款结算办法；财务报销手续及有关费用标准的规定等。

第三节　会计基础工作

中小河流治理等水利工程建设项目法人应当加强财务基础工作，会计基础工作必须符合国家基本建设会计制度统一规定。

一、会计科目设置

中小河流治理等水利工程建设项目法人应根据中华人民共和国财政部《国有建设单位会计制度》（财会字〔1995〕45 号）有关规定，按照国家统一会计制度的规定、批复的概算项目和会计业务的需要、在不违反财务制度规定和会计核算要求的前提下，设置会计账簿，设置和使用会计科目。会计账簿包括总账、明细账、日记账和其他辅助性账簿。会计凭证、会计账目和会计报表以及其他会计资料的内容和格式应符合国家有关规范规定。

1. 总账科目设置。中小河流治理等水利工程建设项目法人，在不违反概（预）算和财务制度等规定、不影响会计核算的要求和会计报表指标汇总的前提下，可以根据实际情况设置总账科目，或对总账科目做必要的增加、减少和合并。

2. 明细科目设置。中小河流治理等水利工程建设项目法人在不违反财务制度规定和会计核算要求的前提下，可以根据自己需要，自行规定、设置明细科目（详见表 9.1）。

表9.1 会计科目表

序号	编号	资金占用类科目	序号	编号	资金来源类科目
1	101	建筑安装工程投资	24	261	拨付所属投资借款
2	102	设备投资	25	271	待处理财产损失
3	103	待摊投资	26	281	有价证券
4	104	其他投资	27	301	基建拨款
5	111	交付使用资产	28	302	联营拨款
6	121	应收生产单位投资借款	29	303	企业债券资金
7	201	固定资产	30	304	基建投资借款
8	202	累计折旧	31	305	上级拨入投资借款
9	203	固定资产清理	32	306	其他借款
10	211	器材采购	33	311	待冲基建支出
11	212	采购保管费	34	321	上级拨入资金
12	213	库存设备	35	331	应付器材款
13	214	库存材料	36	332	应付工程款
14	218	材料成本差异	37	341	应付工资
15	219	委托加工器材	38	342	应付福利费
16	231	限额存款	39	351	应付有偿调入器材及工程款
17	232	银行存款	40	352	其他应付款
18	233	现金	41	353	应付票据
19	241	预付备料款	42	361	应交税金
20	242	预付工程款	43	362	应交基建包干节余
21	251	应收有偿调出器材及工程款	44	363	应交基建收入
22	252	其他应收款	45	364	其他应交款
23	253	应收票据	46	401	留成收入

注：上列会计科目，项目法人可以根据实际需要，增、删或不设。

1. 经批准的停、缓建单位，可在"基建拨款"科目下设置"本年维护费拨款"明细科目。实行停、缓建维护费贷款办法的停、缓建单位，可设置"307 停缓建维护费借款"科目。实行生产自立的缓建单位，可以增设"222 自立生产支出"、"402 自立生产收入"等科目，并在"其他借款"科目下，增设"自立生产借款"明细科目。

2. 采用实际成本进行材料日常核算的项目法人，可以不设"材料成本差异"科目。

3. 日记账科目设置。现金日记账和银行存款日记账必须采用订本式账簿。不得用银行对账单或者其他方法代替日记账。

4. 会计科目编号。会计科目实行统一编号，以便于编制会计凭证、登记账簿、查阅账目，实行会计电算化。项目法人（建设单位）不要随意改变或打乱重编。在某些会计科目之间留有空号，供增设会计科目之用。

项目法人在填制会计凭证、登记账簿时，应填列会计科目的名称，或者同时填列会计科目的名称和编号，不能只填科目编号，不填科目名称。

二、账务处理

1. 记账要求。

（1）会计凭证不得伪造。会计凭证、会计账簿、会计报表和其他会计资料的内容和要求必须符合国家统一会计制度的规定，不得伪造、变造会计凭证和会计账簿，不得设置账外账，不得报送虚假会计报表。

（2）财务记账应规范。会计机构、会计人员要根据审核无误的原始凭证填制记账凭证，填制会计凭证，字迹必须清晰、工整，并符合下列要求：

金额数字写法要求：阿拉伯数字应当一个一个地写，不得连笔写。阿拉伯金额数字前面应当书写货币币种符号或者货币名称简写和币种符号。币种符号与阿拉伯金额数字之间不得留有空白。凡阿拉伯数字前写有币种符号的，数字后面不再写货币单位。

汉字大写数字金额如零、壹、贰、叁、肆、伍、陆、柒、捌、玖、拾、佰、仟、万、亿等，一律用正楷或者行书体书写，不得用零、一、二、三、四、五、六、七、八、九、十等简化字代替，不得任意自造简化字。

阿拉伯金额数字中间有"0"时，汉字大写金额要写"零"字；阿拉伯数字金额中间连续有几个"0"时，汉字大写金额中可以只写一个"零"字；阿拉伯金额数字元位是"0"，或者数字中间连续有几个"0"、元位也是"0"但角位不是"0"时，汉字大写金额可以只写一个"零"字，也可以不写"零"字。

价款空位填写要求：所有以元为单位的阿拉伯数字，除表示单价等情况外，一律填写到角分；无角分的，角位和分位可写"00"，或者符号"——"；有角无分的，分位应当写"0"，不得用符号"——"代替。

大写金额数字到元或者角为止的，在"元"或者"角"字之后应当写"整"字或者"正"字；大写金额数字有分的，分字后面不写"整"或者"正"字。

货币名称填写要求：大写金额数字前未印有货币名称的，应当加填货币名称，货币名称与金额数字之间不得留有空白。

（3）计算机处理会计应符合有关规定。实行会计电算化的单位，对使用的会计软件及其生成的会计凭证、会计账簿、会计报表和其他会计资料的要求，应当符合财政部关于会计电算化的有关规定。对于机制记账凭证，要认真审核，做到会计科目使用正确，数字准确无误。打印出的机制记账凭证要加盖制单人员、审核人员、记账人员及会计机构负责人、会计主管人员印章或者签字。

2. 原始凭证要求。原始凭证不得涂改、挖补。发现原始凭证有错误的，应当由开出单位重开或者更正，更正处应当加盖开出单位的公章。原始凭证的基本要求：

（1）原始凭证内容要全。原始凭证的内容必须具备：凭证的名称；填制凭证的日期；填制凭证单位名称或者填制人姓名；经办人员的签名或者盖章；接受凭证单位名称；经济业务内容；数量、单价和金额。

凡填有大写和小写金额的原始凭证，大写与小写金额必须相符；购买实物的原始凭证，必须有验收证明。支付款项的原始凭证，必须有收款单位和收款人的收款证明。

从外单位取得的原始凭证，必须盖有填制单位公章；从个人取得的原始凭证，必须有填制人员的签名或者盖章。自制原始凭证必须有经办单位领导人或者其指定的人员签名或者盖章。对外开出的原始凭证，必须加盖本单位公章。

从外单位取得的原始凭证如有遗失，应当取得原开出单位盖有公章的证明，并注明原来凭证的号码、金额和内容等，由经办单位会计机构负责人、会计主管人员和单位领导人批准后，才能代作原始凭证。如果确实无法取得证明的，如火车、轮船、飞机票等凭证，由当事人写出详细情况，由经办单位会计机构负责人、会计主管人员和单位领导人批准后，代作原始凭证。

会计机构、会计人员应当对原始凭证进行审核和监督。对不真实、不合法的原始凭证，不予受理。对弄虚作假、严重违法的原始凭证，在不予受理的同时，应当予以扣留，并及时向单位领导人报告，请求查明原因，追究当事人的责任。对记载不准确、不完整的原始凭证，予以退回，要求经办人员更正、补充。

（2）多联原始凭证要求特殊。一式几联的原始凭证，应当注明各联的用途，只能以一联作为报销凭证。一式几联的发票和收据，必须用双面复写纸（发票和收据本身具备复写纸功能的除外）套写，并连续编号。作废时应当加盖"作废"戳记，连同存根一起保存，不得撕毁。

（3）退货发票有退货验收证明为附件。发生销货退回的，除填制退货发票外，还必须有退货验收证明；退款时，必须取得对方的收款收据或者汇款银行的凭证，不得以退货发票代替收据。

（4）经济业务有批准文件附件。经上级有关部门批准的经济业务，应当将批准文件作为原始凭证附件。如果批准文件需要单独归档的，应当在凭证上注明批准机关名称、日期和文件字号。

3. 记账凭证要求。记账凭证可以分为收款凭证、付款凭证和转账凭证，也可以使用通用记账凭证。记账凭证的基本要求是：

（1）记账凭证内容要全。记账凭证的内容必须具备：填制凭证的日期；凭证编号；经济业务摘要；会计科目；金额；所附原始凭证张数；填制凭证人员、稽核人员、记账人员、会计机构负责人、会计主管人员签名或者盖章。收款和付款记账凭证还应当由出纳人员签名或者盖章。以自制的原始凭证或者原始凭证汇总表代替记账凭证的，也必须具备记账凭证应有的项目。

（2）记账凭证序号应连续。填制记账凭证时，应当对记账凭证进行连续编号。一笔经济业务需要填制两张以上记账凭证的，可以采用分数编号法编号。

（3）同张记账凭证类别相同。记账凭证可以根据每一张原始凭证填制，或者根据若干张同类原始凭证汇总填制，也可以根据原始凭证汇总表填制。但不得将不同内容和类别的原始凭证汇总填制在一张记账凭证上。

（4）记账凭证必附原始凭证。除结账和更正错误的记账凭证可以不附原始凭证外，其他记账凭证必须附有原始凭证。如果一张原始凭证涉及几张记账凭证，可以把原始凭证附在一张主要的记账凭证后面，并在其他记账凭证上注明附有该原始凭证的记账凭证的编号或者附原始凭证复印件。

一张原始凭证所列支出需要几个单位共同负担的，应当将其他单位负担的部分，开给对方原始凭证分割单，进行结算。原始凭证分割单必须具备原始凭证的基本内容：凭证名称、填制凭证日期、填制凭证单位名称或者填制人姓名、经办人的签名或者盖章、接受凭证单位名称、经济业务内容、数量、单价、金额和费用分摊情况等。

（5）记账凭证填错应重新填制。如果在填制记账凭证时发生错误，应当重新填制。已经登记入账的记账凭证，在当年内发现填写错误时，可以用红字填写一张与原内容相同的记账凭证，在摘要栏注明"注销某月某日某号凭证"字样，同时再用蓝字重新填制一张正确的记账凭证，注明"订正某月某日某号凭证"字样。如果会计科目没有错误，只是金额错误，也可以将正确数字与错误数字之间的差额另编一张调整的记账凭证，调增金额用蓝字，调减金额用红字。发现以前年度记账凭证有错误的，应当用蓝字填制一张更正的记账凭证。

（6）记账凭证空行处画线注销。记账凭证填制完经济业务事项后，如有空行，应当自金额栏最后一笔金额数字下的空行处至合计数上的空行处画线注销。

（7）会计凭证编号保管。会计凭证登记完毕后，应当按照分类和编号顺序保管，不得散乱丢失。记账凭证应当连同所附的原始凭证或者原始凭证汇总表，按照编号顺序折叠整齐，按期装订成册，并加具封面，注明单位名称、年度、月份和起讫日期、凭证种类、起讫号码，由装订人在装订线封签外签名或者盖章。

各种经济合同、存出保证金收据等重要原始凭证，应当另编目录，单独登记保管，并在有关的记账凭证和原始凭证上相互注明日期和编号。

4. 登记会计账簿。

（1）启用会计账簿。启用会计账簿时，应当在账簿封面上写明单位名称和账簿名称。在账簿扉页上应当附启用表，内容包括：启用日期、账簿页数、记账人员和会计机构负责人、会计主管人员姓名，并加盖名章和单位公章。记账人员或者会计机构负责人、会计主管人员调动工作时，应当注明交接日期、接办人员或者监交人员姓名，并由交接双方人员签名或者盖章。

启用订本式账簿时，应当从第一页到最后一页顺序编定页数，不得跳页、缺号。使用活页式账页时，应当按账户顺序编号，并须定期装订成册。装订后再按实际使用的账页顺序编定页码。另加目录，记明每个账户的名称和页次。

（2）登记账簿。会计人员应当根据审核无误的会计凭证登记会计账簿。登记账簿的基本要求是：

①登记书写要求：登记会计账簿时，应当将会计凭证日期、编号、业务内容摘要、金额和其他有关资料逐项记入账内，做到数字准确、摘要清楚、登记及时、字迹工整；账簿中书写的文字和数字上面要留有适当空格，不要写满格，一般应占格距的二分之一。

登记完毕后，要在记账凭证上签名或者盖章，并注明已经登账的符号，表示已经记账。

②字迹颜色要求：登记账簿要用蓝黑墨水或者碳素墨水书写，不得使用圆珠笔（银行的复写账簿除外）或者铅笔书写。

可以用红色墨水记账情况有下列四种：一是按照红字冲账的记账凭证，冲销错误记录；二是在不设借贷等栏的多栏式账页中，登记减少数；三是在三栏式账户的余额栏前，如未印明余额方向的，在余额栏内登记负数余额；四是根据国家统一会计制度的规定可以用红字登记的其他会计记录。

③账簿顺序要求：各种账簿按页次顺序连续登记，不得跳行、隔页，如果发生跳行、隔页，应当将空行、空页画线注销，或者注明"此行空白"、"此页空白"字样，并由记账人员签名或者盖章。

每一账页登记完毕结转下页时，应当结出本页合计数及余额，写在本页最后一行和下页第一行有关栏内，并在摘要栏内注明"过次页"和"承前页"字样；也可以将本页合计数及金额只写在下页第一行有关栏内，并在摘要栏内注明"承前页"字样。

对需要结计本月发生额的账户，结计"过次页"的本页合计数，应当为自本月初起至本页末止的发生额合计数；对需要结计本年累计发生额的账户，结计"过次页"的本页合计数应当为自年初起至本页末止的累计数；对既不需要结计本月发生额也不需要结计本年累计发生额的账户，可以只将每页末的余额结转次页。

④余额记账要求：凡需要结出余额的账户，结出余额后，应当在"借或贷"等栏内写明"借"或者"贷"等字样。没有余额的账户，应当在"借或贷"等栏内写"平"字，并在余额栏内用"0"表示，现金日记账和银行存款日记账必须逐日结出余额。

⑤电算记账要求：实行会计电算化的单位，总账和明细账应当定期打印。发生收款和付款业务的，在输入收款凭证和付款凭证的当天，必须打印出现金日记账和银行存款日记账，并与库存现金核对无误。

（3）记错更正。账簿记录发生错误，不准涂改、挖补、刮擦或者用药水消除字迹，不准重新抄写，必须按照下列方法进行更正：

登记账簿时发生错误，应当将错误的文字或者数字划红线注销，但必须使原有字迹仍可辨认；然后在划线上方填写正确的文字或者数字，并由记账人员在更正处盖章。对于错误的数字，应当全部划红线更正，不得只更正其中的错误数字。对于文字错误，可只划去错误的部分。

由于记账凭证错误而使账簿记录发生错误，应当按更正的记账凭证登记账簿。

5. 编制财务报告。中小河流治理等水利工程项目法人财务管理机构必须按照国家统一会计制度的规定，定期编制财务报告。对外报送的财务报告应当根据国家统一会计制度规定的格式和要求编制。财务报告包括会计报表及其说明。会计报表包括会计报表主表、会计报表附表、会计报表附注。

（1）会计报表。中小河流治理等水利工程项目法人财务管理机构应当按照国家统一会计制度的规定认真编写会计报表附注及其说明，做到项目齐全，内容完整。

会计报表填制要求：会计报表应当根据登记完整、核对无误的会计账簿记录和其他有关资料编制，做到数字真实、计算准确、内容完整、说明清楚。任何人不得篡改或者授意、指使、强令他人篡改会计报表的有关数字。会计报表之间、会计报表各项目之间，凡有对应关系的数字，应当相互一致。本期会计报表与上期会计报表之间有关的数字应当相互衔接。如果不同会计年度会计报表中各项目的内容和核算方法有变更的，应当在年度会计报表中加以说明。

在汇编会计报表时，应分别汇总各自投资部分，所投资金完成的交付使用资产和各项投资支出以及各种结余资金，均按投资比例计算确定。中央主管部门对地方项目的补助性投资，划转预算的，由地方项目统一编报会计报表；不划转预算的，仍应由中央主管部门编报会计报表。

会计报表报送部门：财务会计报表应报送当地财税机关、开户银行和主管部门。其他需要报送的单位，由各级财政部门或主管部门规定，同时有中央和地方两级财政预算拨款的项目法人（建设单位），应按项目隶属关系将会计报表主送上级主管部门，并同时抄送拨出款项的其他部门。国内合资建设的工程项目，应按项目隶属关系将会计报表主送上级主管部门，同时抄送拨出款项的其他部门。

（2）财务报告。中小河流治理等水利工程项目法人财务管理机构，应当按照国家规定的期限对外报送财务报告。

财务报告编制要求：项目法人对外报送的财务报告，应当依次编写页码，加具封面，装订成册，加盖公章。封面上应当注明：单位名称，单位地址，财务报告所属年度、季度、月度，送出日期，并由单位领导人、总会计师、会计机构负责人、会计主管人员签名或者盖章。

项目法人负责人对财务报告的合法性、真实性负法律责任。

财务报告错误更正：项目法人如果发现对外报送的财务报告有错误，应当及时办理更正手续。除更正本单位留存的财务报告外，并应同时通知接受财务报告的单位更正。错误较多的，应当重新编报。

第四节　工程价款结算

水利部《关于印发〈全国中小河流治理项目资金使用管理实施细则〉的通知》（水财务〔2011〕569号）第十八条规定：建设工程价款结算必须符合《建设工程价款结算暂行办法》的规定。建设工程价款结算是指对建设工程的发承包合同价款进行约定和依据合同约定进行工程预付款、工程进度款、工程竣工价款结算的活动，其主要要求包括：工程价款结算是对建设工程的发、承包合同价款，依据约定及合同约定，对工程预付款、工程进度款、工程竣工价款进行结算。

一、工程价款结算有关规定

1. 工程价款结算依据。中小河流治理工程价款结算与其他水利工程基建项目一样，均以一个合同项目作为工程价款结算的基本单位，结算项目和合同项目要相互对应（合同外项目按合同变更处理价款结算要单独反映）。主要结算依据包括：

（1）有关法律、法规。国家有关法律、法规和规章制度；国务院建设行政主管部门、省、自治区、直辖市或有关部门发布的工程造价计价标准、计价办法等有关规定。

（2）有关文件、合同。建设项目的工程承包合同、招标投标文件、补充协议。财政部、建设部《建设工程价款结算暂行办法》（财建〔2004〕369号）第七条规定：项目法人（发包人）、承包人应当在合同条款中对涉及工程价款结算的下列事项进行约定：预付工程款的数额、支付时限及抵扣方式；工程进度款的支付方式、数额及时限；工程施工中发生变更时，工程价款的调整方法、索赔方式、时限要求及金额支付方式；发生工程价款纠纷的解决方法；约定承担风险的范围及幅度以及超出约定范围和幅度的调整办法；工程竣工价款的结算与支付方式、数额及时限；工程质量保证（保修）金的数额、预扣方式及时限；安全措施和意外伤害保险费用；工期及工期提前或延后的奖惩办法；与履行合同、支付价款相关的担保事项。

建设项目的工程变更签证和现场签证，以及经发、承包人认可的其他经批准实施的施工图设计文件、设计变更通知、监理现场签证、与工程量和预算定额相关的文件资料。

（3）其他可依据的材料。

2. 工程价款结算原则。项目法人应按照批复的概算项目，定期结算建安工程投资、设备投资、待摊投资和其他投资，应当及时办理会计手续、进行会计核算。会计核算应当以实际发生的经济业务为依据，按照规定的会计处理方法进行，保证会计指标的口径一致和会计处理方法的前后相一致。

（1）工程价款支付条件。中小河流治理等水利工程项目法人财务部门在办理工程价款支付手续时，按照建设工程合同规定条款、实际完成的合格工程的工程量及工程监理情况结算与支付。设备、材料贷款按采购合同规定的条款支付。工程价款支付凭证中应附监理工程师签发的工程量清单和月支付审核汇总表。

项目法人与施工、设计、监理或设备材料供应单位签订的合同应包括金额、支付条件、结算方式、支付时间等项内容。

（2）工程价款支付注意事项。项目法人不得在未与施工单位签订施工合同的情况下安排实施建设、结算工程价款；项目法人不得以工程预付款形式支付施工单位工程施工进度款；账面记录完成投资额应与工程实际完成投资额一致；不得用国债资金支付非主体工程项目或用工程建设资金支付概算外、合同外项目；严禁虚报工程建设资金；不得以工程预付款形式支付工程款长期挂往来账。

3. 工程价款结算方式。项目法人与施工单位签订的施工合同中确定的工程价款结算方式，要符合财政支出预算管理的有关规定。工程价款结算按完成多少工程量、结算多少价款的原则办理，有以下几种方式：

（1）竣工一次性结算。施工单位所需资金由银行贷款的中小河流治理工程建设项目，或对于工期较短，施工技术比较简单的工程，当年能完工的工程项目，实行工程完工后一次性工程价款结算，按结算量计入工程成本，并抵扣全部预付工程款。

（2）分段按照工程形象进度结算。即当年开工、当年不能竣工的中小河流治理工程，按照工程形象进度，划分不同阶段，确定工程价款结算时点，工程建设达到一定的形象进度时按照合同约定的单价、完成的工程量进行工程价款结算，支付工程进度款，具体划分在合同中明确。但总额不得超过合同价的90%。

（3）按月结算与支付。实行按月支付进度款，即每月按照实际完成的工程量结算工程价款，竣工后算清的办法。月支付进度款步骤：施工单位月初提交上月进度报告→监理工程师审核工程量将返回施工单位→施工单位计算工程款提交正式月进度支付申请→监理工程师核实工程量和应付工程款→项目法人支付工程款。

（4）定期结算。对工程量大、工期长的工程，根据工程特点确定一个结算周期，按此周期定期进行工程价款结算，此项目可按合同约定预付施工单位部分备料款（包工包料），月终按实际完成的95%结算并抵扣预付款项，此种结算方法是当前普遍使用的结算方法。

（5）合同外项目价款结算。结算项目外增加的结算即合同外项目价款结算。由于设计、施工方案、施工工艺变更，而增加的工程款要以变更内容和实际增加的工程量为依据，经监理签证、确认后按内部管理程序进行工程价款结算。

（6）合同以外零星项目工程价款结算。项目法人（发包人）要求承包人完成合同以外零星项目，承包人应在接受项目法人（发包人）要求的 7 天内，将用工数量和单价、机械台班数量和单价、使用材料和金额等向项目法人（发包人）提出施工签证，项目法人（发包人）签证后施工，如项目法人（发包人）未签证，承包人施工后发生争议的，责任由承包人自负。

4. 工程价款结算程序。项目法人财务部门支付中小河流治理等水利工程建设资金时，应按照规定的工程价款结算程序支付资金，应符合财政部、水利部《水利基本建设资金管理办法》（财基字〔1999〕139 号）的有关规定：

申报：施工单位或承包商申报（提供结算税务发票）。

审查：经办人对支付凭证的合法性、手续的完备性和金额的真实性进行审查；实行工程监理制的项目监理工程师须审查并签字，同时附有本次结算工程量及证明材料。

审核：经办人审查无误后，应送项目法人有关工程、合同等业务部门和财务部门负责人审核。

审批：单位领导审批签字。

5. 工程价款资金支付形式。工程价款结算资金以银行转账、汇票、汇兑等为主要支付形式，严禁以现金和现金支票形式支付工程款和材料款。

二、工程款预付

1. 质量保证金。水利部《关于印发〈全国中小河流治理项目资金使用管理实施细则〉的通知》（水财务〔2011〕569 号）第十九条规定："质量保证金的管理应遵循《建设工程质量保证金管理暂行办法》的规定，保留不低于 5% 的质量保证（保修）金，待工程交付使用合同约定的质保期到期后清算，质保期内因承包人原因造成的缺陷，承包人应负责维修，并承担鉴定及维修费用。如承包人不维修也不承担费用，发包人可按合同约定扣除保证金，并由承包人承担违约责任"。

2. 工程款预付条件。水利部《关于印发〈全国中小河流治理项目资金使用管理实施细则〉的通知》（水财务〔2011〕569 号）第十八条规定："按合同约定支付工程预付款，包工包料工程的预付款原则上预付比例不低于合同金额的 10%，不高于合同金额的 30%。预付的工程款必须在合同中约定抵扣方式，并在工程进度款中进行抵扣。凡是没有签订合同或未按合同条款要求提交预付款保函（或保证金）或不具备施工条件的工程，项目法人不得预付工程款，不得以预付款为名转移资金"。

工程预付款应符合财政部、水利部《水利基本建设资金管理办法》（财基字〔1999〕139 号）有关规定："应在建设工程或设备、材料采购合同已经签订，施工或供货单位提交了经财务部门认可的银行履约保函和保险公司的担保书后，按照合同规定的条款支付"。

工程材料预付款，按照合同专用条款规定，工程主要材料到达工地并满足了相关条件后，施工单位可向监理单位提交材料预付款支付申请单。

3. 工程款预付时间。在具备施工条件的前提下，项目法人（发包人）应在双方签订合同后的一个月内或不迟于约定的开工日期前的 7 天内预付工程款。

项目法人（发包人）不按约定预付，承包人应在预付时间到期后 10 天内向项目法人（发包人）发出要求预付的通知，项目法人（发包人）收到通知后仍不按要求预付，承包人可在发出通知 14 天后停止施工，项目法人（发包人）应从约定应付之日起向承包人支付应付款的利息（利率按同期银行贷款利率计），并承担违约责任。

4. 工程款预付比例。项目法人预付工程款和预付备料款时，必须按照工程承包合同规定的比例、办法、时间及程序进行支付，并按照合同规定在工程价款结算时进行抵扣。依据《建设工程价款结算暂行办法》（财建〔2004〕369 号）《建设工程工程量清单计价规范》（GB50500—2013）有关规定：包工包料工程的预付款按合同约定拨付，原则上预付比例不低于合同金额的 10%，不高于合同金额的 30%，对重大工程项目，按年度工程计划逐年预付。

实行招投标承包方式建设的项目，其工程预付款一般应控制在工程总价款的 10% ~ 15% 以内。

施工单位向项目法人预收备料款的建设项目，项目法人组织材料供应和预付施工单位备料款的限额，必须控制在年度建安工作量的 25% 以内。

5. 预付工程款抵扣。随着工程的进展，项目法人应根据合同规定预付款或预付备料款的数额和抵扣的时间、次数，以冲抵工程款的形式陆续抵扣，原则上工程完成 30% ~ 60% 时开始抵扣预付款。预付款应在工程完工前三个月内扣完。施工单位在收到备料款后，在规定期限内仍不开工的，项目法人应收回预付的备料款。

实行招投标承包方式建设的项目，待工程完成 30% ~ 60% 时开始抵扣预付款。预付款应在工程完工前三个月内扣完。

预付的工程款必须在合同中约定抵扣方式，并在工程进度款中进行抵扣。凡是没有签订合同或不具备施工条件的工程，项目法人（发包人）不得预付工程款，不得以预付款为名转移资金。

三、工程进度款结算与支付

1. 工程量计量。

（1）计量原则。监理工程师在进行工程量计量时应遵循的原则：计量的项目必须是合同中规定的项目；计量项目应确属完工或正在施工项目的已完成部分；计量项目的质量应达到合同规定的技术标准；计量项目的申报资料和验收手续应该齐全；计量结果必须得到监理工程师和施工单位双方确认；实际测量完成的工程量必须与工程量表编制时采用的方法一致。

（2）计量内容。永久工程计量（包括中间计量和竣工计量）；施工单位为永久工程使用的运进施工现场的材料和工程永久设备的计量；其他额外工作的计量。

（3）计量方法。现场测量，即监理工程师根据现场实际完成的工程情况，按规定的方法进行丈量、测算，最终确定支付工程量。

仪表测量，即通过仪表对所完成的工程进行计量；以总监理工程师批准确认的工程量直接作为支付工程量，施工单位据此提出支付申请；个别项目采取包干计价方式计量。

按设计图纸计量，即根据施工图对完成的工程进行计算，以确定支付工程量。

2. 工程量计算。财政部、建设部《建设工程价款结算暂行办法》（财建〔2004〕369 号）有关规定：承包人应当按照合同约定的方法和时间，向项目法人（发包人）提交已完工程量的报告。项目法人（发包人）接到报告后 14 天内核实已完工程量，并在核实前

1 天通知承包人，承包人应提供条件并派人参加核实，承包人收到通知后不参加核实，以项目法人（发包人）核实的工程量作为工程价款支付的依据。项目法人（发包人）不按约定时间通知承包人，致使承包人未能参加核实，核实结果无效。

项目法人（发包人）收到承包人报告后 14 天内未核实完工程量，从第 15 天起，承包人报告的工程量即视为被确认，作为工程价款支付的依据，双方合同另有约定的，按合同执行。

对承包人超出设计图纸（含设计变更）范围和因承包人原因造成返工的工程量，项目法人（发包人）不予计量。

3. 工程进度款支付程序。水利部《关于印发〈全国中小河流治理项目资金使用管理实施细则〉的通知》（水财务〔2011〕569 号）第十八条规定：工程进度款结算支付应遵循的程序：

第一步：承包人向项目法人提出支付工程进度款申请。按合同约定计算项目法人应扣回的预付款和扣留的质量保证金。

第二步：监理工程师审核。凡实行监理的工程项目，工程价款结算过程中涉及监理工程师签证事项，应按工程监理合同约定执行。

第三步：项目法人内部有关业务部门（工程技术管理部门、合同管理部门和财务部门）审核。

第四步：单位负责人审批。

第五步：财务部门办理资金支付。严禁现金支付工程款，必须支付到合同约定的收款单位、收款账户和开户银行。

4. 工程进度款支付要求。财政部、建设部《建设工程价款结算暂行办法》（财建〔2004〕369 号）有关规定：根据确定的工程计量结果，承包人向项目法人（发包人）在每月末按监理单位规定的格式，提交月进度付款申请单（一式四份），并附有工程量月报表。监理单位在收到月进度付款申请单的 14 天内完成核查，并向项目法人（发包人）出具月进度付款证书，项目法人（发包人）应按不低于工程价款的 60%，不高于工程价款的 90% 向承包人支付工程进度款。按约定时间项目法人（发包人）应扣回的预付款，与工程进度款同期结算抵扣。

项目法人（发包人）超过约定的支付时间不支付工程进度款，承包人应及时向项目法人（发包人）发出要求付款的通知，项目法人（发包人）收到承包人通知后仍不能按要求付款，可与承包人协商签订延期付款协议，经承包人同意后可延期支付，协议应明确延期支付的时间和从工程计量结果确认后第 15 天起计算应付款的利息（利率按同期银行贷款利率计）。

项目法人（发包人）不按合同约定支付工程进度款，双方又未达成延期付款协议，导致施工无法进行，承包人可停止施工，由项目法人（发包人）承担违约责任。

四、工程竣工结算

按照财政部、建设部《建设工程价款结算暂行办法》（财建〔2004〕369 号）有关规定，工程完工后，双方应按照约定的合同价款及合同价款调整内容以及索赔事项，进行工程竣工结算。

　　水利部《关于印发〈全国中小河流治理项目资金使用管理实施细则〉的通知》（水财务〔2011〕569号）第十八条规定："工程竣工价款结算。工程完工后，项目法人和承包方应按照约定的合同价款及合同价款调整内容、索赔事项等进行工程竣工结算。工程竣工结算由承包人编制，经监理方审核后，由项目法人审查同意。结算价款的支付应遵循工程进度款结算支付审核程序"。

　　1. 工程竣工结算程序。工程竣工结算分为单位工程竣工结算、单项工程竣工结算和建设项目竣工总结算。竣工结算步骤：施工单位提交工程移交申请报告→监理工程师颁发移交证书→施工单位提交竣工结算报表→监理工程师开具付款证明→项目法人（发包人）支付工程款。

　　2. 工程竣工结算编审。

　　（1）单位工程竣工结算。单位工程竣工结算由承包人编制，项目法人（发包人）审查；实行总承包的工程，由具体承包人编制，在总包人审查的基础上，项目法人（发包人）审查。

　　（2）项目竣工总结算。单项工程竣工结算或建设项目竣工总结算由总（承）包人编制，项目法人（发包人）可直接进行审查，也可以委托具有相应资质的工程造价咨询机构进行审查。政府投资项目由同级财政部门审查。单项工程竣工结算或建设项目竣工总结算经发、承包人签字盖章后有效。

　　承包人应在合同约定期限内完成项目竣工结算编制工作，未在规定期限内完成的并且提不出正当理由延期的，责任自负。

　　3. 工程竣工结算时间。

　　（1）审查期限。财政部、建设部《建设工程价款结算暂行办法》（财建〔2004〕369号）有关规定：建设项目竣工总结算在最后一个单项工程竣工结算审查确认后15天内汇总，送项目法人（发包人）后30天内审查完成；单项工程竣工后，承包人应在提交竣工验收报告的同时，向项目法人（发包人）递交竣工结算报告及完整的结算资料，项目法人（发包人）进行核对（审查）并提出审查意见。

　　时限规定：工程竣工结算报告金额500万元以下，审查时间从接到竣工结算报告和完整的竣工结算资料之日起20天；工程竣工结算报告金额500万元~2000万元，审查时间从接到竣工结算报告和完整的竣工结算资料之日起30天；工程竣工结算报告金额2000万元~5000万元，审查时间从接到竣工结算报告和完整的竣工结算资料之日起45天；工程竣工结算报告金额5000万元以上，审查时间从接到竣工结算报告和完整的竣工结算资料之日起60天。

　　（2）竣工结算时限要求。财政部、建设部《建设工程价款结算暂行办法》（财建〔2004〕369号）有关规定：承包人如未在规定时间内提供完整的工程竣工结算资料，经项目法人（发包人）催促后14天内，仍未提供或没有明确答复，项目法人（发包人）有权根据已有资料进行审查，责任由承包人自负。

　　根据确认的竣工结算报告，承包人向项目法人（发包人）申请支付工程竣工结算款。项目法人（发包人）应在收到申请后15天内支付结算款，到期没有支付的应承担违约责任。承包人可以催告项目法人（发包人）支付结算价款，如达成延期支付协议，承包人应按同期银行贷款利率支付拖欠工程价款的利息。如未达成延期支付协议，承包人可以与项目法人（发包人）协商将该工程折价，或申请人民法院将该工程依法拍卖，承包人就该工程折价或者拍卖的价款优先受偿。

工程竣工结算以合同工期为准，实际施工工期比合同工期提前或延后，发、承包双方应按合同约定的奖惩办法执行。

4. 工程竣工价款结算方式。项目法人（发包人）收到承包人递交的竣工结算报告及完整的结算资料后，应按上述规定的期限（合同约定有期限的，从其约定）进行核实，给予确认或者提出修改意见。项目法人（发包人）根据确认的竣工结算报告，向承包人支付工程竣工结算价款，保留5%左右的质量保证（保修）金，待工程交付使用一年质保期到期后清算（合同另有约定的，从其约定），质保期内如有返修，发生费用应在质量保证（保修）金内扣除。

5. 索赔价款结算。索赔是工程承包合同履行过程中，发、承包人因对方不履行既定义务，或者由于对方的行为使权利人受到损失时，要求对方补偿损失的权利。发、承包人未能按合同约定履行自己的各项义务或发生错误，给另一方造成经济损失的，由受损方按合同约定提出索赔，索赔金额按合同约定支付。

五、中小河流治理项目资金使用管理有关要求

水利部《关于印发〈全国中小河流治理项目资金使用管理实施细则〉的通知》（水财务〔2011〕569号）第四条规定："中小河流治理项目法人执行《国有建设单位会计制度》，设置会计账簿，根据实际发生的经济业务事项进行会计核算，填制会计凭证，登记会计账簿，编制财务会计报告，并保证其真实、完整。实行地方财政结算（支付）中心统一负责核算的中小河流治理项目，执行《国有建设单位会计制度》，分项目进行核算，项目法人应指定专人按照基本建设项目资金管理和核算的有关要求，对项目资金使用实行辅助登记管理"；第九条规定："项目法人应当严格按照批复的初步设计报告和基本建设支出预算，筹集资金，保障资金安全高效使用"；第十条规定："项目法人应按《银行账户管理办法》的规定开立基本建设存款专户。项目法人负责多个项目的，按规定只能开立一个基本建设存款专户。严禁项目法人乱开账户、多头开户；不准公款私存，不准出租出借银行账户"；第十一条规定："项目法人应按《现金管理暂行条例》规定的现金使用范围办理结算和支付，开户单位之间的经济往来，除规定的可以使用现金范围外，应当通过开户银行进行转账结算"；第十二条规定："项目法人应加强印鉴和票据管理。规范财务专用章等印鉴的制发、改刻、废止、保管及使用；实行印鉴分人保管，严格印鉴使用的授权、审批和登记制度。加强现金支票、转账支票、发票等重要票证的管理，建立购买、领用、注销、保管等制度，明确管理人员及其责任"；第十三条规定："项目法人应建立严格的资金使用授权审批制度，明确单位负责人及有关人员对资金业务的授权批准方式、权限、程序、责任和相关控制措施，要规定经办人办理货币资金业务的职责范围和工作要求。大额资金支付业务，应实行集体决策和审批"；第十四条规定："项目法人应明确资金支付审批程序并严格遵照执行。要按照经办人审查、有关业务部门审核、财务部门审核、单位负责人或其授权人员核准签字等程序办理，主要要求包括：一、经办人审查。经办人对支付凭证的合法性、手续的完备性和金额的真实性进行审查。二、业务部门审核。经办人审查无误后，送经办业务所涉及的职能部门负责人审核；实行工程监理制的项目须先经监理工程

师签署意见并盖章。三、财务部门审核。四、单位负责人或其授权人员核准签字";第二十九条规定:"财务报告反映项目法人一定时期内的财务状况、建设进展情况和资金流动信息,反映基本建设支出预算的执行情况,必须准确、及时、真实和完整的报送。财务报告包括月报、季报、年报、竣工财务决算报告以及其他临时性报告";第三十条规定:"财务报告应由编制人员签字盖章,财务负责人、单位负责人审核、签字、盖章,并加盖单位公章。单位负责人应对财务报告的真实性、合法性负责";第三十一条规定:"项目法人要对财务报告进行财务分析,通过对资金来源、基本建设支出等主要财务指标增减变动情况及原因的分析,向有关部门提供财务情况"。

第五节　移民、土地征迁补偿费的管理与核算

移民及征地工作不仅是各级政府、项目法人(建设单位)和有关部门的重要工作任务,而且直接关系到各个物权人的切身利益,矛盾复杂、工作难度大,同时,移民及征地工作是水利基本建设的重要支撑,是确保工程按计划顺利实施的基本前提,决定着水利工程建设的成败。

移民及土地征迁补偿费是水利基本建设资金的重要组成部分,此项费用涉及迁赔范围内的城镇、农村、工矿企业及千家万户,具有很强的政策性。从现有的水利建设项目实施情况看,移民征地方面产生的矛盾焦点往往集中在移民及土地征迁补偿费的标准、使用和分配上。因此,制订移民及土地征迁补偿费的管理制度、规范费用的使用管理,对推进移民拆迁、促进工程建设、维护社会稳定,有着极其重要的现实意义。

一、机构设置与组织实施

1. 机构。移民、征地、拆迁、安置工作由所在地地方政府负责组织实施,并应成立相应的管理机构负责具体落实。项目法人(建设单位)成立移民、征地、拆迁、安置办公室或指定有关职能部门,负责制订征地、拆迁实施规划和分年实施计划,负责协调与地方的关系,检查监督各有关地区和部门征地拆迁、安置工作实施情况。

项目法人负责移民及土地征迁补偿项目资金的财务管理工作,移民及土地征迁补偿管理机构分别负责本级和所属单位移民及土地征迁补偿项目资金的财务管理工作,并对上级主管部门负责。

2. 实施。农村移民生产补偿费和集体财产补偿费要落实到村组,向群众公布补偿数额和计划用途,优先用于移民划拨土地,凭划拨土地手续和补偿村(组)的收款凭证核销;乡(镇)村新址道路、水电、通信等生产、生活设施、专业防护等工程项目,按基本建设管理要求实行项目管理,财务部门按项目进行核算,凭计划、合同、预决算、验收报告和交付使用等手续核销。

二、移民及土地征迁补偿项目资金管理原则

1. 贯彻开发性移民方针。移民及土地征迁补偿费的管理和使用,要贯彻开发性移民方针,依靠当地政府帮移民恢复和发展生产、重建家园。

2. 按基本建设程序管理。移民及土地征迁补偿是工程投资的组成部分,移民及土地

征迁补偿费应按国家基本建设程序的要求筹集、拨付和管理，资金的使用必须符合批准的安置规划、设计、概算和年度投资预算。

3. 投资包干使用。根据批准的投资概算，包投资、包任务、包时间、包效益，超支不补，结余留用。

4. 专款专用。移民及土地征迁补偿费只能用于工程移民及土地征迁补偿项目的补偿和补助，各级移民管理机构必须按照上级批准的用途和年度预算内项目使用。补偿给占地迁移安置单位及迁户的资金，要及时、足额到位，并张榜公布，做到公开、公正。按概算和年度基本建设支出预算确定的项目、内容、标准开支费用等是移民拆迁工作务必遵循的原则，任何单位和个人不准挤占、挪用和截留，不准用于购买各种有价证券和支付各种摊派赞助。

移民及土地征迁补偿专项资金执行《国有建设单位会计制度》，实行专户管理，负责具体实施移民及土地征迁补偿项目的单位要单独核算。

三、资金的管理

1. 按概算内容严格实行项目管理。移民项目资金是项目概算安排的用于农村、乡镇、工矿企业和单位迁移安置建设的资金。资金的使用必须按概算内容严格实行项目管理。

2. 土地征迁补偿用途不得改变。土地征迁补偿是指设计确定的建设及施工场地范围内的永久征地及临时占地，以及地上附着物的迁建补偿费用。包括土地补偿费、安置补助费、青苗、树木等补偿，以及建筑物迁建和居民迁移费。

土地补偿费、集体财产补偿费主要用于移民在安置区的土地划拨、生产的恢复和发展生产，资金的使用必须按审定的项目实施，优先用于征用土地，严禁用于非生产性支出，任何单位和个人不得截留、挪用。

农村、城镇移民个人生活补偿是移民安置的根本保证，资金使用要优先用于移民建房。各移民管理部门要为移民设立个人专门账户，任何部门和个人不得截留、挪用和无故滞留。

3. 兑现补偿费花名册应签章。凡是兑现给群众个人的移民及土地征迁补偿费，一定要有每户签字或盖章的花名册，给集体的要有批复文件或协议书和收款收据。

四、会计核算管理

1. 正确进行会计核算。各单位领导必须高度重视、加强财务管理工作，财会人员要严格执行国家财政政策，正确进行会计核算，及时、准确地提供财务管理信息。

增设"拨付所属基建拨款"科目，专门核算不在本级支出，应由下属单位发生支出的资金。按拨付下属单位及资金性质进行明细核算。

2. 投资合同管理包干使用。移民及土地征迁工程项目的实施，实行合同管理、投资包干使用。各级移民及土地征迁补偿管理结构或单位与项目法人必须签订合同、协议、包干使用。

3. 原始记录资料应齐全。移民及土地征迁工程项目实施过程中，要严格按完成的工程量进行价款结算。要有原始的记录资料，并符合以下要求：土地征用补偿费要附明细清单和土地管理部门批准的文件资料，并附当时实际征用土地的平面图；林木界树补偿费，包括集体和个人的林木果树补偿费，要附有明细清单和批复文件或与集体的合同；房屋拆迁补偿费用附有明细清单，集体单位的要附批复文件或与被迁单位的合同；附属设施补偿费包括窑、水井、坟等，要附明细清单和批复文件或与被迁单位的合同；设施补偿费要附明细清单和批复文件；企事业单位拆建补偿费要附明细清单和与被迁单位或其主管部门的合同；公路、输电、通信线路拆迁补偿费主要包括正式公路、临时公路、输电线路、通信线路、广播线路、电缆等专项设施补偿费，要附明细清单和批复文件或与其主管部门的合同。

上述各项补偿费的明细清单、协议书、批复文件是工程验收的重要组成部分，并与会计档案一同长期保管。

第六节　物资采购的管理

随着市场经济和财政体制改革的不断发展，水利建设单位的物资采购以及物资供应体制已全面走进了市场，按照《中华人民共和国招标投标法》有关要求，政府采购可以采用公开招标（政府采购的主要采购方式）、邀请招标、竞争性谈判、单一来源采购、询价等方式。中小河流治理等水利工程项目法人在具体工作中，应从本单位的实际情况出发，建立科学的物资采购程序，采取切合实际且符合法律要求的采购方式，规范完成物资采购任务。

一、物资采购部门的职责

职责1：负责编制年度物资采购计划和年度政府采购计划。

职责2：提出物资采购的方式和采购物资的品种、数量、技术指标的申请。

职责3：根据批准的年度物资采购计划及确定的采购方式和内容组织采购。

职责4：组织合同谈判并根据单位负责人的授权签订合同。

职责5：组织物资采购的验收工作。

职责6：负责填制付款通知单。

二、财务部门的任务

任务1：参与编制年度物资采购计划和年度政府采购计划，负责按计划筹集物资采购所需资金。

任务2：参加合同谈判并确定合同的商务条款。

任务3：负责按合同及批准的付款通知单办理采购资金的支付。

任务4：负责采购物资的账面价值管理（实物由相关部门管理）。

三、招投标采购的管理

物资采购实行招标采购，要按照《中华人民共和国招标投标法》和《政府采购管理暂行办法》（财预字〔1999〕139 号）等有关法律、规章、规定的程序及要求，编制标书、刊登公告或发投标邀请、接收投标、组织开标、评标和定标。

招标采购需对生产厂家及供货商进行资格预审。只有预审合格的供货商才能参加投标。施工设备采购招标,一般采用资格先审的办法,即在评标时对投标的供货商进行资格审查。

物资采购招标文件由商务部分和技术部分组成。商务部分包括邀请投标通知、投标厂家须知、合同条件和合同文件格式。在合同条件中包括支付方式、包装、运输、仲裁等内容;技术部分反映项目法人(建设单位)的技术要求,包括采购物资一览表、技术规范书和必需的图纸。

四、中小河流治理工程资产管理

水利部《关于印发〈全国中小河流治理项目资金使用管理实施细则〉的通知》(水财务〔2011〕569号)第二十四条规定:"项目法人应建立资产管理制度并严格执行,对资产购置、验收、保管、使用等环节作出规定,明确资产归口管理部门、资产使用部门以及有关人员的资产管理职责";第二十五条规定:"项目法人的资产使用主要为单位自用。项目法人应指定专门的部门或人员负责资产的日常管理,包括验收、入库、领用、保管以及维护和修理等活动,并将不相容职务分离";第二十六条规定:"资产处置应当按照审批权限严格履行申报审批手续,未经批准不得自行处置。资产处置行为应当遵循公开、公正、公平和竞争、择优的原则";第二十七条规定:"资产归口管理部门应定期对资产进行全面的盘点与清查,做到账账、账卡、账实相符,对清查中发现的问题,应当查明原因并追究相关人员的责任";第二十八条规定:"工程验收后,项目法人要及时办理资产移交手续,将形成的资产移交给接收单位。确保项目形成的资产及时入账,防止资产流失"。

五、应注意的问题

1. 物资采购的管理方式。目前,项目法人(建设单位)物资采购的管理方式一般有三种:一是包工包料管理方式,项目法人(建设单位)直接将工程建设所需的物资全部发包;二是委托采购,项目法人(建设单位)通过招投标选择专业公司采购物资,项目法人(建设单位)不直接管理物资的采购;三是项目法人(建设单位)自己采购,由项目法人(建设单位)自行组织人员和部门来采购物资。项目法人(建设单位)在制订办法时,要根据单位的采购管理方式确定采购管理的重点,确定相应的管理程序和方法。

2. 政府采购和自行采购的划分问题。依据有关规定,纳入政府采购目录内的或者50万元以上的物资应实行政府采购;未纳入政府采购目录的,自行采购、政府采购品目和限额标准由财政部确定,由于中央单位政府采购实行的时间较短,集中采购目录和采购限额每年由财政部统一规定,并且逐年变化,在项目法人(建设单位)制订具体办法时应充分考虑。

第七节　工程会计业务处理

一、财务管理有关概念

1. 工程概预算分类。工程概预算是设计阶段对工程项目所需全部建设费用计算成果的通称。在不同设计阶段，其名称、内容各有不同。总体设计阶段（可研阶段）称估算，初步设计阶段称概算，技术设计阶段称修正概算，施工图设计阶段称预算。

2. 工程概预算主要内容。

（1）建筑安装工程费用。包括：人工、材料、机械使用费等直接工程费；管理人员工资、临时设施费等施工管理费，其他间接费；法定利润和税金等其他费用。

（2）设备、工器具购置费。设备、工器具购置费是指设计规定为购置机械、设备、办公家具等支出的全部费用。

（3）工程建设其他费用。工程建设其他费用是指除建筑安装工程费及设备、工器具购置费以外的土地征用及迁占补偿费、勘察设计费等。

（4）预备费。预备费是指在设计和施工过程中，在批准的初步设计和概算范围内所增加的工程和费用；由于一般自然灾害造成的损失和预防自然灾害所采取的预防措施费用；竣工验收时，竣工验收组织为鉴定工程质量，必须开挖和修复隐蔽工程的费用；差价预备费。

预备费包括基本预备费和差价预备费。

基本预备费主要是为了解决工程施工过程中，经上级部门批准的设计变更和国家政策性变动而增加的投资，以及为解决意外事故而采取的措施所增加的工程项目和费用。

差价预备费主要是为了解决在工程项目建设过程中，由于人工工资、材料和设备价格上涨以及费用标准调整而增加的投资。

3. 前期工作及前期工作经费使用范围。前期工作是指从项目立项申请、可行性研究、初步设计到工程开工前所进行的一系列工作，包括：项目建议书、可行性研究报告、初步设计等环节的材料编制、招标、评估、审查、报送及相关工作。

前期工作经费使用范围包括：勘查费，设计费，研究试验费，可行性研究费，前期工作的标底编制及招标管理费，概算审查费，咨询评审费，管理费用（技术图书资料费、差旅交通费、业务招待费等），经同级财政部门批准的与前期工作相关的其他费用。

二、建筑、安装工程费用支出

建筑、安装工程投资支出是指项目法人按项目概算内容发生的建筑工程和安装工程的实际成本，其中不包括被安装设备本身的价值以及按照合同规定支付给施工企业的预付备料款和预付工程款。

1. 建筑工程支出。

（1）水利工程支出范围。水利工程支出包括：河道护岸工程、堤防工程及穿堤建筑物；水库大坝（坝体及坝体防渗工程、护坡工程、排水棱体等）、溢洪道（溢流堰体工程、泄槽及翼墙工程、尾水消能等工程）、输水洞等工程（输水洞身加固工程、输水洞进口控制工程、出口消能等工程）；灌区开挖、填筑工程及配套建筑物等工程。

（2）设备及附属物支出范围。设备及附属物支出包括设备的基础、支柱、工作台、梯子等建筑工程，蒸汽炉等各种窑炉的砌筑工程，金属结构工程。

（3）防汛道路工程支出范围。防汛道路建筑工程支出包括：防汛公路、桥梁、桥涵等工程支出。

（4）拆除、整理工程支出范围。拆除、整理工程支出包括：为施工而进行的建筑场地布置，原有建筑物和障碍物的拆除，土地平整、设计中规定为施工而进行的工程地质勘探，以及工程完工后建筑场地的清理和绿化工作。

（5）各种房屋和其他建筑物支出范围。各种房屋和其他建筑物包括：列入建筑工程预算内的各种管道、电力，电讯、电缆导线的敷设工程；项目法人自行施工的小型工程发生的各项支出。

2. 安装工程支出。

（1）设备装配、装置工程支出。设备装配、装置工程支出包括：生产、动力、起重、运输、实验等各种需要安装设备的装配、装置工程，与设备相连的工作台、梯子、栏杆的装设工程，被安装设备的绝缘、防腐、保温、油漆等工程；与设备相连的工作台等架设工程支出。

（2）设备试运转支出。设备试运转支出包括：为测定安装工程质量，对单体设备、系统设备进行单机试运行和系统联动无负荷试运行工作（投料试运行工作不包括在内）。

3. 中小河流治理工程支出管理。水利部《关于印发〈全国中小河流治理项目资金使用管理实施细则〉的通知》（水财务〔2011〕569号）第二十条规定："项目法人要严格按中央专项资金的使用范围控制项目支出。中央专项资金主要用于直接关系到防洪安全的堤防新建加固、护岸护坡、清淤疏浚等工程建设材料费、设备费和施工作业费以及规划内项目前期工作费等支出，不得用于移民征地、城市建设和景观、交通工具和办公设备购置，以及楼堂馆所建设等支出"；第二十一条规定："项目概（预）算是控制建设成本的重要依据。项目法人要严格执行项目概（预）算，不得突破初步设计确定的建设规模及建设标准"；第二十二条规定："正确计算和归集成本费用。项目法人要按建设成本的开支范围和界限，确保各项支出合法、真实。严禁超概（预）算支出，不得支付非法的收费、摊派等支出。项目法人应严格控制管理性费用支出，制订管理性支出的具体内容、开支标准并严格执行"；第二十三条规定："对符合规定竣工验收条件的中小河流治理项目，若尚有少量未完工程及预留费用，可预计纳入竣工财务决算，但应控制在概算投资的5%以内，并将详细情况提交竣工验收委员会确认。项目未完工程投资和预留费用应严格按规定控制使用"。

4. 建筑安装工程核算科目计列。建筑安装工程支出计入《会计科目表》（表9.1）中序号为第36号、编号为第332号"应付工程款"科目，该科目应按承包单位户名进行明细核算。

三、设备投资支出

设备投资支出是指项目法人按照项目概算内容发生的各种设备的实际成本，包括：需要安装设备（指必须将其整体或几个部位装配起来，安装在基础上或建筑物支架上才能使用的设备）、不需要安装设备（指不必固定在一定位置或支架上就可以使用的设备）和为生产准备的不够固定资产标准的工具、器具的实际成本。

1. 需要安装设备支出。

（1）需要安装设备范围。需要安装设备是指必须将其整体或几个部位装配起来，安装在基础上或建筑物支架上才能使用的设备，如发电机、各种机泵等。有的虽不要基础，但必须进行组装工作，并在一定范围内使用的，如生产用电铲、塔式吊、门式吊、皮带运输机等也包括在内。

（2）需要安装设备具备的条件。需要安装设备必须符合以下三个条件，才能作为"正式开始安装"，计算基本建设实际支出：一是设备的基础和支架已经完成；二是安装设备所必需的图纸资料已经具备；三是设备已经运到安装现场，开箱检验完毕，吊装就位，并继续进行安装。

需要安装设备购入后，无论是验收入库还是直接交付使用安装，必须是在设备基础（支架）已完成、安装所需要的图纸已到、设备已运到安装现场并经验收这三个条件都具备的情况下，方可正式安装。

（3）不能计入需要安装设备范围的项目。出库安装时不能计入设备投资支出的项目包括已列入建筑工程预算的附属设备，如照明设备、通风设备等；需要安装设备的基础（支架）等所发生的建筑安装费用等。

2. 不需要进行安装的设备支出。不需要安装设备是指不必固定在一定位置或支架上就可以使用的各种设备，如电焊机、汽车及工程上流动使用的空压机、泵等。

不需要安装的设备到达项目法人仓库（或指定地点）并经验收合格，或购入的不需要安装设备和工具、器具直接交付使用单位时，均直接计入设备投资支出。

3. 工器具的实际支出。工器具是指生产和维修用的工具，试验室、化验室用的计量、分析、保温、烘干用的各种仪器，热处理箱、工具台等。

工具、器具到达项目法人仓库（或指定地点）并经验收合格，或购入的工具、器具直接交付使用单位时，均直接计入设备投资支出。

4. 设备投资支出核算科目。设备投资支出计入《会计科目表》（表9.1）中序号为第2号、编号为第102号"设备投资"科目，该科目应设置"在安装设备"、"不需要安装设备"和"工具及器具"三个明细科目，并按单项工程和设备、工具、器具的类别、品名、规格等进行明细核算。用预收下年度预算拨款完成的设备投资，应单独进行明细核算。

四、待摊投资支出

待摊投资支出是指项目法人按项目概算内容发生的，按照规定应当分摊计入交付使用资产价值的各项费用支出。待摊投资支出虽然不构成建设项目实体，但其费用发生直接与项目建设有关。

1. 待摊投资明细科目构成。

（1）建设单位管理费。单独设置管理机构的项目法人（建设单位）所发生的管理费用。包括工作人员工资、办公费、差旅费、工具用具和固定资产使用费、零星固定资产购置费、技术图书资料和其他管理性质的开支。

（2）土地征用及迁移补偿费。通过划拨方式取得无限期使用的土地补偿费、附着物和青苗补偿费、安置补偿费以及土地征收管理费等，行政事业单位的建设项目通过出让方式取得土地使用权而支付的出让金。

（3）勘察设计费。自行或委托勘察设计单位进行工程水文地质勘察、设计所发生的各项费用。

（4）研究试验费。为本建设项目提供或验证设计数据、资料进行必要的研究试验，按照设计规定在施工过程中必须进行试验所发生的费用。

（5）可行性研究费。在建设前期所发生的按规定应计入交付使用资产成本的可行性研究费用。

（6）临时设施费。按照规定拨付给施工企业的临时设施包干费，以及项目法人（建设单位）自行施工所发生的临时设施实际支出。包括临时设施搭设、维修、拆除费或摊销费，以及施工期间专用公路养护费、维修费。

（7）设备检验费。付给商品检验部门的进口成套设备检验费。

（8）延期付款利息。对进口成套设备采取分期付款的办法所支付的利息。

（9）负荷联合试车费。单项工程（车间）在交工验收以前进行的负荷联合试车亏损（即全部试车费减去试车产品销售收入和其他收入后的差额）。

（10）包干节余。实行基本建设投资包干责任制的项目法人（建设单位）按规定应计入交付使用资产价值的包干节余。

（11）坏账损失。项目法人（建设单位）按规定程序报经批准确实无法收回的预付及应收款项。

（12）借款等利息。建设期内发生的借款利息和资金占用费。项目法人（建设单位）实现的贷转存利息收入应冲减待摊投资。

（13）合同公证及工程质量监测费。项目法人（建设单位）按规定支付的合同公证费和工程质量监测费。

（14）企业债券利息。核算项目法人（建设单位）使用企业债券资金所发生的按规定应计入工程成本的债券利息。项目法人（建设单位）将企业债券资金存入银行所取得的存款利息收入，按规定应冲减工程成本。

（15）土地使用税。核算项目法人（建设单位）在建设期间按规定交纳的土地使用税。

（16）汇兑损益。核算项目法人（建设单位）使用国外借款实际发生的按规定应计入交付使用资产成本的各种汇兑损益，应在建设项目或单项工程竣工交付时，分摊计入交付使用资产价值。

（17）国外借款手续费及承诺费。使用国外借款所发生的按规定计入交付使用资产成本的国外借款手续费和承诺费等。

（18）施工机构转移费。按规定应付给施工企业因成建制地调来承担施工任务而发生的一次性搬迁费用。

（19）报废工程损失。由于自然灾害、管理不善、设计方案变更等原因造成工程报废所发生的扣除残值后的净损失。报废工程回收的设备材料估价入账。

项目法人（建设单位）发生单项工程报废，必须经有关部门鉴定。报废单项工程的净损失经财政部门批准后，作增加建设成本处理，计入待摊投资。

（20）耕地占用税。项目法人（建设单位）按规定交纳的耕地占用税。

（21）土地复垦及补偿费。项目法人（建设单位）在基本建设过程中发生的土地复垦费用和土地损失补偿费用。

（22）投资方向调节税。按规定计算应交的投资方向调节税。

（23）固定资产损失。清理固定资产的净损失以及经批准转账的固定资产的盘亏减盘盈后的净损失。

（24）器材处理亏损。处理积压器材所发生的亏损。

（25）设备盘亏及毁损。项目法人（建设单位）发生的设备盘亏减盘盈后的净损失和设备毁损。

（26）调整器材调拨价格折价。按规定调整器材调拨价格所发生的折价。采用计划成本核算材料的项目法人（建设单位），同时还应结转材料成本差异。

（27）企业债券发行费用。筹措债券资金而发生的债券发行费用，包括支付给银行的代理发行手续费和债券的设计、印刷等费用，包括由生产企业支付的上述费用。

（28）其他待摊投资。包括经济合同仲裁费、诉讼费、律师代理费、招投标费、航道维护费、航标设施费、航测费、项目（贷款）评估费、社会中介机构审计费、车船使用税等。

2. 待摊投资核算科目。待摊投资支出计入《会计科目表》（表9.1）中序号为第3号、编号为第103号"待摊投资"科目，上述各种待摊投资，应在工程竣工交付时，按照交付使用资产和在建工程的比例进行分摊，借记"交付使用资产"科目，贷记本科目。

项目法人要将待摊投资进行明细核算，其中有些费用（如建设单位管理费等），还应按费用项目进行明细核算。用预收下年度预算拨款完成的待摊投资，应单独进行明细核算。

3. 待摊投资支出管理。项目法人要严格按照规定的内容和标准控制待摊投资支出，不得将非法的乱收费、乱摊派、乱罚款等计入待摊投资支出；不能将应计入待摊投资的建设期存款利息等科目计入其他科目；不能把"待摊费用"作为"待摊投资"科目使用。

五、其他投资支出

其他投资支出是指项目法人按项目概算内容发生的构成基本建设实际支出的房屋购置和基本畜禽、林木等购置、饲养、培育支出以及取得各种无形资产和递延资产发生的支出。

1. 其他投资支出内容。

（1）项目法人发生的构成基本建设实际支出的房屋购置，包括项目法人购置的在建设期间使用的办公用房屋和为生产使用部门购置的各种现成房屋。

（2）取得的各种无形资产，包括经营性建设项目通过出让方式购置的土地使用权以及项目法人购买的专利权和专有技术、为可行性研究购置固定资产的费用、购买或自行研发无形资产的费用等。

（3）递延资产，项目法人建设期间发生的不计入工程成本而应单独结转生产使用单位的各项递延费用，包括生产职工培训费、样品样机购置费、农业开荒费用等。

（4）办公生活用家器具购置费用。

2. 其他投资核算科目。其他投资支出计入《会计科目表》（表9.1）中序号为第4号、编号为第104号"其他投资"科目。该科目应设置"房屋购置"、"基本畜禽支出"、"林木支出"、"办公生活用家具、器具购置"、"可行性研究固定资产购置"、"无形资产"和"递延资产"明细科目，并再按资产类别进行明细核算。用预收下年度预算拨款完成的其他投资，应单独进行明细核算。

六、往来款管理

1. 往来款内容。项目法人（建设单位）往来款，包括：预付工程（备料）款、其他应收款、应付工程款、应付工资、其他应付款、应交税金等。

2. 往来款项核算的依据。工程建设有关协议、合同；工程价款结算单或其他付款申请单；有关发票、收据；收付款审批件；货币资金收付款凭证。

3. 往来款处理。项目法人应设置往来款明细账，按照已发生往来款业务的对应单位或个人分别逐笔登记、核算。项目法人对往来款应定期清理、核对，发现问题及时处理，该收回的要限期收回、该支付的要限期支付，避免长期挂账不清理而形成坏账、造成经济损失。每一笔往来款的发生都必须经过批准。

七、工程竣工财务决算

水利基本建设工程项目竣工财务决算，是正确核定新增固定资产价值、反映竣工项目建设成果的文件，是办理交付使用资产交接的依据，竣工财务决算是工程竣工验收的必备文件。

项目法人应按照经批准的初步设计文件所规定的除险加固内容将项目建成后，及时按照《水利基本建设项目竣工财务决算编制规程》（SL 19—2008）规定编制竣工财务决算；按照《基本建设财政管理规定》（财建〔2002〕394 号）和《国有建设单位会计制度》（财会字〔1995〕45 号）及补充规定进行管理和核算，并按照《水利基本建设项目竣工财务决算编制规程》（SL 19—2008）规定编报竣工财务决算。

水利部《关于印发〈全国中小河流治理项目资金使用管理实施细则〉的通知》（水财务〔2011〕569 号）第三十二条规定：项目法人应及时编报竣工财务决算，主要要求有：按照《水利基本建设项目竣工财务决算编制规程》（SL 19—2008）的要求，及时、准确、完整编制竣工财务决算；竣工财务决算编制完成后，项目法人应将竣工财务决算提交竣工验收主持单位审查、审计；项目竣工验收时，应将竣工财务决算报告提交竣工验收委员会审查，并按验收审查意见进行修改；项目竣工验收后，将按竣工验收委员会验收意见调整后的竣工财务决算按管理权限报送审批。

1. 竣工财务决算编制组织机构。项目法人主管部门应加强对中小河流治理等水利基本建设项目竣工财务决算编制工作的组织领导。项目法人应在工程项目筹建时起，指定专人负责竣工财务决算的编制工作，工程项目竣工后，项目法人应组织财务、计划、统计、工程技术和物资等专门人员，组成中小河流治理工程竣工财务决算专门编制组织机构，设计、施工、监理等单位应积极向项目法人提供有关资料，并配合项目法人及时完成竣工财务决算编制工作。

项目法人应保持竣工财务决算编制人员相对稳定，在项目竣工财务决算未批复之前，项目法人不得撤销，项目法人代表和财务主管人员不得调离。

2. 竣工财务决算编制时间。竣工验收是工程完成建设目标的标志，是全面考核基本建设成果、检验设计和工程质量的重要步骤。在工程建设内容全部完成后，项目法人应在项目完建后规定时间内，根据《水利基本建设项目竣工财务决算编制规程》（SL 19—2008）要求，完成项目竣工财务决算编制工作。

大中型项目（投资额在 3000 万元及以上的非经营性项目，投资额在 5000 万元及以上的经营性项目）在建成后的 3 个月内、小型工程及其他项目在建成后的 1 个月内完成项目竣工财务决算编制工作，如有特殊情况不能在规定期限内完成编制工作的，报经竣工验收主持单位同意后可适当延期。

3. 项目竣工财务决算编制依据。国家有关法律法规等有关规定；经批准的可行性研究报告、初步设计、概算调整等设计文件；主管部门下达的历年年度投资计划，财政部门审核批准的基本建设支出预算；经主管部门批复的年度建设财务决算；招投标文件（书）、项目合同（协议）；工程价款结算、物资消耗等有关资料；会计核算、财务管理资料及其他有关财务核算制度、办法等。

4. 编制财务决算应具备的条件。经批准的初步设计所确定的内容已完成；建设资金全部到位；完工结算已完成；未完工程投资和预留费用不超过规定的比例；涉及法律诉讼、工程质量、移民安置的事项已处理完毕；其他影响竣工财务决算编制的重大问题已解决。

5. 项目竣工财务决算编制要求。

（1）编制基本要求。项目法人要严格执行国家有关基本建设财务管理规定和会计核算规定，严肃财经纪律，实事求是地编制中小河流治理工程竣工财务决算，做到编报及时、数字准确、内容完整、格式规范。

对于建设周期长、建设内容多的中小河流治理等水利工程项目，单项工程建成、能够独立发挥作用、具备交付使用条件的，可编制单项工程竣工财务决算；工程项目包括两个以上独立概算的单项工程竣工并交付使用时，应编制单项工程竣工财务决算；工程项目是大中型而单项工程是小型的，应按大中型项目编制内容编制单项工程竣工财务决算，整个工程项目全部竣工后再编制项目竣工财务总算。

（2）未完工程投资控制。如果项目总体上符合竣工验收条件，但有少量未完工程的，可将未完工程和竣工验收费用预计纳入项目竣工财务决算。纳入项目竣工财务决算的预计未完工程投资，大中型项目控制在总概算的 3% 以内、小型项目控制在 5% 以内。项目竣工验收时，项目法人应将预计未完工程工作量及其投资作出详细说明，提交验收委员会确认。

（3）资金强制停支。工程建成且具备竣工验收条件，而在 3 个月内不办理竣工验收、资产移交的，视同项目已正式投产，不得再支用建设资金。

（4）决算资料归档保存。按照会计档案管理有关要求，项目竣工财务决算要立卷归档、永久保存。

6. 竣工财务决算编制内容。竣工财务决算编制内容包括从工程筹建到竣工验收的全部费用，即建筑工程费、安装工程费、设备费、临时工程费、其他费用、预备费、建设期还贷利息等。竣工财务决算主要作用是总结建设成果、分析和说明报表数据。竣工财务决算由以下四部分构成：

第一部分：竣工财务决算封面及目录。

第二部分：竣工工程的平面示意图及主体工程照片。

第三部分：竣工财务决算说明书。

项目竣工财务决算说明书是反映竣工项目建设过程、建设成果的书面文件，其主要内容由 11 项内容组成：

第一项：项目基本情况。包括项目建设缘由、历史沿革、项目设计、建设过程等情况。

第二项：基本建设支出预算、投资计划和资金到位情况。包括概（预）算批复、调整、执行，计划下达及执行等情况。

第三项：概（预）算执行情况。

第四项：招（投）标及政府采购情况。

第五项：合同（协议）履行情况。

第六项：征地补偿和移民安置情况。

第七项：预备费动用情况。

第八项：未完工程投资及预留费用情况。

第九项：财务管理情况。

第十项：其他需说明的问题。

结尾项：报表说明。

第四部分：竣工财务决算报表。

项目竣工财务决算报表由 8 张表格组成。按照总分类账、明细分类账，或直接填列或分析填列或计算填列，要做到账表相符、前后一致。竣工财务决算报表排列顺序及填写要求如下：

①封面：竣工财务决算报表封面。

②第一张：水利基本建设项目概况表。

本表反映竣工工程项目主要特性、建设过程和建设成果等基本资料。表中要素填写要求：

"项目名称"按批复的设计文件中的全称填写。

"建设地址及所在河流"按批复的设计文件具体填写。建设地址包括所在省（自治区、直辖市）、市、县和建设项目的所在地；所在河流包括干流或支流。

"建设性质"填写新建、续建、加固等，项目填写中小河流治理。

"概算批准文件"按审批机关的全称、批复的文件名称和文号、批复日期填写。若概（预）算有调整的，应按最后一次审批机关的全称、批复的文件名称和文号、批复日期填写，并在竣工财务决算说明书具体说明原概算的修正情况及有关内容。

"项目主要特征"根据批复的设计文件（含设计变更）填写反映项目特征的主要指标。堤防工程项目主要填写堤防工程净高、控制流域面积、堤型、断面尺寸、穿堤建筑物数、长度等。

"项目效益"根据批复的设计文件及项目实际能力，填写反映项目特征的主要指标。堤防工程项目主要填写流域面积、减灾面积、防护面积、减灾损失等。

"质量总体评价"应在项目竣工验收后，根据工程项目竣工验收委员会通过的竣工验收鉴定书中，对项目总体质量的鉴定结论填写。

"项目投资"应反映项目的投资来源和实际投资。"投资来源"按资金的性质和来源渠道明细填列；概算数和实际数应分别按最终批复的概算数额和资金实际到位数额填列；"实际投资"按项目累计发生的基本建设投资支出总额填列，实际投资的明细项目按历年会计核算的有关资料汇总填列。

"建设成本"效益单一的建设项目不填列本指标。具备两个或两个以上效益的项目，应将总成本在各效益项目之间进行分摊，并确定相应的单位成本。

"开工日期"按批准的开工日期填写。

"竣工日期"按竣工验收日期填写。

"主要工程量"按实际完成工程量（包括未完工程）的统计结果填写。

"主要材料消耗量"按实际消耗量（不包括库存量）的统计结果填写。

"征地补偿和移民安置"按具体实施情况填写。

③第二张：水利基本建设项目竣工财务决算表。

本表主要反映竣工项目的财务收支状况。表中要素填写要求：

"基建拨款"、"项目资本"、"项目资本公积"、"基建投资借款"、"上级拨入投资借款"、"企业债券资金"、"待冲基建支出"、"基本建设支出"（不含在建工程）、"应收生产单位投资借款"、"拨付所属投资借款"等应反映项目自开工建设至竣工止的累计数。表中其余各项目应反映办理竣工验收时的结余数。

资金占用总额等于资金来源总额。

表下补充资料填写要求："基建投资借款期末余额"反映竣工时尚未偿还的基建投资借款数；"应收生产单位投资借款期末数"反映竣工时应向生产单位收回的用基建投资借款完成并交付使用的资产价值；"基建结余资金"反映竣工时的结余资金，计算方法为：

$$基建结余资金 = 基建拨款 + 项目资本 + 项目资本公积 + 基建投资借款 +$$
$$企业债券资金 + 待冲基建支出 - 基本建设支出 - 应收生产单位投资借款$$

④第三张：水利基本建设竣工项目投资分析表。

本表主要反映竣工项目概（预）算执行情况。此表重点小型中小河流治理工程或小型水利项目可以不必填写。表中要素填写要求：

"项目"按批准的概（预）算项目填列；大型建设项目按单位工程及费用项目填报，中型建设项目按单项工程及费用项目填报。概（预）算中安排的预备费及经批准动用的预备费应在"项目"栏单独列示，并应反映预备费的具体使用项目。概（预）算未列但实际发生了的投资也应在"项目"栏增列。概（预）算价值及其分栏内容，应按项目概（预）算的内容填列；实际价值及其分栏内容，应按财务实际发生的数额填列。经批准纳入决算的未完工程及其费用应与该单项、单位工程及费用项目的已完成投资合并反映。

"投资合计"为工程总投资。

"实际较概算增减"的"增减额"、"增减率"，增加时应用正数反映，减少时用负数反映。

⑤第四张：水利基本建设竣工项目未完工程投资及预留费用表。

本表分别反映预计纳入竣工财务决算的未完工程投资和预留费用的明细情况。表中要素填写要求：

"项目"的"未完工程"应按单项或单位工程填列。

"项目"的"预留费用"应按费用的明细项目填列。

未完工程的"工程量"应填列完整，预留费用的"工程量"不填列。

"价值"栏内的"概算"、"已完"、"未完"等应填列完整。

⑥第五张：水利基本建设竣工项目成本表。

本表主要反映竣工项目建设成本结构以及建设投资状况。此表重点小型中小河流治理工程或小型水利项目可以不必填写。表中要素填写要求：

"项目"应按资产类别汇总分析填列。

"建筑安装工程投资"、"设备投资"、"其他投资"根据各项的借方发生额分析填列。

"待摊投资"应反映待摊投资计入资产价值的过程，分直接计入和间接计入。

"建设成本"应按"建筑安装工程投资"、"设备投资"、"其他投资"、"待摊投资"相加的数额填列。

⑦第六张：水利基本建设竣工项目交付使用资产表。

本表主要反映竣工项目向不同资产接受单位交付使用资产情况。表中要素填写要求：

本表应按接收单位的不同分别填列；"建筑物"、"房屋"、"设备"应逐项填列。

"其他"可根据资产金额大小逐项或分类填列。

本表应按"接收单位"的不同分别填列。

"建筑物"、"房屋"、"设备"应逐项填列，"其他"可根据资产金额大小逐项或分类填列。

⑧第七张：水利基本建设竣工项目待核销基建支出表。

本表主要反映竣工项目发生的待核销基建支出明细情况。表中要素填写要求：

"年度"应按建设项目实施的先后顺序逐年填列。

"项目"应按会计核算的明细资料设置和填列，其分年度合计数应分别与历年批复的财务决算保持一致。

⑨第八张：水利基本建设竣工项目转出投资表。

本表主要反映竣工项目发生的转出投资明细情况。表中要素填写要求：

"年度"应按建设项目实施的先后顺序逐年填列。

"项目"应按会计核算的明细资料设置和填列，其分年度合计数应分别与历年批复的财务决算保持一致。

7. 竣工财务决算编制程序。

竣工财务决算编制程序是对竣工财务决算编制实践经验的总结，遵循必要的程序，能有效减少编制过程中的重复劳动，提高工作效率和编制质量。竣工财务决算编制程序主要包括9个步骤。

（1）步骤1：收集整理与竣工决算相关的项目资料。

（2）步骤2：竣工财务清理。

①清理合同（协议）的执行情况，重点是价款结算和成本核算。

②清理债权债务，主要包括清理经济往来，办理应收（预付）款项的回收、结算及应付款项的清偿，除质量保证金等按规定扣留和预留的款项外，其他债权债务全部结清。

③清理竣工结余资金，通过变价处理，将实物形态的竣工结余资金（如库存设备、材料及应处理的自用固定资产）转化为货币形态的竣工结余资金。

④清理应移交的资产，通过清查盘点，做到账实相符，并掌握应移交资产的相关信息，为"交付资产使用表"的编制和资产移交创造条件。

（3）步骤3：概（预）算与核算口径的对应分析。依据项目概（预）算口径，通过辅助核算调整会计核算指标，并按概（预）算口径形成对应关系，为具体编制"投资分析表"奠定基础。

（4）步骤4：确定竣工财务决算基准日期。

（5）步骤5：计列未完工程投资及预留费用。未完工程投资及预留费用以概（预）算、合同等为依据合理计列。已签订合同（协议）的，应按相关的约定进行测算；尚未签订合同（协议）的，未完工程投资不应突破相应的概（预）算标准。

（6）步骤6：分摊待摊投资。待摊投资由受益的各项交付使用资产共同负担。其中，能够确定由某项资产负担的待摊投资，应直接计入该资产成本；不能确定负担对象的待摊投资，应分摊计入受益的各项资产成本。

待摊投资的分摊对象应包括以下几项内容：房屋、建筑物；水、电专用设备；需要安装的通用设备；其他分摊对象。

（7）步骤7：分摊建设成本。具有防洪、发电、灌溉、供水等多种效益的工程项目，应根据工程项目实际情况，合理选择分摊建设成本的方法，方法之一按各种功能占用水量的比例分摊；方法之二按各功能占用库容的比例分摊；方法之三按各功能可获得效益限值的比例分摊。

（8）步骤8：填列竣工财务决算报表。

（9）步骤9：编写竣工财务决算说明书。

8. 竣工财务决算编制方法.

（1）注重有关材料积累。项目法人在工程建设初期，就应该指定专人负责竣工财务决算的编制工作，从建账开始对涉及工程项目财务竣工决算有关材料进行收集、整理和积累。以项目概（预）算中单项、单位工程和费用明细项目等为基础进行成本核算，使之与项目概（预）算的费用构成在口径上保持一致。

（2）做好财务基础工作。项目法人在项目完建后，必须及时做好竣工财务决算编制的各项基础工作，其主要内容包括：资金、计划的核实、核对工作；财产物资、已完工程的清查工作；合同清理工作；价款结算、债权债务清理、包干节余及竣工结余资金分配等基本建设结算清理工作等。

（3）正确分摊待摊费用。项目法人对在工程建设期间，发生的待摊费用应正确分摊，对能够确定由某项资产负担的待摊费用，直接计入该资产成本；不能确定负担对象的待摊费用，应根据项目特点采取合理的方法分摊计入受益的各项资产成本。

（4）正确计算成本投资。项目法人应正确计算工程建设项目成本及核销和转出投资。

9. 竣工财务决算编制附件。项目法人在办理竣工验收和资产交接手续工作以前，必须根据"建筑安装工程投资"、"设备投资"、"其他投资"和"待摊投资"等科目的明细记录、计算交付使用资产的实际成本，编制交付使用资产明细表等竣工决算附件，经交接双方签证后，其中一份由使用单位作为资产入账依据，另一份由项目法人作为本科目的记账依据。

10. 竣工财务决算报批要求。

（1）中央级项目。财政部对中央级大中型项目、国家确定的重点小型项目竣工财务决算的审批实行"先审核、后审批"的办法，即先委托投资评审机构或经财政部认可的有资质的中介机构对项目单位编制的竣工财务决算进行审核，再按规定批复。对审核中审减的概算内投资，经财政部审核确认后，按投资来源比例归还投资方。

大、中型项目：中央级大、中型基本建设项目竣工财务决算，经主管部门审核后报财政部审批。

小型项目：属国家确定的重点项目，其竣工财务经主管部门审核后报财政部审批，或由财政部授权主管部门审批；其他项目竣工财务决算报主管部门审批。

（2）地方级项目。地方级基本建设项目竣工财务决算的报批，由各省、自治区、直辖市、计划单列市财政厅（局）确定。

11. 结余资金处理。基建结余资金是指项目完建后，剩余的货币资金、库存材料、应收账款等。项目法人在编制项目竣工财务决算之前，要认真清理基建结余资金，应变价处理的库存材料、自用固定资产等要公开变价处理，应付款项要及时清理，及时清理往来款。基建结余资金处理方式：

（1）非经营性项目基建结余资金。非经营性项目基建结余资金，首先用于归还工程贷款，如有结余，30%作为项目法人留存收入，主要用于项目配套设施建设、职工奖励和工程质量奖；70%按投资来源比例，退交投资方。项目法人应当将应交财政的竣工结余资金在竣工财务决算批复后30日内上缴财政。

（2）经营性项目基建结余资金。经营性项目基建结余资金要相应转入生产经营单位的有关资产。

八、水利工程建设中关键会计业务管理

水利工程财务管理中的关键业务是指项目法人容易忽视、容易出现错误、容易导致违规的会计业务，应引起项目法人高度重视。

1. 资金管理。水利工程项目法人要加强财务管理机构和人员建设，努力做好水利工程建设财务管理的基础工作；建立、健全水利工程出纳、印鉴保管、会计、稽核、会计档案保管及资金清查工作等内部财务管理制度，用制度约束人，用制度限制人，用制度规范财务管理；按规定程序支付水利工程建设资金，要做到审核、审查、核准等签字手续齐全；资金收付工作应与现金清查盘点、与银行对账工作相分离。

（1）中央补助资金（国债）的管理。省级财政部门应指定一家国有银行作为本地区建设项目"国债专项资金专户"的开户银行。开户银行应根据省级财政部门的要求，严格执行银行资金拨付管理制度，定期向本地区财政等部门报送国债专项资金拨付及使用情况。

水利工程项目法人必须将财政预算内专项资金（国债）实行专户储存、专款专用、单独建账、单独核算；严禁将水利工程建设资金实行多头开户或将多个不同类型的建设项目资金合开一个账户。水利工程项目法人，应密切注视财政预算内专项资金（国债）计划下达时间，并按照资金拨付途经，采用切实可行办法和有效手段，督促上级财政部门尽量减少财政预算内专项资金（国债）拨付周转环节，严禁滞留在市、县财政部门，使财政预算内专项资金（国债）直接拨付到项目法人工程建设资金专户。

（2）地方配套资金的管理。地方配套资金与财政预算内专项资金（国债）共同构成水利工程建设资金，按国家水利部有关规定，地方配套资金不能与中央投资同步到位的，中央投资要停拨。因此，水利工程项目法人应把筹集地方配套资金作为主要工作来抓，应

采取多汇报、勤请示的方法，争取各级政府的大力支持，及早把各级政府承诺的地方配套资金及时兑现到位，保证水利工程按设计要求指标完成。项目法人应到位后的地方配套资金与中央财政预算内专项资金（国债）一起共同管理。

（3）项目法人管理工程建设资金应注意的三个方面。第一方面，项目法人应严格执行基本建设程序支付水利基本建设资金。在项目尚未批准开工以前，经上级主管部门批准，可以支付前期工作费用；计划任务书已经批准，初步设计和概算尚未批准的，可以支付项目建设必需的施工准备费用；已列入年度基本建设支出预算和年度基建投资计划的施工预备项目和规划设计项目，可以按规定内容支付所需费用。在未经批准开工之前，不得支付工程款。

第二方面，项目法人应严禁挪用、挤占工程建设资金。严禁挪用国家建设资金建楼、堂、馆、所或其他建设项目；严禁挪用国家建设资金对外借款；在工程建设过程中，严禁用国债支付非主体工程款；严禁将建设资金以储蓄形式为本单位牟取利益；严禁将国家资金用于项目外投资；严禁以假合同、假供料、假图纸，假监理、假项目虚列支出；严禁将上级主管部门购置的固定资产、办公设备计入建设成本；严禁将超支的业务招待费列入待摊投资；严禁将超标的人员津贴费列入待摊投资；严禁将超支的管理费列入待摊投资；严禁在办理竣工决算时，虚列尾工工程项目或金额；严禁将不合理负担和摊派、捐赠的费用列入待摊投资；严禁虚列建筑工程和安装工程成本，将计划外工程、超标准工程的费用挤入工程中，将未形成工程进度的预付款挤入建筑安装工程成本；严禁虚列材料采购成本，采购地点无原因舍近求远，增加运输成本，利用采购和订货权力虚抬价格拿回扣，采购人员验收入货、供货单位等内外勾结、接受贿赂、监守自盗、贪污，从而以次充好，以低价充高价或将贪污的材料价值计入采购成本，虚列投资额；在项目建设期间的存款利息项目法人应按规定计入待摊投资，冲减成本。

第三方面，有的水利工程建设资金由财政部门的会计核算中心集中核算管理，水利工程建设价款核算工作主要由会计核算中心负责，项目法人财务管理机构要设立资金账和相应的基本建设支出、资产往来款明细账等，对工程进行明细核算；应认真做好工程价款核算的数目统计工作，保证工程实际核算的数额与实际发生的数额相等，严防节外生枝，造成工程资金管理失控。

2. 建设单位管理费的使用与管理。建设单位管理费是指经批准单独设置管理机构的项目法人（建设单位）从工程项目开工之日起至办理竣工财务决算之日止发生的管理性质的建设项目筹建、建设、验收等工作费用开支。包括项目筹建期间的管理性支出。建设单位管理费实行预算管理，间接构成工程建设成本。

（1）建设单位管理费的开支范围。建设单位管理费开支范围包括：不在原单位发工资的工作人员工资、基本养老保险费、基本医疗保险费、失业保险费，办公费、差旅交通费、劳动保护费、工具用具使用费、固定资产使用费、零星购置费、招募生产工人费、技术图书资料费、印花税、业务招待、施工现场津贴、竣工验收费和其他管理性支出。

（2）建设单位管理费支出控制重点。建设单位管理费的支出应严格按照规定内容和开支标准控制。控制的重点是办公费、差旅费、会议费、奖金、业务招待费等。项目法人对建设单位管理费的控制和管理，应按照"核定控制指标"和"分部门归口管理"相结合的原则，制订费用管理规定，采用"事先预算、事中控制、事后分析"的方法，对建设单位管理费支出情况定期进行分析考核，提出控制和降低费用开支的有效措施，实现对管理费开支的动态管理。

总额年度控制：建设单位管理费实行总额控制，分年度据实列支。项目法人支出建设单位管理费要计列明细，按预算执行。特殊情况确需超过上述开支标准的，须事前报同级财政部门审核批准。

业务招待费用：业务招待费支出不得超过建设单位管理费总额的10%。

施工现场津贴：施工津贴比照当地财政部门制订的差旅费标准执行。

工作人员工资：工作人员的工资按照劳动工资制度规定、考勤、工资标准等逐月发放。

社会保险费用：社会保险费用按《社会保险征缴暂行条例》和建设工程所在地政府有关规定据实列支。

其他支出控制：汽车燃料费、汽车等设备大修费、项目法人（建设单位）自用固定资产折旧费、施工现场津贴等要实行预算管理、从严控制。

项目法人要严格按照建设单位管理费的开支范围和标准开支管理费用。有权拒绝任何机关和单位摊派的物力、财力和各种非法收费，不得巧立名目、乱挤、乱占管理费用或将应冲减其他建设成本的收入冲减建设单位管理费。

（3）建设单位管理费计算方法。建设单位管理费（符号 A）的总额控制数，依据《基本建设财务管理规定》（财建〔2002〕394号）中所列建设单位管理费总额控制数费率表进行计算。计算方法以项目审批部门批准的项目投资总概算（符号 W）为基数，并按投资总概算的不同规模，设置不同费率（符号 N）进行分档计算。具体计算方法如下：

W 在1000万元以下，$N=1.50\%$，$A=(1000×1.50\%)=15$万元。

W 在1001万元~5000万元，$N=1.20\%$，$A=15+(5000-1000)×1.20\%=63$万元。

W 在5001万元~10000万元，$N=1.00\%$，$A=63+(10000-5000)×1.00\%=113$万元。

W 在10001万元~50000万元，$N=0.80\%$，$A=113+(50000-10000)×0.80\%=433$万元。

W 在50001万元~100000万元，$N=0.50\%$，$A=433+(100000-50000)×0.50\%=683$万元。

W 在100001万元~200000万元，$N=0.20\%$，$A=683+(200000-100000)×0.20\%=883$万元。

W 在200000万元以上，$N=0.10\%$。

（4）建设单位管理费支出审批手续。

审查：经办人对填制或取得的原始凭证的合法性、手续的完备性、金额的真实性进行审查。

验证：项目法人财务机构负责人对经经办人审查的原始凭证予以证明或验收。

审核：项目法人分管负责人对财务机构负责人验证过的凭证进行审核。

审批：项目法人法人代表或其授权人员对建设单位管理费支出进行审批。预算内支出由单位负责人或其授权人员限额审批，限额以上以及财务预算外的资金支出，须经单位领导集体研究决定。

（5）建设单位管理费核算科目。建设单位管理费计入《会计科目表》（表9.1）中序号为第3号、编号为第103号"待摊投资——建设单位管理费"科目，按费用项目进行明细核算。

（6）与工程概算独立费用的关系。建设单位管理费与工程概算独立费用中的单位开办费、项目法人（建设单位）人员经常费、工程管理经常费的明细项目间有对应关系，但不是一一对应关系。

3. 存款利息处理。项目法人应按照财政部《基本建设财务管理规定》（财建〔2002〕394号）有关规定，将在工程建设期间的所有建设资金，包括财政拨款、银行贷款等存款利息收入计入待摊投资，冲减工程成本，不能冲减建设单位管理费支出。

4. 质量保证金提留。项目法人提留质量保证金时，应符合财政部、水利部《水利基本建设资金管理办法》（财基字〔1999〕139号）有关规定："质量保证金按规定的比例提留，在质量保证期满、经有关部门验收合格后，按合同规定的条款支付。合同中应详细注明质保金的金额（或比例）、扣付时间和扣付方式等项内容"。《基本建设财务管理规定》（财建〔2002〕394号）有关规定：工程建设期间，项目法人与施工单位进行工程价款结算时，项目法人必须按工程价款结算总额的5%预留工程质量保证金，待工程竣工验收一年后再清算。但水利工程有关参建单位在未办理归档工作移交手续前，项目法人不得返还扣留的工程质量保证金。

5. 工程设计变更价款管理。项目法人应严格控制工程设计变更，防止工程设计投资超概算，加强变更审核、确认、执行和费用支付等环节的管理。

工程设计变更需要调整合同价格时，确定单价或合价的原则：合同中有适用于变更工程的价格，按合同已有的价格计算变更合同价款；合同中只有类似变更情况的价格，可以此作为基础确定变更价格，变更合同价款；合同中没有适用和类似的价格，由施工单位提出适当的变更价格，由项目法人、监理工程师审核后批准执行。

6. 基本预备费使用。在水利工程建设中，动用基本预备费，项目法人要及时组织编报动用预备费项目文件提出申请，报经上级有关部门批准后实施，其额度应严格控制在概预算列的金额之内。

（1）动用预备费文件执行规定。动用预备费文件应按以下规定执行：由原设计单位负责编制书面文件，或经原设计单位同意项目法人委托其他具有相应资质的设计单位进行编制；设计单位要对设计变更或动用预备费项目的真实性、可靠性负责；设计文件应有参与设计的设计人员签名和加盖个人专业资格证章，并加盖设计单位资质证章；设计文件应达到初步设计报告的要求深度。

（2）动用预备费文件编制内容。动用预备费文件编制内容主要包括：工程概况（包括原初步设计批复情况），动用预备费缘由、内容，必要性、合理性，方案比较，必要的勘察设计相关基础资料以及其他需要说明的情况或问题等。

第八节　财务管理存在的常见问题

项目法人在水利工程建设资金使用管理过程中存在的常见问题如下：

一、财务机构设置、人员配备不合规，财务控制不健全

项目法人设置财务机构、配备符合规定条件的会计人员、建立健全内部控制制度，是做好财务管理工作的基础。在这三方面存在的常见问题主要体现在：

有的项目法人未设置专门财务机构；有的项目法人配备的会计人员不符合规定条件，或符合规定条件但数量严重不足；有的项目法人部分会计人员对现行政策法规不掌握、对基本建设会计核算不熟悉，业务素质不高；有的项目法人财务管理职责不明确，财务会计岗位责任不清、混岗现象严重，不能够形成内部牵制；有的项目法人内部控制制度不健全，未建立财务岗位责任制、内部牵制制度及财务收支审核制度、中央预算内专项资金（国债）使用的内部管理制度，制订的管理制度和办法可操作性不强，甚至形同虚设；有的项目法人部分财务会计岗位职责履行不到位；有的项目法人执行内部控制制度不够严格、人为干扰因素大。

二、会计基础工作薄弱

会计基础工作的好坏直接关系到项目法人财务管理、会计核算质量的高低。在会计基础工作方面存在的常见问题主要体现在：

有的项目法人财务管理机构对建设资金未实行"专户存储"，多头开户，开户手续不全；有的项目法人财务管理机构账面银行存款余额与银行对账单余额不符而又不及时查明原因、作出处理；有的项目法人财务管理机构的原始凭证与记账凭证内容不符，记账凭证中各岗位人员签字不全或无人签字；有的项目法人财务管理机构账证、账表不符，"白条"抵库、大额现金支出；有的项目法人财务管理机构未按《国有建设单位会计制度》（财会字〔1995〕45号）要求设置账簿、使用会计科目；有的项目法人财务管理机构，未按批准初步设计所规定的建设项目进行工程建设成本核算，造成单项工程建设成本不实，在项目竣工财务决算编制前，将工程概算投资与合同总价之差作为结余资金用于其他工程建设；有的水利工程建设资金由财政部门的会计核算中心集中核算管理，财政部门的会计核算中心未认真履行建设资金核算管理职责，未按《国有建设单位会计制度》（财会字〔1995〕45号）要求单独核算管理建设资金；工程建设资金支付与项目法人的建设管理控制脱节，导致工程建设成本核算不及时、不完整，建设资金管理控制不力，财务管理、会计核算不规范；有的项目法人财务管理机构在编制项目竣工财务决算前没有对往来款、资产等进行清理和相应处理，造成工程项目竣工财务决算不能及时编制或编制不实；有的项目法人财务管理机构待摊投资分配不严谨，造成单项工程成本不实；有的项目法人财务管理机构对竣工财务决算数字不实、说明不详、分析不透，甚至根本未进行项目竣工财务决算编制工作。

三、水利工程建设资金不能及时、足额到位

水利工程存在的建设资金不能及时、足额到位等问题主要体现在：

有的用于水利工程建设的财政补助资金，经过各级财政部门层层下拨，由于拨付周期长、环节多、资金在途时间长，有的滞留在市、县财政部门，使得水利工程建设资金不能及时、足额到位，导致工期拖延、拖欠施工单位工程款和部分工程无法按批复的初步设计

所规定的内容完成；有的水利工程因建设资金不能按时到位，造成人为压低工程造价、减少工程量、降低工程建设标准、工程质量下降；有的水利工程因建设资金不能按时到位，影响项目竣工财务决算无法编制、资产不能及时移交、资产安全性受到威胁；有的水利工程地方配套资金不落实，地方政府将地方配套资金变成银行贷款，或通过减免地方税费抵顶地方自筹资金，使得地方配套资金到位率低，不能够与中央财政预算内专项资金（国债）同比例到位，导致中小河流治理等水利主体工程建成后，附属工程设施无法按期完成，影响了工程整体效益的正常发挥。

四、财务管理工作不严谨导致建设资金存在安全隐患

由于国家投资管理体制和财政管理体制的不协调性，使得水利工程建设资金存在一定安全隐患，主要体现在：

有的水利工程部分中央投资计划在下达时，附有与资金管理职能部门制订的资金管理办法不太吻合的管理办法，造成项目法人具体执行难；有的水利工程，有关部门对工程初步设计的审查，由于受投资限制对工程建设过程中必须发生的压矿调查、林地等行业规定的取费不认可，核定工程概算大都取规定计费标准的下限，水利工程建设用地的迁占补偿标准与其他行业相比明显偏低，造成项目概算内单项工程间的资金挤占；有的中小型水利工程设计、监理、施工、建设管理存在"同体"现象，导致工程建设资金安全受到威胁；有的工程建设资金由上级主管部门或地方财政部门直接掌握并管理等，项目法人未能成为项目建设的责任主体，难以对工期、质量和资金管理负总责，导致工程建设失控。

五、违反规定使用建设资金

项目法人由于对现行政策理解、把握不够，受当地社会经济条件的制约和管理水平的限制，法制意识不强等因素的影响，违规使用建设资金主要体现在：

有的项目法人不按批准的初步设计所确定的工程建设规模和内容使用建设资金，导致单项工程建设投资超概算；有的项目法人违反基建程序，在建设资金中开支本应由前期工作经费列支的费用；有的项目法人不按批准的实施方案进行工程建设，改变建设内容和建设标准；有的水利工程发生重大设计变更，项目法人在进行报批前使用建设资金；有的项目法人未经批准动用基本预备费；有的项目法人，由于工期拖延、物价上涨、监督检查频繁、管理性支出控制不严等，造成建设单位管理费超支严重；有的项目法人通过虚列工程支出等手段挪用建设资金，用于非工程支出和概算外项目建设等；有的项目法人通过工程中标施工单位转移资金，设立"小金库"用于非法支出；有的项目法人未按批复的项目进行核算，用计划成本代替实际成本、虚列成本、造假账，使会计信息失真。

六、预付工程款支付与抵扣不合规

项目法人内设机构之间缺乏协调、配合，彼此信息不畅，造成水利工程预付工程款的支付、抵扣不规范，执行合同不严格。主要体现在：

有的项目法人向施工单位预付的工程款比例过高，实际预付工程款超出合同约定额，致使施工单位结算不主动；有的项目法人在工程价款结算时，未及时、准确抵扣预付工程款，导致工程建设资金的使用失控；有的水利工程施工单位不办理预付款保函，由其他施

工单位担保；有的项目法人通过预付工程款形式借出、转移、挪用建设资金；有的项目法人支付预付工程款取得的收款收据，收款单位名称、银行账号、加盖的财务专用章与签订施工合同的单位名称、银行账号、财务专用章不一致。

七、工程价款结算不规范

工程价款结算包括工程预付款结算、工程进度款结算、工程竣工价款结算，应按合同约定办理。但是，由于签订的合同不够完善、执行合同不严格等原因，导致工程价款结算不规范，在工程价款结算中存在的问题主要体现在：

有的项目法人工程价款结算不及时，执行合同不严格；有的项目法人违反国务院《现金管理暂行条例》规定，使用大宗现金（现金支票）支付工程款、"白条"入账；有的施工单位不具备出具税务发票的条件，而通过交纳税金的方式由税务部门代开税务发票，建设资金安全隐患大；有的项目法人土地征用和移民迁占补偿费支付手续不完备，易出现"以拨列支"问题，未与地方政府签订包干使用协议即支付补偿费；有的项目法人未按实际完成的工程量进行价款结算，工程价款结算额与实际完成工程量应付款额不符；有的项目法人在进行工程竣工价款结算时未按规定比例扣留质量保证金；有的项目法人在进行工程竣工价款结算时，未按合同规定的时间和办法进行，拖延时间长，长期挂往来账，账面不能真实、适时反映投资完成情况；有的项目法人在调整项目、工程量和追加投资时，未追加签订合同，也未签订协议，造成最后结算的工程款金额和合同不一致。

八、投劳折资计算错误

有的项目法人将地方配套资金用投劳折资的办法来折算完成。但折算方法错误主要体现在：

有的项目法人，群众投工投劳未按"只限于取料、运料的施工"进行计算，而是将"摊铺、碾压必须由承包工程的专业施工队伍承担"的任务量计算在群众投工投劳上，计算标准和折算办法错误。

九、计划、财务、工程部门协调不到位

水利工程项目法人计划、财务、工程三部门之间普遍存在衔接不够、协调不到位问题，主要体现在：

有的水利工程已经进入施工阶段，但计划尚未下达；有的水利工程各有关参建单位、工程部门和计划部门不能及时向项目法人财务管理机构提供资料，财务管理机构无法及时掌握合同及工程进度。

十、竣工决算编制不及时

水利工程竣工后，项目法人在工程竣工决算中存在的常见问题主要体现在：

有的项目法人财务管理机构在竣工前未及时清理和作价处理水利工程往来账款、库存物资设备，造成财务结算滞后，影响竣工决算的编制；有的项目法人在工程竣工决算未完成、结余资金尚未形成之前，将概算投资与合同总的差额当作结余资金，用于其他工程。

第九节　中小河流治理工程财务管理重点

近年来，中小河流治理工程建设投资巨大，中小河流治理工程建设任务十分繁重。要完成艰巨的中小河流治理工程建设任务，规范、合理、合法、管好、用好中小河流治理工程建设资金十分重要。中小河流治理工程项目法人应增强财务管理的责任感和使命感，提高认识，增强依法办事的自觉性，用好每一分钱、管好每一名干部、管好每一项工程。

一、努力学习，提高财务管理业务素质

中小河流治理工程是国民经济的基础设施建设是涉及国计民生的大事。因此，中小河流治理工程主管单位及其项目法人应充分认识到中小河流治理工程建设的重要性、任务的艰巨性，努力学习国家水利基本建设法律、法规和中小河流治理工程建设的有关知识，提高自身业务能力和管理水平。

财务会计人员是做好财务管理工作的主体，其素质高低直接影响着中小河流治理工程财务管理的质量。因此，项目法人要对财务管理机构人员的任用严格把关，并通过制订奖惩措施，要求财务会计人员加强对法律、法规、业务的学习和研究，学懂、弄通并熟练掌握，努力提高理论水平和实际业务操作技能，增强和提高对政策、制度的理解和执行水平，提高依法、依规办事的能力；根据基建财务会计人员不稳定、业务熟练程度不够、新手经验不足等实际，通过举办培训班等方式，有针对性地强化业务和职业道德培训，提高财务会计人员财务管理和会计核算的实际业务操作技能。

财务管理机构有关人员应严格要求自己、提高自身修养、提高业务水平。从小处着想、从细微处着想，认真做好中小河流治理工程建设财务管理的每项业务工作，把中小河流治理工程建设的财务管理工作做好，顺利完成中小河流治理工程建设任务。

二、争取支持，确保地方配套资金及时到位

全国中小河流治理数量众多、任务异常繁重，有的县有几十条中小河流治理工程，凡是河道多的地区大都是山丘区，当地财政大多是吃饭财政，财政状况一般不好，短时间内难以完成中小河流治理任务，项目法人对筹集地方配套资金主要从以下两方面抓起。

1. 争取多方支持。按照"分级负责、分级管理"和"财政投入为主，市场融资为辅，鼓励社会参与"的原则，中小河流治理工程项目法人应积极争取多方支持，采取多层次、多渠道筹集中小河流治理工程地方配套资金。

中小河流治理工程建设是以公益性为主的事业。项目法人要积极主动地向当地政府和同级财政部门汇报，反映中小河流治理工程的公益性、特殊性和重要性，努力争取当地政府的支持和同级财政部门的理解，增加财政资金投入。各级政府要适当调整财政支出结构，整合各种渠道的资金，建立稳定的水利工程地方自筹资金投入机制。同时，通过政策引导，争取有"对口帮扶"任务的党政机关、企事业等单位，支持所帮扶地区的中小河流治理工程建设；在经过工作争得当地政府同意的前提下，多渠道积极利用信贷资金，以财政负责偿还贷款本息的方式筹集建设资金，利用信贷资金"花明天的钱办今天的事"。

2. 争取社会资金参与工程建设。中小河流治理工程项目法人应因地制宜地制订激励

政策，在确保工程防洪安全的前提下，按照"谁投资、谁受益，谁建设、谁管理"的原则，积极推行中小型水利工程产权制度改革，通过对治理后的河道沿岸进行综合开发、拍卖、股份制等形式筹集水利工程建设资金，倡导投资进行中小河流治理工程建设，按照"谁先投资、谁先受益"的原则，以"先治理、后管理、再经营"的方式投资中小河流治理工程建设。对中小河流治理工程在落实政府投资补助的同时，依法规范"一事一议"用工和筹资办法，调动群众投工投资进行中小河流治理的积极性。

三、严格把关，充分利用财务控制职能

扎实的财务管理基础工作是做好财务管理、会计核算的关键。

1. 完善项目法人财务机构。各级水行政主管部门在实施中小河流治理工程开工前审计时，要将设置财务机构、配备符合规定条件的财务会计人员作为中小河流治理工程开工条件之一。对项目法人进行检查，督促其设置独立的财务机构、配备符合规定条件的财务会计人员。

2. 认真落实资金管理责任。《中华人民共和国会计法》明确规定单位负责人是财务管理工作第一责任人，项目法人是工程建设资金使用真实性、合法性及合规性的责任主体，对资金使用管理负总责。要认真贯彻落实《中华人民共和国会计法》，切实建立起各环节、各岗位人员的责任制度，明确相关人员责任。

3. 发挥财务机构职能作用。中小河流治理工程项目法人要充分发挥财务机构在工程建设管理过程中的职能作用，发挥财务会计人员"事前参与、事中控制、过程监督、事后记账"的职能，确保在合同谈判、签订、执行、结算等工作中，始终有财务人员参加。通过参与经济合同签订、价款结算、工程验收、重大事项决策等，从源头上进行财务实质控制做好财务管理工作，避免或减少中小河流治理工程财务违规、违纪问题发生、提高工程建设资金使用效益。

四、锤炼内功，做好财务基础工作

1. 加强财务自身建设。国家每年资金投入巨大，资金投入集中，要求短时间内完成中小河流治理工程建设任务，很多地方多个中小河流治理工程同时开工，由此引起工程建材、地方材料、劳动力价格上涨使工程投资严重超概算，加之各地财政状况不同、财政部门对中小河流治理工程建设资金的具体管理方式各异，使得中小河流治理工程财务会计核算工作量较大，财务管理、核算工作任务艰巨。因此，项目法人应加强内功锤炼，按照国家有关中小河流治理工程财经法规和会计制度的要求，建立、健全并有效执行财务管理规章制度，强化内部管理和岗位制约，从管理体制、组织机构设置、财务管理人员素质提高上防止资金被挤占、挪用和流失，确保建设资金安全。

2. 强化财务会计基础工作。中小河流治理工程项目法人应强化财务会计基础工作，规范工程建设资金的申请、拨付、使用和核算。严格按规定程序、手续办理建设资金的拨、支、付业务，在办理资金支付手续前要对原始凭证严格审核，做到合理、合法使用资金。

对于有些县级财政部门设置会计核算中心实行报账制、集中会计核算形式和会计核算不能体现水利基本建设工程财务管理的特点和未按《国有建设单位会计制度》（财会字

〔1995〕45 号）的要求，使得会计核算流于形式的中小河流治理工程，项目法人要设立资金账和相应的基本建设支出、资产往来款明细账等，对工程进行明细核算，为工程竣工验收做好准备，工程建成后，按规定及时、准确、完整地编制项目竣工财务决算，组织实施项目竣工财务决算审计，并及时上报主管部门审批。

五、因地制宜，统一调剂建设资金

用于中小河流治理工程的中央财政专项资金，通过财政转移支付方式下拨，中央财政专项资金实行定额补助、投资按省包干使用。按照对东部地区引导、中部地区支持、西部地区和享受西部政策地区倾斜安排的原则，按规划控制投资额 30%、60%、80% 的比例补助。专项资金遵循"早建早补、晚建晚补、不建不补"的原则，鼓励地方按照专项规划和本办法开展项目治理工作，加快规划内项目实施。对于前期工作基础好、建设资金能落实、项目管理水平高、组织实施工作有保证的地区，中央集中资金加以支持。中央先期安排规划内项目中央应补助资金的比例原则上不高于 80%，剩余中央应补助资金待项目治理完成后，依据项目绩效评价结果与省级财政部门实行统一清算，奖优罚劣。奖励资金可用于冲抵项目地方投入。

六、当好参谋，切实保证三个安全

中小河流治理工程项目法人的财务会计人员应管好资金、当好参谋，为"工程安全、资金安全、干部安全"保驾护航。

1. 搞清楚资金性质，准确把握支出方向。水利建设资金的性质具有多样性，在支出资金前首先要搞清楚资金的性质，准确把握国家对该种性质资金的管理要求，对照国家财经法规判断资金拟支出事项的合规、合法性，要坚决制止不符合国家规定的资金支出的事项。

2. 以批准概算为依据，严格资金支出范围。建设不论性质如何，其支出首先要考虑是否是工程批准概算的内容之内，而后按标准规模执行，避免非故意违规、违法现象发生。对国库直接支付的资金，要认真审核支付申请，重点把握支付程序的合规性。建设资金拨、支、付实行专人办理，专人负责，不得由非财务部门经办。

3. 增强自我约束意识，为"三个安全"服务。财务会计人员对于规范财务管理和会计核算，避免或减少违规、违法现象的发生起着举足轻重的作用。要增强自我约束意识，本着对自己、对领导、对工作负责的态度，自觉加强职业道德修养。依法为单位领导当好参谋、出好主意，切忌不负责任的出点子、出不负责任的点子；把握机会向单位领导宣传财经纪律；严肃、负责任地处理每一笔会计业务，所处理的业务应经得起时间检验；对同一会计业务、特别是特殊业务的处理，不能因为实际业务操作水平不高、实际业务操作技能低造成违纪问题的发生；把工作视为一种责任，既是对工作负责也是为自己负责，为"工程安全、资金安全、干部安全"服务。

七、强化监督，建立财务约束机制

财务审计监督是保证工程建设顺利实施和各项经济活动正常有序进行的重要手段，是防止干部犯错误的一道有效屏障。因此，中小河流治理工程项目法人应充分认识财务审计监督的重要性，切勿停留在口头上，要切实抓好。

1. 积极配合各级机关的审计、稽察工作。水利部《关于印发〈全国中小河流治理项目资金使用管理实施细则〉的通知》（水财务〔2011〕569号）第三十五条规定："各级水行政主管部门要建立健全专项资金监管制度，组织开展稽查、督导和专项检查等工作，对发现的问题要及时提出整改意见并督促限期整改"；第三十六条规定："监督检查可以采取不定期或专项检查、重点抽查等方式进行，监督检查的主要内容包括：一、财务管理制度制订及执行情况。二、银行账户管理和使用情况。三、建设资金到位及管理情况。四、概预算执行及成本控制情况。五、采购、合同管理及履行情况。六、建设工程价款结算管理及支付情况。七、资产管理情况。八、未完工程投资和预留费用的使用情况。九、审计、检查、稽查的整改落实情况。十、工程建后管理情况。十一、其他需要检查的事项"；第三十七条规定："对检查中发现的问题，有关单位要及时整改。各级水行政主管部门要依据职责，促进落实整改；对情节严重的，提交有关部门依照《财政违法行为处罚处分条例》及有关规定，进行严肃处理"；第三十八条规定："项目法人要建立重大事项报告制度。对审计、检查、稽查中发现的问题及时上报上级水行政主管部门"。

中小河流治理工程在建设过程中，为了保证工程建设健康实施，各级检查、审计、稽察机关会随时随地对工程建设进行检查、监督，项目法人应时刻保持良好心态，高度重视并积极配合各级检查、审计、稽察机关的检查、监督，对审计、稽察过程中发现的问题要随时整改，并及时将整改意见反馈到检查、审计、稽察单位。

2. 建立严密的内部监督约束机制。各级水行政主管部门和项目法人要配备素质过硬的财务审计、监督人员，财务、审计机构共同做好建设资金使用和管理的监督工作。在辖区水利系统按照"下审一级"的原则，实施财务检查、内部审计监督，各负其责，层层把关。对所属项目的建设资金使用、财务管理实施全过程管理和监督，堵塞漏洞，减少和杜绝违纪现象发生。

3. 强化财务审计监督工作质量。各级水行政主管部门和项目法人，要加大对建设资金使用管理监督检查的力度，切忌不切合实际的空谈、发号施令、喊口号，要把握政策、深入实际调查研究、解决具体问题；要逐步扩大监督检查的覆盖面，包括项目实施监督和资金使用监督。通过实施检查监督，把问题查深、查透，研究、提出解决问题的办法，对于苗头性的问题要提出切实可行的预防措施。

4. 建设廉洁的财务安全环境。项目法人要严格对财务管理工作和财务会计人员的管理，建设一个廉洁的财务工作环境，确保财务工作安全、高效运转。

项目法人应通过约束机制，加强财务管理廉政建设，教育财务会计人员严于律己，管住自己，做到警钟长鸣，防微杜渐；项目法人代表要带头遵守财经纪律，以实际行动支持财务工作，为财务工作创造一个自然、守法、廉洁的安全环境。

八、完善制度，切实解决实际问题

各级水行政主管部门和项目法人，要正视财务管理中遇到的实际问题，努力克服制约财务管理质量的各种因素，完善各种管理制度，切实解决实际问题，全面提高财务管理水平。

1. 完善内部财务管理制度。中小河流治理工程项目法人，要结合工程建设实际进一步完善内部财务管理制度、办法，使其更具操作性。通过有效的内部控制制度规范财务管理行为，向管理要效益，使工程投资发挥最大作用。

2. 在一定范围内建立财务信息交流制度。通过在一定范围内，建立横向（相邻省、市有关部门）、纵向（省、市水利系统）财务信息交流制度，及时沟通和反馈财务管理的做法、经验教训和接受检查的结论，交流经验、相互借鉴、互相促进；省、市水行政主管部门要加大协调力度，针对财务管理中遇到的问题组织力量加以深入、细致地研究，协调有关部门提出切实可行的解决办法，为财务管理创造良好的软环境。同时，项目法人及时做好上传下达工作，即及时接收上级有关文件精神，向上级如实反映财务管理中遇到的问题、要求等。

3. 各负其责切实解决实际问题。各级水行政主管部门和项目法人要各负其责。在深入调查研究的基础上，协调同级有关部门，对工程从前期工作到项目竣工验收各环节存在的实际问题和困难，不推不拖，具体研究解决，不回避矛盾，避免工作简单化；项目法人要理顺财务机构与各职能机构、财务机构内各职能岗位之间的关系，改革、完善财务管理体系；对于同级部门无法解决的问题要向上级部门积极反映，争取主动。项目法人要按其责任制的要求，切实承担起应负的责任，依法筹集、管理、使用资金，加强对财务工作和财务会计人员的领导。确保财务管理工作合法、安全、灵活、高效运转。

第十章　工程质量管理内容

水利工程质量不仅对发展区域经济起着重要作用，而且对人民生产、生活也将产生巨大影响。为保证中小河流治理等水利工程，在工程建设期间不发生质量事故；建成后能发挥正常工程效益，加强工程施工期间质量管理，是保证中小河流治理等水利建设安全的重中之重，是工程建设的核心。

2012年5月22日，水利部党组书记、部长陈雷同志在全国中小河流治理视频会议暨责任书签署仪式上的强调：要准确把握中小河流治理的实施要求。中小河流治理投资多、覆盖广、任务重、要求高、责任大，确保项目实现预期目标，必须准确把握以下要求。一要不断提高河道综合整治水平。中小河流治理的首要目标是保障防洪安全，治理工程要把提高重点河段的防洪标准和能力作为首要任务，项目建设要突出工程的防洪功能，同时要注重生态治理的理念，处理好防洪与生态的关系，统筹兼顾水资源利用、水生态环境保护和河流景观的要求，不断提高河道的综合整治水平，努力把每一条河流都打造成为安全之河、民生之河、生态之河。二要切实保证工程质量和安全。中小河流治理是关系防洪安全的大事。如果工程质量不达标，不仅难以保障防洪安全，而且还会麻痹人们的防洪意识，导致更大的潜在威胁。经治理的河段，遇标准内洪水出现溃堤等重大安全、质量事故，不仅导致严重的灾害损失，还会带来恶劣的社会影响。必须以对党和人民高度负责的态度，牢固树立质量意识，落实工程质量终身负责制，坚决杜绝豆腐渣工程。同时，要严格资金管理，把中小河流治理工程建成阳光廉洁的工程。

第一节　质量管理要求

水利部《关于加强中小河流治理和小型病险水库除险加固建设管理工作的通知》（水建管〔2011〕426号）一规定："按照中央要求，中小河流治理和小型病险水库除险加固由省级人民政府负总责，地方各级人民政府负责本行政区域内（或所管辖）的全部规划项目，并组织有关主管部门做好项目的实施工作。负责组建项目法人的县级以上人民政府和有关主管部门建立中小河流治理和病险水库除险加固组织领导和工作协调机构，健全工作机制。要建立以地方政府行政首长负责制为核心的中小河流治理和小型病险水库除险加固责任制，逐级签署责任书，逐级落实地方政府和有关主管部门责任，逐个项目落实政府责任人、主管部门责任人和建设单位责任人。责任人要相对固定，要明确责任人对项目建设进度、建设质量、工程安全和资金安全的具体责任。要建立定期协商机制，加快项目审批、积极落实项目资金、研究解决工程建设中出现的问题。要建立责任追究制度，对不能按期完成任务、工程出现质量和安全事故、资金使用管理违规的，要严格问责"。

一、要求具有良好的建设环境

1. 内部环境：施工单位内部应营造一个良好的质量保证环境，如质量管理标准化建设、质量管理教育、职员的质量意识教育、信息管理、现代化建设等。

2. 社会环境：良好的社会环境是保证水利工程建设质量的外部条件，全社会应积极倡导信誉第一，质量至上的理念；全民应树立"百年大计，质量第一"的意识。中小河流治理等水利工程建设项目质量管理中，项目法人是质量管理的核心，监理单位是项目法人进行质量管理的协助单位，设计单位是质量管理的灵魂，施工单位是质量管理的主体，水行政主管部门和地方政府是进行质量管理强有力的支持者。只有共同努力才是构成完美的质量管理社会环境。

二、要求达到设计目标及合同目标

工程质量是经过与工期、费用优化后，按照工程使用功能的要求设计的，符合工程的整体效益目标。因此，中小河流治理等水利建设工程项目质量管理，不是追求最高的质量和最完美的工程，而是为了追求符合设计要求、符合合同要求等预定目标的工程。

在符合项目功能、工期和费用要求的情况下，又必须尽可能地提高质量，不致出现质量事故，保证一次性成功，通过质量管理避免减少或尽量减少损失。

三、要求具有过硬的技术控制措施

项目质量管理的技术性很强，但它又不同于技术性工作。长期以来人们过于注重质量技术方面的问题，而忽视质量管理技术方面的问题。质量管理是技术性很强的工作，甚至许许多多质量的统计方法、检测方法、分析方法，实质上均属于技术和技术管理问题。质量控制应着眼于质量控制程序、质量保证体系的建立，质量、工期、成本目标的协调和平衡，以及质量管理工作的监督、检查、跟踪和诊断，以减少技术工作的错误和不完备，保证技术工作有效实施，达到工程质量管理的目的。

四、要求汲取以前质量管理教训

质量管理的最高境界不是为了发现质量问题，而是为了避免发生质量问题。在质量管理工作中，认真总结过去同类项目的经验和反面教训，特别是过去其他工程项目法人、设计单位、施工单位反映出来的对技术、质量有重大影响的关键性问题，进行总结，为正在实施的工程项目起到明鉴作用，做到未雨绸缪防患于未然。

第二节 质量管理体系

中小河流治理等水利工程实行项目法人负责、监理单位控制、施工单位保证、政府部门质量监督的质量保证体系。各有关单位质量管理机构应建立质量管理制度，明确在保证工程或产品质量方面的任务、责任、权限、工作程序和方法，按照制订的规章制度、工作规划、实施细则开展有效的工作，使工程质量处于受控状态。

财政部、水利部《关于印发〈全国中小河流治理项目和资金管理办法〉的通知》（财建〔2011〕156号）第二十七条规定："有关主管部门和项目法人、设计、监理及施工等单位要按照规定，建立健全工程质量管理监督体系和安全管理监督体系，严格把关，确保工程质量、安全和进度。省级水行政主管部门对本行政区域中小河流治理质量和安全监督工作负总责"。

一、项目法人质量管理体系

项目法人对中小河流治理等水利工程质量负总责，处于主导地位。项目法人应建立、健全质量保证体系，应设专职质量管理人员，随时对实施中的工程建设项目进行质量管理；应建立、健全质量检查体系，对工程规模大、技术要求高的中小河流治理等水利工程建设项目应设立质检部门，其他工程应有专人负责质检工作；项目法人应制订周密的质量管理实施计划，以实施计划约束、落实质量标准，促进中小河流治理等水利工程质量管理工作。

项目法人对工程质量有绝对的质量检查和控制权，这种检查和控制权力应在合同中明确，主要包括：质量控制权力和责任、主要控制过程、工程的检查验收等。包含专业分项的质量检查标准、过程、要求、时间、方法。对质量文件的批准、确认、变更的权力；对不符合质量标准的工程（包括材料、设备、工程）的处置权力；在工程建设中，项目法人对隐蔽工程有验收权力，不经签字不得覆盖；对重要施工工序有验收权，上道工序不经验收下道工序不能施工。

检查包括常规检查、专项检查、非常规检查、现场检查以及现场以外的结构件、设备、生产场地检查。对每一项检查应确定查什么，怎样检查，在何处何时查，谁检查谁及检查批次等。

二、监理单位质量控制体系

此部分内容详见本章第五节"项目法人在中小河流治理工程施工监理中的职责"有关论述。

1. 确保监理人员到位。按合同要求，在中小河流治理等水利工程施工现场，监理单位应派驻足够的监理人员进驻施工现场，并各负其责，认真履行监理职责。

2. 制订完善监理文件。监理机构应按规范要求，制订《监理规划》、《监理大纲》，针对本工程的具体情况制订具有可操作性、针对性的《监理实施细则》，并据此实施。

在监理工作过程中，监理工程师根据工程进展情况，随时编制《监理日记》、《监理日志》、《监理月报》、《监理工作报告》，以及时、准确、完整地反映单元工程质量、质量缺陷、质量事故、工程质量分析等有关工程质量情况。

3. 全面彻底履行职责。按监理合同要求，签发施工图纸，审查施工单位施工组织设计和技术措施；对工程原材料及实体质量进行抽检；对关键工序、关键部位进行旁站监理，并作好旁站监理记录，对施工单位自检行为进行鉴证；及时对施工单位的质量检验结果进行核实，对单元工程质量等级进行复核；对施工质量缺陷应进行登记，消除缺陷手续应当完备；应坚持施工质量事故报告、备案制度；受项目法人委托及时组织分部工程质量评定与验收工作，并参加其他不同阶段验收。

三、施工单位质量保证体系

施工单位对工程质量负保证职责，按照工程施工承包合同，对自己承担的工程负责施工质量保证，施工单位应完善内部质量保证体系。水利工程施工中的质量管理，是对生产过程的质量管理，不仅要保证工程的材料、设备、工作、工艺等各个要素符合合同、设计文件等规定，而且要保证各施工阶段符合质量要求，即从单元工程、分部工程、单位工程及整个工程质量均符合质量要求，使工程达到预定的功能。施工单位质量保证体系主要包括以下内容：

1. 施工单位资质应满足承建工程等级需要。施工单位的资质是保证工程建设质量的先决条件，没有合格的资质谈不上合格的工程质量，施工单位的资质等级范围应与承接的工程等级的相对应，施工单位不得超越资质、借用或出借资质承接工程建设任务。

按照建设部《建筑业企业资质等级标准》（建建〔2001〕82号）有关规定，相应资质施工企业承担水利水电工程施工工程范围标准如下：

（1）水利水电工程施工总承包企业承包工程范围。

特级企业：可承担各种类型水利水电工程及辅助生产设施工程的施工。

一级企业：可承担单项合同额不超过企业注册资本金5倍的各种类型水利水电工程及辅助生产设施工程的施工。工程内容包括：不同类型的大坝、电站厂房、引水和泄水建筑物、通航建筑物、基础工程、导截流工程、砂石料生产、水轮发电机组、输变电工程的建筑安装；金属结构制作安装；压力钢管、闸门制作安装；堤防加高加固、泵站、涵洞、隧道、施工公路、桥梁、河道疏浚、灌溉、排水工程施工。

二级企业：可承担单项合同额不超过企业注册资本金5倍的下列工程的施工：库容1亿m³、装机容量100MW及以下水利水电工程及辅助生产设施工程的施工。工程内容包括：不同类型的大坝、电站厂房、引水和泄水建筑物、通航建筑物、基础工程、导截流工程、砂石料生产、水轮发电机组、输变电工程的建筑安装；金属结构制作安装；压力钢管、闸门制作安装；堤防加高加固、泵站、涵洞、隧道、施工公路、桥梁、河道疏浚、灌溉、排水工程施工。

三级企业：可承担单项合同额不超过企业注册资本金5倍的下列工程的施工：库容1000万m³、装机容量10MW及以下水利水电工程及辅助生产设施工程的施工。工程内容包括：不同类型的大坝、电站厂房、引水和泄水建筑物、通航建筑物、基础工程、导截流工程、砂石料生产、水轮发电机组、输变电工程的建筑安装；金属结构制作、安装；压力钢管、闸门制作安装；堤防加高加固、泵站、涵洞、隧道、施工公路、桥梁、河道疏浚、灌溉、排水工程施工。

（2）水工大坝工程专业承包企业承包工程范围。

一级企业：可承担各类坝型的坝基处理、永久和临时水工建筑物及其辅助生产设施的施工。

二级企业：可承担单项合同额不超过企业注册资本金5倍、70m及以下各类坝型的坝基处理、永久和临时水工建筑物及其辅助生产设施的施工。

三级企业：可承担单项合同额不超过企业注册资本金5倍、50m及以下各类坝型的坝基处理、永久和临时水工建筑物及其辅助生产设施的施工。

（3）堤防工程专业承包企业承包工程范围。

一级企业：可承担各类堤防的堤身填筑、堤身整险加固、防渗导渗、填塘固基、堤防水下工程、护坡护岸、堤顶硬化、堤防绿化、生物防治和穿堤、跨堤建筑物（不含单独立项的分洪闸、进水闸、排水闸、挡潮闸等）工程的施工。

二级企业：可承担单项合同额不超过企业注册资本金 5 倍的 2 级及以下堤防的堤身填筑、堤身整险加固、防渗导渗、填塘固基、堤防水下工程、护坡护岸、堤顶硬化、堤防绿化、生物防治和 2 级及以下穿堤、跨堤建筑物（不含单独立项的分洪闸、进水闸、排水闸、挡潮闸等）工程的施工。

三级企业：可承担单项合同额不超过企业注册资本金 5 倍的 3 级及以下堤防的堤身填筑、堤身整险加固、防渗导渗、填塘固基、堤防水下工程、护坡护岸、堤顶硬化、堤防绿化、生物防治和 3 级及以下穿堤、跨堤建筑物工程的施工。

（4）河湖整治工程专业承包企业承包工程范围。

一级企业：可承担各类河道、湖泊的河势控导、险工处理、疏浚、填塘固基工程的施工。

二级企业：可承担单项合同额不超过企业注册资本金 5 倍的 2 级及以下堤防相对应的河道、湖泊的河势控导、险工处理、疏浚、填塘固基工程的施工。

三级企业：可承担单项合同额不超过企业注册资本金 5 倍的 3 级及以下堤防相对应的河湖疏浚整治工程及一般吹填工程的施工。

（5）水利水电机电设备安装工程专业承包企业承包工程范围。

一级企业：可承担各类水电站、泵站主机（各类水轮发电机组、水泵机组）及其附属设备和水电（泵）站电气设备的安装工程。

二级企业：可承担单项合同额不超过企业注册资本金 5 倍的单机容量 100MW 及以下的水电站、单机容量 1000kW 及以下的泵站主机及其附属设备和水电（泵）站电气设备的安装工程。

三级企业：可承担单项合同额不超过企业注册资本金 5 倍的单机容量 25MW 及以下的水电站、单机容量 500kW 及以下的泵站主机及其附属设备和水电（泵）站电气设备的安装工程。

（6）水工建筑物基础处理工程专业承包企业承包工程范围。

一级企业：可承担各类水工建筑物基础处理工程的施工。

二级企业：可承担单项合同额 1500 万元以下的水工建筑物基础处理工程的施工。

三级企业：可承担单项合同额 500 万元以下的水工建筑物基础处理工程的施工。

（7）水工金属结构制作与安装工程专业承包企业承包工程范围。

一级企业：可承担各类钢管、闸门、拦污栅等水工金属结构工程的制作、安装及启闭机的安装。

二级企业：可承担单项合同额不超过企业注册资本金 5 倍的大型及以下钢管、闸门、拦污栅等水工金属结构工程的制作、安装及启闭机的安装。

三级企业：可承担单项合同额不超过企业注册资本金 5 倍的中型及以下压力钢管、闸门、拦污栅等水工金属结构工程的制作、安装及启闭机的安装。

（8）水工隧洞工程专业承包企业承包工程范围。

一级企业：可承担各类有压或明流隧洞工程和与其相应的进出口工程的开挖、临时和永久支护、回填与固结灌浆、金属结构预埋件等工程，以及其辅助生产设施的施工。

二级企业：可承担单项合同额不超过企业注册资本金 5 倍的过流断面不大于 $50m^2$ 的各类有压或明流隧洞工程和与其相应的进出口工程的开挖、临时和永久支护，回填与固结灌浆、金属结构预埋件等工程，以及其辅助生产设施的施工。

三级企业：可承担单项合同额不超过企业注册资本金 5 倍的过流断面不大于 $28m^2$ 的各类有压或明流隧洞工程和与其相应的进出口工程的开挖、临时和永久支护、回填与固结灌浆、金属结构预埋件等工程，以及其辅助生产设施的施工。

2. 施工单位质量保证体系应健全有效。施工单位应落实质量责任制，建立、健全质量保证体系；建立相应的质量管理机构、设置专门的工地质量检查机构，配备专职质量管理和检查人员，明确各类部门、人员的职责权限、质量责任及考核办法，施工单位应实行质量体系认证贯标，提高质量管理水平。

施工单位设立的施工项目管理组织机构，应符合"高效精干、严密系统"原则，部门设置和技术力量应满足工程施工管理要求；施工单位派驻到现场的主要管理、技术人员数量和资格，应与施工合同文件中承诺的一致；应明确施工项目负责人、技术负责人、质量负责人、施工管理负责人和安全负责人；项目经理部质检机构人员的专业、素质、数量应满足工程质量要求。

3. 施工单位质量管理制度应具有针对性和操作性。施工项目经理部应健全有关工程质量的规章制度，应建立质量管理控制制度、质量检查制度和技术管理制度，通过生产过程的内部监督、调控及质量特征的检查达到质量要求；施工单位应建立、健全职工教育培训制度，未经教育培训或者考核不合格的人员，不得上岗作业；施工单位应制订安全、环境保护措施及规章制度；应制订项目经理部施工质量检验制度和有关工程质量的规章制度，严格工序管理做好隐蔽工程的质量检查和记录，做到现场工程质量有人管。

4. 施工质量外部应具备保证条件。施工单位应具备施工现场保证工程质量的外部条件，包括构成工程建设要素、质量指标的合格情况。

四、政府质量监督体系

水利部《关于加强中小河流治理和小型病险水库除险加固建设管理工作的通知》（水建管〔2011〕426 号）二（五）规定：要建立、健全"项目法人负责、监理单位控制、施工单位保证、政府部门监督"的质量安全管理体系。各级水行政主管部门要积极协调同级财政部门，将水利工程质量监督机构工作经费全额纳入部门预算。县级水行政主管部门要成立水利工程质量监督站，流域机构、省、市质量监督机构要加强对县级质量监督站的指导。对中小河流治理和小型病险水库除险加固项目，可根据需要建立质量监督项目站（组），进行巡回监督，积极推行工程关键部位和重点环节的强制性检测、"飞检"和第三方检测。施工方要完善质量检测手段。监理单位应按要求配备现场检测设备，认真落实旁站、巡视、跟踪检测和平行检测措施。工程参建单位要建立安全生产组织体系，落实安全生产责任制，强化重大质量与安全事故应急管理。

政府质量监督机构对工程建设实施强制性监督，对设计、施工单位的质量保证体系、项目法人、监理机构的质量控制体系进行监督；质量监督机构应按规定配备具有相应资质的专职质量监督员，实施以抽查为主的工程质量监督；质量监督机构应制订质量监督计划，并按对工程质量监督的职责、内容和要求，对工程各参建单位实施监督检查，并应做好检查记录，发现问题及时通知有关单位采取纠正措施；质量监督机构应根据工作需要，委托有资质的水利工程质量检测单位对工程质量进行抽样检测。

此部分内容详见第五章"政府监督"有关论述。

第三节　工程质量检查

一、质量控制手段

质量控制应从设备和材料采购开始，主要包括：工程项目的质量控制先后顺序、工艺要求等；隐蔽工程、单元工程、分部工程、单位工程及整个工程项目的最终检验和试运行等。质量控制必须与控制手段相结合，才能达到质量控制目的，控制手段主要包括以下几方面：

1. 合同控制手段。主要利用合同对质量进行的有效控制，在合同范围内进行质量管理。在合同中应规定项目管理者对质量绝对的检查和监督权力。

（1）合同中明确质量目标。将中小河流治理等水利工程质量要求、质量标准、检查和评价方法，奖惩办法和标准，十分清晰地明确在合同、委托书或任务单中（不能用含糊不清、笼统的质量要求或标准）。清晰明确对工程质量的要求，包括说明文件、图纸、规范、工作量表等应正确、清楚、详细，前后无矛盾，质量目标表述清晰；应明确定量化的、可执行的、可检查的指标，防止在实施过程中发生质量问题争执。

（2）合同中界定质量责任。在合同中清楚界定施工承包商的质量责任及造成质量事故应承担的后果；赋予各级项目管理者绝对的质量检查责任，并明确质量检查方法、手段及检查结果的处理方式。

（3）合同中明确执行制度。在合同中明确材料采购、图纸设计、工艺要求的认可和批准制度，即建筑材料采购前，应先送样品确定认可，后以此样查验来货；工程设计图纸使用前先审核、批准。

在合同中明确规定项目法人对不符合质量的工程材料、工艺的处置权和奖罚措施，及合同违约的处罚方法，并按合同约定坚决予以执行。

（4）合同中规定承包方式。在中小河流治理等水利工程建设中，将工程多层次的分包、或将工程肢解得太细发包，层层收取管理费，使得施工单位真正用在工程上的钱大大减少，工程实际用材掺假，严重损害工程质量；在合同中应规定工程承包方式，确定哪些不能分包，哪些可以分包及分包有关要求。

2. 资金控制手段。利用建设资金作为有效手段控制工程质量，主要方式包括：利用工程量计量、工程价款支付和结算，对质量进行有效控制；对未经质量检查或工程质量不合格的分项工程，不予计量、不予验收、不进行结算工程价款。利用经济杠杆进行质量管理。

二、质量检查内容

项目法人在中小河流治理等水利工程施工过程中，应调动各方参建单位一切积极因素，认真执行水利工程建设项目有关规定，严把工程建设各阶段质量关，对参建单位的质量行为和实体质量进行定期和不定期监督检查，从细微处查起，不放过任何一处质量隐患。

1. 检查施工单位质量保证体系。检查施工单位质量保证体系主要包括以下内容：施工单位是否建立、完善内部质量保证体系；施工单位的资质等级范围是否与承接的工程等级相对应，施工单位依法分包的单位资质是否符合要求，严禁不符合资质要求的施工单位承担中小河流治理等水利工程建设施工任务；施工单位是否建立各种质量管理、控制、检查制度；施工单位是否依据国家、水利行业有关工程建设法规、技术规程、技术标准，以及施工合同要求进行施工；是否对其施工的水利工程质量负责；现场工程质量是否有人管。

2. 检查施工单位质量保证措施。在工程招标投标阶段，项目法人应对各施工单位的投标文件的质量控制措施和质量保证方法进行认真检查，并由专家审查这些措施和方法的科学性、安全性和适用性，以此作为选择承包商的依据；审批施工单位的施工组织设计、施工工艺参数、施工措施计划和施工进度计划等技术方案，施工组织设计应在批准后实施，施工单位不得擅自修改设计，不得偷工减料。

在施工期间，项目法人或委托监理单位审查施工单位工程质量保证措施，及对单位工程、分部工程和单元工程，特别是重要隐蔽工程、工程重要隐蔽部位的单元工程施工方法、施工质量保证措施、施工安全措施、环境保护措施等。

施工单位在接到开工报告通知84天内，是否将《工程质量保证措施报告》提交监理工程师审批。报告内容是否包括：施工单位质量检查机构的组织、岗位责任及质检人员组成、质量检查程序和实施细则等内容。

3. 检查施工单位执行设计文件情况。项目法人应对施工单位执行设计文件质量要求情况进行检查，包括：检查施工单位主要施工技术人员对设计意图理解情况，对存在异议的设计图纸与设计单位人员及时沟通情况；施工单位是否按照工程设计图纸进行施工；是否存在修改工程设计、存在偷工减料问题。施工单位在施工过程中如发现设计文件和图纸存在差错，应及时向设计单位提出意见和建议，不得擅自处理。

4. 检查施工质量外部条件。项目法人应对施工单位施工现场保证工程质量的外部条件进行检查，检查构成工程建设要素、质量指标的合格情况。主要包括以下内容：

（1）检查施工单位辅助设施准备情况。如施工单位砂石料供应系统、混凝土拌和系统及场内交通、供风、供电及附属工程及大型临时设施，防冻、降温措施，养护、保护措施，防自然灾害预案等施工辅助设施的准备情况。

（2）项目法人应督促监理单位对施工单位项目经理部质检机构进行核查，包括：设备、仪器、人员素质、数量是否满足工程开工后的需要；质量检测、试验人员的专业、素质、数量配备应满足施工质量检查的要求，质量、试验人员应持证上岗；试验仪器、设备应经过计量部门鉴定论证。

不具备检测、试验条件的施工单位，应委托具有相应资质的单位进行检测。监理单位对工地试验室的核准意见应备案归档。

5. 检查施工单位质量管理行为。中小河流治理等水利工程质量要求由每个具体的实施者实现，施工单位作为其中的主要具体实施者，其质量管理行为决定工程质量优劣。要保证质量，必须将中小河流治理等水利工程的质量责任落实到每个具体的实施者，因此，项目法人应经常对施工单位的质量管理行为进行检查。检查、考核施工单位在施工过程中的质量检验工作进展情况；施工单位在施工过程中是否进行了计量、检测等基础工作；检查施工单位是否落实"班组初检、施工队复检、公司质检科终检"的"三检制"落实情况；按照规范、规程标准，及时对工序质量、单元工程质量进行等级评定等情况。当工期拖延、费用超支时，要防止施工单位为了追求高效率和低费用而牺牲质量，以牺牲质量为代价赶工。切实做好工程质量的全过程控制。

6. 检查施工单位对测量网络布设情况。施工单位应对项目法人和监理单位提供的测量基准点、基准线、水准点及其测量资料，布设施工单位现场、自己使用的工程施工测量控制网络，并将测量措施报告、有关测量资料报送监理单位审批。

项目法人应督促监理机构指示施工单位在监理工程师的监督下（或联合）对工程施工测量控制网络进行抽样复测，当复测中发现错误时，必须按要求进行补测和修正。

检查施工单位对测量基准点的布设和复核情况，看是否引用绝对高程，如果测量用基准点使用相对高程或临时高程或独立高程，应换算成绝对高程。施工测量控制网的布设应满足多角度、全方位、方便施工等要求。并督促施工单位在此基础上完成施工区原始地形图的测绘。

7. 检查建筑材料质量。在中小河流治理等水利工程项目建设中，建筑材料费用占工程费用大部分（50%以上），是构成工程实体的重要成分，它决定了工程内在质量，材料不合格必然导致工程不合格。因此，建筑材料是工程项目质量控制的重点。材料质量控制措施包括以下几方面：

（1）合同中明确质量要求。项目法人在中小河流治理等水利工程项目建筑材料采购合同中应申明工程项目所需材料的品种、规格、规范、标准等质量要求；用途、投入时间、数量说明清楚，并作出材料计划表。

（2）择优选择供货商。供应商通常是很多的，项目法人在选择建筑材料供应商时，应对各种供货质量进行深入、详细了解，多收集一些说明书、产品介绍方面的信息，做到"货比三家"选其优，方法是：

对照样品查验来货：采购前要求材料供应商提供样品，特别对施工单位（或分包商）自己采购的材料，更应该查看建筑材料样品。样品认可后封存，在货物到现场时，再与样品作对比检查。防止材料供应商"调包"，以次充好。

尽量固定供货单位：尽可能选择有长期合作关系的材料供应商。一个大型的材料供应商已形成一个强大的供销网络，周围建立了一些长期的合作伙伴，这样做的好处是：有利于保证质量、保证供应、抗御风险。

查看产品证明材料：要求材料供应商提供产品证书，如官方认可的质量系统文件和证明、生产许可证、质量认证书。也可以走访其他用户对其产品进行旁证。

跟踪检查生产过程：对重要的、大批量物资供应或专项物资供应，项目法人可派自己的质量检查人员，在材料生产厂进行检查产品质量及查看生产管理系统，验收产品；如果工程建设需要新型产品或特供产品，还可与供应商或其生产厂家一起研究质量改进措施。

考察供应可靠程度：项目法人应对材料供应商的生产（供应）能力，现已承接的业务数量，供应时间等可靠度进行考察、论证，看其是否能保证工程质量和供货时间。通常超过能力进行生产，供应时间不能保证，质量也不能保证。

（3）入库和使用前的检查。检查施工单位进场原材料、构配件的质量、规格、性能符合有关技术标准情况并作出评价，保存记录。不合格的材料不得进入工地，施工单位不得使用不合格的建筑材料、建筑构件和设备。

（4）检查施工单位对建筑用材的检验情况。项目法人应检查施工单位对建筑用材的检验情况，包括：施工单位在工程施工中使用的原材料是否具有合格证；施工单位是否按照工程设计要求、施工技术标准和合同约定的检测项目和数量，对建筑材料、建筑构配件、设备及商品混凝土、原材料、中间产品的质量进行检验，检测项目、数量应满足规范和设计要求；检验结果是否有书面记录，各项检测记录是否及时、齐全，记录、校对、审核等签字手续是否完备，监理单位是否按有关规定进行抽检；是否按有关施工技术标准对有关材料留取试块、试件；是否在项目法人或工程监理单位监督下现场进行，并送具有相应资质等级的质量检测单位进行检测等；未经检验或检验不合格的上述物品，不得使用。

8. 检查施工单位施工工序质量管理情况。项目法人应严格施工工序质量管理，施工单位要严格遵守工程建设各个工序的建设程序，认真执行施工过程中各项工作、各项环节相互衔接的顺序，对工程项目的每道施工工序认真进行检查，严禁逆反、倒置，上一道工序验收不合格不得进入下道工序施工，项目法人应重点检查工序验收手续是否齐全。

9. 检查隐蔽工程和工程隐蔽部位质量保证情况。隐蔽工程和工程隐蔽部位是工程质量的内在关键，不可忽视。隐蔽工程和工程隐蔽部位未经验收合格，不得掩埋、覆盖。经施工单位自行检查确认的隐蔽工程和工程隐蔽部位在已具备覆盖条件24小时内，施工单位应通知监理机构到施工现场检查，当确定符合合同规定的技术质量标准时，做好隐蔽工程的质量检查记录，监理工程师签字后，施工单位才能进行覆盖，事后对质量有怀疑时，监理工程师可要求施工单位对已覆盖的部位进行钻孔探测直至揭开重新检验。

项目法人应对施工单位对隐蔽工程和工程隐蔽部位的施工情况，及对监理机构对隐蔽工程和工程隐蔽部位质量的验收情况进行检查、监督，确保工程建设内无质量隐患。

10. 检查工程实体质量。项目法人应组织质量监督机构主持工程外观实体质量检查，工程实体质量抽检应以基础处理、工程关键部位、重要隐蔽工程、关键工序为重点；施工单位应按有关规定对工序质量和实体质量进行自检；监理单位应及时进行核验，并按规定进行抽检，按照规范、规程标准及时对工序质量、单元工程质量进行等级评定。

质量缺陷及质量事故应及时记录、备案、报告，并进行处理。

第四节　工程质量检验

工程质量检验是通过检查、量测、试验等方法，对工程质量特性进行综合性评价。在中小河流治理等水利工程施工中，搞好质量检验工作，不仅可以对工程的原材料或原始数据、施工中构配件质量、中间工序质量以及分项工程质量是否满足要求作出正确判断，而且还能收集到有关工程质量与操作质量的动态信息，为改进质量管理工作提供可靠依据，从而使中小河流治理等水利工程质量处于可控制状态。

一、质量检验主体

施工单位自检，应依据工程设计要求、施工技术标准和合同约定，结合单元工程评定有关规定，确定工程检验项目（检验工序及单元工程质量）、数量和方法。自检过程应有书面记录，在自检合格后，填写《水利水电工程施工质量评定表》报监理单位复核。

项目法人应对施工单位自检和监理单位抽检过程进行监督检查，对报工程质量监督机构核备、核定的工程质量等级进行认定。

项目法人应组织监理、设计及施工单位，根据工程特点，参照《单元工程评定标准》和其他相关标准确定临时工程质量检验项目及评定标准，并报相应的质量监督机构核备。

工程质量检验数据应真实可靠，检验记录及签证应完整齐全。

二、质量检验内容

质量检验内容包括施工准备检查，原材料与中间产品质量检验，水工金属结构、启闭机及机电产品质量检查，单元（工序）工程质量检验，工程外观质量检验等。

1. 施工准备检验。施工质量检验是工程质量形成过程中不可缺少的环节，是依据一个既定的质量标准采取一定的方法和手段，来评价工程的质量特性的工作。主体工程开工前，施工单位应组织人员进行施工准备检验，并经项目法人或监理单位确认合格且履行相关手续后，才能进行主体工程施工。

2. 建筑用材检验。主要检验进场原材料质量、规格、性能，符合有关技术标准和合同技术条款的要求情况；原材料的储存量，满足工程建设的需求情况。施工单位应按《单元工程评定标准》及有关技术标准对水泥、钢材等原材料与中间产品质量进行检验，并报监理单位复核。不合格产品，不得使用。

（1）水泥。对水泥质量的检验应符合国家现行有关标准的规定，主要检验水泥的3天、28天抗压强度及抗折强度、细度、凝结时间、安定性等项目。

（2）钢筋。对钢筋质量的检验应符合国家现行有关标准的规定，主要检验钢筋的外观质量及公称直径、抗拉强度、屈服点、伸长率冷弯等项目。

（3）粉煤灰。对粉煤灰质量的检验应依据《水工混凝土掺用粉煤灰技术规范》（DL/T 5055—2007）等主要技术标准，主要检验粉煤灰的细度、烧失量、需水量比，三氧化硫等项目。

（4）砂料。对砂料质量的检验应符合国家现行有关标准的规定，检验砂料的保证项目和基本项目。

砂料中的保证项目包括泥团（不允许）、天然砂中含泥量（小于5%，其中黏土含量小于2%）、石粉、云母（小于2%）、有机质含量（浅于标准色）等项目。保证项目合格或优良标准应符合质量标准。

砂料中的基本项目包括石粉含量（6%～12%）、坚固性（小于10%）、密度、轻物质含量（小于1%）、硫化物及硫酸盐含量（按重量折算小于1%）等项目。基本项目合格标准每项应有不小于70%的测点符合质量标准，基本项目优良标准每项须有不小于90%的测点符合质量标准。

（5）粗骨料。对粗骨料质量的检验应符合国家现行有关标准的规定，检验粗骨料的保证项目和基本项目。

粗骨料保证项目包括粗骨料的泥团（不允许）、软弱颗粒含量（小于5%）、有机质含量（浅于标准色）、针片状含量（小于15%碎石经试验论证可放宽至25%）等项目。保证项目合格或优良标准应符合质量标准。

粗骨料基本项目包括粗骨料的逊径（原筛检验小于10%，超逊径筛检验小于2%）、含泥量（小于1%）、硫酸盐及硫化物含量（折算成 SO_2 小于0.5%）、吸水率（小于2.5%）、密度等项目。基本项目合格标准每项应有不小于70%的测点符合质量标准，优良标准每项须有不小于90%的测点符合质量标准。

（6）石料。对石料质量的检验应符合国家现行有关标准的规定，检验石料的保证项目和基本项目。合格标准：检测总数中有不小于70%符合质量要求，优良标准：检测总数中有不小于90%符合质量要求。

石料保证项目包括石料的天然密度（不小于$2.40t/m^3$）、饱和极限抗压强度（设计规定的限值）、最大吸水率（不大于10%）、软化系数（一般岩石不小于0.70，或符合设计要求）、抗冻标号（达到设计标号）等项目。

石料基本项目包括石料的形状（粗料石：棱角分明，六面基本平整，同一面高差小于1cm；块石：上下两面平行，大致平整，无尖角薄边；毛石：块重大于25kg）、尺寸（粗料石：块长大于50cm，块高大于25cm，长高比小于3；块石：块厚大于20cm；毛石：中厚大于15cm）、质地（坚硬、新鲜、无剥落层或裂纹）等项目。

（7）筑堤材料。《堤防工程设计规范》（GB 50286—2013）7.2规定：土料石料及砂砾料等筑堤材料的选择应符合下列规定：土料：均质土堤宜选用黏粒含量为10%~35%，塑料指数为7~12，且不得含植物根茎、砖瓦垃圾等杂质；填筑土料含水率与最优含水率的允许偏差为±3%；铺盖、心墙、斜墙等防渗体宜选用防渗性能好的土；堤后盖宜选用砂性土。砌墙及护坡的石料应质地坚硬，冻融损失率应小于1%；石料外形应规整，边长比小于4；砂砾料用于反滤时含泥量宜小于10%。

下列土不宜作堤身填筑土料，当需要时，应采取相应的处理措施：淤泥或自然含水率高且黏粒含量过多的黏土、粉细砂、冻土块、水稳定性差的膨胀土分散性土等。

3. 设备进场检验。水工金属结构、启闭机及机电产品进场后，有关单位应按有关合同进行交货检查和验收。安装前，施工单位应主要检查进场施工设备的数量和规格、性能是否符合施工合同要求，检查产品是否有出厂合格证、设备安装说明书及有关技术文件，对在运输和存放过程中发生的变形、受潮、损坏等问题应做好记录，并进行妥善处理。无出厂合格证或不符合质量标准的产品不得用于工程建设。

4. 外观质量评定。单位工程完工后，项目法人应组织监理、设计、施工及工程运行等单位组成工程外观质量评定组，准备外观质量检验所需仪器、工具和测量人员，并在现场主持进行工程外观质量检验评定工作，并将评定结论报工程质量监督机构核定。参加工程外观质量评定的人员应具有工程师以上技术职称或相应执业资格。评定组人数不少于5人，大型工程不宜少于7人。外观质量评定办法见《水利水电工程施工质量检验与评定规程》（SL 176—2007）附录A有关要求。

三、检验结果报送

施工单位应及时将原材料、中间产品及单元（工序）工程质量检验结果，报监理单位复核，并应按月将施工质量情况报送监理单位，由监理单位汇总分析后报项目法人和工程质量监督机构。

第五节　工程质量事故

工程质量事故是指在中小河流治理等水利工程建设过程中，由于建设管理、监理、勘察、设计、咨询、施工、材料、设备等原因，造成工程质量不符合规程规范和合同规定的质量标准，影响使用寿命和对工程安全运行造成隐患和危害的事件。

一、事故分类

工程质量事故按直接经济损失的大小，检查处理事故对工期的影响时间长短及对工程正确使用的影响，分为一般质量事故、较大质量事故、重大质量事故、特大质量事故（详见表10.1）。

表10.1　水利工程质量事故分类标准

损失情况 ＼ 事故类别		特大质量事故	重大质量事故	较大质量事故	一般质量事故
事故处理所需的物质、器材和设备、人工等直接损失费用（万元）	大体积混凝土，金结制作和机电安装工程	>3000	>500，≤3000	>100，≤500	>20，≤100
	土石方工程，混凝土薄壁工程	>1000	>100，≤1000	>30，≤100	>10，≤30
事故处理所需合理工期（月）		>6	>3，≤6	>1，≤3	≤1
事故处理后对工程功能和寿命影响		影响工程正常使用，需限制条件运行	不影响正常使用，但对工程寿命有较大影响	不影响正确使用，但对工程寿命有一定影响	不影响正常使用和工程寿命

注：1. 直接经济损失费用为必需条件，其余两项主要适用于大中型工程。

　　2. 小于一般质量事故的质量问题称为质量缺陷。

1. 一般质量事故。一般质量事故指对工程造成一定经济损失，经处理后不影响正常使用和不影响使用寿命的事故。

2. 较大质量事故。较大质量事故指对工程造成较大经济损失或延误较短工期，经处理后不影响正常使用但对工程寿命有一定影响的事故。

3. 重大质量事故。重大质量事故指对工程造成重大经济损失或较长时间延误工期，经处理后不影响正常使用但对工程寿命有较大影响的事故。

4. 特大质量事故。特大质量事故指对工程造成特大经济损失或长时间延误工期，经处理后仍对正常使用和工程寿命造成较大影响的事项。

二、事故申报

发生质量事故后，项目法人必须将事故的简要情况向项目主管部门报告。项目主管部门接事故报告后，按照管理权限向上级水行政主管部门报告。

1. 事故报告报向部门。

（1）一般质量事故报向部门。一般质量事故向项目主管部门报告。

（2）较大质量事故报向部门。较大质量事故逐级向省级水行政主管部门或流域机构报告。

（3）重大质量事故报向部门。重大质量事故逐级向省级水行政主管部门或流域机构报告并抄报水利部。

（4）特大质量事故报向部门。特大质量事故逐级向水利部和有关部门报告。

2. 事故报告时限。

（1）较大、重大和特大质量事故报告时限。较大、重大和特大质量事故发生单位要在48小时内向上述主管单位写出书面报告。

（2）突发性事故报告时限。突发性质量事故发生单位要在4小时内电话向上述单位报告。

3. 事故报告内容。事故报告内容包括：工程名称、建设规模、建设地点、工期，项目法人、主管部门及负责人电话；事故发生的时间、地点、工程部位以及相应的参建单位名称；事故发生的简要经过、伤亡人数和直接经济损失的初步估计；事故发生原因初步分析；事故发生后采用的措施及事故控制情况；事故报告单位、负责人及联系方式。

三、事故调查

1. 调查组组成。发生质量事故，要按照事故管理权限组成调查组（调查组成员由主管部门根据需要确定并实行回避制度）进行调查，查明事故原因，提出处理意见，提交事故调查报告。

（1）一般质量事故调查组。一般质量事故由项目法人组织设计、施工、监理等单位进行调查，调查结果报项目主管部门核备。

（2）较大质量事故调查组。较大质量事故由项目主管部门组织调查组进行调查，调查结果报上级主管部门批准并报省级水行政主管部门核备。

（3）重大质量事故调查组。重大质量事故由省级以上水行政主管部门组织调查组进行调查，调查结果报水利部核备。

（4）特大质量事故调查组。特大质量事故由水利部组织调查。

2. 事故调查组主要任务：

任务1：查明事故发生的原因、过程、财产损失情况和对后续工程的影响。

任务2：组织专家进行技术鉴定。

任务3：查明事故的责任单位和主要责任者应负的责任。

任务4：提出工程处理和采取措施的建议。

任务5：提出对责任单位和责任者的处理建议。

任务6：提交事故调查报告。

四、事故处理

工程建设中未执行国家和水利部有关建设程序、质量管理、技术标准的有关规定，违反国家和水利部项目法人责任制、招标投标制、建设监理制和合理管理制及其他有关规定而发生质量事故的，依法严肃查处事故的责任单位和责任人，对有关单位或个人从严从重处罚，尤其加大对个人执业资格、岗位证书的处罚力度，起到惩罚、警戒作用。

1. 事故处理原则。对发生的安全生产事故，项目法人要积极配合地方安全监督管理部门和水行政主管部门，按规定进行调查、报告。按照"四不放过"的原则进行分析、处理，即：

一不放过：事故原因不查清楚不放过。

二不放过：主要事故责任人员未受到处理不放过。

三不放过：补救和防范措施及整改措施未落实不放过。

四不放过：有关人员未受到教育不放过。

2. 现场处置。事故发生后，事故单位要严格保护现场，采取有效措施抢救人员和财产，防止事故扩大。因抢救人员、疏导交通等原因需移动现场物件时，应当做出标志、绘制现场简图并做出书面记录，妥善保管现场重要痕迹、物证，并进行拍照或录像。

3. 工程质量事故处理。发生质量事故，必须针对事故原因提出工程处理方案，经有关单位审定后实施。事故处理需要进行设计变更的，需原设计单位或有资质的单位提出设计变更方案；需要进行重大设计变更的，必须经原设计审批部门审定后实施。事故部位处理完成后，必须按照管理权限经过质量评定与验收后，方可投入使用或进入下一阶段施工。

（1）一般质量事故处理部门。一般质量事故由项目法人负责组织有关单位制订处理方案并实施，报上级主管部门备案。

（2）较大质量事故处理部门。较大质量事故由项目法人负责组织有关单位制订处理方案，经上级主管部门审定后实施，报省级水行政主管部门或流域机构备案。

（3）重大质量事故处理部门。重大质量事故由项目法人负责组织有关单位提出处理方案，征得事故调查组意见后，报省级水行政主管部门或流域机构审定后实施。

（4）特大质量事故处理部门。特大质量事故由项目法人负责组织有关单位提出处理方案，征得事故调查组意见后，报省级水行政主管部门或流域机构审定后实施，并报水利部备案。

五、事故责任行政处罚有关规定

1. 由于项目法人责任酿成质量事故。《水利工程质量事故处理暂行规定》第三十一条规定：造成较大以上质量事故的，进行通报批评、调整项目法人；对有关责任人处以行政处分；构成犯罪的，移送司法机关依法处理。

2. 由于监理单位责任造成质量事故。《水利工程质量事故处理暂行规定》第三十二条规定：造成较大以上质量事故的，处以罚款、通报批评、停业整顿、降低资质等级直至吊销水利工程监理资质证书；对主要责任人处以行政处分、取消监理从业资格、收缴监理工程师资格证书、监理岗位证书；构成犯罪的，移送司法机关依法处理。

3. 由于咨询、勘察、设计单位责任造成质量事故。《水利工程质量事故处理暂行规定》第三十三条规定：造成较大以上质量事故的，处以通报批评、停业整顿、降低资质等级、吊销水利工程勘察、设计资格；对主要责任人处以行政处分、取消水利工程勘察、设计执业资格；构成犯罪的，移送司法机关依法处理。

4. 由于施工单位责任造成质量事故。《水利工程质量事故处理暂行规定》第三十四条规定：令其立即自筹资金进行事故处理，并处以罚款；造成较大以上质量事故的，处以通报批评、停业整顿、降低资质等级直至吊销资质证书；对主要责任人处以行政处分、取消水利工程施工执业资格；构成犯罪的，移送司法机关依法处理。

财政部、水利部《关于印发〈全国中小河流治理项目和资金管理办法〉的通知》（财建〔2011〕156 号）第三十八条规定："中小河流治理工程涉及人民群众生命安全，经治理的工程遇标准内洪水出现溃堤等重大安全、质量事故的，严肃追究相关人员责任"。

5. 由于设备、原材料等供应单位责任造成质量事故。《水利工程质量事故处理暂行规定》第三十五条规定：对其进行通报批评、罚款；构成犯罪的，移送司法机关依法处理。

6. 对隐瞒不报或阻碍调查组进行调查工作的单位或个人。《水利工程质量事故处理暂行规定》第三十七条规定：由主管部门视情节给予行政处分；构成犯罪的，移送司法机关依法处理。

第六节　工程质量存在的常见问题

一、项目法人质量管理行为不规范

主要体现在：有的项目法人未明确专职的质量管理机构或人员；有的项目法人未明确质量管理职责；有的项目法人未制订质量管理和安全生产的规章制度；有的项目法人在工程建设中，没有监督检查的相关记录，项目法人基本未履行管理、检查、监督的职责。

二、未按设计施工

有的中小河流治理等水利工程未按设计进行施工，项目法人、监理单位、施工单位缺少有效的监督管理。主要体现在：有的中小河流治理等水利主体工程，施工单位未按设计规模完成，任意缩减工程量，施工单位擅自改变（多数情况下减少）初步设计及施工图设计的结构尺寸；有的工程，浆砌石挡墙轴线原设计为圆弧线，施工单位在实际砌筑时，将实体工程砌成了折线型，挡墙沉降缝设计为内嵌沥青杉板，施工单位采用未经防腐处理的白杉板等；有的工程堤防填筑的土石料严重超径，大块石粒径较多超过设计规定的60cm，造成局部架空现象，影响工程填筑质量。

三、施工单位质量管理行为低下

施工单位在中小河流治理等水利工程施工中，由于自身原因及其他原因，造成工程质量不合格。

1. 施工单位未落实"三检制"。主要体现在：有的施工单位未落实"三检制"；有的施工单位未按有关规定填写三检表；有的施工单位填写的"三检"表缺少实测数据；有的施工单位"三检"表由一人填写。

2. 施工单位质量控制不到位。主要体现在：有的施工单位质量控制不严，在单元工程质量自检过程中，缺少原始自检资料，导致部分单元工程数据失真；有的施工单位在工程施工中，对有关混凝土施工项目的混凝土强度未进行统计分析；有的施工单位的施工现场，混凝土拌和站无材料称量设备，仅以装砂石用的手推车进行混凝土配料，未对混凝土配料称量进行准确控制。

3. 施工记录不真实。主要体现在：有的施工单位记录不完整，施工记录使用铅笔填写，施工记录数据随意擦改，部分记录失真；有的施工单位在坝基帷幕灌浆记录中，没有帷幕灌浆开灌水灰比、终灌吃浆量持续稳压时间的记录；有的施工单位未对帷幕灌浆孔记录实际孔位平面位置偏差；有的施工单位原始记录施工负责人的签字均为复印；有的施工单位对存在施工质量缺陷的工程项目，在现场质量检查记录中填写为"符合规范要求"；有的施工单位涂改部分防渗墙凿孔深度的施工记录；有的质量评定表中的检验记录为打印材料，且无现场检验的原始记录；有的施工单位编写的施工日志缺少对施工程序、施工方法、施工控制要点的详细记录；有的工程没有混凝土各种配合材料和外加剂的实际用量记录，而以检测单位记录替代；有的工程缺乏混凝土各种配合材料、外加剂等材料实际用量记录。

4. 施工工序不合理。主要体现在：有的施工单位未严格按照施工工序进行施工，影响了工程质量；有的施工单位在重力墩岩基开挖与清理单元工程质量等级未评定的情况下，即进行后续单元工程施工。

5. 实体工程质量存在问题较多。主要体现在：有的施工单位对已浇筑完成的防渗墙未进行防渗墙混凝土抗渗标号试验，未进行墙体均匀性质量检查；有的施工单位偷工减料，使得防渗墙混凝土配合比胶凝材料用量少于国家规定的 $350kg/m^3$，水胶比大于国家规定的 0.65；有的工程反滤排水工程，堤脚线有明显的集中渗漏；有的工程回填土质量控制不严，未按规定进行碾压试验以确定碾压参数，未按每填一层进行一次干密度检测的规定进行检测；有的工程混凝土预制块护坡，预制块铺设缝宽不一致（最大缝宽 5.50cm，最小缝宽 0.20cm），局部平整度较差；有的工程干砌石工程局部砌石空隙过大，部分砌石块径偏小，局部有通缝、填充不饱满、块石之间空洞、叠砌和浮塞、石料尺寸偏小、风化石料、表面不平整等质量通病；有的施工单位在上游坡培厚土方填筑施工中，土方填筑未进行碾压试验；有的工程局部混凝土出现多处条状裂缝和龟裂缝隙，混凝土分块缝处砂浆开裂，现浇混凝土存在错台、气泡、蜂窝麻面等质量通病；有的工程混凝土衬砌面上存在错台、气泡、蜂窝麻面等质量通病；有的工程混凝土垫层表层存在砂浆不足、石子分离、振捣不密实等质量缺陷；有的工程浆砌石存在个别砌石块径偏小，有的浆砌石基础面上坐浆不饱满、存在通缝块石架空，砌缝砂浆不饱满，存在空洞；有的工程浆砌石局部挡墙墙面平整度、沉降缝垂直偏差、顶高程偏差超过规范要求；有的工程土方回填分层碾压时，分层铺土厚度大于合同规定的厚度，由此可能导致土方压实密度不够；有的工程混凝土表面未实施随填随刷稠黏混凝土浆的质量措施。

第十一章 工程质量检测管理内容

现代水利建设工程质量管理是全过程的质量管理。实行全过程质量管理最重要工作是加强施工过程的质量检测，取得代表质量特征的有关数据，科学地评价水利工程建设质量。水利工程质量检测是质量监督、质量检查和质量评定、验收的重要手段。项目法人应当按国家有关规定，及时委托具有相应资格的水利工程质量检测单位对水利工程进行质量检测。

第一节 质量检测单位责任和权利

《水利工程质量检测管理规定》规定：水利工程质量检测，是指水利工程质量检测单位，依据国家有关法律、法规和标准，对水利工程实体以及用于水利工程的原材料、中间产品、金属结构和机电设备等进行的检查、测量、试验或者度量，并将结果与有关标准、要求进行比较，以确定工程质量是否合格所进行的活动。

一、检测单位责任

1. 树立行业道德。检测单位接受委托方委托承担检测业务，检测单位不得转包质量检测业务；未经委托方同意，不得分包质量检测业务；任何单位和个人不得明示或者暗示检测单位出具虚假质量检测报告，不得篡改或者伪造质量检测报告。

2. 执行有关标准。检测单位应当按照国家和行业标准开展质量检测活动；质量检测试样的取得应当严格执行国家和行业标准以及有关规定；没有国家和行业标准的，由检测单位提出方案，经委托方确认后实施。

3. 出具检测报告。检测人员应当按照法律、法规和标准开展质量检测工作，检测单位应当按照合同和有关标准及时、准确地向委托方提交质量检测报告并对质量检测报告负责；检测单位违反法律、法规和强制性标准，给他人造成损失的，应当依法承担赔偿责任。

4. 留存检测档案。检测单位应当建立档案管理制度。检测合同、委托单、原始记录、质量检测报告应当按年度统一编号，编号应当连续，不得随意抽撤、涂改。

检测单位应当单独建立检测结果不合格项目台账。

二、检测单位权利

检测单位应当将工程存在的安全问题、可能形成质量隐患或者影响工程正常运行的检测结果以及检测过程中发现的项目法人（建设单位）、勘察设计单位、施工单位、监理单位违反法律、法规和强制性标准的情况，及时报告委托方和具有管辖权的水行政主管部门或者流域管理机构。

第二节　工程建设相关单位质量检测职责

项目法人、设计、施工、监理等单位根据工程建设需要，可委托具有相应资质等级的水利工程质量检测单位，对中小河流治理等水利工程进行质量检测。

水利部《关于加强中小河流治理和小型病险水库除险加固建设管理工作的通知》（水建管〔2011〕426号）二（五）规定：积极推行工程关键部位和重点环节的强制性检测、"飞检"和第三方检测。施工方要完善质量检测手段。监理单位应按要求配备现场检测设备，认真落实旁站、巡视、跟踪检测和平行检测措施。

一、项目法人质量检测职责

1. 根据工程建设需要委托检测单位。根据有关规定或其他特定需要，项目法人应按照水行政主管部门、流域机构或其他有关部门、水利工程质量监督机构和工程验收主持单位的要求，委托具有相应资格的水利工程质量检测单位，对水利工程进行质量检测。

对已建工程质量有重大分歧时，应由项目法人委托具有相应资质等级的第三方质量检测单位进行质量检测。检测数量视需要确定，检测费用由责任方承担。堤防工程竣工验收前，项目法人应委托具有相应资质等级的质量检测单位进行抽样检测，工程质量抽检项目和数量由工程质量监督单位确定。

2. 确定临时工程质量检验及评定标准。项目法人应组织监理、设计和施工等单位，根据工程特点参照单元工程评定有关标准确定临时工程质量检验及评定标准，并报相应的工程质量监督机构核备。

3. 督促整改及检查。项目法人对检测单位检查发现的问题，应要求监理单位督促施工单位及时整改。项目法人对施工单位自检和监理单位抽检过程进行督促检查。

4. 认定工程质量等级。项目法人首先对报工程质量监督机构核备、核定的工程质量等级进行认定；然后再报送政府质量监督机构。

二、施工单位质量检测职责

1. 明确质检部门职责。施工单位在施工过程中应加强计量、检测等基础工作，质检部门应全面管理工程测量放样、原材料和中间产品试验、工程实体质量检测等工作。

2. 配备工地试验室。施工单位应按所承建工程的规模和建筑物的等级，配备相应的工地试验室，如没有条件建立工地试验室的，应按规定取样送有相应资格的专业质量检测单位进行检测。

工地试验室应建立、健全各项管理制度，包括岗位责任管理、试验操作管理、仪器设备管理、标准养护室管理等，以确保试验结果的可靠性。试验室的测试仪器、设备等必须经计量部门检定。

工地试验室可承担的试验项目、参数必须经监理单位核准；不能承担的试验项目、参数，可送施工单位本部有资格试验室，或其他有相应资格的专业质量检测单位进行检验测试。

3. 配备合格专职质量检测人员。专职质检员应持有省级以上水利或相关行业行政主管部门核发的工程质量检查员证书，实行持证上岗。

试验人员应熟悉水利及相关行业的有关规程、规范、标准，并能熟练使用试验仪器设备，且持有省级以上水利或相关行业行政主管部门核发的工程试验员证书，实行持证上岗。

4. 抽样复验外来材料配件。外购的构配件、机电设备等应有厂内检查试验记录、出厂合格证等资料，并按规定进行现场检验、保管；原材料（钢材、水泥等）的品质，除应有厂家试验记录、产品合格证等资料外，还应抽样复验，分类存放。

5. 自检永久性工程施工质量。对于永久性工程（包括主体工程及附属工程）施工质量检测，施工单位应依据工程设计要求、施工技术标准和合同约定，结合《单元工程评定标准》的规定确定检验项目及数量并进行自检，自检过程应有书面记录，同时结合自检情况如实填写水利部颁发的《水利水电工程施工质量评定表》。施工单位自检性质的委托检测项目及数量，按《单元工程评定标准》及施工合同约定执行。

6. 见证取样试块、试件。对涉及工程结构安全的试块、试件及有关材料，应实行见证取样。见证取样资料由施工单位制备，记录应真实齐全，参与见证取样人员应在相关文件上签字。

三、监理单位质量检测职责

1. 配备质量管理技术人员。监理单位应建立、健全质量控制体系，大中型工程项目应配备专职质量管理技术人员，有些项目经项目法人同意，也可由总监或副总监兼任质量管理技术人员。监理单位应对工程施工质量进行全过程控制。

2. 持证上岗监督施工单位质量检测工作。质量管理技术人员应具有丰富的测量、试验方面的专业知识和能力，并取得《水利工程建设监理工程师资格证书》和《水利工程建设监理工程师岗位证书》，具体负责对施工单位质量检测工作的监督管理。

3. 核查施工单位工地试验室。监理单位应对施工单位的工地试验室进行核查。核查范围包括试验设备的配置及计量检定证明、试验人员的配备及资格证书、试验室的管理制度等。由此确定试验室可承担的试验项目、参数。监理单位应将对工地试验室的核准意见，书面通知施工单位，并报项目法人备案。

4. 复验施工单位测量成果。监理单位应对施工单位的施工放样和沉降、位移等测量成果进行复验。

5. 多种手段检验工程质量。监理单位应对工程原材料、构配件、设备等进行抽检，不合格的工程原材料、构配件、设备等不得使用。

监理单位对工程中所用的原材料、试块、试件等进行跟踪检测，跟踪检测的数量，不少于施工单位应检测数量的10%。跟踪检测是指施工单位在进行试样检测前，监理单位对其检测人员、仪器设备以及拟定的检测程序和方法进行审核；在施工单位试验人员对试样进行检测时，监理人员实施全过程的监督，确认其程序、方法的有效性及检测结果的可信性，并对该结果签字确认。

监理单位应对工程中所用的原材料、试块、试件等进行平行检测，平行检测的数量一般不少于施工单位应检测数量的5%，抽样母体不应与跟踪检测的母体相同。重要部位每种标号混凝土最少取样1组；重要部位土方至少取样3组。平行检测是指监理单位在施工单位对试样自行检测的同时，独立抽样进行检测，以核验施工单位检测结果。平行检测应送有相应资格的专业质量检测单位检测。

监理单位对施工单位检测的永久性工程（包括主体工程及附属工程）施工质量自检结果，应根据《单元工程评定标准》和抽样检测结果符合工程质量，其平行检测和跟踪检测的数量按《水利工程建设项目施工监理规范》（SL 288—2003）或合同约定执行。

四、质量监督机构质量检测职责

1. 身体力行随机检测质量。质量监督机构的质量检测以抽查为主，除常规的查看外，宜配备一些便携式检测仪器，对原材料和工程实体质量进行随机检测。

2. 根据需要委托他人检测。质量监督机构可要求项目法人委托或根据需要自己直接委托具有相应资格的专业质量检测单位，对受监督工程进行质量综合或专项检测。

3. 监督参建单位质量行为。工程质量监督机构应对项目法人、监理、勘察、设计、施工单位以及工程其他参建单位的质量行为和工程实物质量进行监督检查。检查结果应按有关规定及时公布，并书面通知有关单位。

第三节　质量检测内容

一、质量检测范围

《水利工程质量检测管理规定》规定：工程质量检测机构依据国家有关法律、法规和水利工程建设强制性标准，对涉及结构安全项目进行抽样检测和对进入施工现场建筑材料、构配件进行见证取样检测。主要包括水利工程施工质量或用于水利工程建设的原材料、中间产品、水工金属结构（有生产许可证的工厂制造的钢管、拦污栅、闸门等）、机电设备（有厂家生产的水轮发电机及其辅助设备、电气设备、变电设备）等。

二、检测数据处理

实测数据是评定质量的基础资料，严禁伪造或随意取舍检测数据。对可疑数据应检查分析原因，并做出书面记录；单元（工序）工程检测成果按《单元工程评定标准》规定进行计算；水泥、钢材、外加剂、混合材及其他原材料的检测数量与数据统计方法应按现行国家和行业有关标准执行；砂石骨料、石料及混凝土预制件等中间产品检测数据统计方法应符合《单元工程评定标准》的规定。

第四节　质量检测方法

中小河流治理等水利工程质量检测方法，主要采取见证取样送检法进行质量检测。

一、见证取样送检概念

1. 取样与送检。取样是按国家有关技术标准、规范的规定从检测对象中抽取试验样品的过程；送检是指取样后将试样从现场移交给具有检测资格单位承检的过程。取样和送检是水利工程质量检测的首要环节，其真实性和代表性直接影响检测数据的公正性。

2. 见证单位。为保证试件能代表工程实体的质量状况和取样的真实，制止出具只对试件（来样）负责的检测报告，保证水利建设工程质量检测工作的科学性、公正性和准确性，以确保水利建设工程质量，根据有关规定，在水利建设工程质量检测中，实行见证取样和送检制度，即在项目法人或监理单位人员见证下，由施工人员在现场取样，送至试验室进行试验。

二、见证取样送样的管理

1. 见证取样管理单位。各级水行政主管部门是水利建设工程质量检测见证取样工作的主管部门，水利建设工程质量监督管理部门，负责对见证取样工作的组织和管理。

2. 见证取样相关手续。各质量检测机构对见证取样送样检验的试件，无见证人员签名的检验委托单及无见证人员伴送的试件一律拒收；未注明见证单位和见证人员的检验报告，不得作为见证检验资料，质量监督机构可指定法定检测单位重新检测。

3. 检测违规相关处罚。项目法人、施工企业、监理单位和检测单位凡以任何形式弄虚作假，或者玩忽职守者，应按有关法律法规、规章严肃查处，情节严重者，依法追究刑事责任。

第五节　质量检测存在的常见问题

一、未按规定进行检测

体现在：有的监理单位检测漏项、检测次数不够、未进行平行检测等；有的施工单位对施工中使用的止水材料、土工合成材料、混凝土预制构件、砂与碎石等建筑用材，抽样复检频率未达到规范规定的抽检频率；有的施工单位对部分原材料检测项目不符合规范要求；有的施工单位在中小河流治理等水利工程基础防渗工程施工中，未按规定对水灰比、浆液比重等控制指标进行质量检测；有的施工单位未对设计有抗冻要求的溢洪道及放水隧洞混凝土进行抗冻检测；有的施工单位未对堤防工程铺设的土工膜进行接缝质量检测；有的监理单位未对混凝土试块、钢筋、水泥、砂石骨料等进行平行检测；有的中小河流治理等水利工程用石子及砂，按规范规定需检测 7 个项目，但施工单位仅检测石子的表观密度和含泥量，砂表观密度、含泥量和细度模数 5 个项目，其他 2 个项目未检测；有的施工单位检测的混凝土和砂浆试块检测龄期不够，有的检测龄期为 14 天，而有的检测龄期超过 28 天标准，最长达 278 天，试验结果未按设计龄期 28 天进行强度换算，无法真实反映混凝土和砂浆的强度状况。

二、质量检测流于形式

体现在：有的施工单位提供的质量检测内容没有自检过程和书面记录，表中无终验人员签字，无检验日期，检测报告未加盖计量认证章；有的施工单位未直接填写水泥土强度和渗透系数检测数据，而是按设计值填写。

第十二章 项目划分与质量评定管理内容

第一节 项目划分

一、划分项目名称

根据《水利水电工程施工质量检验与评定规程》（SL 176—2007）有关规定，水利建设工程项目划分包括：单位工程（主要单位工程）、分部工程（主要分部工程）、单元工程（关键部位单元工程、重要隐蔽单元工程）。

1. 单元工程。组成分部工程的几个工序（或工种）施工完成的最小综合体称为单元工程，是质量考核基本单位。

（1）关键部位单元工程。对工程安全或效益或功能有显著影响的单元工程称为关键部位单元工程。

（2）重要隐蔽单元工程。在主要建筑物的地基开挖、地下洞室开挖、地基防渗、加固处理和排水等隐蔽工程中，对工程安全或功能有严重影响的单元工程称为重要隐蔽单元工程。

2. 分部工程。在一个建筑物内能组合发挥一种功能的建筑安装工程称为分部工程，是组成单位工程的一部分。对单位工程安全、功能或效益起决定性作用的分部工程称为主要分部工程。

3. 单位工程。具有独立发挥作用或独立施工条件的建筑物称为单位工程。

4. 主要建筑物及主要单位工程。主要建筑物指其失事后将造成下游灾害或严重影响工程效益的建筑物，如堤坝、泄洪建筑物、输水建筑物、电站厂房及泵站等；主要单位工程指属于主要建筑物的单位工程称为主要单位工程。

二、项目划分程序

1. 组织项目划分单位。在中小河流治理等水利工程开工前，项目法人应按照《水利水电工程施工质量检验与评定规程》（SL 176—2007）的要求，组织监理单位、设计单位、施工等单位，共同商定对工程项目进行划分，并在主体工程开工前将划分表及说明书报相应工程质量监督机构确认，并对主要单位工程、主要分部工程、重要隐蔽单元工程和关键部位单元工程明确核定和标示。

2. 质量监督机构确认。质量监督机构收到项目划分书面报告后，在 14 个工作日内对项目划分进行确认，并将确认结果书面通知项目法人。

3. 项目划分调整。工程实施过程中，由于设计变更、施工部署的重新调整等因素，从有利于施工质量管理工作的连续性和施工质量检验评定结果的合理性，由项目法人组织监理、设计和施工单位，需对不影响单位工程、主要分部工程、重要隐蔽单元工程和关键部位单元工程的项目划分进行局部调整。但对影响上述工程项目划分的调整时，应重新报送工程质量监督机构确认。

三、项目划分

根据《水利水电工程施工质量检验与评定规程》（SL 176—2007）有关规定，水利水电工程项目划分应结合工程结构特点、施工合同要求、设计布局、施工布置等因素，对水利建设工程项目进行划分。

各类水利工程项目划分示例见《水利水电枢纽工程项目划分表》（表12.1）、《堤防工程项目划分表》（表12.2）、《引水（渠道）工程项目划分表》（表12.3）。

1. 单位工程项目的划分。

（1）枢纽工程。一般以每座独立的建筑物为一个单位工程。当工程规模大时，可将一个建筑物中具有独立施工条件的一部分划分为一个单位工程。

（2）堤防工程。按招投标段或工程结构划分单位工程。规模较大的交叉联结建筑物及管理设施以每座独立的建筑物为一个单位工程。

（3）引水（渠道）工程。按招标标段或工程结构划分单位工程。大、中型引水（渠道）建筑物以每座独立的建筑物为一个单位工程。

（4）除险加固工程。按招标标段或加固内容，并结合工程量划分单位工程。除险加固工程因险情不同，其除险加固的内容和工程量也相差很大，应按实际情况进行项目划分。

加固工程量大时，以同一招标段中的每座独立建筑物的加固项目为一个单位工程；加固工程量不大时，也可将一个施工单位承担的几个建筑物的加固项目划分为一个单位工程。

2. 分部工程项目的划分。分部工程应根据工程性质及结构进行划分，同一单位工程中，各个分部工程的工程量（或投资）不宜相差太大，每个单位工程中的分部工程数目，不宜少于5个。

（1）枢纽工程。土建部分按设计的主要组成部分划分。金属结构及启闭机安装工程和机电设备安装工程按组合功能划分。

（2）堤防工程。按长度或功能划分。

（3）引水（渠道）工程中的河（渠）道工程按施工部署或长度划分。大、中型建筑物按工程结构主要组成部分划分。

（4）水库除险加固工程。按水库加固内容或部位划分。

3. 单元工程项目的划分。单元工程按国家现行有关标准规定进行划分。

（1）按变形缝或结构缝划分。河（渠）道开挖、填筑及衬砌单元工程划分界限宜设在变形缝或结构缝处，长度一般不大于100m。同一分部工程中各单元工程的工程量（或投资）不宜相差太大。

（2）按层、块、段划分。《单元工程评定标准》中未涉及的单元工程可依据工程结构、施工部署或质量考核要求，按层、块、段进行划分。

表 12.1　水利水电枢纽工程项目划分表

工程类别	单位工程	分 部 工 程	说　明
一、拦河坝工程	（一）土质心（斜）墙土石坝	1. 坝基开挖与处理	
		△2. 坝基及坝肩防渗	视工程量可分为数个分部工程
		△3. 防渗心（斜）墙	视工程量可分为数个分部工程
		※4. 坝体填筑	视工程量可分为数个分部工程
		5. 坝体排水	视工程量可分为数个分部工程
		6. 坝脚排水棱体（或贴坡排水）	视工程量可分为数个分部工程
		7. 上游坝面护坡	
		8. 下游坝面护坡	（1）含马道、梯步、排水沟； （2）如为混凝土面板（或预制块）和浆砌石护坡时，应含排水孔及反滤层
		9. 坝顶	含防浪墙、栏杆、路面、灯饰灯
		10. 护岸及其他	
		11. 高边坡处理	视工程量可划分为数个分部工程，当工程量很大时，可单列单位工程
		12. 观测设施	含监测仪器埋设、管理房等。单独招标时，可单列为单位工程
	（二）均质土坝	1. 坝基开挖与处理	
		△2. 坝基及坝肩防渗	视工程量可分为数个分部工程
		※3. 坝体填筑	视工程量可分为数个分部工程
		4. 坝体排水	视工程量可分为数个分部工程
		5. 坝脚排水棱体（或贴坡排水）	视工程量可分为数个分部工程
		6. 上游坝面护坡	
		7. 下游坝面护坡	（1）含马道、梯步、排水沟； （2）如为混凝土面板（或预制块）和浆砌石护坡时，应含排水孔及反滤层
		8. 坝顶	含防浪墙、栏杆、路面及灯饰等
		9. 护岸及其他	
		10. 高边坡处理	视工程量可分为数个分部工程
		11. 观测设施	含监测仪器埋设、管理房等。单独招标时，可单列为单位工程
	（三）混凝土面板堆石坝	1. 坝基开挖与处理	
		△2. 趾板及周边缝止水	视工程量可划分为数个分部工程
		△3. 坝基及坝肩防渗	视工程量可划分为数个分部工程
		△4. 混凝土面板及接缝止水	视工程量可划分为数个分部工程
		5. 垫石与过渡层	
		6. 堆石体	视工程量可划分为数个分部工程

工程类别	单位工程	分 部 工 程	说　　明
一、拦河坝工程	（三）混凝土面板堆石坝	7. 上游铺盖和盖重	
		8. 下游面板护坡	含马道、梯步、排水沟
		9. 坝顶	含防浪墙、栏杆、路面、灯饰等
		10. 护岸及其他	
		11. 高边坡处理	视工程量可划分为数个分部工程，当工程量很大时，可单列单位工程
		12. 观测设施	含监测仪器埋设、管理房等。单独招标时，可单列为单位工程
	（四）沥青混凝土防渗体斜（心）墙土石坝	1. 坝基开挖与处理	视工程量可划分为数个分部工程
		△2. 坝基及坝肩防渗	视工程量可划分为数个分部工程
		△3. 沥青混凝土面板（心墙）	视工程量可划分为数个分部工程
		※4. 坝体填筑	视工程量可划分为数个分部工程
		5. 坝体排水	
		6. 上游坝面护坡	沥青混凝土心墙土石坝有此分部
		7. 下游坝面护坡	含马道、排水沟、梯步
		8. 坝顶	含防浪墙、栏杆、路面、灯饰等
		9. 护岸及其他	
		10. 高边坡处理	视工程量可划分为数个分部工程，当工程量很大时，可单列单位工程
		11. 观测设施	含监测仪器埋设、管理房等。单独招标时，可单列为单位工程
	（五）复合土工膜斜（心）墙土石坝	1. 坝基开挖与处理	
		△2. 坝基及坝肩防渗	
		△3. 土工膜斜（心）墙	
		※4. 坝体填筑	视工程量可划分为数个分部工程
		5. 坝体排水	
		6. 上游坝面护坡	
		7. 下游坝面护坡	含马道、梯步、排水沟
		8. 坝顶	含防浪墙、路面、栏杆、灯饰等
		9. 护岸及其他	
		10. 高边坡处理	视工程量可划分为数个分部工程
		11. 观测设施	含监测仪器埋设、管理房等。单独招标时，可单列为单位工程

续表 12.1

工程类别	单位工程	分部工程	说　明
一、拦河坝工程	（六）混凝土（碾压混凝土）重力坝	1. 坝基开挖与处理	
		△2. 坝基及坝肩防渗与排水	
		3. 非溢流坝段	视工程量可划分为数个分部工程
		△4. 溢流坝段	视工程量可划分为数个分部工程
		※5. 引水坝段	
		6. 厂坝联结段	
		△7. 底孔（中孔）坝段	视工程量可划分为数个分部工程
		8. 坝体接缝灌浆	
		9. 廊道及坝内交通	含灯饰、路面、梯步、排水沟等。如为无灌浆（排水）廊道，本分部应为主要分部工程
		10. 坝顶	含路面、灯饰、栏杆等
		11. 消能防冲工程	视工程量可划分为数个分部工程
		12. 高边坡处理	视工程量可划分为数个分部工程，当工程量很大时，可单列单位工程
		13. 金属结构及启闭机安装	视工程量可划分为数个分部工程
		14. 观测设施	含监测仪器埋设、管理房等。单独招标时，可单列为单位工程
	（七）混凝土（含碾压混凝土）拱坝	1. 坝基开挖与处理	
		△2. 坝基及坝肩防渗排水	视工程量可划分为数个分部工程
		3. 非溢流坝段	视工程量可划分为数个分部工程
		△4. 溢流坝段	
		△5. 底孔（中孔）坝段	
		6. 坝体接缝灌浆	视工程量可划分为数个分部工程
		7. 廊道	含梯步、排水沟、灯饰等。如为无灌浆（排水）廊道，本分部应为主要分部工程
		8. 消能防冲	视工程量可划分为数个分部工程
		9. 坝顶	含灯饰、路面、栏杆等
		△10. 推力墩（重力墩、翼坝）	
		11. 周边缝	仅限于有周边缝拱坝
		12. 铰座	仅限于铰拱坝
		13. 高边坡处理	视工程量可划分为数个分部工程
		14. 金属结构及启闭机安装	视工程量可划分为数个分部工程
		15. 观测设施	含监测仪器埋设、管理房等。单独招标时，可单列为单位工程

工程类别	单位工程	分 部 工 程	说　明
一、拦河坝工程	（八）浆砌石重力坝	1. 坝基开挖与处理	
		△2. 坝基及坝肩防渗与排水	视工程量可划分为数个分部工程
		3. 非溢流坝段	视工程量可划分为数个分部工程
		△4. 溢流坝段	
		※5. 引水坝段	
		6. 厂坝联结段	
		△7. 底孔（中孔）坝段	
		△8. 坝面（心墙）防渗	
		9. 廊道及坝内交通	含灯饰、路面、梯步、排水沟等。如为无灌浆（排水）廊道，本分部应为主要分部工程
		10. 坝顶	含灯饰、路面、栏杆等
		11. 消能防冲工程	视工程量可划分为数个分部工程
		12. 高边坡处理	视工程量可划分为数个分部工程
		13. 金属结构及启闭机安装	
		14. 观测设施	含监测仪器埋设、管理房等。单独招标时，可单列为单位工程
	（九）浆砌石拱坝	1. 坝基开挖与处理	
		△2. 坝基及坝肩防渗排水	
		3. 非溢流坝段	视工程量可划分为数个分部工程
		△4. 溢流坝段	
		△5. 底孔（中孔）坝段	
		△6. 坝面防渗	
		7. 廊道	含灯饰、路面、梯步、排水沟等
		8. 消能防冲	
		9. 坝顶	
		△10. 推力墩（重力墩、翼坝）	视工程量可划分为数个分部工程
		11. 高边坡处理	视工程量可划分为数个分部工程
		12. 金属结构及启闭机安装	
		13. 观测设施	含监测仪器埋设、管理房等。单独招标时，可单列为单位工程
	（十）橡胶坝	1. 坝基开挖与处理	
		2. 基础底板	
		3. 边墩（岸边）、中墩	
		4. 铺盖或截渗墙、上游翼墙及护坡	

工程类别	单位工程	分部工程	说明
一、拦河坝工程	（十）橡胶坝	5. 消能防冲	
		△6. 坝袋安装	含管路安装、水泵安装、空压机安装
		△7. 控制系统	含充气坝安全溢流设备安装、排气阀安装；充气坝安全阀安装、水封管（或 U 形管）安装；自动塌坝装置安装；坝袋内压力观测设施安装，上下游水位观测设施安装
		8. 安全与观测系统	
		9. 管理房	房建工程按《建筑工程施工质量验收统一标准》（GB 50300—2001）附录 B 划分分项工程
二、泄洪工程	（一）溢洪道工程（含陡槽溢洪道、侧堰溢洪道、竖井溢洪道）	△1. 坝基防渗及排水	
		2. 进水渠段	
		△3. 控制段	
		4. 泄水段	
		5. 消能防冲段	视工程量可划分为数个分部工程
		6. 尾水段	
		7. 护坡及其他	
		8. 高边坡处理	视工程量可划分为数个分部工程
		9. 金属结构及启闭机安装	视工程量可划分为数个分部工程
	（二）泄洪隧洞（含放空洞、排砂洞）	△1. 进水口或竖井（土建）	
		2. 有压洞水段	视工程量可划分为数个分部工程
		3. 无压洞水段	
		△4. 工作闸门段（土建）	
		5. 出口消能段	
		6. 尾水段	
		△7. 导流洞堵体段	
		8. 金属结构及启闭机安装	
三、枢纽工程中引水工程	（一）坝体引水工程（含发电、灌溉、工业及生活取水口工程）	△1. 进水闸室段（土建）	
		2. 引水渠段	
		3. 厂坝联结段	
		4. 金属结构及启闭机安装	
	（二）引水隧洞及压力管道工程	△1. 进水闸室段（土建）	
		2. 洞身段	视工程量划分为数个分部工程
		3. 调压井	
		△4. 压力管道段	
		5. 灌浆工程	含回填灌浆、固结灌浆、接缝灌浆
		6. 封堵体	长隧洞临时支洞
		7. 封堵闸	长隧洞永久支洞
		8. 金属结构及启闭机安装	

续表 12.1

工程类别	单位工程	分 部 工 程	说 明
四、发电工程	（一）地面发电厂房工程	1. 进口段（指闸坝式）	
		2. 安装间	
		3. 主机段	土建，每台机组段为一个分部工程
		4. 尾水段	
		5. 尾水渠	
		6. 副厂房、中控室	安装工作量大时，可单列控制盘柜安装分部工程，房建工程按《建筑工程施工质量验收统一标准》（GB 50300—2001）附录 B 划分分项工程
		△7. 水轮发电机组安装	以每台机组安装工程为一个分部工程
		8. 辅助设备安装	
		9. 电气设备安装	电气一次、电气二次可分列分部工程
		10. 通信系统	通信设备安装，单独招标时，可单列为单位工程
		11. 金属结构及启闭（起重）设备安装	拦污栅、进口及尾水闸门启闭机、桥式起重机可单列分部工程
		△12. 主厂房房建工程	按《建筑工程施工质量验收统一标准》（GB 50300—2001）附录 B 序号 2、3、4、5、6、8 划分分项工程
		13. 厂区交通、排水及绿化	含道路、建筑小品、亭台、花坛、场坪绿化、排水沟渠等
	（二）地下发电厂房工程	1. 安装间	
		2. 主机段	土建，每台机组段为一分部工程
		3. 尾水段	
		4. 尾水洞	
		5. 副厂房、中控室	安装工作量大时，可单列控制盘柜安装分部工程，房建工程按《建筑工程施工质量验收统一标准》（GB 50300—2001）附录 B 划分分项工程
		6. 交通隧洞	视工程量划分为数个分部工程
		7. 出线洞	
		8. 通风洞	
		△9. 水轮发电机组安装	每台机组为一分部工程
		10. 辅助设备安装	
		11. 电器设备安装	电气一次、电气二次可分列分部工程
		12. 金属结构及启闭（起重）设备安装	尾水闸门启闭机、桥式起重机可单列分部工程
		13. 通信系统	通信设备安装，单独招标时，可单列为单位工程
		14. 砌体及装修工程	按《建筑工程施工质量验收统一标准》（GB 50300—2001）附录 B 序号 2、3、4、5、6、8 划分分项工程

续表12.1

工程类别	单位工程	分 部 工 程	说　明
四、发电工程	（三）坝内式发电厂房工程	△1. 进水口闸室段（土建）	
		2. 压力管道	
		3. 安装间	
		4. 主机段	土建，每台机组段为一分部工程
		5. 尾水段	
		6. 副厂房及中控室	安装工作量大时，可单列控制盘柜安装分部工程，房建工程按《建筑工程施工质量验收统一标准》（GB 50300—2001）附录B划分分项工程
		△7. 水轮发电机组安装	每台机组为一分部工程
		8. 辅助设备安装	
		9. 电气设备安装	电气一次、电气二次可分列分部工程
		10. 通信系统	通信设备安装，单独招标时，可单列为单位工程
		11. 交通廊道	含灯饰、路面、梯步工程。电梯按《建筑工程施工质量验收统一标准》（GB 50300—2001）附录B序号9划分分项工程
		12. 金属结构及启闭（起重）设备安装	视工程量可划分为数个分部工程
		13. 砌体及装修工程	按《建筑工程施工质量验收统一标准》（GB 50300—2001）附录B序号2、3、4、5、6、8划分分项工程
五、升压变电工程	地面升压变电站、地下升压变电站	1. 变电站（土建）	
		2. 开关站（土建）	
		3. 操作控制室	房建工程按《建筑工程施工质量验收统一标准》（GB 50300—2001）附录B划分分项工程
		△4. 主变压器安装	
		5. 其他电气设备安装	按设备类型划分
		6. 交通洞	仅限于地下升压站
六、水闸工程	泄洪闸、冲砂闸、进水闸	1. 上游联结段	
		2. 坝基防渗及排水	
		△3. 闸室段（土建）	
		4. 消能防冲段	
		5. 下游联结段	
		6. 交通桥（工作桥）	含栏杆、灯饰等
		7. 金属结构及启闭机安装	视工程量可划分为数个分部工程
		8. 闸房	工程按《建筑工程施工质量验收统一标准》（GB 50300—2001）附录B划分分项工程

续表 12.1

工程类别	单位工程	分 部 工 程	说　　明
七、过鱼工程	（一）鱼闸工程	1. 上鱼室	
		2. 井或闸室	
		3. 下鱼室	
		4. 金属结构及启闭机安装	
	（二）鱼道工程	1. 进口段	
		2. 槽身段	
		3. 出口段	
		4. 金属结构及启闭机安装	
八、航运工程	（一）船闸工程	按《水运工程质量检验标准》（JTS 257—2008）划分分部工程和分项工程	
	（二）升船机工程	1. 上引航道及导航建筑物	按《水运工程质量检验标准》（JTS 257—2008）划分分项工程
		2. 上闸首	按《水运工程质量检验标准》（JTS 257—2008）划分分项工程
		3. 升船机主体	含普通混凝土、混凝土预制构件制作、混凝土预制构件安装、钢构件安装、承船厢制作、承船厢安装、升船机制作、升船机安装、机电设备安装等
		4. 下闸首	按《水运工程质量检验标准》（JTS 257—2008）划分分项工程
		5. 下引航道	按《水运工程质量检验标准》（JTS 257—2008）划分分项工程
		6. 金属结构及启闭机安装	按《水运工程质量检验标准》（JTS 257—2008）划分分项工程
		7. 附属设施	按《水运工程质量检验标准》（JTS 257—2008）划分分项工程
九、交通工程	（一）永久性专用公路工程	按《公路工程质量检验评定标准》（JTG F80/1～2—2004）进行项目划分	
	（二）永久性专用铁路工程	按铁道部发布的铁路工程有关规定进行项目划分	
十、管理设施	永久性辅助性生产房屋及生活用房按《建筑工程施工质量验收统一标准》（GB 50300—2001）附录 B 及附录 C 进行项目划分		

注：分部工程名称前加"△"者为主要分部工程；加"※"者可定为主要分部工程，也可定为一般分部工程，视实际情况决定。

表 12.2　堤防工程项目划分表

工程类别	单位工程	分部工程	说明
一、防洪堤（1、2、3 级堤防及堤身高于 6m 的 4 级堤防）	（一）堤身工程	△1. 堤基处理	
		2. 堤基防渗	
		3. 堤身防渗	
		△4. 堤身（浇、砌）填筑工程	包括碾压式土堤填筑工程、土料吹填筑堤、混凝土防渗墙、砌石堤等
		5. 填塘固基	
		6. 压浸平台	
		7. 堤身防护	
		8. 堤脚防护	
		9. 小型穿堤建筑物	视工程量，以一个或同类数个小型穿堤建筑物为 1 个分部工程
	（二）堤岸工程	1. 护脚工程	
		△2. 护坡工程	
二、交叉联结建筑物（仅限于较大建筑物）	（一）涵洞	1. 地基与基础工程	
		2. 进口段	
		△3. 洞身	视工程量可划分为 1 个或数个分部工程
		4. 出口段	
	（二）水闸	1. 上游连接段	
		2. 地基与基础	
		△3. 闸室（土建）	
		4. 交通桥	
		5. 消能防冲段	
		6. 下游连接段	
		7. 金属结构及启闭机安装	
	（三）公路桥	按照《公路工程质量检验评定标准》（JTG F80/1—2004）附录 A 进行项目划分	
	（四）公路		
三、管理设施	（一）管理设施	△1. 观测设施	单独招标时，可单列为单位工程
		2. 生产和生活设施工程	房建工程按《建筑工程施工质量验收统一标准》（GB 50300—2001）附录 B 划分分项工程
		3. 交通工程	公路按《公路工程质量检验评定标准》（JTG F80/1～2—2004）划分分项工程
		4. 通信工程	通信设备安装，单独招标时，可单列为单位工程

注：1. 单位工程名称前加"△"者为主要单位工程，分部工程名称前加"△"者为主要分部工程。
　　2. 交叉连接建筑物中的"较大建筑物"指该建筑物的工程量（投资）与防洪堤中所划分的其他单位工程的工程量（投资）接近的建筑物。

表 12.3 引水（渠道）工程项目划分表

工程类别	单位工程	分部工程		说 明
一、引（输）水河（渠）道	（一）明渠、暗渠	1. 渠基开挖工程		以开挖为主。视工程量划分为数个分部工程
		2. 渠基填筑工程		以填筑为主。视工程量划分为数个分部工程
		△3. 渠基衬砌工程		视工程量划分为数个分部工程
		4. 渠顶工程		含路面、排水沟、绿化工程、桩号及界桩埋设等
		5. 高边坡处理		指渠顶以上边坡处理，视工程量划分为数个分部工程
		6. 小型渠系建筑物		以同类数座建筑物为一个分部工程
二、建筑物（※指1、2、3级建筑物）	（一）水闸	1. 上游引河段		视工程量划分为数个分部工程
		2. 下游连接段		
		3. 闸基开挖及处理		
		4. 地基防渗与处理		
		△5. 闸室段（土建）		
		6. 消能防冲段		
		7. 下游连接段		
		8. 下游引河段		视工程量划分为数个分部工程
		9. 桥梁工程		
		10. 金属结构及启闭机安装		
		11. 闸房		按《建筑工程施工质量验收统一标准》（GB 50300—2001）附录B划分分项工程
	（二）渡槽	1. 基础工程		
		2. 进出口段		
		△3. 支撑结构		视工程量划分为数个分部工程
		△4. 槽身		视工程量划分为数个分部工程
	（三）隧洞	1. 进口段		
		2. 洞身	△（1）洞身段	围岩软弱或裂隙发育时，按长度将洞身划分为数个分部工程，每个分部工程中有开挖单元及衬砌单元。洞身分部工程中对安全、功能或效益起控制作用的分部工程为主要分部工程
			（2）洞身开挖	围岩质地条件交好时，按施工顺序将洞身划分为数个洞身开挖分部工程和数个洞身衬砌分部工程。洞身衬砌分部工程中对安全、功能或效益起控制作用的分部工程为主要分部工程
			△（3）洞身衬砌	
		3. 隧洞固结灌浆		
		△4. 隧洞回填灌浆		
		5. 堵头段（或封堵闸）		临时支洞为堵头段，永久支洞为封堵闸
		6. 出口段		

工程类别	单位工程	分 部 工 程	说 明
二、建筑物（※指1、2、3级建筑物）	（四）倒虹吸工程	1. 进口段	含开挖、砌（浇）筑及回填工程
		△2. 管道段	含管床、管道安装、填墩、支墩、阀井及设备安装等。视工程量可按管道长度划分为数个分部工程
		3. 出口段	含开挖、砌（浇）筑及回填工程
		4. 金属结构及启闭机安装	
	（五）涵洞	1. 地基与基础工程	
		2. 进口段	
		△3. 洞身	视工程量划分为数个分部工程
		4. 出口段	
	（六）泵站	1. 引渠	视工程量划分为数个分部工程
		2. 前池及进水池	
		3. 地基及基础处理	
		4. 主机段（土建、电机层地面以下）	以每台机组为一个分部工程
		5. 检修间	按《建筑工程施工质量验收统一标准》（GB 50300—2001）附录B划分分项工程
		6. 配电间	按《建筑工程施工质量验收统一标准》（GB 50300—2001）附录B划分分项工程
		△7. 泵房房建工程（电机层地面至屋顶）	按《建筑工程施工质量验收统一标准》（GB 50300—2001）附录B划分分项工程
		△8. 主机泵设备安装	以每台机组安装为一个分部工程
		9. 辅助设备安装	
		10. 金属结构及启闭机安装	视工程量可划分为数个分部工程
		11. 输水管道工程	视工程量可划分为数个分部工程
		12. 变电站	
		13. 出水池	
		14. 观测设施	
		15. 桥梁（检修桥、清污机桥等）	
	（七）公路桥涵（含引道）	按《公路工程质量检验评定标准》（JTG F80/1—2004）附录A进行项目划分	
	（八）铁路桥涵	按照铁道部发布的规定进行项目划分	
	（九）防冰设施（拦冰索、排冰闸等）	按设计及施工部署进行项目划分	

续表 12.3

工程类别	单位工程	分 部 工 程	说　明
三、船闸工程		按《水运工程质量检验标准》（JTS 257—2008）划分分部工程和分项工程	
四、管理设施	管理处（站、点）的生产及生活用房	按《建筑工程施工质量验收统一标准》（GB 50300—2001）附录 B 及附录 C 进行项目划分。观测设施及通信设施单独招标时，单列为单位工程	

注：1. 分部工程名称前加"△"者为主要分部工程。

　　2. 建筑物级别按《灌溉与排水工程设计规范》（GB 50288—99）第 2 章规定执行。

　　3. ※工程量较大的 4 级建筑物，也可划分为单位工程。

第二节　质　量　评　定

一、质量评定原则与依据

1. 评定原则。水行政主管部门及其工程质量监督机构对中小河流治理等水利工程施工质量检验与评定工作进行监督；中小河流治理等水利工程施工质量等级分为"合格"、"优良"两级；中小河流治理等水利工程质量评定的顺序：单元工程、分部工程、单位工程、工程项目。

2. 评定依据。中小河流治理工程施工质量等级评定的主要依据：国家及相关行业技术标准；《单元工程评定标准》；经批准的设计文件、施工图纸、金属结构设计图样与技术条件、设计修改通知书、厂家提供的设备安装说明书及有关技术文件；工程承发包合同中约定的技术标准；工程施工期及试运行期的试验和观测分析成果。

二、质量评定标准

1. 合格标准。合格标准是工程验收标准。不合格工程必须进行处理且达到合格标准后，才能进行后续工程施工或验收。

（1）单元工程质量合格标准。中小河流治理等水利工程单元（工序）工程施工质量合格标准，应执行《单元工程评定标准》或合同约定的合格标准。

（2）分部工程质量合格标准。分部工程质量评为合格，其施工质量需同时满足下列标准：一是所含单元工程的质量全部合格，质量事故及质量缺陷已按要求处理，并经检验合格；二是原材料、中间产品及混凝土（砂浆）试件质量全部合格，金属结构及启闭机制造质量合格，机电产品质量合格。

（3）单位工程质量合格标准。单位工程质量评为合格其施工质量同时满足下列标准：一是所含分部工程质量全部合格；二是质量事故已按要求进行处理；三是单位工程施工质量检验与评定资料基本齐全；四是工程施工期及试运行期，单位工程观测资料分析结果符合国家和行业技术标准以及合同约定的标准要求；五是工程外观质量得分率达到 70% 以上。外观质量得分率计算方法：

$$单位工程外观质量得分 = \frac{实得分}{应得分} \times 100\%$$

（4）工程项目质量合格标准。工程项目质量评为合格其施工质量同时满足下列标准：一是单位工程质量全部合格；二是工程施工期及试运行期，各单位工程观测资料分析结果均符合国家和行业技术标准以及合同约定的标准要求。各单位工程观测资料分析结果不符合国家和行业技术标准以及合同约定的标准要求者，项目法人应组织设计、施工、监理等单位分析研究原因，提出处理意见。

2. 优良标准。优良等级评定标准为推荐性标准，是为鼓励工程项目质量创优或执行合同约定而设置的。

（1）单元工程质量优良标准。中小河流治理等水利工程单元工程施工质量优良标准，应按照《单元工程评定标准》以及合同约定的优良标准执行。全部返工重做的单元工程，经检验达到优良标准时，可评为优良等级。

（2）分部工程质量优良标准。分部工程施工质量同时满足下列标准时，其质量评为优良：一是所含单元工程质量全部合格，其中70%以上达到优良等级，重要隐蔽单元工程和关键部位单元工程质量优良率达90%以上，且未发生过质量事故；二是中间产品质量全部合格，混凝土（砂浆）试件质量达到优良等级。原材料质量、金属结构及启闭机制造质量合格，机电产品质量合格。

（3）单位工程质量优良标准。单位工程施工质量同时满足下列标准时，其质量评为优良：一是所含分部工程质量全部合格，其中70%以上达到优良等级，主要分部工程质量全部优良，且施工中未发生过较大质量事故；二是质量事故已按要求进行处理；三是外观质量得分率达到85%以上；四是单位工程施工质量检验与评定资料齐全；五是工程施工期及试运行期，单位工程观测资料分析结果，符合国家和行业技术标准以及合同约定的标准要求。

（4）工程项目质量优良标准。工程项目施工质量同时满足下列标准时，其质量评为优良：一是单位工程质量全部合格，其中70%以上单位工程质量达到优良等级，且主要单位工程质量全部优良；二是工程施工期及试运行期，各单位工程观测资料分析结果，均符合国家和行业技术标准以及合同约定的质量标准要求。

三、质量评定工作实施

1. 单元（工序）工程质量。

（1）普通单元（工序）工程。中小河流治理等水利工程单元（工序）工程施工质量由承建该工程的施工单位负责，在施工单位质检部门对单元工程质量组织评定合格后，报监理单位复核，具体作法是：单元（工序）工程在施工单位自检合格后，填写《水利水电工程施工质量评定表》，按"三检制"要求对工程进行初检、复检、终检。对每个单元（工序）工程终检人员签字后报监理单位检查、复核，由监理工程师核定质量等级并签证认可。发现不合格单元（工序）工程，应要求施工单位及时进行处理，合格后才能进行后续工程施工。对施工中的质量缺陷应书面记录备案，进行必要的统计分析，并在相应的单元（工序）工程质量评定表"评定意见"栏内注明。

（2）重要隐蔽单元工程及关键部位单元工程。中小河流治理等水利工程重要隐蔽单元工程及关键部位单元工程质量，经施工单位自评合格、监理单位抽检后，整理、完善施工管理报告和单元工程评定等工程验收资料后，交由项目法人（或委托监理）、设计、施工、工程运行管理（有的工程在施工阶段已经有运行管理单位）等单位组成联合小组，共同检查、核定其质量等级并填写签证表，报工程质量监督机构核备。如该单元工程由分包单位完成，则总包、分包单位各派 1 人参加联合小组。

（3）不合格单元工程质量的处理。当达不到合格标准时应及时处理，处理后的质量等级应按下列规定重新确定：一是全部返工重做的，可重新评定质量等级；二是经加固补强并经设计和监理单位鉴定，能达到设计要求时，其质量评为合格；三是处理后的中小河流治理等水利工程部分质量指标仍达不到设计要求时（指单元工程中不影响工程结构安全和使用功能的一般项目质量未达到设计要求），经设计复核，项目法人及监理单位确认能满足安全和使用功能要求，可不再进行处理当必须进行质量缺陷备案；或经加固补强后，改变了外形尺寸或造成工程永久性缺陷的，经项目法人、监理及设计单位确认，能基本满足设计要求，其质量可定为合格，但应按规定进行质量缺陷备案。

2. 分部工程质量。分部工程质量在施工单位自评合格后，由监理单位复核，项目法人认定。

一般水利工程分部工程由施工单位质检部门按照分部工程质量评定标准自评，填写分部工程质量评定表，监理单位复核后交项目法人认定。分部工程验收的质量结论由项目法人报工程质量监督机构核备。核备的主要内容是：检查分部工程质量检验资料的真实性及其等级评定是否准确，如发现问题，应及时通知监理单位重新复核。

大型水利枢纽工程主要建筑物的分部工程验收的质量结论，由项目法人报工程质量监督机构核定。

3. 单位工程质量。单位工程质量在施工单位自评合格后，由监理单位复核，项目法人认定。

单位工程质量评定，即由施工单位质检部门按照单位工程质量评定标准自评，并填写单位工程质量评定表，监理单位复核后交项目法人认定。单位工程验收的质量结论由项目法人报工程质量监督机构核定。

4. 工程项目质量。工程项目质量在单位工程质量评定合格后，由监理单位进行统计并评定工程项目质量等级、填写工程项目质量评定表，经项目法人认定后，报工程质量监督机构核定。

四、项目法人在质量评定中的主要工作

1. 对单元工程质量评定进行审查确认。项目法人应及时对中小河流治理等水利工程单元（工序）工程施工质量进行审查，对经加固补强后单元工程质量进行确认。对达不到合格标准且经加固补强后单元工程质量如能满足安全和使用功能要求，可不再进行处理但必须进行质量缺陷备案；或经加固补强后，改变了外形尺寸或造成工程永久性缺陷的，如能基本满足设计要求，其质量可定为合格，但应按规定进行质量缺陷备案。

2. 查找达不到质量要求的单位工程原因。项目法人组织设计、施工、监理等单位，对中小河流治理工程，在施工期及试运行期的观测资料分析结果，不符合国家和行业技术

标准以及合同约定的标准要求的有关单位工程，分析研究原因，提出处理意见。

3. 核定重要隐蔽单元工程及关键部位单元工程质量。项目法人（或委托监理）组织监理、设计、施工、工程运行管理等单位（如该单元工程由分包单位完成，则总包、分包单位各派 1 人参加）组成联合小组，共同检查核定经施工单位自评合格的中小河流治理重要隐蔽单元工程及关键部位单元工程质量等级，并填写签证表，报工程质量监督机构核备。

4. 认定分部工程、单位工程、工程项目质量。项目法人对施工单位质检部门自评合格的、监理单位复核的中小河流治理工程分部工程、单位工程、工程项目质量进行认定，并将分部工程、单位工程、工程项目验收的质量结论报工程质量监督机构核备。

第三节　项目划分与质量评定工作存在的常见问题

一、项目划分工作存在的常见问题

体现在：有的项目划分未按程序执行；有的项目划分数量不符合要求；有的项目划分不合理；有的主要单位工程、主要分部工程、主要单元工程和重要隐蔽工程及工程关键部位未经核定和标示；有的工程溢洪道和发电引水系统两个单位工程中的分部工程数目为 4 个，不满足不宜少于 5 个的规范要求，且放空洞单位工程项目划分时遗漏了导流洞工程部分；有的工程进行坝体帷幕灌浆混凝土单元工程项目划分时，均以一次验收为标准划分；有的项目划分表中未标示主要单元工程、重要隐蔽单元工程。

二、质量评定工作存在的常见问题

体现在：有的工程质量评定与工程验收工作滞后；有的分部工程验收签证未经质量监督机构分部工程核备或主体分部工程核定，在评定表中未详细记录质量缺陷；有的施工单位未填写《水利水电工程施工质量评定表》，未报监理复核。

第十三章　安全生产管理内容

党中央、国务院高度重视安全生产。新中国成立以来，国家已形成一整套相对完善的有关安全生产法规体系和管理体系，为保障国家安全生产发挥了积极作用。党的十六届五中全会纳入科学发展观，制订了"安全第一、预防为主、综合治理"的方针。但一些施工企业甚至一些高资质的施工企业，管理方式粗放，安全生产条件不符合要求，一线作业人员以农民工为主，安全意识比较淡薄。因此，项目法人在中小河流治理等水利工程建设安全生产中责任重大。

第一节　安全生产检查

一、安全检查部门

县级以上水利行政主管部门，负责本行政区域内的水利建设工程安全生产的监督管理。在中小河流治理等水利工程建设中，县级以上水利行政主管部门，应随时对中小河流治理等水利工程建设中安全生产情况进行检查，避免中小河流治理等水利工程建设出现安全隐患和事故，确保工程建设顺利实施。

二、安全检查结果评价

中小河流治理等水利工程在进行安全检查时，可参考使用表 13.1，通过检查结果对中小河流治理等水利工程的安全生产情况进行评价。

表 13.1　大中型水利枢纽工程安全隐患专项检查评分表

项目	排 查 内 容	分值	实际得分	总分	备注
×水库	安全监管体制是否建立	0～10			总库容（亿 m³）
	运行和监管机制是否健全	0～10			
	立项审批程序是否完备并依法办理相关手续	0～6			
	勘察、设计、建设施工、监理单位是否符合国家有关法律法规要求的资质，履行职责的情况	0～8			
	工程质量是否存在问题	0～10			
	是否按要求完成"环境影响评价"、"安全评价"安全设施是否实行"三同时"验收	0～10			
	产权单位是否建立制度化的安全隐患排查评估机制				
	对存在的重大隐患是否能够及时发现，是否采取了有效防范、补救措施	0～10			
	设计、施工、维护与当前实际运行状况是否存在明显差异，强制性标准、规范是否严格执行	0～6			
	应急管理体制和机制是否到位	0～10			
	防范自然灾害、事故灾难和其他突发事件的应急预案是否健全	0～10			
	应急措施和救援力量是否满足快速响应和紧急处置的需要	0～10			

三、安全生产检查内容

1. 检查安全生产体制机制。检查项目法人及参建各方安全生产运行和管理体制是否建立，运行和监管机制是否健全；项目法人是否建立了制度化的安全隐患排查评估机制。

2. 检查安全生产职责履行。检查立项审批程序是否完备，是否依法办理了安全生产相关手续；勘察、设计、建设施工、监理单位是否符合国家有关法律法规要求的资质、是否履行了职责；工程质量是否存在问题，质量和安全监管是否到位。

3. 检查安全生产制度落实。检查是否按要求完成"环境影响评价"、"安全评价"，以及安全生产"三同时"（建设项目的安全措施，必须与主体工程同时设计、同时施工、同时投入生产和使用）落实完成情况，安全设施投资是否纳入建设项目概算；检查是否严格执行强制性标准、规范。设计、施工、维护与当前实际运行状况，是否存在明显差异。

4. 检查安全生产应急管理。检查应急管理体制和机制是否到位；检查是否健全防范自然灾害、事故灾难和其他突发事件的应急预案；检查应急措施和救援力量是否满足快速响应和紧急处置的需要。

5. 检查安全生产隐患排查。能够及时发现存在的重大隐患，是否采取了有效防范、补救措施。

第二节　项目法人安全生产义务与任务

一、项目法人安全生产义务

项目法人对工程项目建设实施的全过程负总责。在中小河流治理等水利工程安全管理上，项目法人应把质量与安全管理放在精细化管理的首位，在保障安全的前提下促进工程建设。

按照国家有关安全生产的法律规定，项目法人履行安全生产管理的基本义务：遵守《中华人民共和国安全生产法》和其他有关安全生产的法律、法规；加强安全生产管理；建立、健全安全生产责任制；完善安全生产条件。其中建立、健全安全生产责任制是一项核心工作内容。

二、项目法人在安全生产中的主要任务

1. 建立健全安全生产责任制。项目法人应认真贯彻执行国家有关部、委颁发的《建设工程施工现场管理规定》和《文明施工十二条标准》，规范现场管理，依据工程建设项目的特点，建立、健全项目法人本单位安全生产责任制，并督促参建各方特别是施工单位，认真制订本单位的安全作业规章制度和操作规程。

2. 严格执行安全生产准入制度。项目法人应严格执行水利建设工程安全生产条件准入制度，作业人员、特别是特殊工种、特殊岗位作业人员、安全管理专职人员均应通过相应的技术培训并取得合格证书，这些证书还需在政府质量安全监督机构进行备案。凡未取得水行政主管部门安全生产考核合格证书的施工单位负责人、项目经理、专职安全管理人员、施工作业人员一律不得参加水利工程建设与管理活动。

项目法人应监督施工单位加强对农民工进行安全生产教育培训，对农民工进行安全生产制度、基本常识、操作规程和应急安全救护与避让等方面的教育培训，未经培训的农民工不得进入水利工程建设工地，参加水利工程建设活动。

为确保工程建设施工安全，施工单位各班组在施工前，应对施工安全情况进行检查，项目经理部专职安全员在平时进行巡检，监理人员进行抽检，形成安全检查体系。

3. 在招标时审查安全条款。项目法人在审查施工投标单位资格时，应严格审查投标单位的主要负责人、项目负责人以及专职安全生产管理人员、安全生产考核、培训情况，电工、焊工、搅拌工、爆破工、监炮工、爆炸物品管理员、隧洞钻爆工、泥工、混凝土工、机械工、搭架工、木工、钢筋工、起吊工等特殊工种应进行安全生产培训，未经考核合格的，其投标单位不具备投标资格。

4. 做好工程现场施工安全准备。项目法人应当向施工单位提供施工区域内，可能影响施工的供水、排水、供电、供气、供热、通信、广播电视等地下管线资料，气象和水文观测资料；拟建工程可能影响的相邻建筑物和构筑物、地下工程的有关资料，并保证有关资料的真实、准确、完整，满足有关技术规范的要求。对可能影响施工报价的资料，应当在招标时提供。

5. 保证安全生产所需费用。项目法人要全面负责本项目的安全生产状况，根据"安全第一，预防为主"的安全生产基本方针，在工程设计中，应列出水利工程建设有关安全作业环境，及安全施工措施等所需费用；安全概算批准后，不得调减或挪用；在项目实施过程中，要保证工程安全资金的投入；所确定的工程承包合同中，应当明确安全作业环境及安全施工措施所需费用。

6. 组织编制安全生产措施。项目法人应及时组织编制、保证安全生产的措施方案。

（1）编制原则。项目法人在制订安全对策措施时，应当根据有关法律法规、强制性标准和技术规范的要求并结合工程的具体情况编制，应遵循以下原则：一是满足法律法规的要求；二是当与经济基础效益产生矛盾时，应优先考虑安全生产的要求，其次考虑经济效益；三是应按预防事故，消除危害，隔离危害，降低风险，使用连锁装置和警告的顺序；四是应具有较强的针对性、可操作性和经济合理性。

（2）文字结构。中小河流治理等水利工程建设项目安全生产措施方案文字结构：第一部分是项目概况；第二部分是编制依据；第三部分是安全生产管理机构及相关负责人；第四部分是安全生产的有关规章制度制订情况；第五部分是安全生产管理人员及特种作业人员持证上岗情况等；第六部分是生产安全事故的应急救援预案；第七部分是工程度汛方案、措施；第八部分是其他有关事项。

（3）安全措施主要内容。安全措施主要内容包括两方面：一方面是安全技术措施，另一方面是安全管理措施。

①安全技术措施：安全技术措施侧重于安全生产"硬件"的建设。

在施工用电方面：施工用电必须执行"施工现场临时用电安全技术规范"，场内架设临时线路必须用绝缘性能较好的电缆，各种电器设备的安装、检查、维修，必须由专业电工进行，并戴绝缘手套。

在防火方面：施工现场应遵守防火规定，严禁烟火，生产生活工棚按防火规定保持必需的安全净距离（大于7m），防止火灾发生。

在劳动保护方面：进入施工现场的人员必须穿戴安全防护用具，特别是特种作业人员更应该加强安全作业防护。

在现场安全标示方面：施工作业区主要交通道口、施工现场内沟、深坑等危险区，应设置安全围栏和设有明显的警告防护标志。

在安全防盗方面：组织联防、搞好治安工作，特别是夜间治安、防盗工作，必要时设立工地公安派出所。

②安全管理措施：安全管理措施主要指单位有关安全规章制度、安全责任制、组织保证措施、安全检查机制、人员安全意识等"软件"配置。

（4）备案时间与机构。安全生产的措施方案应在开工报告批准之日起15日内，报有管辖权的水行政主管部门、流域管理机构或水利工程建设安全生产监督机构备案；水利工程建设过程中，安全生产情况发生变化时，应当及时调整保证安全生产的措施方案，并报原备案机关。

（5）安全措施的落实。安全对策措施应按"三同时"的原则进行落实。在水利工程开工前，应当进行全面系统的布置、落实保证安全生产的措施。工程项目参建各方（包括项目法人、设代、监理、施工承包企业等）均应了解、掌握、服从安全对策措施的有关规定。

7. 检查施工单位安全责任。在水利工程开工前，项目法人应检查施工单位安全生产工作规程执行情况，并督促施工单位健全项目经理、施工员、安全员、班组长、班组兼安全员、生产工人的安全生产责任制，把各项安全制度和安全责任层层分解、层层落实，做到纵向到底，横向到边。

检查施工单位执行安全教育情况。施工单位特殊作业人员定期进行培训、考核，安全教育不合格的人员不得进入操作岗位，并按规定进行期间复审；安全管理人员每年应进行一次安全培训；施工单位应组织班前安全教育，在关键部位、关键工序操作前应进行安全技术交底。

8. 发包特种危险工程的要求。项目法人应当将水利工程中的拆除工程和爆破工程，发包给具有相应水利水电工程施工资质等级的施工单位，并在拆除工程或者爆破工程施工15日前，向水行政主管部门、流域管理机构或者其委托的安全生产监督机构报送有关资料备案。

报送材料主要包括：施工单位资质等级证明；拟拆除或拟爆破的工程及可能危及毗邻建筑物的说明；施工组织方案；堆放、清除废弃物的措施；生产安全事故的应急救援预案。

9. 监督安全生产作业。项目法人应将文明工地建设纳入安全生产管理范畴，通过文明工地建设可以营造安全生产、文明施工的良好氛围；各类设备、物资、工器具堆码存放整齐有序并符合安全规定；工地上各类标语、标志、提示、警示、警告准确无误；生产、生活设施布局合理；监督本单位及工程参建单位各类从业人员按照安全操作规程进行作业，奖优罚劣。

第三节　施工作业危险源

《水利工程建设安全生产管理规定》规定："水利工程建设安全生产管理，坚持安全第一，预防为主的方针"。项目法人安全生产专职管理人员，应督促施工单位，对施工现场作业危险源进行查找、分析，找出潜在危害源，提出整改措施，并制订出安全施工作业计划和应急处理方案。

一、分析施工作业危险源存在部位

查找施工现场作业危险源，为安全生产管理有的放矢、落实施工安全防护措施具有重要的指导意义。水利工程施工现场作业危险源可能存在的部位，概括起来有 9 个方面：

1. 土建工程作业方面：

危险源 1：在基坑开挖、支护与降水作业（坑深 2m 以上）方面主要危险源：坑壁坍塌、高处坠落、淹溺、触电（电危害）、物体打击、运动物危害、爆破伤害、机械伤害、高处坠落等。

危险源 2：在土石方开挖与危岩清除、锚固作业方面主要危险源：物体打击、高处坠落、运动物危害、粉尘、坍塌、爆破伤害、机械伤害等。

危险源 3：在坝体填筑、砌筑、浇筑作业方面主要危险源：高处坠落、运动物危害、粉尘、垮塌、滚石、爆破伤害、机械伤害、触电（电危害）；车辆伤害、噪声等。

危险源 4：在地下洞室作业方面主要危险源：洞室坍塌、爆破伤害、瓦斯爆炸、中毒和窒息、有害气体、物体打击、摔倒、地下涌水、触电（电危害）、机械伤害等。

危险源 5：在公路、铁路附近处理作业方面主要危险源：车辆伤害、高处坠落、边坡坍方、物体打击、机械伤害、爆破伤害等。

危险源 6：在高边坡开挖及支护（2m 以上）方面主要危险源：高处坠落、边坡坍方、物体打击、机械伤害、爆破伤害等。

危险源 7：在压力管道施工作业（坡度 20°以上）方面主要危险源：高处坠落、边坡坍方、物体打击、机械伤害等。

2. 登高架设与高处作业（2m 以上）方面：

危险源 1：在模板安装作业（2m 以上）方面的主要危险源：高处坠落、物体打击、模板倒坍等。

危险源 2：在脚手架（料架、泵管等）搭设作业（2m 以上）方面的主要危险源：高处坠落、物体打击、脚手架倒坍、风等。

危险源 3：在地质勘探井架安装作业（5m 以上）方面的主要危险源：强度及刚度不够、稳定性差、高处坠落、物体打击、风等。

危险源 4：在外墙装饰、维护和清洗作业方面的主要危险源：高处坠落、物体打击等。

危险源 5：在渡槽及桥梁作业方面的主要危险源：高处坠落、物体打击、机械伤害、触电（电危害）、吊装物坠落、风等。

3. 易燃易爆场所作业：

危险源 1：易燃易爆场所油库、炸药库房等。

危险源 2：火灾、爆炸、各类爆破作业面的爆破伤害。

危险源 3：中毒和窒息、物体打击、粉尘；触电（电危害）等。

4. 起重吊装作业：

危险源 1：各类起重吊装作业面的高处物体坠落。

危险源 2：物体打击、设备失事等。

5. 拆除作业：

危险源 1：各类拆除作业面的高处坠落、物体打击、机械伤害、爆破伤害。

危险源 2：淹溺、垮塌、粉尘、噪声、设备及建（构）筑物倒塌等。

6. 电气与带电作业：

危险源 1：各类作业面的触电（电危害）、电弧烧伤。

危险源 2：高处坠落、物体打击、设备失事等。

7. 重特大事故抢险作业：

危险源 1：洪水、淹溺、滑坡、泥石流。

危险源 2：火灾爆炸、机械伤害。

危险源 3：指挥失误、措施不当、疏散不及时等。

8. 水面（下）作业：

危险源 1：深井作业、水上施工、架设作业。

危险源 2：潜水作业等作业面。

危险源 3：坠落、淹溺、摔倒、物体打击、碰撞等。

9. 场内车辆作业：

危险源 1：运输车辆作业、车辆施工作业等作业面。

危险源 2：车辆伤害、机械伤害、物体打击、设备失事。

危险源 3：粉尘、噪声等。

二、危险源查找方法

查找危险源最常见的方法是开展专项核查与排查。专项核查与排查是在工程项目建设期间，主要针对一些大型水利工程的地下洞室、大坝基坑、高边坡、起重设备等作业面（点），进行的专项安全隐患检查、核查、排查与整治，对上述工程部位逐项进行仔细查找，对查找出的危险源逐一登记造册，并落实安全对策措施。

查找危险源是项目法人配合政府或由于自身工作需要，针对存在的突出问题而开展的专门安全管理行动。此种方法在中小河流治理等水利工程建设中应建立经常性的长效机制，做到警钟长鸣。

三、施工作业安全评价

1. 安全评价方法分类。安全评价方法主要有：安全检查表法（SLC）、专家现场询问观察法（WI）、因素图分析法、事故引发与发展分析、作业条件危险性评价法（格雷厄姆－金尼法或 LEC 法）、故障类型和影响分析法、危险可操作性研究。

2. 安全评价作用。安全评价一般分为安全预评价、安全现状（过程）评价和安全验收评价。施工作业安全评价是项目法人加强安全生产管理职能的重要手段；是在施工现场作业危险源目录及其分析基础之上进行的，搞好安全现状（过程）评价的实质是防止事故发生、消除导致对人的伤害（如疾病、受伤、死亡）和项目、系统不正常运行与财产损失产生的各种条件；是对项目施工、系统运行中出现的一个个环节（或称为工序）所面临的可能发生的危害因素进行分析并研究对策。

3. 安全评价方法。目前，水利工程安全评价方法基本停留在定性的评价方法上，安全评价专家主要根据经验和直观判断能力对水利工地现场各类施工与生产系统的工艺、设备、设施、环境、人员和管理六个方面的状况进行定性分析，其结果也只能是定性的。

第四节　安全应急管理

中小河流治理等水利工程在实施过程中，要严格按照施工组织设计和度汛方案的要求安排施工，正确处理施工进度、质量与工程运用、安全度汛的关系，有管辖权的水行政主管部门要组织制订好中小河流治理等水利工程调度运用方案，采取切实有效措施，制订完善中小河流治理等水利工程安全管理应急预案和控制运用方案，加强安全检查、隐患排查、应急管理等各项工作，确保中小河流治理等水利工程施工和度汛安全。坚决杜绝在建项目出现失事事故。

一、有关要求

2012 年 5 月 22 日，水利部党组副书记、副部长矫勇在全国重点中小河流治理视频会议上的讲话指出："要抓好安全度汛工作。目前，各地均有大量在建中小河流治理工程，参建单位切不可麻痹大意，忽视安全生产，要按照有关要求，落实好各项安全生产措施。特别是汛期已至，各地要进一步制订和完善工程度汛方案，落实各项度汛措施，确保在建中小河流治理工程安全度汛"。

水利部《关于加强中小河流治理和小型病险水库除险加固建设管理工作的通知》（水建管〔2011〕426 号）二（五）规定："工程参建单位要建立安全生产组织体系，落实安全生产责任制，强化重大质量与安全事故应急管理"；三规定："我部将进一步完善机关司局和流域机构对口指导监督检查机制，继续深化稽察督导、巡回检查、挂牌督办等各项工作制度，严格实行年度考核、信息报送和通报等制度，定期公布项目实施进展情况。部稽察办和有关部门将进一步加大对中小河流治理和小型病险水库除险加固项目的稽察和监督检查力度，对工程的前期工作、建设管理、资金使用等进行全方位监督指导。各地也要把稽察和监督检查作为确保工程、资金、生产和干部安全的重要手段，对稽察和监督检查中发现的问题，采取定期通报、约谈等方式督促整改，问题特别突出的项目要挂牌督办。对责任主体不到位、责任不落实，严重违规违纪或发生重大责任事故及安全生产事故的，要追究责任，严肃处理"。

二、在建工程度汛准备

中小河流治理等水利工程，由于受工程特性、工程规模、社会影响等因素影响，多数工程均建设在露天场所，在建设时，均与河道流水、天空降水有直接关系，且因工期较长，多数工程存在着跨汛期、跨年度施工情况。

项目法人在中小河流治理等水利工程建设管理过程中，应充分考虑汛期对工程建设各施工阶段的影响，应组织有关单位提前制订完善在各种天气情况下、各种汛情时，工程安全管理应急预案和工程控制运用方案，明确责任，落实有关安全度汛措施；组织参建各方周密安排度汛工程经费、柴油发电机、抢险车辆、水泵、救生衣、袋装黏土和雨衣等器材

（设备）和施工力量，进行防汛抢险演练；在洪水来临之前，及时撤出施工机械和人员，保护已建工程；加强安全检查、隐患排查、应急管理等工作，在汛前要加强检查与落实，在汛期要加强巡查与防范；及时完成工程汛前建设内容，确保中小河流治理等水利工程安全度汛。

三、施工安全度汛方案

水利工程施工安全度汛方案，是由项目法人组织设计单位及其他参建单位，根据有关技术标准和工程进展情况编制完成的，主要从技术上提出工程安全度汛的方案措施。

2006 年 3 月，国家防汛抗旱总指挥部办公室提出《水库防汛抢险应急预案编制大纲》，内容如下（中小河流治理工程根据实际情况需要进行增减）：

《水库防汛抢险应急预案》格式：

1　总　　则

1.1　编制目的

《水库防汛抢险应急预案》（以下简称《应急预案》）的编制，是为了提高水库突发事件应对能力，切实做好水库遭遇突发事件时的防洪抢险调度和险情抢护工作，力保水库工程安全，最大程度保障人民群众生命安全，减少损失。

1.2　编制依据

《应急预案》的编制依据是《中华人民共和国防洪法》、《中华人民共和国防汛条例》、《水库大坝安全管理条例》等有关法律、法规、规章以及有关技术规范、规程和经批准的水库汛期调度运用计划。

1.3　工作原则

《应急预案》的编制应以确保人民群众生命安全为首要目标，体现行政首长负责制、统一指挥、统一调度、全力抢险、力保水库工程安全的原则。

1.4　适用范围

**1.4.1　**水库遭遇的突发事件是指水库工程因以下因素导致重大险情：

超标准洪水；工程隐患；地震灾害；地质灾害；上游水库溃坝；上游大体积漂移物的撞击事件；战争或恐怖事件；其他。

**1.4.2　**本大纲适用于大中型水库，小型水库可参照执行。

2　工程概况

2.1　流域概况

**2.1.1　**水库所在流域有关的自然地理，水文气象及流域内水利工程建设等基本情况。

2.2　工程基本情况

**2.2.1　**工程基本情况包括：水库工程等级、坝型以及挡水、泄水、输水等建筑物的基本情况，列出水库工程技术特性表。

**2.2.2　**有关技术参数及泄流曲线、库容曲线等。

**2.2.3　**历次重大改建、扩建、加固等基本情况。

**2.2.4　**大坝历次安全鉴定情况简述，附水库大坝安全鉴定报告书。

2.2.5 工程存在的主要防洪安全问题。

2.3 水文

2.3.1 水库所在流域暴雨、洪水特征。

2.3.2 水库所在流域水文测站（包括水文自动测报系统）分布，观测项目。

2.3.3 简述水库报汛方式及洪水预报方案，以及预见期、预报精度等。

2.4 工程安全监测

2.4.1 简述水库工程安全监测项目、测点分布以及监测设施、工况等。

2.4.2 以往水库工程安全监测情况，重点分析发现的异常现象。

2.5 汛期调度运用计划

2.5.1 经批准的水库汛期调度运用计划。

2.6 历史灾害及抢险情况

2.6.1 水库兴建以前，工程所在流域发生的洪水、地震、地质等重大灾害的相关情况。

2.6.2 水库兴建以来，工程所在流域发生的大洪水、地震、地质灾害和工程重大险情等，以及水库调度、抢险和灾害损失等情况。

3 突发事件危害性分析

3.1 重大工程险情分析

3.1.1 根据水库实际情况，分析可能导致水库工程出现重大险情的主要因素。

3.1.2 分析可能出现重大险情的种类，估计可能发生的部位和程度。

3.1.3 分析可能出现的重大险情对水库工程安全的危害程度。

3.2 大坝溃决分析

3.2.1 根据水库实际情况，分析可能导致水库大坝溃决的主要因素。

3.2.2 分析可能发生的水库溃坝形式。

3.2.3 参照有关技术规范，进行溃坝洪水计算。

3.2.4 分析水库溃坝洪水对下游防洪工程、重要保护目标等造成的破坏程度和影响范围，绘制水库溃坝风险图。

3.2.5 分析水库溃坝对上游可能引发滑坡崩塌的地点、范围和危害程度。

3.3 影响范围内有关情况

3.3.1 确定影响范围内的人口、财产等社会经济情况。

3.3.2 确定影响范围内的工程防洪标准以及下游河道安全泄量等。

4 险情监测与报告

4.1 险情监测和巡查

4.1.1 规定水库工程险情监测、巡查的部位、内容、方式、频次等。

4.1.2 规定监测、巡查人员组成及监测、巡查结果的处理程序。

4.2 险情上报与通报

4.2.1 规定险情上报、通报的内容、范围、方式、程序、频次和联络方式等。

5 险情抢护

5.1 抢险调度

5.1.1 根据水库发生的险情，确定水库允许最高水位及最大下泄流量，制订相应的水库抢险调度方案。

5.1.2 根据抢险调度方案制订相应的操作规程，明确水库调度权限、执行部门等。

5.2 抢险措施

5.2.1 根据险情及抢险调度方案，制订相应的抢险措施。

5.3 应急转移

5.3.1 确定受威胁区域人员及财产转移安置任务。

5.3.2 根据受威胁区域现有交通状况、社区分布和安置点的分布情况，制订应急转移方案。

5.3.3 规定人员转移警报发布条件、形式、权限及送达方式等。

5.3.4 确定组织和实施受威胁区域人员和财产转移、安置的责任部门和责任人。

5.3.5 制订人员和财产转移后的警戒措施，明确责任部门。

6 **应急保障**

6.1 组织保障

6.1.1 明确水库防汛指挥部指挥长、副指挥长及成员单位负责人，明确实施《应急预案》的职责分工和工作方式。

6.1.2 确定水库应急抢险专家组组成。

6.2 队伍保障

6.2.1 根据抢险需求和当地实际情况，确定抢险队伍组成、人员数量和联系方式，明确抢险任务，提出设备要求等。

6.3 物资保障

6.3.1 根据抢险要求，提出抢险物资种类、数量和运达时间要求。

6.3.2 说明水库自备和可征调的抢险物资种类、数量、存放地点，以及交通运送、联系方式等。

6.4 通信保障

6.4.1 规定紧急情况下，水情、险情信息的应急传送方式。

6.4.2 规定抢险指挥的通信方式。

6.5 其他保障

6.5.1 规定交通、卫生、饮食、安全等其他保障措施。规定宣传报道的发布权限和方式等。

7 **《应急预案》启动与结束**

7.1 启动与结束条件

7.1.1 明确启动与结束《应急预案》的条件。

7.2 决策机构与程序

7.2.1 明确启动和结束《应急预案》的决策机构与程序。

8 **附件**

8.1 大坝安全鉴定报告书。

8.2 附表

8.2.1 水库工程技术特性表（附录 A）。

8.2.2 水库下游主要河段安全泄量、相应洪水频率和水位表（略）。

8.2.3 水库险情及抢险情况报告表（附录 B）。

8.3 附图

8.3.1 水库及其下游重要防洪工程和重要保护目标位置图（略）。

8.3.2 水库枢纽平面布置图（略）。

8.3.3 水库枢纽主要建筑物剖面图（略）。

8.3.4 水库水位~库容~面积~泄量关系曲线图（略）。

8.3.5 水库洪水风险图（略）。

附录 A 水库工程技术特性表　　　　高程系统：

水库名称				坝型	
建设地点				坝顶高程（m）	
所在河流				最大坝高（m）	
流域面积（km²）			主坝	坝顶长度（m）	
管理单位名称				坝顶宽度（m）	
主管单位名称				坝基地质	
竣工日期				坝基防渗措施	
工程等别				防浪墙顶高程（m）	
地震基本烈度/抗震设计烈度				坝型	
多年平均降水量				坝顶高程（m）	
设计	洪水标准（%）		副坝	坝顶长度（m）	
	洪峰流量（m³/s）			坝顶宽度（m）	
	3 日洪量（m³）			型式	
校核	洪水标准（%）			堰顶高程（m）	
	洪峰流量（m³/s）			堰顶净宽（m）	
	3 日洪量（m³）		正常溢洪道	闸门型式	
水库特性	水库调节特性			闸门尺寸	
	校核洪水位（m）			最大泄量（m³/s）	
	设计洪水位（m）			消能型式	
	正常蓄水位（m）			启闭设备	
	汛限水位（m）			型式	
	死水位（m）		非常溢洪道	堰顶高程（m）	
	总库容（m³）			堰顶净宽（m）	
	调洪库容（m³）			最大泄量（m³/s）	
	兴利库容（m³）			消能型式	
	死库容（m³）		其他泄洪设施		
工程运行	历史最高库水位（m）及发生日期				
	历史最大入库流量（m³/s）及发生日期		备注		
	历史最大出库流量（m³/s）及发生日期				

附录 B　水库险情及抢险情况报告表　　　　　　　填报时间：

项　目	工　情		险　情			灾　情		抢　险　措　施				备注
	设计标准	现行标准	出险部位	出险时间	处理情况	险情可能造成的影响	可能造成损失	技术措施	抢险物资	抢险队伍		备注
										部队	地方	
水库大坝												
泄水建筑物												
输水建筑物												
下游堤防												
其他												
水情	水库水位（m）		蓄水量（m³）		入库流量(m³/s)		出库流量(m³/s)		其　他				备注
出险时水情												
最新水情												

填报单位：（盖章）　　　　　　　　　　　　　　　　填　报　人：
填报单位负责人：　　　　　　　　　　　　　　　　　联系电话：

四、工程抢险应急预案

工程抢险应急预案，是项目法人考虑遭遇非常情况，或突发事件下所需采取的紧急措施，是项目法人以不变应万变的一种手段。这种预案编制原则是"以人为本"，把人民群众生命安全放在首位；增强防洪抗灾意识，克服侥幸麻痹思想；防重于抢，要做到"标准内洪水不垮围堰，超标准洪水不死人"；做好防大汛、抢大险、抗大灾的思想准备。

1. 防洪抢险组织机构。中小河流治理等水利工程的防洪应急抢险工作，按工程规模分别由省、市、县（市、区）人民政府防汛抗旱指挥部统一指挥，成立相应的工程防汛协调小组。各级党委、政府实行行政首长责任制，各有关单位要落实法定代表人责任制。各级、各部门做到职能层层分解，责任层层落实，图 13.1 为工程防洪应急抢险组织结构简图。

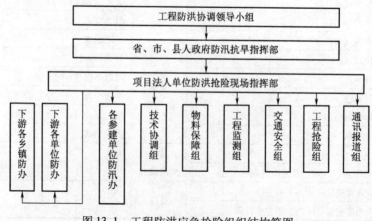

图 13.1　工程防洪应急抢险组织结构简图

2. 工程抢险应急预案适用条件。当工程遭遇下列情况之一时，工程抢险应急预案即宣告启动。

（1）发生超标准洪水时：即超过围堰的过水标准，围堰可能溢顶溃决。

（2）由于工程隐患危及围堰安全时：如围堰发生堰体裂缝、滑坡、管涌以及漏水、大面积散浸、集中渗流、决口等危及堰体安全，导致堰体溃决险情时。

（3）因导流洞严重塌方或堵塞，造成堰前水位急剧上升，发生危及围堰堰体安全险情时。

（4）在施工过程中，坝体基坑出现大流量涌水，出现影响围堰堰体安全险情时。

（5）由于地震导致围堰堰体严重裂缝、基础破坏等，发生危及工程安全险情时。

（6）山体滑坡、泥石流等地质灾害，发生危及工程安全的险情时。

（7）由于上游大型漂浮物撞击，发生危及工程安全的险情时。

（8）由于人为破坏制造恐怖事件等，发生危及工程安全的险情时。

（9）发生其他不可预见的突发事件，出现可能危及工程安全的险情时。

3. 险情监测与报送。

（1）重点监测部位。上游围堰、导流洞等地下洞室、坝堤防工程、两岸边坡（特别是高边坡）等危险部位。

（2）工情监测。各参建单位应落实责任单位和责任人，设置专人对各自负责的工程部位24小时进行巡视监测，工程各部位险情监测应形成险情监测报告，并及时会商，通报情况，研究对策，另外还要加强与上游水文站观测站点的联系，加强水情雨情的监测。

（3）险情上报第一时间。中小河流治理等水利工程发生险情，各责任单位和责任人应在第一时间（不超过2分钟）迅速通报项目法人，经核实后，一般险情由项目法人负责组织抢险；重大险情要在3分钟内上报项目法人上级主管部门（县、市级水行政主管部门），2小时内将初步核实的险情数据，上报项目法人上级主管部门直至省防汛指挥部。

4. 抢险措施。

（1）发现工程运行异常或有险情征兆，责任人应在第一时间报告项目法人，果断地确定可行的技术处理方案和应急措施，按照防汛预案或应急预案在最短的时间内，组织防汛人员赶赴现场，配合地方政府公安、消防、卫生等部门人员，排除或控制险情，并协助有关部门保护现场，维持现场秩序，妥善保管有关财物和证据。

（2）出现较大险情时，特别是当遭遇超标准洪水威胁时，工程防洪设施已无力承受洪水冲击或抗洪抢险无法控制时，项目法人要尽快组织各种力量现场进行抢险，并将抢险情况随时向上级主管部门或单位（包括县、市级水行政主管部门）汇报。同时紧急落实下游沿河各部门、各单位及各乡镇人员、群众转移方案。群众转移方案主要包括两方面：

一是落实群众疏散转移方案。当地防汛指挥部下达疏散转移群众命令后，要及时通知下游两岸受洪水威胁的居民实施转移，要求在1小时内，迅速将下游影响地区的所有人员（财产尽可能转移）转移到安全地区。转移时应遵循"就近、奔高"撤离的原则，确保洪水来临前，群众转移到洪水淹没线以上。

二是落实组织安全保障措施。供电部门在所有人员转移撤离后，停止向该区域供电；公安武警做好治安秩序维护，确保撤离有序；在群众疏散转移过程中，对执行命令不及时或转移不迅速彻底，造成人员重大伤亡和其他损失的责任人，将依法追究行政或法律责任。

第五节　安全生产存在的常见问题

　　体现在：有的项目法人未明确安全生产管理机构或专职人员，未建立、健全相关管理制度；有的设计单位未提出施工安全设计措施；有的施工单位未配备现场安全管理人员，无工程施工安全措施；有的监理单位未对施工单位安全措施进行核查；有的中小河流治理等水利工程，主体工程未完工，特别是涉及工程安全的主要关键工程未按设计图纸完成，工程即运行，为工程埋下安全隐患；有中小河流治理等水利工程加固施工中，围岩支护简单，支承原木断面偏小。

第十四章　工程验收管理内容

工程验收是保证工程质量，充分发挥投资效益的重要环节。《水利水电建设工程验收规程》（SL 223—2008）规定：未经验收或验收不合格的工程不得进行后续工程施工或交付使用。中小河流治理等水利工程完工后，应及时进行主体工程完工验收和整个项目竣工验收。

第一节　工程验收类别与验收依据

水利水电建设工程验收分为分部工程验收、单位工程验收、水电站（泵站）中间机组启动验收、合同工程完工验收、阶段验收、专项验收、竣工验收，前4个项目验收为法人验收，后3个项目验收为政府验收。

一、验收类别

1. 法人验收。法人验收由项目法人组织成立的验收工作组负责。验收委员会（工作组）由有关单位代表和有关专家组成。法人验收包括分部工程验收、单位工程验收、水电站（泵站）中间机组启动验收、合同工程完工验收等。

2. 政府验收。政府验收由验收主持单位组织成立验收委员会负责。政府验收包括阶段验收、专项验收、竣工验收等。验收主持单位可根据工程建设需要增设验收的类别和具体要求。

二、验收依据

工程验收应以下列文件为主要依据：国家现行有关法律、法规、规章和技术标准；有关主管部门规定；经批准的工程立项文件、初步设计文件、调整概算文件；经批准的设计文件及相应的工程变更文件；施工图纸及主要设备技术说明书等；法人验收应以施工合同为依据。

三、验收期限

1. 中小河流治理工程和小型水库除险加固工程项目。水利部《关于加强中小河流治理和小型病险水库除险加固建设管理工作的通知》（水建管〔2011〕426 号）二（六）规定："各地要认真组织做好各个阶段、各个环节的验收工作。针对中小河流治理和小型病险水库除险加固项目规模小、建设周期短的特点，在符合国家有关验收规定的基础上可适当整合简化程序，省级水行政主管部门可制订专门的验收管理办法。中小河流治理和小型病险水库除险加固项目应在各地收到建设资金之日起一年内按批复的初步设计建设完成，并在完工后一年内完成竣工验收"。

2. 其他水利水电工程项目。竣工验收应在工程建设项目全部完成并满足一定运行条件（泵站工程经过一个排水或抽水期；河道疏浚工程完成后；其他工程经过一个汛期、6个月至12个月）后1年内进行。不能按期进行竣工验收的，经竣工验收主持单位同意，可适当延长期限，但最长不得超过6个月。

第二节　工程验收问题及遗留问题处理

工程验收结论应经2/3以上验收委员会成员同意。验收过程中发现的问题，其处理原则应由验收委员会协商确定。主任委员对争议问题有裁决权。若1/2以上的委员不同意裁决意见时，法人验收应报请验收监督管理机关决定；政府验收应报请竣工验收主持单位决定。

水利部《关于印发〈全国中小河流治理项目资金使用管理实施细则〉的通知》（水财务〔2011〕569号）第二十三条规定："对符合规定竣工验收条件的中小河流治理项目，若尚有少量未完工程及预留费用，可预计纳入竣工财务决算，但应控制在概算投资的5%以内，并将详细情况提交竣工验收委员会确认。项目未完工程投资和预留费用应严格按规定控制使用"。

一、法人验收

法人验收过程中发现的技术性问题，原则上按合同约定进行处理。合同约定不明确的，按国家或行业技术标准规定处理。当国家或行业技术标准暂无规定时，由法人验收监督管理机关负责协调解决。

二、分部工程验收

分部工程验收遗留问题处理情况，应有书面记录并有相关责任单位代表签字，书面记录应随分部工程验收鉴定书一并归档。

三、竣工验收

竣工验收遗留问题处理。验收遗留问题和尾工的处理由项目法人负责。项目法人应按照竣工验收鉴定书、合同约定等要求，督促有关责任单位妥善处理竣工验收遗留问题和完成尾工；验收遗留问题和尾工处理完成后，有关单位应组织验收，并形成验收成果性文件。项目法人应参加验收并负责将验收成果性文件报竣工验收主持单位；工程竣工验收后，应由项目法人负责处理验收遗留问题，项目法人已撤销的，由组建或批准组建项目法人的单位或其指定的单位处理完成。

第三节　工程交接与工程移交

一、水利工程移交有关规定

单位工程和单项合同工程验收通过后，项目法人应当与施工单位办理工程的有关交接手续。通过合同工程完工验收或投入使用验收后，项目法人与施工单位应在30个工作日内组织专人负责工程的交接工作，交接过程应有完整的文字记录并有双方交接负责人签字。

工程办理具体交接手续的同时，施工单位应向项目法人递交工程质量保修书，在施工单位递交了工程质量保修书、完成施工场地清理以及提交有关竣工资料后，项目法人应在30个工作日内向施工单位颁发合同工程完工证书。

在竣工验收鉴定书印发后60个工作日内，项目法人与运行管理单位应按照初步设计等有关批准文件进行逐项清点，完成工程移交手续。工程移交包括工程实体、其他固定资产和工程档案资料等，办理工程移交，应有完整的文字记录和双方法定代表人签字。

二、中小河流治理工程移交要求

财政部、水利部《关于印发〈全国中小河流治理项目和资金管理办法〉的通知》（财建〔2011〕156号）第三十条规定：建设项目完工后要及时竣工验收，参照《水利工程建设项目验收管理规定》（2007年）和国家其他有关规定进行，并将竣工验收结果报送水利部和财政部；第三十一条规定：建设项目竣工验收后，要及时办理交接手续，明确管理主体，建立长效管护机制，积极协调落实管护经费，保证建设项目发挥效益。

水利部《关于加强中小河流治理和小型病险水库除险加固建设管理工作的通知》（水建管〔2011〕426号）四规定：各省级水行政主管部门要及时督促中小河流治理和小型病险水库除险加固项目所在县（市）建立健全长效运行管理机制，明确管护责任、管护责任主体，完善管理制度，落实管护队伍和经费，确保项目长期发挥效益。可探索以乡镇政府为中小河流治理工程建后管护责任主体等有效管理方式。要划定河道管护范围，强化中小河流河道管理，严格依法加强水行政执法，杜绝挤占、乱采、乱挖、乱堆、乱建等现象，保障河道功能和防洪安全。对小型水库管理，可实行划归大中型水库管理、县级水行政主管部门或乡镇水管站（所）集中统一管理、专业管理和群众管理相结合等有效模式，切实做到有管理责任主体、有管护人员、有管理经费。所有中小河流治理和小型病险水库除险加固项目在组织竣工验收时，必须将水管体制改革工作作为重要验收内容，实行"一票否决"。

第四节　项目法人在工程验收中主要工作

项目法人全面负责竣工验收前的各项准备工作。设计、施工、监理等参建单位应做好有关验收准备和配合工作，派代表出席竣工验收会议，负责解答验收委员会提出的问题，并作为被验收单位在竣工验收鉴定书上签字。

一、提供验收资料

项目法人统一组织有关单位，按要求及时制备、完成并提交验收资料。项目法人应对提交的验收资料进行完整性、规范性检查。

1. 资料制备规格。工程验收的图纸、资料和成果性文件应按竣工验收资料要求制备。除图纸外，验收资料的规格宜为国际标准A4（210mm×297mm）。文件正本应加盖单位印章且不得采用复印件。

2. 验收资料内容。验收资料包括应提供的资料和需备查的资料。有关单位应保证其提交资料的真实性并承担相应责任。

（1）验收应提供的资料。应提供的验收资料并分发给所有技术验收专家组专家和验收委员会委员。应提供的验收资料目录详见《验收应提供的资料清单》（表14.1）。

（2）应提供的备查资料。项目法人应将一定数量的备查资料放置在验收会场，由专家和委员根据需要进行查看，应提供的备查资料目录详见《验收应准备的备查档案资料清单》［见表14.2，需备查的资料详见《水利水电建设工程验收规程》（SL 223—2008）附录B］。

表14.1　验收应提供的资料清单

序号	资料名称	分部工程验收	单位工程验收	合同工程完工验收	机组启动验收	阶段验收	技术预验	竣工验收	提供单位
1	工程建设管理工作报告		V	V	V	V	V	V	项目法人
2	工程建设大事记						V	V	项目法人
3	拟验工程清单、未完工程清单、未完工程的建设安排及完成时间		V	V	V	V	V	V	项目法人
4	技术预验工作报告				※	※		V	专家组
5	验收鉴定书（初稿）				V	V		V	项目法人
6	度汛方案				※	V		V	项目法人
7	工程调度运用方案				V	V		V	项目法人
8	工程建设监理工作报告		V	V	V	V		V	监理机构
9	工程设计工作报告		V	V	V	V		V	设计单位
10	工程施工管理工作报告		V	V	V	V		V	施工单位
11	运行管理工作报告					V		V	管理单位
12	工程质量和安全监督报告				V	V		V	质安监督机构
13	竣工验收技术鉴定报告						※	※	技术鉴定机构
14	机组启动试运行计划文件				V				施工单位
15	机组试运行工作报告				V				施工单位
16	重大技术问题专题报告					※	※	※	项目法人

注："V"代表"应提供"；"※"代表"宜提供"或"根据需要提供"。

表14.2　验收应准备的备查档案资料清单

序号	资料名称	分部工程验收	单位工程验收	合同工程完工验收	机组启动验收	阶段验收	技术预验	竣工验收	提供单位
1	前期工作文件及批复文件		V	V	V	V	V	V	项目法人
2	主管部门批文		V	V	V	V	V	V	项目法人

续表 14.2

序号	资料名称	分部工程验收	单位工程验收	合同工程完工验收	机组启动验收	阶段验收	技术预验	竣工验收	提供单位
3	招标投标文件		√	√	√	√	√	√	项目法人
4	合同文件		√	√	√	√	√	√	项目法人
5	工程项目划分资料	√	√	√	√	√	√	√	项目法人
6	单元工程质量评定资料	√	√	√	√	√	√	√	施工单位
7	分部工程资料评定资料		√	※		√	√	√	项目法人
8	单位工程资料评定资料		√	※			√	√	项目法人
9	工程外观资料评定资料		√				√	√	项目法人
10	工程质量管理有关文件	√	√	√	√	√	√	√	参建单位
11	工程安全管理有关文件	√	√	√	√	√	√	√	参建单位
12	工程施工质量检验文件	√	√	√	√	√	√	√	施工单位
13	工程监理资料	√	√	√	√	√	√	√	监理单位
14	施工图设计文件		√	√	√	√	√	√	设计单位
15	工程设计变更资料	√	√	√	√	√	√	√	设计单位
16	竣工图纸		√	√	√	√	√	√	施工单位
17	征地移民有关文件		√			√	√	√	承担单位
18	重要会议记录	√	√	√	√	√	√	√	项目法人
19	资料缺陷备案表	√	√	√	√	√	√	√	监理机构
20	安全、质量事故资料	√	√	√	√	√	√	√	项目法人
21	阶段验收鉴定书						√	√	项目法人
22	竣工决算及审计资料							√	项目法人
23	工程建设中使用的技术标准	√	√	√	√	√	√	√	参建单位
24	工程建设标准强制性条文	√	√	√	√	√	√	√	参建单位
25	专项验收有关文件							√	项目法人
26	安全、技术鉴定报告						√	√	项目法人
27	其他档案资料	根据需要由有关单位提供							

注："√"代表"应提供"；"※"代表"宜提供"或"根据需要提供"。

二、组织法人验收

工程建设完成分部工程、单位工程、单项合同工程，或者中间机组启动前，应当组织法人验收。项目法人可根据工程建设的需要，增设法人验收环节。

1. 制订验收计划。项目法人应当在开工报告批准后 60 个工作日内，制订法人验收工作计划，报法人验收监督管理机关和竣工验收主持单位备案。法人验收工作计划内容包括：工程概况；工程项目划分；工程建设总进度计划；法人验收工作计划。

2. 分部工程验收。分部工程验收应由项目法人主持。

（1）成立分部工程验收工作组。

分部工程验收组成员单位：验收工作组由项目法人、勘察、设计、施工、监理、主要设备制造（供应）商等单位的代表组成；必要时可邀请工程运行管理单位的代表及专家参加。质量监督机构宜派代表列席大型枢纽工程主要建筑物的分部工程验收会议。

分部工程验收组人员要求：分部工程验收是专业技术性的验收，因此应有相应专业的技术人员参加，验收组成员应相对稳定，以保持验收尺度的连续和统一。大型工程分部工程验收工作组成员应具有中级及其以上技术职称或相应执业资格；其他工程的验收工作组成员应具有相应的专业知识或执业资格。参加分部工程验收的每个单位代表人数不宜超过2名。

（2）分部工程验收条件。所有单元工程已完成；已完单元工程施工质量经评定全部合格，有关质量缺陷已处理完毕或有监理机构批准的处理意见；合同约定的其他条件；施工单位应向项目法人提交验收申请报告。

（3）分部工程验收内容。检查工程是否达到设计标准或合同约定标准的要求；评定工程施工质量等级；对验收中发现的问题提出处理意见。

（4）分部工程验收程序。听取施工单位工程建设和单元工程质量评定情况的汇报；现场检查工程完成情况和工程质量；检查单元工程质量评定及相关档案资料；讨论并通过分部工程验收鉴定书。

（5）分部工程验收鉴定书内容。分部工程验收鉴定书正本数量可按参加验收单位、质量和安全监督机构各一份以及归档所需要的份数确定。自验收鉴订书通过之日起30个工作日内，由项目法人发送有关单位，并报送法人验收监督管理机关备案。分部工程验收鉴定书内容分为以下部分：

第一部分：前言（包括验收依据、组织机构、验收过程等）。

第二部分：分部工程开工完工日期。

第三部分：分部工程建设内容。

第四部分：施工过程及完成的主要工程量。

第五部分：质量事故及质量缺陷处理情况。

第六部分：拟验工程质量评定（包括单元工程、主要单元工程个数、合格率和优良率；施工单位自评结果；监理单位复核意见；分部工程质量等级评定意见）。

第七部分：验收遗留问题及处理意见。

第八部分：结论。

第九部分：保留意见（保留意见人签字）。

第十部分：分部工程验收工作组成员签证表。

附　　件：验收遗留问题处理记录。

（6）上报质量结论进行核定。分部工程验收的质量结论应报该项目的质量监督机构核定；未经核定的，项目法人不得组织下一阶段的验收。单位工程以及大型枢纽主要建筑物的分部工程验收的质量结论应报项目质量监督机构核定；未经核定的，项目法人不得通过法人验收；核定不合格的，项目法人应当重新组织验收。

3. 单位工程验收。项目法人组织单位工程验收时，应提前 10 个工作日通知质量和安全监督机构。主要建筑物单位工程验收应通知法人验收监督管理机关。法人验收监督管理机关可视情决定是否列席验收会议，质量和安全监督机构应派员列席验收会议。

单位工程验收鉴定书正本数量可按参加验收单位、质量和安全监督机构、法人验收监督管理机关各一份以及归档所需要的份数确定。自验收鉴定书通过之日起 30 个工作日内，由项目法人发送有关单位并报法人验收监督管理机关备案。

（1）成立单位工程验收工作组。单位工程验收应由项目法人主持。需要提前投入使用的单位工程应进行单位工程投入使用验收。单位工程投入使用验收由项目法人主持，根据工程具体情况，经竣工验收主持单位同意，单位工程投入使用验收也可由竣工验收主持单位或其委托的单位主持。

单位工程验收组成员单位：验收工作组由验收主持单位；法人验收监督管理机关；项目法人；代建机构（如有时）；设计单位；监理单位；施工单位；主要设备制造（供应）商；质量和安全监督机构；运行管理单位等单位的代表组成。必要时，可邀请上述单位以外的专家参加。

单位工程验收组人员要求：单位工程验收工作组成员，应具有中级及其以上技术职称或相应执业资格，每个单位代表人数一般以 2~3 名为宜。

（2）单位工程验收条件。所有分部工程已完建并验收合格；分部工程验收遗留问题已处理完毕并通过验收，未处理的遗留问题不影响单位工程质量评定并有处理意见；合同约定的其他条件。

单位工程投入使用验收除满足上述的条件外，还应满足以下条件：工程投入使用后，不影响其他工程正常施工，且其他工程施工不影响该单位工程安全运行；已经初步具备运行管理条件，需移交运行管理单位的，项目法人与运行管理单位已签定提前使用协议书。

（3）单位工程验收内容。检查工程是否按批准的设计内容完成；评定工程施工质量等级；检查分部工程验收遗留问题处理情况及相关记录；对验收中发现的问题提出处理意见。

（4）单位工程验收程序。听取工程参建单位工程建设有关情况的汇报；现场检查工程完成情况和工程质量；检查分部工程验收有关文件及相关档案资料；讨论并通过单位工程验收鉴定书。

（5）单位工程验收鉴定书内容。项目法人应在单位工程验收通过之日起 10 个工作日内，将验收质量结论和相关资料报质量监督机构核定。单位工程验收鉴定书内容分为 12 个部分：

第一部分：前言（包括验收依据、组织机构、验收过程等）。

第二部分：单位工程概况：单位工程名称及位置；单位工程主要建设内容；单位工程建设过程（包括工程开工、完工时间，施工中采取的主要措施等）。

第三部分：验收范围。

第四部分：单位工程完成情况和完成的主要工程量。

第五部分：单位工程质量评定：分部工程质量评定；工程外观质量评定；工程质量检测情况；单位工程质量等级评定意见。

第六部分：分部工程验收遗留问题处理情况。

第七部分：运行准备情况（投入使用验收需要此部分）。

第八部分：存在的主要问题及处理意见。

第九部分：意见和建议。

第十部分：结论。

第十一部分：保留意见（本人签字）。

第十二部分：单位工程验收工作组成员签证表。

4. 合同工程完工验收。合同工程完成后，应进行合同工程完工验收。当合同工程仅包含一个单位工程（分部工程）时，宜将单位工程（分部工程）验收与合同工程完工验收一并进行，但应同时满足相应的验收条件。

（1）成立合同工程完工验收工作组。合同工程完工验收应由项目法人主持。验收工作组由项目法人；代建机构（如有时）；设计单位；监理单位；施工单位；主要设备制造（供应）商；质量和安全监督机构；运行管理单位等单位的代表组成。

（2）合同工程完工验收条件。合同范围内的工程项目已按合同约定完成；工程已按规定进行了有关验收；观测仪器和设备已测得初始值及施工期各项观测值；工程质量缺陷已按要求进行处理；工程完工结算已完成；施工现场已经进行清理；需移交项目法人的档案资料已按要求整理完毕；合同约定的其他条件。

（3）合同工程完工验收主要内容。检查合同范围内工程项目和工作完成情况；检查施工现场清理情况；检查已投入使用工程运行情况；检查验收资料整理情况；鉴定工程施工质量；检查工程完工结算情况；检查历次验收遗留问题的处理情况；对验收中发现的问题提出处理意见；确定合同工程完工日期；讨论并通过合同工程完工验收鉴定书。

（4）合同工程完工验收验收程序。参考单位工程验收程序。

（5）合同工程完工验收验收鉴定书内容。合同工程完工验收鉴定书正本数量可按参加验收单位、质量和安全监督机构以及归档所需要的份数确定。自验收鉴定书通过之日起30个工作日内，由项目法人发送有关单位，并报送法人验收监督管理机关备案。合同工程完工验收鉴定书内容分为十二个部分：

第一部分：前言（包括验收依据、组织机构、验收过程等）。

第二部分：合同工程概况：合同工程名称及位置；合同工程主要建设内容；合同工程建设过程。

第三部分：验收范围。

第四部分：合同执行情况（包括合同管理、工程完成情况和完成的主要工程量、结算情况等）。

第五部分：合同工程质量评定。

第六部分：历次验收遗留问题处理情况。

第七部分：存在的主要问题及处理意见。

第八部分：意见和建议。

第九部分：结论。

第十部分：保留意见（本人签字）。

第十一部分：合同工程验收工作组成员签证表。

第十二部分：附件施工单位向项目法人移交资料目录。

5. 制作法人验收鉴定书。项目法人应当自法人验收通过之日起 30 个工作日内，制作法人验收鉴定书，发送参加验收单位并报送法人验收监督管理机关备案。法人验收鉴定书是政府验收的备查资料。

三、配合政府验收

政府验收应包括阶段验收、专项验收、竣工验收等，政府验收主持单位是验收委员会，项目法人在政府验收阶段位于从属位置，因此项目法人应积极予以配合政府验收做好各项工作，保证政府验收顺利开展。

1. 阶段验收。阶段验收指部分工程投入使用验收以及竣工验收，及主持单位根据工程建设需要增加的其他验收。

（1）成立阶段验收组织。竣工验收由竣工验收主持单位或其委托的单位，主持成立阶段验收组织——阶段验收委员会，阶段验收委员会由竣工主持单位、质量和安全监督机构、运行管理单位的代表以及有关专家组成；必要时，可邀请地方人民政府以及有关部门参加。

工程参建单位应派代表参加阶段验收，并作为被验收单位在验收鉴定书上签字。

（2）阶段验收主要内容。检查已完工程的形象面貌和工程质量；检查在建工程的建设情况；检查后续工程的计划安排和主要技术措施落实情况，以及是否具备施工条件；检查拟投入使用工程是否具备运行条件；检查历次验收遗留问题的处理情况；鉴定已完工程施工质量；对验收中发现的问题提出处理意见；讨论并通过阶段验收鉴定书。

（3）阶段验收程序。（参考竣工验收程序）。

（4）阶段验收鉴定书格式。阶段验收鉴定书数量按参加验收单位、法人验收监督管理机关、质量和安全监督机构各 1 份以及归档所需要的份数确定。自验收鉴定书通过之日起 30 个工作日内，由验收主持单位发送有关单位。阶段验收鉴定书格式详见《水利水电建设工程验收规程》（SL 223—2008）附录 I 规定。

（5）项目法人的主要任务。工程建设具备阶段验收条件时，项目法人应向竣工验收主持单位提出阶段验收申请报告，竣工验收主持单位应自收到申请报告之日起 20 个工作日内，决定是否同意进行阶段验收。

阶段验收申请报告内容包括：工程基本情况；工程验收条件的检查结果；工程验收准备工作情况；建议验收时间、地点和参加单位。

2. 专项验收。项目法人应按国家和相关行业主管部门的规定，向有关部门提出专项验收申请报告，并作好有关准备和配合工作。项目法人提交竣工验收申请报告时，应附相关专项验收成果性文件复印件。

工程竣工验收前，应按有关规定进行专项验收。专项验收应具备的条件、验收主要内容、验收程序以及验收成果性文件的具体要求等，应执行国家及相关行业主管部门有关规定。

3. 竣工验收。竣工验收分为竣工技术预验收和竣工验收两个阶段。大型水利工程在竣工技术预验收前，应按照有关规定进行竣工验收技术鉴定。中型水利工程，竣工验收主持单位可以根据需要决定是否进行竣工验收技术鉴定。

竣工验收应在工程建设项目全部完成并满足一定运行条件后 1 年内进行。不能按期进行竣工验收的,经竣工验收主持单位同意,可适当延长期限,但最长不得超过 6 个月。

(1) 竣工验收组织。

竣工技术预验收组织:竣工技术预验收由竣工验收主持单位组织的专家组负责。技术预验收专家组成员应具有高级技术职称或相应执业资格,2/3 以上成员应来自工程非参建单位。工程参建单位的代表应参加技术预验收,负责回答专家组提出的问题。

竣工技术预验收专家组可下设专业工作组,并在各专业工作组检查意见的基础上形成竣工技术预验收工作报告。

竣工验收组织:竣工验收委员会可设主任委员 1 名,副主任委员以及委员若干名,主任委员应由验收主持单位代表担任。竣工验收委员会由竣工验收主持单位、有关地方人民政府和部门、有关水行政主管部门和流域管理机构、质量和安全监督机构、运行管理单位的代表以及有关专家组成。工程投资方代表可参加竣工验收委员会。

项目法人、勘察、设计、监理、施工和主要设备制造(供应)商等单位应派代表参加竣工验收,负责解答验收委员会提出的问题,并作为被验收单位代表在验收鉴定书上签字。

(2) 竣工验收条件。工程已按批准设计全部完成;工程重大设计变更已经有审批权的单位批准;各单位工程能正常运行;历次验收所发现的问题已基本处理完毕;各专项验收已通过;工程投资已全部到位;竣工财务决算已通过竣工审计,审计意见中提出的问题已整改并提交了整改报告;运行管理单位已明确,管理养护经费已基本落实;质量和安全监督工作报告已提交,工程质量达到合格标准;竣工验收资料已准备就绪;工程有少量建设内容未完成,但不影响工程正常运行,且能符合财务有关规定,项目法人已对尾工做出安排的,经竣工验收主持单位同意,可进行竣工验收。

(3) 竣工验收内容。

竣工技术预验收内容:检查工程是否按批准的设计完成;检查工程是否存在质量隐患和影响工程安全运行的问题;检查历次验收、专项验收的遗留问题和工程初期运行中所发现问题的处理情况;对工程重大技术问题做出评价;检查工程尾工安排情况;鉴定工程施工质量;检查工程投资、财务情况;对验收中发现的问题提出处理意见。

竣工验收内容:现场检查工程建设情况及查阅有关资料;召开大会:宣布验收委员会组成人员名单,观看工程建设音像资料,听取工程建设管理工作报告,听取竣工技术预验收工作报告,听取验收委员会确定的其他报告,讨论并通过竣工验收鉴定书,验收委员会委员和被验收单位代表在竣工验收鉴定书上签字。

(4) 竣工验收程序。

①程序之一:竣工技术预验收程序。现场检查工程建设情况并查阅有关工程建设资料;听取项目法人、设计、监理、施工、质量和安全监督机构、运行管理等单位工作报告;听取竣工验收技术鉴定报告和工程质量抽样检测报告;专业工作组讨论并形成各专业工作组意见;讨论并通过竣工技术预验收工作报告;讨论并形成竣工验收鉴定书初稿。

②程序之二:竣工验收程序。项目法人组织进行竣工验收自查;项目法人提交竣工验收申请报告;竣工验收主持单位批复竣工验收申请报告;进行竣工技术预验收;召开竣工验收会议;印发竣工验收鉴定书。

(5) 项目法人在竣工验收中的主要工作。

①工作之一：组织竣工验收自查。通知监督机构：项目法人组织工程竣工验收自查前，应提前 10 个工作日通知质量和安全监督机构，同时向法人验收监督管理机关报告。质量和安全监督机构应派员列席自查工作会议。

成立自查组织：申请竣工验收前，项目法人应组织竣工验收自查。自查工作由项目法人主持，勘察、设计、监理、施工、主要设备制造（供应）商以及运行管理等单位的代表参加。自查主要内容：检查有关单位的工作报告；检查工程建设情况，评定工程项目施工质量等级；检查历次验收、专项验收的遗留问题和工程初期运行所发现问题的处理情况；确定工程尾工内容及其完成期限和责任单位；对竣工验收前应完成的工作做出安排；讨论并通过竣工验收自查工作报告。

自查结果上报：项目法人应在完成竣工验收自查工作之日起 10 个工作日内，将自查的工程项目质量结论和相关资料报质量监督机构核备。项目法人自竣工验收自查工作报告通过之日起 30 个工作日内，将自查报告报法人验收监督管理机关。参加竣工验收自查的人员应在自查工作报告上签字。《工程项目竣工验收自查工作报告》内容分为九部分：

第一部分：前言（包括组织机构、自查工作过程等）。

第二部分：工程概况（工程名称及位置；工程主要建设内容；工程建设过程）。

第三部分：工程项目完成情况（工程项目完成情况；完成工程量与初设批复工程量比较；工程验收情况；工程投资完成及审计情况；工程项目移交和运行情况）。

第四部分：工程项目质量评定。

第五部分：验收遗留问题处理情况。

第六部分：尾工情况及安排意见。

第七部分：存在的主要问题及处理意见。

第八部分：结论。

第九部分：工程项目竣工验收自查工作组成员签证表。

②工作之二：提出竣工验收申请。工程具备验收条件时，项目法人应向竣工验收主持单位提出竣工验收申请报告。竣工验收申请报告应经法人验收监督管理机关审查后报竣工验收主持单位，竣工验收主持单位应自收到申请报告后 20 个工作日内决定是否同意进行竣工验收。工程未能按期进行竣工验收的，项目法人应提前 30 个工作日向竣工验收主持单位提出延期竣工验收专题申请报告。申请报告应包括延期竣工验收的主要原因或计划延长的时间等内容。竣工验收申请报告内容分为六部分：

第一部分：工程基本情况。

第二部分：竣工验收条件的检查结果。

第三部分：尾工情况及安排意见。

第四部分：验收准备工作情况。

第五部分：建议验收时间、地点和参加单位。

第六部分：附件：竣工验收自查工作报告。

③工作之三：配合工程质量抽样检测。根据竣工验收的需要，竣工验收主持单位可以委托具有相应资质的工程质量检测单位，对工程质量进行抽样检测。项目法人应与工程质量检测单位签订工程质量检测合同。检测所需费用由项目法人列支，质量不合格工程所发生的检测费用由责任单位承担。

根据竣工验收主持单位的要求和项目的具体情况，项目法人应负责提出工程质量抽样检测的项目、内容和数量，经质量监督机构审核后报竣工验收主持单位核定。

工程质量检测单位应按照有关技术标准对工程进行质量检测，按合同要求及时提出质量检测报告并对检测结论负责。项目法人应自收到检测报告10个工作日内，将检测报告报竣工验收主持单位。

对抽样检测中发现的质量问题，项目法人应及时组织有关单位研究处理。在影响工程安全运行以及使用功能的质量问题未处理完毕前，不得进行竣工验收。

④工作之四：报送竣工财务决算。项目法人编制完成竣工财务决算后，应报送竣工验收主持单位财务部门、审查和审计部门进行竣工审计。审计部门应出具竣工审计意见。项目法人应对审计意见中提出的问题进行整改并提交整改报告。

四、上报验收结果

大中型水利工程竣工验收后，按水利部《关于切实做好中小河流治理工作的通知》（水建管〔2004〕68号）的有关规定，将验收结果报送水利部和国家发展和改革委员会；小型水利工程项目竣工验收结果于每年12月底前报送水利部和财政部。

第十五章　档案管理内容

中小河流治理等水利工程建设项目档案是指水利工程项目各建设阶段过程中形成的具有保存价值的文字、图表、音像等不同形式的历史记录。中小河流治理等水利工程档案管理工作是中小河流治理等水利工程建设与管理工作的重要组成部分，建立与加强水利工程档案管理工作，是项目建设管理工作的需要，也是国家和水利部的共同要求。做好中小河流治理等水利工程档案管理工作，对工程顺利竣工验收和工程运行管理均具有重要意义。

第一节　有关部门档案管理职责

一、地方水行政主管部门档案管理职责

财政部、水利部《关于印发〈全国中小河流治理项目和资金管理办法〉的通知》（财建〔2011〕156 号）第三十四条规定："地方水行政主管部门要加强项目档案管理，项目的相关文件、阶段性总结、资金审批和审计报告、工程监理报告、技术资料、统计数据、图片照片资料等要及时、科学归档保存，严格管理"。

地方水行政主管部门应敦促项目法人做好中小河流治理等水利工程建设期间档案管理工作，同时，为项目法人进行中小河流治理等水利工程建设期间档案管理提供一切必要的条件。

二、项目法人档案管理职责

《关于加强中小型公益性水利工程建设项目法人管理的指导意见》（水建管〔2011〕627 号）三（八）规定："负责工程档案资料的管理，包括对各参建单位所形成档案资料的收集、整理、归档工作进行监督、检查"。

在中小河流治理等水利工程建设中，项目法人对档案管理负总责。项目法人档案管理的主要工作是对工程建设各个阶段产生的文件材料、信息，进行系统收集、加工整理、分析归类、存储归档。项目法人除了认真做好自身产生档案的收集、整理、保管工作外，同时加强对参建单位档案材料归档工作的监督、检查和指导。大中型水利工程的项目法人，应设立档案室，落实专职档案人员；其他水利工程的项目法人也应配备相应管理人员负责工程档案搜集、管理工作，同时，项目法人的档案管理人员，对项目法人各职能处室档案材料的归档工作具有监督、检查和指导职责。

项目法人在中小河流治理等水利工程档案管理过程中，应按照国家信息化建设的有关要求，充分开发、利用计算机等新技术，大力开发档案信息资源，建立中小河流治理等水利工程程档案数据库，实现中小河流治理等水利工程档案数字化，提高档案管理水平，为工程建设与管理服务。

第二节 档案管理机构

一、成立档案管理领导组织

大中型水利工程在建设初期，项目法人应成立由项目法人主要负责人负责、各有关参建单位的工程技术人员和档案材料管理人员组成的中小河流治理等水利工程档案管理领导组织，落实档案专职管理人员，明确项目法人本单位相关部门、相关人员的岗位职责，并对档案专职管理人员进行培训，同时指导有关业务部门档案材料的整理工作，以使中小河流治理等水利工程档案管理工作规范、有序。

二、制订档案管理制度

项目法人在成立档案管理机构时，应同时制订《档案管理制度》、《档案工作制度》、《档案工作人员职责》、《工程科技材料立卷归档制度》、《档案保密制度》、《档案利用制度》、《档案管理登记制度》等制度。

三、完善档案管理硬件设施

中小河流治理等水利工程档案管理工作量大、档案数量多，为了保质保量完成档案管理工作，项目法人应为中小河流治理等水利工程档案管理工作创造一切必要条件，完善档案管理硬件设施，为档案保管、利用提供专门的档案管理室、档案存放库房，购买档案存放专用橱柜，配置计算机、数据存放专用硬盘等必要的装具和管理设备。

四、统筹档案管理经费

项目法人在中小河流治理等水利工程建设中，应将档案管理经费纳入工程建设预算。

大中型水利工程专用档案库房及配备的档案装具和设备、重点小型工程等其他建设项目，用于档案工作需要的库房、装具和设备所需费用可分别列入中小河流治理等水利工程总概算的管理房屋建设工程项目类和生产准备费中。

第三节 工程档案材料收集

中小河流治理等水利工程档案统属水利工程档案范畴，是水利科技档案的重要组成部分，是专业技术人员劳动智慧的结晶，它产生于整个中小河流治理等水利工程建设全过程。其档案工作应贯穿于水利工程建设程序的各个阶段。即从中小河流治理等水利工程建设前期就应进行文件材料的收集和整理工作；在签订有关合同、协议时，应对中小河流治理等水利工程档案的收集、整理、移交提出明确要求；检查中小河流治理等水利工程进度与施工质量时，要同时检查工程档案的收集、整理情况；在进行项目成果评审、鉴定和中小河流治理等水利工程重要阶段验收与竣工验收时，要同时审查、验收工程档案的内容与质量，并作出相应的鉴定评语。

项目法人应切实做好职责范围内中小河流治理等水利工程建设档案材料的收集工作，

勘察设计、监理、施工等参建单位，应明确本单位相关部门和人员的归档责任，切实做好职责范围内水利工程档案的收集、整理、归档和保管工作；属于向项目法人等单位移交的应归档文件材料，在完成收集、整理、审核工作后，应及时提交项目法人。项目法人应认真做好有关档案的接收、归档工作。

一、水利工程档案材料收集内容

中小河流治理等水利工程档案内容包括：从项目提出、可行性研究、设计、决策、招（投）标、施工、质检、监理到竣工验收、试运行（使用）等过程中形成的、具有保存价值的、应当归档保存的文字、图纸、图表、音像、计算材料等不同形式与载体的各种历史记录。

1. 项目建设前期的档案材料收集内容。中小河流治理等水利工程建设前期工作（如勘察、设计、科研等）产生的设计任务书及有关材料、各设计阶段的设计文件及有关材料、招标投标合同文件及其有关材料等。

2. 项目施工期间的档案材料收集内容。

（1）上级有关部门档案材料。中小河流治理等水利工程上级有关部门发来的与本中小河流治理工程建设有关的决定、决议、指示、命令、条例、规定、批复、计划等文件材料等。

（2）项目法人自身档案材料。中小河流治理等水利工程项目法人对外的正式发文与有关单位来往文书；项目法人反映主要职能活动的报告、总结；项目法人各种工作计划、总结、报告、请示、批复、会议记录、统计报表及简报；项目法人与有关单位签订的合同、协议书等文件材料；项目法人有关人员任免的文件材料以及关于职工奖励、处分的文件材料；项目法人内部职工劳动、工资、福利方面的文件材料；中小河流治理工程建设大事记及反映工程建设重要活动的剪报、照片、录音、录像等；重要的会议材料，包括会议的通知、报告、决议、总结、领导人讲话、典型发言、会议简报、会议记录等。

（3）各有关参建单位档案材料。中小河流治理等水利工程在施工期间，各有关参建单位产生的施工文件材料、工程监理文件材料、工艺和设备材料（含国外引进设备材料）文件材料、科研项目文件材料、生产技术准备和生产文件材料、财务管理文件材料、器材管理文件材料、工地会议记录等。

3. 项目竣工阶段的档案材料收集内容。中小河流治理等水利工程在进行竣工验收时，参建单位需要对在工程建设期间形成的档案资料进行分析整理，经工程监理和有关人员审查后，作为工程竣工验收时查阅、使用的档案资料。

竣工图是病险除险加固工程竣工档案材料的重要组成部分，是施工单位以单位工程或专业为单位编制的，必须做到完整、准确、清晰、系统、修改规范、签字手续完备；每套竣工图应附编制说明、鉴定意见及目录。项目法人负责编制项目总平面图和综合管线竣工图。施工单位编制以单位工程或专业为单位的竣工图。竣工图须由编制单位在图标上方空白处逐张加盖"竣工图章"，有关单位和责任人应严格履行签字手续。每套竣工图应附编制说明、鉴定意见及目录。

二、档案材料收集进程要求

为了在工程建设全过程中更好地完成工程档案的收集、整理工作，保证工程档案材料完整、准确、系统和日后有效提供利用，国家和水利部明确提出工程档案材料收集进程与工程建设进程同步。项目法人应对该项目建设的所有文件材料进行统收统发，以确保该项目工程档案的完整、准确、系统和安全；各有关参建单位都要建立、健全平时归档制度，养成随时归档习惯。对处理完毕或批存的文件材料，由各有关参建单位档案管理人员及时向项目法人移交。

1. 工程建设初期。在中小河流治理等水利工程项目立项时，项目法人应准确划分中小河流治理等水利工程档案分类方案及文件材料归档范围，召集勘察设计、监理、施工等有关参建单位，对中小河流治理等水利工程档案管理提出要求，明确各自职责，开始进行文件材料的收集、积累和整理工作。

2. 签订合同时。在签订勘察、设计、施工、监理等协议、合同时，要对中小河流治理等水利工程档案的质量、份数和移交工作提出明确要求。

3. 施工期间。项目法人在检查工程进度与施工质量时，要同时检查水利工程档案的收集、整理情况；进行单元、分部工程质量等级评定和工程验收（包括单位工程、阶段验收和竣工验收）时，要同时审查、验收应归档文件材料的完整程度与整理质量，并及时整理归档。

4. 完工后。中小河流治理等水利工程项目法人，根据实际情况确定各有关参建单位档案归档时间。在单位工程或单项工程完工后可以进行归档，在主体工程全部完工后也可以进行归档。

中小河流治理等水利工程档案（特别是竣工图）达不到规定要求的，不得进行鉴定验收；在规定期限内未完成归档任务的基本建设项目，不得评为优质工程。

三、项目法人收集档案资料程序

中小河流治理等水利工程档案移交应履行签字手续，项目法人收集中小河流治理等水利工程档案程序按以下原则进行：

第一步：中小河流治理等水利工程建设项目实行总承包的，各分包单位应负责收集、整理分包范围内的档案资料，然后交总包单位汇总、整理，项目法人再统一进行收集。

第二步：中小河流治理等水利工程建设项目由项目法人分别向几个单位发包的，各承包单位应负责收集、整理所包工程的档案资料，并由项目法人委托一个承包单位负责汇总、整理，项目法人再统一进行收集。

第三步：中小河流治理等水利工程建设项目实行监理制度的，由各有关单位按以上原则汇总、整理后交监理部门审查，项目法人再统一对经审查合格后的案卷进行收集。

四、电子文件的收集

1. 电子文件收集内容。记录了中小河流治理等水利工程建设的重要文件的主要修改过程和办理情况、有查考价值的电子文件及其电子版本的定稿均应保留。

（1）纸制文件转换。正式文件是纸制的，应对纸制的正式文件全文及时进行电子扫描或电子录入等方式向计算机进行转换，并校对无误，以保证与正式文件定稿内容相同。

（2）单纯电子文件。在中小河流治理等水利工程建设公务或其他事务处理过程中产生的单纯电子文件，应采取严格的安全措施，保证电子文件不被非正常改动。同时应随时对电子文件进行备份，存储于能够脱机保存的载体上。

（3）网传电子文件。对在网络系统中处于流转状态，暂时无法确定其保管责任的电子文件，应采取捕获措施，集中存储在符合安全要求的电子文件暂存存储器中，以防散失。

（4）图形电子文件。对用计算机辅助设计或绘图等设备获得的图形电子文件，收集时应注明其软硬件环境和相关数据。

2. 电子文件的存储格式。

（1）文本电子文件。对用文字处理技术形成的文本电子文件，收集时应注明文件存储格式、文字处理工具等，必要时同时保留文字处理工具软件。文字型电子文件以 XML、RTF、TXT 为通用格式。

（2）图像电子文件。对用扫描仪等设备获得的采用非通用文件格式的图像电子文件，收集时应将其转换成通用格式，如无法转换，则应将相关软件一并收集。扫描型电子文件以 JPEG、TIFF 为通用格式。

（3）视频和多媒体电子文件。对用视频或多媒体设备获得的文件以及用超媒体链接技术制作的文件，应同时收集其非通用格式的压缩算法和相关软件。视频和多媒体电子文件以 MPEG、AVI 为通用格式。

（4）音频电子文件。对用音频设备获得的声音文件，应同时收集其属性标识、参数和非通用格式的相关软件。音频电子文件以 WAV、MP3 为通用格式。

3. 电子文件的登记。电子文件形成单位按照规定的项目对电子文件的真实性、完整性和有效性进行检验，并由负责人签署审核意见，检验和审核结果填入《归档电子文件移交、接收检验登记表》。

每份电子文件均应在《电子文件登记表》中及时进行登记；电子文件登记表应与电子文件同时保存；电子文件登记表如果制成电子表格，应与电子文件一同保存，永久保存的电子表格应附有纸制等拷贝件并与相应的电子文件拷贝一起保存。

定期制作电子文件的备份。

4. 电子文件归档。电子文件的归档范围包括相应的背景信息和元数据。

（1）拷贝。首先把带有归档标识的电子文件集中，拷贝至耐久性好的载体上，一式三套，一套封存保管，一套供查阅使用，一套异地保存；对于加密电子文件，则应在解密后再制作拷贝；拷贝载体，按优先顺序依次为只读光盘、一次写光盘、磁带、可擦写光盘、硬磁盘等，不允许用软磁盘作为归档电子文件长期保存的载体。

（2）标示。存储电子文件的载体或装具上应贴有标签，标签上应注明载体序号、全宗号、类别号、密级、保管期限、存入日期等，归档后的电子文件的载体应设置成禁止写操作的状态；特殊格式的电子文件，应在存储载体中同时存有相应的查看软件。

（3）填表。将相应的电子文件机读目录、相关软件、其他说明等一同归档，并附《归档电子文件登记表》，归档电子文件应以盘为单位填写《归档电子文件登记表》首页，以件为单位填写续页；对需要长期保存的电子文件，应在每一个电子文件的载体中同时存有相应的机读目录；电子文件形成部门应将存有归档前电子文件的载体保存至少1 年。

五、项目法人收集档案材料的控制措施

中小河流治理等水利工程参建单位档案管理工作是衡量工程（项目）勘察、设计、研究、施工、监理等工作的重要标志，因此项目法人应采取有效措施严格管理。各有关参建单位在未办理归档工作移交手续前，项目法人应以扣留工程质量保证金作为控制措施，待各有关参建单位全部完成归档工作后，项目法人才可返还工程质量保证金，对于归档质量优良的有关单位或责任人，项目法人应予以适当奖励。

第四节　工程档案资料整理

中小河流治理等水利工程档案资料，项目法人应按照《科学技术档案案卷构成的一般要求》（GB/T 11822—2008）的规定进行分析、整理；对在数字设备及环境中生成，以数码形式存储于磁带、磁盘、光盘等载体，依赖计算机等数字设备阅读、处理，并可在通信网络上传送的文件电子档案，按照《电子文件归档与管理规范》（GB/T 18894—2002）的规定进行分析、整理。

一、档案资料质量要求

中小河流治理等水利工程档案质量是衡量中小河流治理等水利工程建设质量的重要依据，应将其纳入工程质量管理程序。档案质量应遵循文件的形成规律和特点，保持文件之间的有机联系，区别不同的利用价值，便于保管。各参建单位技术负责人应对其提供的档案质量负责，监理工程师对施工单位提交的归档材料质量负责，并履行审核签字手续，监理单位对提交的工程档案内容与整编质量情况编写专题审核报告。

1. 资料真实。中小河流治理等水利工程档案材料内容，必须准确反映中小河流治理等水利工程建设过程及其管理活动的真实情况，不得伪造、不得弄虚作假。

2. 内容完整。中小河流治理等水利工程归档文件材料的内容与形式均应齐全、完整、系统。归档的文件材料种数、份数以及每份文件的页数均应齐全完整；在归档的文件材料中，应将每份文件的正件与附件、印件与定稿、请示与批复、转发文件与原件、多种文字形成的同一文件分别立在一起，不得分开，文电应合一立卷；绝密文电单独立卷，少数普通文电如果与绝密文有密切联系，也可随同绝密文电立卷归档。

中小河流治理等水利工程电子档案文件应明确规定电子文件归档的时间、范围、技术环境、相关软件、版本、数据类型、格式、被操作数据、检测数据等要求，保证归档电子文件的质量。

3. 耐久存放。中小河流治理等水利工程档案材料的载体和书写材料应符合耐久性要求，不能有热敏纸，不能有铅笔、圆珠笔、红墨水、纯蓝墨水、复写纸等书写的字迹（包括拟写、修改、补充、注释或签名），并做到用纸、用笔规范，字迹清楚，图样清晰，图表整洁，装订整齐，竣工图及音像材料须标注的内容清楚、签字手续完备，图片、照片等还要附以有关情况说明。归档图纸应按《技术制图复制图的折叠方法》（GB/T 10609.3—2009）要求统一折叠。

二、整理内容、方法

中小河流治理等水利工程档案资料的整理包括分类、组合、排列和编目，使其系统起来，便于保管和利用。

1. 过滤筛选。项目法人对参建单位移交的原始档案资料，应首先进行过滤，并审查这些工程资料的完整性、系统性，对于在工程建设时间上不能连续的、在工程项目上漏项的、在资料审核手续上缺签的，应及时查明原因。对那些不符合档案管理要求的原始资料，如果条件允许能够补正的原始档案资料应退回原单位重新补正。

对符合档案管理要求的档案材料，项目法人应按照工程建设顺序、项目类别，逐项、逐件进行分析考证、去伪存真，以保证中小河流治理等水利工程档案资料的准确性和完整性。

音像档案材料是纸制载体档案材料的必要补充，有关参建单位各自产生的照片、胶片、录音、录像等音像资料，均应注明事由、时间、地点、人物、作者等内容，工程建设重要阶段、重大事故、重要事件，必须有完整的音像材料归档。项目法人在分析整理音像档案时，应与工程建设的相应阶段或相应事件相结合，保证音像档案的完整性。

具有永久保存价值的文本或图形形式的电子文件首先进行鉴定。电子文件的鉴定工作应包括对电子文件的真实性、完整性、有效性的鉴定及确定密级、归档范围和划定保管期限。如果文件形成单位采用了某些技术方法保证电子文件的真实性、完整性和有效性，则应把其技术方法和相关软件一同移交给接收单位。电子文件必须制成纸制文件或缩微品等纸制等拷贝件。归档时，应同时保存文件的电子版本、纸制版本或缩微品，并应在内容、相关说明及描述上保持一致。电子文件的整理按《归档文件整理规则》（DA/T 222000）的要求进行，电子文件以件为单位整理，按电子文件类别代码相对集中组织存储载体。电子文件参照《档案著录规则》的要求（DA/T 1899）进行著录，同时按照保证其真实性、完整性和有效性的要求补充电子文件特有的著录项目和其他标识；将著录结果制成机读目录和纸制目录。

2. 分类组卷。

（1）分类原则。项目法人应树立全新的全宗理念，应以全宗为对象制订档案分类方案。确定工程项目档案的分类方案，应按照档案集中统一管理的要求，结合工程建设实际，按工程建设过程产生文件材料的性质、工程建设项目的专业、类别统一考虑。在确定分类方案时，要视整个项目工程为一个全宗，也就是说，工程项目的分类方案应能包含这个工程建设项目的全部档案内容，既包括纸制载体，也包括音像档案；既包括工程建设管理方面的文件材料，也应包括工程可研、勘察、设计、施工、监理、竣工验收等建设过程中及建成后试运行等方面所产生的文件材料。每个工程项目档案的分类方案都因其工程项目内容（大小）的不同而有所区别。同时还要考虑文件材料之间的从属关系，确保所有文件材料都能归入相应的类别中。

（2）分类组卷方法。中小河流治理等水利工程项目的档案材料按其结构或阶段等分别组卷；不同年度的文件一般不得放在一起立卷，但跨年度的请示与批复，放在"复文"年立卷；没有"复文"的，放在"请示"年立卷；跨年度的规划放在第一年立卷；跨年度的总结放在最后一年立卷；跨年度的会议文件放在会议开幕年，其他文件的立卷按照有关规定执行。

工程图纸资料的分类：一个单位保存一套相关的通用图、标准图，并单独组卷；采用了这些通用图、标准的项目，其档案材料组卷时可在卷内备考表中说明并标注标准图、通用图的图号；底图以张为单位单独保存和管理。

音像档案的分类：照片档案按年代、问题分类，同属一类的照片按时间顺序编号，同时填写其底片号；录音带、录像带、摄像带按年代、问题分类，按内容编号。同一内容分录几盘的应视为一个案卷，编一个案卷号，然后每盘再依次编排序号；编注与其他载体档案相联系的参照号。格式为（档案形态）档号/（档案形态）档号。

电子文件的分类：同一卷宗内的电子文件按照年度—保管期限—机构（问题）或保管期限—年度—机构（问题）等分类方案进行分类。

3. 材料排列。

（1）排列顺序。案卷内中小河流治理等水利工程档案文件材料应区别不同情况进行排列，密不可分的文件材料应依序排列在一起，即批复在前，请示在后；文字在前，图样在后；有译文的外文资料译文在前，原文在后；正件在前，附件在后；印件在前，定稿在后；其他文件材料依其形成规律或特点，应保持文件之间的密切联系并进行系统的排列。

（2）工程项目类档案排列。中小河流治理等水利工程项目案卷按项目依据性材料、基础性材料、工程设计（含初步设计、技术设计、施工图设计）、工程施工、工程监理、工程竣工验收等排列。

（3）设备类档案排列。设备类案卷按设备依据性材料、外购设备开箱验收（自制设备的设计、制造、验收）、设备安装调试、随机文件材料、设备运行、设备维护等排列。

（4）管理类档案排列。中小河流治理等水利工程档案管理案卷内管理的档案资料，按中小河流治理等水利工程产生的问题、形成的时间或问题的重要程度进行排列。

第五节 档案资料归档

项目法人对分析整理后的中小河流治理等水利工程档案资料，统一进行归档保管，以便于在工程运行、管理中调用。对有向流域机构档案馆移交要求的档案，及时向流域机构档案馆移交。工程档案的归档与移交必须编制档案目录。档案目录应为案卷级，并须填写工程档案交接单。交接双方应认真核对目录与实物，并由经手人签字、加盖单位公章确认。

一、建立检索系统

为了避免中小河流治理等水利工程档案杂乱无章、无法利用，保证各种表格、文件、资料档案查找方便，项目法人应把存入档案库或存入计算机存储器的档案资料，建立一套科学的查找方法，即检索系统，做好编目分类工作。

二、档案归档数量

中小河流治理等水利工程档案保管数量应严格按照档案管理有关规定执行。总体要求如下：

1. 完整资料不少于 2 套。项目法人与运行管理单位应各保存 1 套较完整的工程档案材料（当二者为一个单位时，应异地保存 1 套），只有一份的文件材料的情况下，应由工程（项目）的产权单位保存原件（多家产权的，由投资多的一方保存原件），其他单位保存复印件。

涉及多家运行管理单位时，各运行管理单位则只保存与其管理范围有关的工程档案材料。

2. 竣工图不少于 3 套。竣工图一般不得少于 3 套：1 套交工程管理单位档案部门，1 套交管理单位负责运行维护的业务部门；1 套交工程项目法人档案部门（当项目法人就是管理单位时，可少交 1 套）；关系到全国性的重要项目，还需按国家档案局的规定，增交 1 套给有关档案馆。集资或合资兴建的项目，可由项目法人根据实际情况增加竣工图的份数。

3. 附加流域机构 1 套。流域控制性水利枢纽工程，项目法人应负责向流域机构档案馆移交 1 套完整的工程竣工图及工程竣工验收等相关文件材料。

三、整个工程项目档案归档时间

整个水利工程项目档案的归档工作和项目法人向有关单位的档案移交工作，应在工程竣工验收后三个月内完成；项目尾工的归档工作应在尾工完成后的一个月内完成。

第六节 中小河流治理工程档案管理工作验收

中小河流治理等水利工程档案的竣工验收，应在中小河流治理等水利工程建设项目验收委员会或验收小组的领导下，与工程（项目）验收同步或提前进行。

一、项目法人自检

中小河流治理等水利工程竣工验收前，项目法人应组织施工、设计、监理、管理等单位的项目负责人、工程技术人员和档案管理人员，对中小河流治理等水利工程档案的收集、整理、归档等工作，特别是竣工图的编制与整理情况，进行一次彻底的检查，并写出自检报告（参见验收报告内容），在申请工程（项目）验收时，一并报送给验收主管单位，并抄送验收主管单位的档案部门。

二、成立验收组织

在中小河流治理等水利工程竣工验收时，项目法人应组织成立中小河流治理等水利工程档案验收组，档案验收组由参加工程验收的档案管理人员和建设、监理、管理、施工等单位的档案管理人员及工程技术人员组成。

三、验收工作的步骤

1. 步骤 1：听取项目法人有关工程建设情况和档案收集、整理、归档、移交、管理与竣工档案资料保管情况的自检报告。

2. 步骤2：听取参加中小河流治理等水利工程的施工监理单位对项目档案整理情况的审核报告。

3. 步骤3：对验收前已进行档案检查评定的水利工程，还应听取被委托单位的检查评定意见。

4. 步骤4：查看工程建设现场，了解工程建设实际情况。

5. 步骤5：根据中小河流治理等水利工程建设规模，抽查各单位档案整理情况。抽查工程档案资料的比例一般不得少于项目法人应保存档案数量的8%，其中竣工图不得少于一套竣工图总张数的10%；抽查档案总量应在200卷以上。

6. 步骤6：验收组成员进行综合评议。

7. 步骤7：形成档案专项验收意见，并向项目法人和所有会议代表反馈。

8. 步骤8：验收主持单位以文件形式正式印发档案专项验收意见。

四、验收报告内容

大（中）型水利工程建设项目，要在验收工作结束时写出验收专题报告（此报告应作为工程竣工验收鉴定书的附件，并将主要内容反映到鉴定书中）；重点小型中小河流治理等一般工程也应在工程竣工验收鉴定书中，反映出有关档案资料的情况与评价意见。档案资料验收组的验收报告包括以下内容：

1. 内容1：档案资料工作概况：档案资料工作管理体制（包括机构、人员等）和档案保管条件（包括库房、设备等）及有关档案资料的形成、积累、整理（立卷）情况，其中包括项目单位、单项工程数和产生档案资料总数（卷、册、张）。

2. 内容2：竣工图的编制情况与质量。

3. 内容3：档案资料的移交情况，并注明已移交的卷（册）数、图纸张数等有关数字。

4. 内容4：对档案资料完整、准确、系统性的评价及档案资料在施工和管理工作中发挥作用的情况。

5. 内容5：档案资料工作中存在的问题、解决措施及对整个工程建设项目验收产生的影响。

第七节　档案保管期限

水利工程档案的保管期限分为永久、长期、短期三种。长期工程档案的实际保存期限不得少于工程实际寿命。

电子文件保管期限，参照国家关于纸制文件材料保管期限的有关规定执行。电子文件的背景信息和元数据的保管期限应当与内容信息的保管期限一致。应在电子文件的机读目录上逐件标注保管期限的标识。

项目法人等相关单位应按照《水利基本建设项目文件材料归档保管期限表》（表15.1）中的原则规定，确定中小河流治理等水利工程档案保管期限。

表 15.1 水利基本建设项目文件材料归档保管期限表

序号	归 档 文 件	保管期限		
		项目法人	运行管理单位	流域机构档案馆
1	工程建设前期工作文件材料			
1.1	勘察设计任务书、报批文件及审批文件	永久	永久	
1.2	规划报告书、附件、附图、报批文件及审批文件	永久	永久	
1.3	项目建议书、附件、附图、报批文件及审批文件	永久	永久	
1.4	可行性研究报告书、附件、附图、报批文件及审批文件	永久	永久	
1.5	初步设计报告书、附件、附图、报批文件及审批文件	永久	永久	
1.6	各阶段的环境影响、水土保持、水资源评价等专项报告及批复文件	永久	永久	
1.7	各阶段的评估报告	永久	永久	
1.8	各阶段的鉴定、实验等专题报告	永久	永久	
1.9	招标设计文件	永久	永久	
1.10	技术设计文件	永久	永久	
1.11	施工图设计文件	长期	长期	
2	工程建设管理文件材料			
2.1	工程建设管理有关规章制度、办法	永久	永久	
2.2	开工报告及审批文件	永久	永久	
2.3	重要协调会议与有关专业会议的文件及相关材料	永久	永久	
2.4	工程建设大事记	永久	永久	永久
2.5	重大事件、事故音像材料	长期	长期	
2.6	有关工程建设管理及移民工作的各种合同、协议书	长期	长期	
2.7	合同谈判记录、纪要	长期	长期	
2.8	合同变更文件	长期	长期	
2.9	索赔与反索赔材料	长期		
2.10	工程建设管理涉及的有关法律事务往来文件	长期	长期	
2.11	移民征地申请、批准文件及红线图（包括土地使用证）、行政区域图、坐标图	永久	永久	
2.12	移民拆迁规划、安置、补偿及实施方案和相关的批准文件	永久	永久	
2.13	各种专业会议记录	长期	*长期	
2.14	专业会议纪要	永久	*永久	*永久
2.15	有关领导的重要批示	永久	永久	
2.16	有关工程建设计划、实施计划和调整计划	长期		
2.17	重大设计变更及审批文件	永久	永久	永久
2.18	有关质量及安全生产事故处理文件材料	长期	长期	

序号	归 档 文 件	保管期限		
		项目法人	运行管理单位	流域机构档案馆
2.19	有关招标技术设计、施工图设计及其审查文件材料	长期	长期	
2.20	有关投资、进度、质量、安全、合同等控制文件材料	长期		
2.21	招标文件、招标修改文件、招标补遗及答疑文件	长期		
2.22	投标书、资质资料、履约类保函、委托授权书和投标澄清文件、修正文件	永久		
2.23	开标、评标会议文件及中标通知书	长期		
2.24	环保、档案、防疫、消防、人防、水土保持等专项验收的请示、批复文件	永久	永久	
2.25	工程建设不同阶段产生的有关工程启用、移交的各种文件材料	永久	永久	*永久
2.26	出国考察报告及外国技术人员提供的有关文件材料	永久		
2.27	项目法人在工程建设管理方面与有关单位（含外商）的重要来往函电	永久		
3	施工文件材料			
3.1	工程技术要求、技术交底、图纸会审纪要	长期	长期	
3.2	施工计划、技术、工艺、安全措施等施工组织设计报批及审核文件	长期	长期	
3.3	建筑原材料出厂证明、质量鉴定、复验单及试验报告	长期	长期	
3.4	设备材料、零部件的出厂证明（合格证）、材料代用核定审批手续、技术核定单、业务联系单、备忘录等		长期	
3.5	设计变更通知、工程更改洽商单等	永久	永久	永久
3.6	施工定位（水准点、导线点、基准点、控制点等）测量、复核记录	永久	永久	
3.7	施工放样记录及有关材料	永久	永久	
3.8	地质勘探和土（岩）试验报告	永久	长期	
3.9	基础处理、基础工程施工、桩基工程、地基验槽记录	永久	永久	
3.10	设备及管线焊接试验记录、报告，施工检验、探伤记录	永久	长期	
3.11	工程或设备与设施强度、密闭性试验记录、报告	长期	长期	
3.12	隐蔽工程验收记录	永久	长期	
3.13	记载工程或设备变化状态（测试、沉降、位移、变形等）的各种监测记录	永久	长期	
3.14	各类设备、电气、仪表的施工安装记录，质量检查、检验、评定材料	长期	长期	
3.15	网络、系统、管线等设备、设施的试运行、调试、测试、试验记录与报告	长期	长期	
3.16	管线清洗、试压、通水、通气、消毒等记录、报告	长期	长期	
3.17	管线标高、位置、坡度测量记录	长期	长期	
3.18	绝缘、接地电阻等性能测试、校核记录	永久	长期	
3.19	材料、设备明细表及检验、交接记录	长期	长期	
3.20	电器装置操作、联动实验记录	短期	长期	

序号	归 档 文 件	保管期限		
		项目法人	运行管理单位	流域机构档案馆
3.21	工程质量检查自评材料	永久	长期	
3.22	施工技术总结，施工预、决算	长期	长期	
3.23	事故及缺陷处理报告等相关材料	长期	长期	
3.24	各阶段检查、验收报告和结论及相关文件材料	永久	永久	*永久
3.25	设备及管线施工中间交工验收记录及相关材料	永久	长期	
3.26	竣工图（含工程基础地质素描图）	永久	永久	永久
3.27	反映工程建设原貌及建设过程中重要阶段或事件的音像材料	永久	永久	永久
3.28	施工大事记	长期	长期	
3.29	施工记录及施工日记		长期	
4	监理文件材料			
4.1	监理合同协议，监理大纲，监理规划、细则、采购方案、监造计划及批复文件	长期		
4.2	设备材料审核文件	长期		
4.3	施工进度、延长工期、索赔及付款报审材料	长期		
4.4	开（停、复、返）工令、许可证等	长期		
4.5	监理通知，协调会审纪要，监理工程师指令、指示，来往信函	长期		
4.6	工程材料监理检查、复检、实验记录、报告	长期		
4.7	监理日志、监理周（月、季、年）报、备忘录	长期		
4.8	各项控制、测量成果及复核文件	长期		
4.9	质量检测、抽查记录	长期		
4.10	施工质量检查分析评估、工程质量事故、施工安全事故等报告	长期	长期	
4.11	工程进度计划实施的分析、统计文件	长期		
4.12	变更价格审查、支付审批、索赔处理文件	长期		
4.13	单元工程检查及开工（开仓）签证，工程分部分项质量认证、评估	长期		
4.14	主要材料及工程投资计划、完成报表	长期		
4.15	设备采购市场调查、考察报告	长期		
4.16	设备制造的检验计划和检验要求、检验记录及试验、分包单位资格报审表	长期		
4.17	原材料、零配件等的质量证明文件和检验报告	长期		
4.18	会议纪要	长期	长期	
4.19	监理工程师通知单、监理工作联系单	长期		
4.20	有关设备质量事故处理及索赔文件	长期		
4.21	设备验收、交接文件，支付证书和设备制造结算审核文件	长期	长期	

序号	归 档 文 件	保管期限		
		项目法人	运行管理单位	流域机构档案馆
4.22	设备采购、监造工作总结	长期	长期	
4.23	监理工作音像材料	长期	长期	
4.24	其他有关的重要来往文件	长期	长期	
5	工艺、设备材料（含国外引进设备材料）文件材料			
5.1	工艺说明、规程、路线、试验、技术总结		长期	
5.2	产品检验、包装、工装图、检测记录		长期	
5.3	采购工作中有关询价、报价、招投标、考察、购买合同等文件材料	长期		
5.4	设备、材料报关（商检、海关）、商业发票等材料	永久		
5.5	设备、材料检验、安装手册、操作使用说明书等随机文件		长期	
5.6	设备、材料出厂质量合格证明、装箱单、工具单，备品备件单等		短期	
5.7	设备、材料开箱检验记录及索赔文件等材料	永久		
5.8	设备、材料的防腐、保护措施等文件材料		短期	
5.9	设备图纸、使用说明书、零部件目录		长期	
5.10	设备测试、验收记录		长期	
5.11	设备安装调试记录、测定数据、性能鉴定		长期	
6	科研项目文件材料			
6.1	开题报告、任务书、批准书	永久		
6.2	协议书、委托书、合同	永久		
6.3	研究方案、计划、调查研究报告	永久		
6.4	试验记录、图表、照片	永久		
6.5	实验分析、计算、整理数据	永久		
6.6	实验装置及特殊设备图纸、工艺技术规范说明书	永久		
6.7	实验装置操作规程、安全措施、事故分析	长期		
6.8	阶段报告、科研报告、技术鉴定	永久		
6.9	成果申报、鉴定、审批及推广应用材料	永久		
6.10	考察报告	永久		
7	生产技术准备、试生产文件材料			
7.1	技术准备计划		长期	
7.2	试生产管理、技术责任制等规定		长期	
7.3	开停车方案		长期	
7.4	设备试车、验收、运转、维护记录		长期	

续表 15.1

序号	归　档　文　件	保管期限		
		项目法人	运行管理单位	流域机构档案馆
7.5	安全操作规程、事故分析报告		长期	
7.6	运行记录		长期	
7.7	技术培训材料		长期	
7.8	产品技术参数、性能、图纸		长期	
7.9	工业卫生、劳动保护材料、环保、消防运行检测记录		长期	
8	财务、器材管理文件材料			
8.1	财务计划、投资、执行及统计文件	长期		
8.2	工程概算、预算、决算、审计文件及标底、合同价等说明材料	永久		
8.3	主要器材、消耗材料的清单和使用情况记录	长期		
8.4	交付使用的固定资产、流动资产、无形资产、递延资产清册	永久	永久	
9	竣工验收文件材料			
9.1	工程验收申请报告及批复	永久	永久	永久
9.2	工程建设管理工作报告	永久	永久	永久
9.3	工程设计总结（设计工作报告）	永久	永久	永久
9.4	工程施工总结（施工管理工作报告）	永久	永久	永久
9.5	工程监理工作报告	永久	永久	永久
9.6	工程运行管理工作报告	永久	永久	永久
9.7	工程质量监督工作报告（含工程质量检测报告）	永久	永久	永久
9.8	工程建设音像材料	永久	永久	永久
9.9	工程审计文件、材料、决算报告	永久	永久	永久
9.10	环境保护、水土保持、消防、人防、档案等专项验收意见	永久	永久	永久
9.11	工程竣工验收鉴定书及验收委员签字表	永久	永久	永久
9.12	竣工验收会议其他重要文件材料及记载验收会议主要情况的音像材料	永久	永久	永久
9.13	项目评优报奖申报材料、批准文件及证书	永久	永久	永久

注：保管期限中有＊的类项，表示相关单位只保存与本单位有关或较重要的相关文件材料。

第十六章　项目法人违规行政处罚有关规定

在中小河流治理等水利工程建设中，由于项目法人（建设单位）的过错出现的违规、违纪等问题，由项目法人（建设单位）承担相应行政处罚责任，项目法人（建设单位）有关责任人构成犯罪的移交司法机关处理。本节分类别列举了项目法人（建设单位）在中小河流治理工程建设中，部分容易出现的违规、违纪问题及其相应行政处罚规定，供项目法人（建设单位）在中小河流治理等水利工程建设中借鉴。

第一节　项目法人在建设程序方面违规行政处罚有关规定

1. 项目法人（建设单位）凡违反工程建设程序管理规定的，水利部《水利工程建设程序管理暂行规定》（水建〔1998〕16号）第十二条规定：由项目行业主管部门，根据情节轻重，对责任者进行处理。

2. 项目法人（建设单位）未取得施工许可证或者开工报告未经批准，擅自施工的，《建设工程质量管理条列》第五十七条规定：责令停止施工，限期改正，处工程合同价款1%以上2%以下的罚款。

第二节　项目法人在勘察设计方面违规行政处罚有关规定

1. 项目法人未为勘察工作提供必要的现场工作条件或者未提供真实、可靠原始资料的，《建设工程勘察质量管理办法》第二十三条规定：由工程勘察质量监督部门责令改正；造成损失的，依法承担赔偿责任。

2. 项目法人或发包方将建设工程勘察、设计业务发包给不具有相应资质等级的建设工程勘察、设计单位的，《建设工程勘察设计管理条例》第三十八条规定：由水利等行政主管部门责令改正；处50万元以上100万元以下的罚款。

3. 项目法人水利工程中，违规处理设计变更的，水利部《关于印发〈水利工程设计变更管理暂行办法〉的通知》（水规计〔2012〕93号）第十八条规定：项目法人有以下行为之一的，各级水行政主管部门、流域机构应当责令改正，并提出追究相关责任单位和责任人责任的意见：（1）不按照规定权限、条件和程序审查、报批工程设计变更文件的；（2）将工程设计变更肢解规避审批的；（3）未经审批，擅自实施设计变更的。

第三节　项目法人在招标投标方面违规行政处罚有关规定

1. 项目法人或发包方迫使承包方以低于成本的价格竞标的，《建设工程质量管理条例》第五十六条、第七十三条规定：由水利等行政主管部门责令改正，处20万元以上50万元以下的罚款。给予单位罚款处罚的，对单位直接负责的主管人员和其他直接责任人员处单位罚款数额5%以上10%以下的罚款。

2. 依法必须进行招标项目的项目法人或招标人，向他人透露已获取招标文件的潜在投标人的名称、数量或者可能影响公平竞争的有关招标投标的其他情况的，或者泄露标底且未构成犯罪的，《中华人民共和国招标投标法》第五十二条、《工程建设项目施工招标投标办法》第七十一条规定：由水利等行政监督部门给予警告，可以并处一万元以上十万元以下的罚款；影响中标结果的，中标无效。

3. 必须进行招标的项目而不招标的，将必须进行招标的项目化整为零或者以其他任何方式规避招标，《中华人民共和国招标投标法》第四十九条、《工程建设项目施工招标投标办法》第六十八条规定：由水利等行政监督部门责令限期改正，可以处项目合同金额千分之五以上千分之十以下的罚款；对全部或者部分使用国有资金的项目，可以暂停项目执行或者暂停资金拨付。

4. 项目法人或招标人以不合理的条件限制或者排斥潜在投标人的，对潜在投标人实行歧视待遇的，强制要求投标人组成联合体共同投标的，或者限制投标人之间竞争的，《中华人民共和国招标投标法》第五十一条、《工程建设项目施工招标投标办法》第七十条规定：由水利等行政监督部门责令改正，可以处一万元以上五万元以下的罚款。

5. 项目法人或招标人在发布招标公告、发出投标邀请书或者售出招标文件或资格预审文件后终止招标且无正当理由的，《工程建设项目施工招标投标办法》第七十二条规定：由水利等行政监督部门给予警告，根据情节可处三万元以下的罚款；给潜在投标人或者投标人造成损失的，并应当赔偿损失。

6. 项目法人或招标人不按规定期限确定中标人的，或者中标通知书发出后，改变中标结果的，无正当理由不与中标人签订合同的，或者在签订合同时向中标人提出附加条件或者更改合同实质性内容的，《工程建设项目施工招标投标办法》第八十一条、《工程建设项目货物招标投标办法》第五十八条规定：由水利等行政监督部门给予警告，责令改正，根据情节可处三万元以下的罚款；造成中标人损失的，并应当赔偿损失。

7. 项目法人或招标人在评标委员会依法推荐的中标候选人以外确定中标人的，依法必须进行招标的项目在所有投标被评标委员会否决后自行确定中标人的，《中华人民共和国招标投标法》第五十七条、《工程建设项目施工招标投标办法》第八十条、《评标委员会和评标方法暂行规定》第五十五条规定：由水利等行政监督部门宣布中标无效。责令改正，处中标项目金额千分之五以上千分之十以下的罚款；对单位直接负责的主管人员和其他直接责任人员依法给予处分。

8. 项目法人或招标人迟迟不确定中标人或者无正当理由不与中标人签订合同的，《评标委员会和评标方法暂行规定》第五十七条规定：由水利等行政监督部门给予警告，根据情节可处一万元以下的罚款；造成中标人损失的，并应当赔偿损失。

9. 项目法人或招标人或者招标代理机构具有不符合规定条件或虽符合条件而未经批准，擅自进行邀请招标或不招标的；不按项目审批部门核准内容进行招标的；不具备招标条件而进行招标的；非因不可抗力原因，在发布招标公告、发出投标邀请书或者发售资格预审文件或招标文件后终止招标的；投标人数量不符合法定要求不重新招标的；未在指定的媒介发布招标公告的；邀请招标不依法发出投标邀请书的；依法必须招标的货物，自招标文件开始发出之日起至提交投标文件截止之日止，少于二十日的；依法必须招标的项目，自招标文件开始发出之日起至提交投标文件截止之日止少于五日的。

项目法人或招标人或者招标代理机构具有上述行为之一的，《工程建设项目施工招标投标办法》第七十三条、《工程建设项目货物招标投标办法》第五十五条、《工程建设项目勘察设计招标投标办法》第五十条规定：由水利等行政监督部门责令改正，可以并处一万元以上三万元以下罚款；情节严重的，招标无效。

10. 在工程发包与承包中索贿、受贿、行贿不构成犯罪的，《中华人民共和国建筑法》第六十八条规定：由水利等行政主管部门分别处以罚款，没收贿赂的财物，对直接负责的主管人员和其他直接责任人员给予处分；对在工程承包中行贿的承包单位，可以责令停业整顿，降低资质等级或者吊销资质证（责令停业整顿、降低资质等级由颁发资质证书、资格证书的机关决定）。

第四节　项目法人在财务管理方面违规行政处罚有关规定

1. 项目法人在水利工程中截留、挪用工程资金的，《财政违法行为处罚处分条例》第九条规定：单位和个人有下列违反国家有关投资建设项目规定的行为之一的，责令改正，调整有关会计账目，追回被截留、挪用、骗取的国家建设资金，没收违法所得，核减或者停止拨付工程投资。对单位给予警告或者通报批评，其直接负责的主管人员和其他直接责任人员属于国家公务员的，给予记大过处分；情节较重的，给予降级或者撤职处分；情节严重的，给予开除处分：（1）截留、挪用国家建设资金；（2）以虚报、冒领、关联交易等手段骗取国家建设资金；（3）违反规定超概算投资；（4）虚列投资完成额；（5）其他违反国家投资建设项目有关规定的行为。

2. 项目法人工作人员在水利工程中虚报、冒领工程资金的，《财政违法行为处罚处分条例》第六条规定：国家机关及其工作人员有下列违反规定使用、骗取财政资金的行为之一的，责令改正，调整有关会计账目，追回有关财政资金，限期退还违法所得。对单位给予警告或者通报批评。对直接负责的主管人员和其他直接责任人员给予记大过处分；情节较重的，给予降级或者撤职处分；情节严重的，给予开除处分：（1）以虚报、冒领等手段骗取财政资金；（2）截留、挪用财政资金；（3）滞留应当下拨的财政资金；（4）违反规定扩大开支范围，提高开支标准；（5）其他违反规定使用、骗取财政资金的行为。

3. 项目法人在中小河流治理工程中截留、挤占、挪用专项资金的，财政部、水利部《关于印发〈全国中小河流治理项目和资金管理办法〉的通知》（财建〔2011〕156 号）第三十九条规定：对于截留、挤占、挪用专项资金等违法行为，一经核实，财政部将收回已安排的专项资金，通报批评，并按《财政违法行为处罚处分条例》的相关规定进行处理。涉嫌犯罪的，移送司法机关处理。

第五节　项目法人在质量管理方面违规行政处罚有关规定

1. 项目法人（建设单位）对不合格的建设工程按照合格工程验收的，《建设工程质量管理条例》第五十八条、第七十三条规定：由水利等行政主管部门责令改正，处工程合同价款2%以上4%以下的罚款；造成损失的，依法承担赔偿责任。给予单位罚款处罚的，对单位直接负责的主管人员和其他直接责任人员处单位罚款数额 5% 以上 10% 以下的罚款。

2. 项目法人（建设单位）将建设工程发包给不具有相应资质等级的勘察、设计、施工单位或者委托给不具有相应资质等级的工程监理单位的，《建设工程质量管理条例》第五十四条、第七十三条规定：由水利等行政主管部门责令改正，处 50 万元以上 100 万元以下的罚款；给予单位罚款处罚的，对单位直接负责的主管人员和其他直接责任人员处单位罚款数额 5% 以上 10% 以下的罚款。

3. 项目法人（建设单位）将建设工程肢解发包的，《建设工程质量管理条例》第五十五条、第七十三条规定：由水利等行政主管部门责令改正，处工程合同价款 0.50% 以上 1% 以下的罚款；对全部或者部分使用国有资金的项目，并可以暂停项目执行或者部分暂停资金拨付。给予单位罚款处罚的，对单位直接负责的主管人员和其他直接责任人员处单位罚款数额 5% 以上 10% 以下的罚款。

4. 项目法人（建设单位）明示或者暗示设计单位或者施工单位违反工程建设强制性标准，降低工程质量的，《实施工程建设强制性标准监督规定》第十六条规定：由水利等行政主管部门责令改正，处 20 万元以上 50 万元以下的罚款。

5. 项目法人（建设单位）明示或者暗示施工单位使用不合格的建筑材料的、建筑构配件和设备的，《实施工程建设强制性标准监督规定》第十六条规定：由水利等行政主管部门责令改正，并处以 20 万元以上 50 万元以下的罚款。

6. 项目法人（建设单位）未取得施工许可证或者开工报告未经批准，擅自施工的，《建设工程质量管理条例》第五十七条、第七十三条规定：由水利等行政主管部门责令停止施工，限期改正，处工程合同价款 1% 以上 2% 以下的罚款；给予单位罚款处罚的，对单位直接负责的主管人员和其他直接责任人员处单位罚款数额 5% 以上 10% 以下的罚款。

7. 由于项目法人责任酿成质量事故单位未构成犯罪的，《水利工程质量事故处理暂行规定》第三十一条规定：由县级以上水行政主管部门或经授权的流域机构（其中特大质量事故由水利部或水利部会同有关部门进行处理）令其立即整改；造成较大以上质量事故的进行通报批评、调整项目法人；对有关责任人处以行政处分。

8. 项目法人（建设单位）有下列行为之一的：未按规定选择相应资质等级的勘察设计、施工、监理单位的；未按规定办理工程质量监督手续的；未按规定及时进行已完工程验收就进行下一阶段施工和未经竣工或阶段验收，而将工程交付使用的；发生重大工程质量事故没有按有关规定及时向有关部门报告的，《水利工程质量管理规定》第四十三条规定：由其主管部门予以通报批评或其他纪律处理。

第六节　项目法人在施工监理方面违规行政处罚有关规定

1. 建设项目必须实行工程监理而未实行工程监理的，《建设工程质量管理条例》第五十六条、第七十三条规定：由水利等行政主管部门责令改正，处 20 万元以上 50 万元以下的罚款。给予单位罚款处罚的，对单位直接负责的主管人员和其他直接责任人员处单位罚款数额 5% 以上 10% 以下的罚款。

2. 工程监理单位与项目法人（建设单位）或者施工单位串通，弄虚作假、降低工程质量的,《建设工程安全生产管理条例》第六十七条、第七十三条规定:由水行政主管部门责令改正,处 50 万元以上 100 万元以下的罚款,降低资质等级或者吊销资质证书;有违法所得的,予以没收;造成损失的,承担连带赔偿责任。给予单位罚款处罚的,对单位直接负责的主要人员和其他直接责任人员处单位罚款数额 5% 以上 10% 以下的罚款(降低资质等级或者吊销资质证书由颁发资质证书的机关决定)。

第七节 项目法人在建设管理方面违规行政处罚有关规定

1. 项目法人任意压缩合理工期的,《建设工程质量管理条例》第五十六条、第七十三条规定:由水利等行政主管部门责令改正,处 20 万元以上 50 万元以下的罚款。给予单位罚款处罚的,对单位直接负责的主管人员和其他直接责任人员处单位罚款数额 5% 以上 10% 以下的罚款。

2. 项目法人未对施工图设计文件进行审查或者审查不合格,擅自施工的,《建设工程质量管理条例》第五十六条、第七十三条规定:由水利等行政主管部门责令改正,处 20 万元以上 50 万元以下的罚款。给予单位罚款处罚的,对单位直接负责的主管人员和其他直接责任人员处单位罚款数额 5% 以上 10% 以下的罚款。

第八节 项目法人在安全生产方面违规行政处罚有关规定

1. 项目法人对勘察、设计、施工、监理等单位提出不符合安全生产法律、法规和强制性标准的要求,但未造成重大事故的,《水利工程建设安全生产管理规定》第四十条规定:由水行政主管部门或者流域管理机构,责令限期改正;处 20 万元以上 50 万元以下的罚款;造成损失的,依法承担赔偿责任。

2. 项目法人将拆除工程发包给不具有相应资质等级的施工单位但未造成重大事故的,《水利工程建设安全生产管理规定》第四十条规定:由水行政主管部门或者流域管理机构,责令限期改正;处 20 万元以上 50 万元以下的罚款;造成损失的,依法承担赔偿责任。

3. 项目法人要求施工单位压缩合同约定的工期但未造成重大安全事故的,《水利工程建设安全生产管理规定》第四十条规定:由水行政主管部门或者流域管理机构,责令限期改正;处 20 万元以上 50 万元以下的罚款;造成损失的,依法承担赔偿责任。

4. 由于生产、储存危险物品的建设项目竣工投入生产或者使用前,安全设施未经验收合格且未构成犯罪的,《中华人民共和国安全生产法》八十三条规定:由水利等负责安全生产监督管理的部门责令限期改正;逾期未改正的,责令停止建设或者停产停业整顿,可以并处 5 万元以下的罚款造成损失的,依法承担赔偿责任。

第九节 项目法人在质量监督方面违规行政处罚有关规定

1. 项目法人未按照国家规定办理工程质量监督手续的,《建设工程质量管理条例》第五十六条、第七十三条规定:由水利等行政主管部门责令改正,处 20 万元以上 50 万元以下的罚款。给予单位罚款处罚的,对单位直接负责的主管人员和其他直接责任人员处单位罚款数额 5% 以上 10% 以下的罚款。

2. 中小河流治理工程的项目法人（建设单位）未按《水利工程质量监督管理规定》（水建〔1997〕339 号）第二十一条规定办理《水利工程质量监督书》等质量监督手续的，《水利工程质量监督管理规定》（水建〔1997〕339 号）第三十二条规定：由县级以上水行政主管部门或经授权的流域机构责令限期改正或按《中华人民共和国行政处罚法》对建设单位进行处罚。

第十节　项目法人在工程验收方面违规行政处罚有关规定

1. 项目法人（建设单位）未组织竣工验收，擅自交付使用的，《建设工程质量管理条例》第五十八条、第七十三条规定：由水利等行政主管部门责令改正，处工程合同价款 2% 以上 4% 以下的罚款；造成损失的，依法承担赔偿责任。给予单位罚款处罚的，对单位直接负责的主管人员和其他直接责任人员处单位罚款数额 5% 以上 10% 以下的罚款。

2. 项目法人（建设单位）验收不合格，擅自交付使用的，《建设工程质量管理条例》第五十八条、第七十三条规定，由水利等行政主管部门责令改正，处工程合同价款 2% 以上 4% 以下的罚款；造成损失的，依法承担赔偿责任。给予单位罚款处罚的，对单位直接负责的主管人员和其他直接责任人员处单位罚款数额 5% 以上 10% 以下的罚款。

3. 项目法人未按照国家规定将竣工验收报告、有关认可文件或者准许使用文件报送备案的，《建设工程质量管理条例》第五十六条、第七十三条规定：由水利等行政主管部门责令改正，处 20 万元以上 50 万元以下的罚款。给予单位罚款处罚的，对单位直接负责的主管人员和其他直接责任人员处单位罚款数额 5% 以上 10% 以下的罚款。

4. 工程竣工验收后，项目法人（建设单位）未向建设行政主管部门或者其他有关部门移交建设项目档案的，《建设工程质量管理条例》第五十九条、第七十三条规定：由水利等行政主管部门责令改正，处 1 万元以上 10 万元以下的罚款。给予单位罚款处罚的，对单位直接负责的主管人员和其他直接责任人员处单位罚款数额 5% 以上 10% 以下的罚款。

第十七章　政府质量、安全监督管理

依据《水利工程质量监督管理规定》（水建〔1997〕339号），水行政主管部门负责水利工程质量监督工作。在我国境内新建、扩建、改建、加固各类水利水电工程和城镇供水、滩涂围垦等工程（统称水利工程）及其技术改造，包括配套与附属工程，均必须由水利工程质量监督机构负责质量监督。工程建设、监理、设计和施工单位在工程建设阶段，必须接受质量监督机构的监督。

第一节　质量、安全监督制度

一、水行政主管部门质量监督机构

水利工程质量、安全监督机构按三级设置，形成全国的水利工程质量、安全监督网络。

水利部设置全国水利工程质量、安全监督总站，各省级水利（水电）厅（局）设置水利工程质量、安全监督中心站，各地（市）级水利（水电）局设置水利工程质量、安全监督站。

各级质量、安全监督机构隶属于同级水行政主管部门，业务上接受上一级质量、安全监督机构的指导。

二、监督职责及方式和内容

（一）监督机构职责

在中小河流治理等水利工程建设阶段，质量、安全监督机构依法对工程建设监理、设计和施工等单位进行监督；工程竣工验收前，质量、安全监督机构必须对水利工程质量、安全进行等级核验。未经工程质量、安全等级核验或者核验不合格的工程，不得交付使用。

工程在申报优秀设计、优秀施工、优质工程项目时，必须有相应质量、安全监督机构签署的工程质量、安全评定意见。

（二）监督方式

水利工程建设项目质量、安全监督方式以抽查为主。对中、小型水利工程进行巡回监督。对工程有关部位进行检查，调阅建设、监理单位和施工单位的检测试验成果、检查记录等。

（三）监督内容

1. 制订工程质量安全监督计划。质量、安全监督机构根据被监督的中小河流治理等水利工程的规模、重要性等，制订质量、安全监督计划。

2. 核查工程参建单位资质等级。对监理、设计、施工等单位的资质等级、经营范围进行核查，发现越级承包工程等不符合规定要求的，责成项目法人限期改正，并向水行政主管部门报告。

3. 监督检查工程建筑用材用料。监督检查中小河流治理等水利工程使用的建筑材料、构配件及设备等，对使用未经检验或检验不合格的建筑材料、构配件及设备等，责成项目法人采取措施进行纠正。

4. 检查参建单位质量管理体系。对参与水利工程建设、监理单位的质量、安全检查体系和施工单位的质量、安全保证体系以及设计单位现场服务等实施监督检查。

5. 文件批复确认工程项目划分。质量、安全监督机构对中小河流治理等水利工程项目的单位工程、分部工程、单元工程的划分进行监督检查和确认，并以文件形式下发。

6. 监督检查法规步骤落实执行。监督检查技术规程、规范和质量、安全标准的执行情况。对违反技术规程、规范、质量标准或设计文件的施工单位，通知建设、监理单位采取纠正措施。问题严重时，可向水行政主管部门提出整顿的建议。

7. 监督检查工程质量评定结果。监督检查施工单位和建设、监理单位对中小河流治理等水利工程质量检验和质量评定情况。

8. 核定工程质量等级、提出建议。在中小河流治理等水利工程竣工验收前，对工程质量进行等级核定，编制工程质量评定报告，并向工程竣工验收委员会提出工程质量等级的建议。

9. 追究造成事故单位人员责任。在中小河流治理等水利工程建设期间，如果工程发生安全事故，监督机构提请有关部门或司法机关追究造成重大工程质量事故的单位和个人的行政、经济、刑事责任。

第二节　质量、安全监督控制体系

一、工程项目质量、安全监督机构

（一）监督机构设立

1. 工程项目质量安全监督机构。大型水利工程应建立质量、安全监督项目站；中、小型水利工程根据需要建立质量、安全监督项目站（组）。

2. 中小河流治理和小型病险水库除险加固工程质量监督机构。水利部《关于加强中小河流治理和小型病险水库除险加固建设管理工作的通知》（水建管〔2011〕426号）要求建立、健全"项目法人负责、监理单位控制、施工单位保证、政府部门监督"的质量安全管理体系。各级水行政主管部门要积极协调同级财政部门，将水利工程质量监督机构工作经费全额纳入部门预算。县级水行政主管部门要成立水利工程质量监督站，流域机构、省、市质量监督机构要加强对县级质量监督站的指导。对中小河流治理和小型病险水库除险加固项目，可根据需要建立质量监督项目站（组），进行巡回监督，积极推行工程关键部位和重点环节的强制性检测、"飞检"和第三方检测。施工方要完善质量检测手段。监理单位应按要求配备现场检测设备，认真落实旁站、巡视、跟踪检测和平行检测措施。工程参建单位要建立安全生产组织体系，落实安全生产责任制，强化重大质量与安全事故应急管理。

（二）监督人员配备

质量、安全监督机构应配备一定数量的专职质量、安全监督员。质量、安全监督员的数量由同级水行政主管部门根据工作需要和专业配套的原则确定。

质量、安全监督员必须取得工程师职称，或具有大专以上学历并有五年以上从事水利水电工程设计、施工、监理、咨询或建设管理工作的经历；坚持原则，秉公办事，认真执法，责任心强；经过培训并通过考核取得"水利工程质量、安全监督员证"。质量、安全监督人员需持此证进入施工现场执行质量、安全监督。

二、质量、安全监督手续

2008 年 11 月 13 日，国家财政部、发展改革委在《关于公布取消和停止征收 100 项行政事业性收费项目的通知》（财综〔2008〕78 号）中规定：取消水利建设工程质量监督费。

（一）质量监督手续

在中小河流治理等水利工程开工前，项目法人应到有管辖权的水行政主管部门水利工程质量监督机构办理质量监督手续，签订《水利工程质量监督书》。质量监督机构对中小河流治理等水利工程质量体系和施工过程中的工程质量进行监督检查，同时提交以下资料：

资料 1：工程项目建设审批文件（初步设计审批文件、列入计划的文件、工程设计说明及主要图纸）。

资料 2：项目法人与监理、设计、施工单位签订的合同（协议）副本。

资料 3：项目法人、监理、设计、施工等单位的基本情况和工程质量管理组织情况等资料。

资料 4：施工组织设计及监理实施细则。

（二）安全监督手续

在中小河流治理等水利工程开工前，项目法人应到有管辖权的水行政主管部门水利工程安全监督机构办理安全监督手续，同时提交以下资料：

资料 1：工程项目施工安全监督申请登记表。

资料 2：资质证书，包括：施工单位、项目经理、施工员、安全员等证书；勘察单位、注册岩土工程师证书；监理单位、总监理工程师证书；设计单位、注册建造师和注册结构工程师证书；施工企业安全生产许可证；等等。

资料 3：工程项目的项目经理、安全生产责任人、消防责任人任命书，工程项目、管理人员一览表及其证件，特种作业人员上岗证。

资料 4：安全生产、文明施工的责任制、目标管理要求、检查制度，安全教育制度。

资料 5：施工组织设计，脚手架安全施工组织设计、施工临时用电等专项安全施工组织设计方案、措施，起重机械设备和施工机具进场及安装使用管理制度。

资料 6：拟进入施工现场使用的施工起重机械设备清单（包括型号、数量）。

资料 7：生产安全事故应急救援预案。

资料 8：安全生产、文明施工措施费用的计取、使用计划、安全生产投入及相关保证措施。

资料9：工伤保险及以外伤害保险办理情况。

三、质量、安全监督书格式

水利部建设管理与质量安全中心制订了专用的质量、安全监督书范本，使用时可以借鉴，质量、安全监督书范本如下：

××工程质量监督书格式

××工程质量监督书

NO：_____

工　程　名　称：_____

项　目　法　人（章）_____

（建设单位）

质量监督单位（章）：_____

水利部建设管理与质量安全中心制

××工程质量监督书

工程名称		
工程地址		
项目法人	法人名称	
	法人代表	
	批准文件	
设计单位		
监理单位		
施工单位		
批准项目建议书文件		
批准预可研报告文件		
批准可研报告文件		
工程基本情况简介		
工程概算总投资	×亿元，其中建筑安装工程费×亿元。	
工程总工期	×月	监督时限	×年～×年
计划开竣工日期	开工日期	×年×月×日
	竣工日期	×年×月×日

续表

监督的主要建筑物：

工程建设工期安排：

质量监督内容：

　　依据《建筑法》、《建设工程质量管理条例》、有关部门规章、有关行业标准、强制性标准、经批准的设计文件、合同文件等的要求，对工程建设主体的质量行为和工程实体施工质量履行政府质量监督检查职责。

质量监督方式：

　　质量监督机构以抽样检查、检测与评价等方式开展质量监督工作。

　　根据国家有关规定，×接受×水利工程建设质量与安全监督站对×工程建设质量进行政府监督，及时提交：

　　（1）工程项目建设审批文件（复印件），初步设计文件；

　　（2）项目法人（建设单位）与监理、设计、施工单位签订的合同（或协议）副本（或复印件）；

　　（3）工程主要平面、剖面图；

　　（4）建设、监理、设计、施工等单位的基本情况和工程质量管理组织机构情况等资料；

　　（5）质监员住宿及办公条件。

未尽事宜见附件1。

法人代表或授权代表（签名）：

项目法人（章）：

填报日期：×年×月×日

　　×水利建设建设管理与质量安全中心将根据国家有关规定，认真履行质量监督职责，并根据本工程的特点，开展质量监督工作，详见《×工程质量监督工作导则》。

质量监督具体工作委托×质量、安全监督站承担。

×水利工程建设质量与安全监督站负责人（签名）：

单位（章）：

日　期：×年×月×日

附件1

相 关 说 明

　　根据国家有关规定，结合水利工程质量监督工作的实践，针对×工程（以下简称"×工程"）质量监督工作的相关事项，做如下说明：

　　1. 建设单位无偿为项目站提供办公用房×间，质量监督员住房×间（套）。项目站的办公家具由建设单位无偿提供。

　　2. 建设单位为质量监督人员提供用餐条件，费用自理。

　　3. 质量监督巡查期间，巡查人员往返×（机场所在地的城市）至×工程工地的交通用车由建设单位无偿提供。

4.　×前，项目站的现场交通用车由建设单位无偿提供，项目站根据工作需要通过×工程建设部的技术部门予以解决。

××工程质量监督工作导则

1　总　　则

1.1　为规范和指导×工程（以下简称"×工程"）政府质量监督工作，保证监督工作质量和效果，制订本导则。

1.2　×水利工程建设质量与安全监督站（以下简称"×站"）组建×工程质量监督项目站（以下简称"项目站"），派驻×工程现场履行政府质量监督职责。同时，组建×工程质量巡查组（以下简称"巡查组"），在项目站日常监督工作基础上，每年进行两次全面质量监督检查。

1.3　政府质量监督工作的目标是督促工程建设各方贯彻执行有关建设工程质量的法律、法规和强制性标准，落实法律、法规规定的质量责任和义务，保证工程质量，保护人民生命和财产安全。

1.4　项目站和巡查组主要对×工程×、×、×等工程施工质量实施政府监督。

1.5　质量监督工作的主要依据。

1.5.1　国家有关法律、法规、规章、强制性标准和规范性文件；

1.5.2　建设单位选用的有关国家行业技术标准，以及针对×工程建设制定的技术标准或技术规定；

1.5.3　经批准的设计文件；

1.5.4　主要合同文件。

1.6　质量监督工作期限自建设单位办理完质量监督手续起，至工程竣工验收为止。

2　质量监督职责和权限

2.1　项目站和巡查组应依据国家有关质量管理的法律、法规，结合×工程特点和工程建设实际情况，制订年度质量监督计划，开展质量监督工作，并对其质量监督成果负责。

项目站和巡查组履行政府监督职能，不代替建设、监理、施工、设计单位的质量管理工作。工程建设各方及个人均有权向项目站、巡查组和有关部门反映工程质量问题。

2.2　项目站和巡查组的质量监督职责。

2.2.1　贯彻执行国家有关工程建设质量管理的方针、政策；

2.2.2　监督×工程建设各方贯彻落实国家及相关主管部门有关工程建设质量管理的方针、政策等情况；

2.2.3　组织开展×工程质量监督检查；

2.2.4　掌握×工程施工质量动态，并及时向×站（原派出监督单位）报告；

2.2.5　受有关行政主管部门委托，参与重大质量事故调查。

2.3 项目站应根据质量监督工作需要和工程建设进展情况，适时要求建设单位和其他参建单位提供下列资料：

2.3.1 工程项目的审批文件；

2.3.2 工程招标设计文件及有关设计变更文件；

2.3.3 主要原材料采购、施工、监理和现场设计服务等合同文件；

2.3.4 建设单位、施工单位、监理单位、设计单位等参建单位的现场管理机构的设置、职责和主要负责人等情况；

2.3.5 其他需要的文件资料。

2.4 项目站和巡查组在履行质量监督检查时，其权限如下：

2.4.1 要求被检查单位提供有关工程质量的文件和资料；

2.4.2 进入被检查单位的施工现场进行检查；

2.4.3 发现工程质量问题时，及时向建设单位和有关责任单位通报；发现涉及工程安全的严重质量问题时，责令有关单位及时采取措施整改，对涉及违反法律、法规、强制性标准的有关责任单位和人员，依法向有关行政主管部门报告并提出处罚的建议。

3 质量监督工作方式和内容

3.1 项目站和巡查组根据国家有关工程质量管理的规定，结合工程实际建设情况，以抽查为主的方式开展质量监督检查工作。

3.2 项目站常驻现场，实行站长负责制，站长不驻工地时，由常务副站长负责现场的日常监督管理工作。项目站负责日常监督检查，按规定参加有关工程验收。

3.3 巡查组结合×工程实际建设情况，每年进行1至2次工程质量监督检查，必要时，委托检测机构对×工程的实体进行质量监督抽样检测。

3.4 质量监督的主要工作内容。

3.4.1 监督检查施工现场工程建设各方的质量行为；

3.4.2 监督检查建设工程的实体质量及其使用的原材料和中间产品质量；

3.4.3 对施工、监理的作业过程记录和成果资料及检测报告等有关工程质量方面的资料和文件进行监督检查；

3.4.4 监督检查工程验收情况，编制工程施工质量监督报告，并向工程竣工验收委员会提出工程质量是否合格的建议；

3.4.5 承担政府主管部门委托的与工程建设质量有关的其他工作。

3.5 对工程建设各方质量行为的监督检查。

3.5.1 有关建设工程的法律、法规、强制性标准的执行情况；

3.5.2 质量管理体系的建立及运行情况；

3.5.3 设计、监理、施工、质量检测、材料设备供应等单位资质，有关人员上岗资格情况；

3.5.4 质量管理机构、人员、设备及其他资源的投入等情况，质量机构职责和人员岗位职责与履行情况，设备检定情况；

3.5.5 有关质量管理制度的建立与执行情况和技术措施的编制与实施情况；

3.5.6 有关过程（工序）控制和检验、验收情况，以及相关原始记录与证明文件和资料（各类施工原始检查、检测记录，监理检查、平行检测和见证取样记录及质量核定记录，质量验收签证等）；

3.5.7 对监督检查中发现的质量问题的整改和质量事故处理情况。

3.6 对实体质量的主要监督检查工作。

3.6.1 抽查施工作业面和其他操作现场的施工质量及操作是否符合规程、规范要求；

3.6.2 抽查主要施工过程的质量控制情况；

3.6.3 抽查主要材料和中间产品见证取样检验资料及工程实体检测资料；

3.6.4 抽查主要原材料合格的证明、检测记录（报告）、储存及使用情况等资料，并对供应方资质情况进行检查；

3.6.5 抽查机电产品和金属结构的合格证明、各类试验与检测记录资料；

3.6.6 进行必要的原材料和中间产品抽样检测或试验；

3.6.7 现场抽检工程实体施工质量；

3.6.8 委托检测机构对工程实体质量抽样检测或试验。

3.7 根据国家有关规定，项目站应参加截流验收、蓄水验收、首台机组启动验收、单项工程竣工验收、工程竣工验收，并向验收委员会和×站（现场质量监督派出站）提供相应施工质量监督报告。

3.8 项目站根据监督检查工作需要，有选择性地参加工程关键部位和重要隐蔽工程的单元工程、分部工程和单位工程验收。隐蔽工程在隐蔽（验收）前，建设单位应通知项目站，项目站应及时告知是否参加联合检查（验收）。

3.9 项目站根据国家的相关规定，结合质量监督工作情况，在提交施工质量监督报告时，提出×工程施工质量是否合格的建议。

4　质量监督主要工作成果

4.1 质量监督主要工作成果是质量监督情况检查通知书、质量监督情况通报、施工质量监督报告。

4.2 质量监督检查情况通知书。项目站在日常监督检查中发现的质量问题，以"质量监督检查情况通知书"的形式通知相关单位，提出整改要求，发现重大质量问题，及时向有关行政主管部门报告。

4.3 质量监督情况通报。项目站根据日常监督检查情况和巡查组质量监督检查情况，每年两次向建设单位通报质量监督检查情况；并抄报×站（现场质量监督派出站）。

4.4 施工质量监督报告。项目站应根据工程进展和相关验收情况，向验收委员会和部质安总站提交施工质量监督报告。

5　附　则

5.1 本导则未涉及事项，按《建设工程质量管理条例》和其他相关法律、法规、规程、规范和技术标准执行。

第三节　对工程参建单位的监督检查

一、对项目法人（建设单位）质量管理体系监督检查内容

对项目法人（建设单位）质量管理体系监督检查的主要内容如下：

（一）对工程质量管理组织进行复核

按照水利部《印发关于贯彻落实加强公益性水利工程建设管理若干意见的实施意见》（水建管〔2001〕74 号）对大中型建设工程项目法人具备的条件规定，主要复核以下 4 方面：

1. 复核法人代表身份。法人代表是否为专职人员，是否熟悉有关水利工程建设的方针、政策和法规，是否有丰富的建设管理经验和较强的组织协调能力。

2. 复核技术负责人能力。水利工程技术负责人是否具有高级专业技术职称，是否有丰富的技术管理经验和扎实的专业理论知识，是否负责过中型以上水利工程的建设管理，是否能独立处理工程建设中的重大技术问题。

3. 复核人员结构。项目法人人员结构是否合理，是否满足工程建设需要的技术、经济、财务、招标、合同管理等方面的管理人员。大型工程项目法人具有高级专业技术职称的人员是否不少于总人数的 10％，具有中级专业技术职称的人员是否不少于总人数的 25％，具有各类专业技术职称的人员是否不少于一般规定的总人数的 50％。中型工程项目法人具有各级专业技术职称的人员比例，可根据工程规模的大小参照执行。

4. 复核规章制度。项目法人是否有适应工程建设需要的组织机构，是否建立完善的规章制度。

（二）对项目法人（建设单位）的质量管理体系进行监督检查

1. 质量管理机构。大型工程项目的项目法人（建设单位）应有专职抓工程质量的技术负责人，单位工程应有明确的质量管理责任人，应成立由各参建单位参加的质量管理领导机构，建立完善的质量管理体系。

2. 质量检测手段。项目法人（建设单位）应具有一定的质量检测手段，当条件不具备时，应委托有资质的工程质量检测单位作为项目法人（建设单位）进行质量抽检或指令性质量检查的检测机构。

3. 质量管理制度。项目法人（建设单位）应建立、健全工程质量管理的各项规章制度，如：工程质量管理分工负责制、总工程师岗位责任制、施工图审查制、工程质量管理例会制、工程质量月报制、工程质量事故报告制等。

4. 监督检查项目法人其他内容。对项目法人（建设单位）提供的前期中标单位资质进行复查；对项目法人（建设单位）检查各参建单位的质量管理与质量控制的情况进行监督检查；监督检查工程项目划分情况是否合理、是否符合有关规定。

二、对监理单位质量控制体系进行监督检查

（一）对监理单位资格进行检查

1. 复核监理资质。对承担中小河流治理等水利工程的监理单位的资质进行检查，检查是否满足有关规定要求。

2. 检查监理人员资格。监理人员资格检查主要包括：建设工程现场监理人员是否均持证上岗，总监理工程师是否持有"水利工程建设总监理工程师岗位证书"，监理工程师是否持有"水利工程建设监理工程师资格证书"和"水利工程建设监理工程师岗位证书"，监理员是否持有"水利工程建设监理员岗位证书"。未取得上述证书或虽已取得监理工程师资格证书但未注册的人员，不得从事水利工程建设监理业务。

（二）对监理单位现场监理机构进行检查

1. 检查现场监理机构组建情况。监理单位应根据监理合同中所承担的监理任务，组建现场工程项目监理机构，该机构由总监理工程师、监理工程师、监理员以及其他工作人员组成，实行总监理工程师负责制，当工程项目较大时，可设单项工程总监理工程师。监理人员的素质和数量应满足合同要求。

2. 检查现场监理机构规章制度。主要检查监理机构的工程质量工作方面的规章制度，主要包括：各种岗位责任制度、质量控制制度、监理例会制度、施工图交底制度、工程质量抽检制度、质量缺陷备案及检查处理制度、工程验收工作制度、监理日志和月报及年报等制度。

（三）对监理工作情况进行检查

1. 检查监理规划和监理细则。监理单位进驻工程现场开展工作，首先应编制工程建设监理规划，根据工程建设计划进度，按单位工程分专业编制工程建设监理细则。

在监理细则中，对质量控制方法、质量检测方法、质量验收办法、质量评定标准等质量方面的有关事宜，均应有针对性的明确表述。

2. 检查监理前期工作情况。开工前的监理前期工作主要包括：监理工作使用的表格是否符合规定要求；在项目划分中应划分出主要分部工程、主要单位工程及重要隐蔽工程和工程关键部位；对工程原材料及采购产品质量是否进行了检测和认可；等等。

三、对施工单位质量保证体系进行监督检查

（一）对施工单位资质及机构进行检查

1. 复核施工单位资质。对施工单位的资质等级、营业执照、经营范围及年检情况进行复核。

2. 检查施工现场组织机构。检查项目经理部组织机构是否健全，是否按投标书中的承诺组建，项目经理、总工程师是否到位、是否持证上岗。

3. 检查施工现场质检机构。对施工现场项目经理部的组织机构进行检查，检查项目经理部是否设立了专门的质检机构，质检员的素质、专业、数量配备能否满足施工质量检查的要求。检查项目经理部是否设立了独立的质量检测试验室，试验操作人员是否持证上岗，试验仪器设备是否经过计量部门的鉴定认证，外部委托的项目检测机构是否具有省级以上部门认可的检测试验资质等。

4. 检查施工现场经理部规章制度。主要检查施工单位现场经理部的规章制度是否建立、健全，包括：工程质量岗位责任制度、工程质量管理制度、"三检制"落实制度、工程原材料检测制度、工程质量自检制度、工程质量消缺制度、质量事故责任追究制度、工序验收制度、工程质量等级自评制度等制度的建立情况。

5. 抽查进场人员和机械设备。对施工单位进场的人员、机械设备进行抽查。抽查机械设备是否与投标书中承诺的一致，检查施工人员数量和素质是否满足施工要求，关键岗位操作人员是否有上岗证书。

（二）对施工单位质量保证行为进行检查

1. 检查质量标准执行情况。主要检查施工单位执行规程、规范、质量标准情况，施工记录表格、验收与质量评定表格是否符合国家和水利部现行的有关规定。

2. 检查施工单位的技术文件批准情况。检查施工单位的施工组织设计、施工方法、质量保证措施、施工试验方案等技术准备文件是否得到批准。

3. 检查对施工人员的质量意识教育情况。在开工前，施工单位是否对施工工人进行了质量意识教育，是否进行了岗前培训和技术交底，技术工程是否熟悉施工操作方法、是否知道自己所承担的质量责任。

四、对设计单位现场服务体系进行监督检查

主要检查设计单位施工现场服务体系建立情况，主要包括：复核设计单位的资质等级及业务范围，有关设计审批文件是否齐全；设计单位在施工现场是否设立了代表机构，现场设计代表人员的资格和专业配备是否满足施工需要；是否建立了设计技术交底制度；现场设计通知，设计变更的审核、签发制度是否完善；现场设计代表机构是否建立责任制。

第四节　质量、安全监督工作存在的常见问题

一、质量、安全监督机构无资格

主要体现在：有的县级水利局在中小河流治理工程现场设立质量、安全监督机构，对本县水利局主管的工程项目进行质量、安全监督，按规定县级水利局无权设立质量、安全监督机构，也无权监督本县水利局主管的工程项目，县级水利工程的质量、安全监督工作应由上级质量、安全监督机构负责。

二、个别质量、安全监督人员业务素质较低

主要体现在：有的质量、安全监督人员玩忽职守致使工程建设出现严重违法、违纪情况；有的质量、安全监督机构未对中小河流治理等水利工程建设项目划分进行监督检查，无正式的批复确认文件；有的质量、安全监督机构在批复项目划分时，未对"将大坝观测设施划为重要分部工程，未将上游水下抛石、大坝高喷灌浆、冲抓套井等隐蔽工程划为主要单元工程"进行认真审查，而予以批复确认。

三、质量、安全监督工作不到位

主要体现在：有的质量、安全监督机构未与工程项目法人签订《质量、安全监督书》；未制订质量、安全监督计划，工作开展处于无序状态；未对项目划分进行确认；无正规记录及其他可佐证工作进展及工作成果的文件材料；无工程质量、安全抽检结果资料；监督成果未及时公布；未组织有关参建单位对已完工的单位工程进行外观质量评定；未监督、检查参建各方的质量监理、检查、保证体系。

第十八章　河道堤防运行管理

为加强河道堤防管理，维护工程完整，确保工程安全和防洪安全，充分发挥河道和堤防工程行洪、排涝、输水、抗潮、抗风浪能力，保障国家建设和人民生命财产安全，更好地促进工农业生产和国民经济发展，河道堤防各级管理机关及单位必须依据《中华人民共和国河道管理条例》、《堤防工程养护修理规程》（SL 595—2013）和《河道堤防工程管理通则》（SLJ 703—81），加强河道堤防运行管理，提高现代化管理水平，不断促进堤防工程管理正规化、制度化、规范化。

本章所述河道包括：天然江河、湖泊、人工水道、行洪区、蓄洪区、滞洪区；本章所述堤防包括：江河堤防，湖堤，圩堤，海塘以及滞洪区、蓄洪区、行洪区围堤。

第一节　河道堤防运行管理机构

一、河道堤防管理体制

（一）河道管理体制

国家对河道实行按水系统一管理和分级管理相结合的管理体制。国务院水利行政主管部门是全国河道的主管机关。各省、自治区、直辖市的水利行政主管部门是该行政区域的河道主管机关。长江、黄河、淮河、海河、珠江、松花江、辽河等大江大河的主要河段和跨省、自治区、直辖市的重要河段及省、自治区、直辖市之间的边界河道、国境边界河道，由国家授权的水利流域管理机构实施管理，或者由上述江河所在省、自治区、直辖市的河道主管机关根据流域统一规划实施管理。其他河道由省、自治区、直辖市或市、县的河道主管机关实施管理。

（二）堤防管理体制

堤防工程实行按水系统一管理和行政区划分级管理相结合的管理体制。各级人民政府河道主管机关是河道的主管机关。河道管理单位是河道的具体管理组织，管理人员按照国家法律、法规，实施河道管理，执行供水计划和防洪调度命令，维护水工程和人民生命财产安全。

二、河道堤防工程管理机构及管理岗位设置

（一）管理机构设置原则

河道堤防运行管理本着"提高效率、精兵简政"的原则，合理设置运行管理机构及管理机构下设的各个职能部门或管理岗位，尽量减少机构层次和非管理、生产人员，达到"人尽其才、物尽其用"的目的。

根据工程管理需要，跨县（市）级行政区划管辖的 1 级、2 级、3 级堤防工程，堤防工程管理机构根据工程管理需要，一般可设置地（市）、县、乡三级管理机构，即 1 级、2

级、3级管理机构。当1级、2级、3级堤防工程管理长度属一个县级行政区划管辖时，或县（市）及以下行政区划管辖的1级、2级、3级堤防工程，工程规模较小，一般只设两级或一级管理机构。

地（市）、县、乡三级管理机构，其中第一级设管理局，即处级单位；第二级设管理总段，即科级单位；第三级设管理分段（站），即股或站级单位。

堤防工程沿线每500~1000m堤段，宜配备1名专职护堤员，由受益区群众选派，担负经常性的维修养护和护堤、护林任务。

（二）河道堤防工程管理单位岗位类别

河道堤防工程管理单位的岗位共分为八大类别33个岗位，工程管理单位根据其所管辖的工程规模，应适当精简、合并管理岗位。

河道堤防工程管理岗位类别及名称见表18.1。

表18.1 河道堤防工程管理单位岗位类别及名称表

序号	岗位类别	岗 位 名 称
1	单位负责类	单位负责岗位
2		技术总负责岗位
3	行政管理类	行政事务负责与管理岗位
4		文秘与档案管理岗位
5		人事劳动教育管理岗位
6		安全生产管理岗位
7	技术管理类	工程技术管理负责岗位
8		堤防工程技术管理岗位
9		穿堤闸涵工程技术管理岗位
10		堤岸防护工程技术管理岗位
11		水土资源管理岗位
12		信息和自动化管理岗位
13		计划与统计岗位
14		河道水量与水环境管理岗位
15		河道管理岗位
16		防汛调度岗位
17		汛情分析岗位
18	财务与资产管理类	财务与资产管理负责岗位
19		财务与资产管理岗位
20		会计岗位
21		出纳岗位
22	水政监察类	水政监察岗位
23		规费征收岗位

序号	岗位类别	岗 位 名 称
24	运行类	运行负责岗位
25		堤防及堤岸防护工程巡查岗位
26		穿堤闸涵工程运行岗位
27		通信设备运行岗位
28		防汛物资保管岗位
29	观测类	堤防及穿堤闸涵工程监测岗位
30		堤岸防护工程探测岗位
31		河势与水（潮）位观测岗位
32		水质监测岗位
33	辅助类	

（三）河道堤防工程管理单位岗位定员确定

河道堤防管理涉及很多工程技术问题，在实际管理中应考虑解决相关技术问题的需要，配备相关技术人员，因此，按照"河道堤防管理单位执行技术责任制"的要求，管理局（处）配备主任工程师或工程师，管理段（所）配备工程师或技术员。

1. 定员级别标准。河道堤防工程管理单位管理岗位设置，严格按照工程级别、等级及国家有关堤防工程定员级别标准执行。堤防工程定员级别分为 1、2、3、4 级，定员级别依据堤防防洪标准（P）确定。划分情况详见表 18.2。

表 18.2　堤防工程定员级别标准表

定 员 级 别	防洪标准 P（年）
1	$P \geqslant 100$
2	$50 \leqslant P < 100$
3	$30 \leqslant P < 50$
4	$20 \leqslant P < 30$

2. 岗位定员总数。岗位定员总和 Z 按下式计算：

$$Z = G + S + F$$

式中：Z——岗位定员总和（人）；

G——单位负责、行政管理、技术管理、财务与资产管理及水政监察类岗位定员之和（人）；

S——运行、观测和养护修理类岗位定员之和（人）；

F——辅助类定员（人）。

3. 单位行政管理岗位数量。堤防工程管理单位行政类管理岗位定员总数 G，包括单位负责、行政管理、技术管理、财务与资产管理及水政监察类。根据管理单位负责、行政管理、技术管理、财务与资产管理和水政监察类岗位定员等各类管理任务的工作量，按

表18.3规定的比例分配。

表 18.3 岗位人数分配比例表

岗位 类别	单位 负责	行政 管理	技术管理及水政监察				资产 管理
			工程	河道	防汛	水政监察	
分配比例	$1.50/J_g$	$2.50/J_g$	$2.50/J_g$	$1/J_g$	$1/J_g$	$1.50/J_g$	$2/J_g$

注：按定员分配方案确定的单位负责类定员数不足1人时，按1人计；超过4人时，按4人计。

岗位定员 G 按下式计算：

$$G = \alpha \beta \gamma J_g$$

式中：J_g——定员基数，取11人，无水政监察、河道管理、防汛指挥机构日常任务的单位，基数分别减去1.50、1、1人；

α——堤防工程级别影响系数，按表18.4确定；

β——堤防长度影响系数，按表18.4确定；

γ——堤身断面影响系数，按表18.5确定。

表 18.4 定员级别影响系数和堤防长度影响系数

定员级别	1		2		3		4	
堤防长度 L（km）	$L<50$	$L\geq50$	$L<60$	$L\geq60$	$L<60$	$L\geq60$	$L<80$	$L\geq80$
α	$1.00\sim1.20$		$0.90\sim1.10$		$0.70\sim0.90$		$0.60\sim0.80$	
β	$0.80+L/50$	$1.68+L/400$	$0.75+L/60$	$1.60+L/400$	$0.65+L/70$	$1.48+L/400$	$0.60+L/80$	$1.40+L/400$

注：管理多种级别堤防的管理单位，按主要堤防（占所辖堤防总长度1/3以上）的最高级别确定系数，L 为所辖1、2、3、4级堤防长度之和；有堤岸防护工程的管理单位，L 为所辖1、2、3、4级堤防长度与堤岸防护工程长度之和。

表 18.5 堤身断面影响系数表

堤身建筑轮廓线长度 l（m）	$l<50$	$50\leq l<100$	$100\leq l<150$	$l\geq150$
γ	$0.80+0.004l$	$0.20+0.016l$	$0.80+0.010l$	$1.70+0.004l$

注：堤身建筑轮廓线长度 l 为临水坡长、堤顶宽度和背水坡长之和，设有戗堤或防渗压重铺盖的堤段，从戗堤或防渗压重铺盖坡脚处开始起算；管理2种及2种以上级别堤防的工程管理单位，以确定系数 α、β 的堤防工程级别作为确定系数 γ 的堤防工程级别，即以该级别堤防的堤身建筑轮廓线长度确定 γ；同一级别各段堤防的堤身断面差异较大时，堤身建筑物轮廓线 l 取堤身建筑物轮廓线长度的加权平均值，权重为堤段长度。

4. 单位技术管理岗位数量。单位技术管理岗位主要为运行、观测类岗位，其定员 S 按下式计算：

$$S = \sum_{i=1}^{9} S_i$$

式中：S_i——运行、观测类各个岗位定员（人），由表18.6确定。

表 18.6 S_i 计算确定表

符号	名称	公式	式中注释
S_1	运行负责岗位	$S_1 = C_1 L_d J_1$	L_d：某级堤防的长度（km）； J_1：运行负责岗位定员基数，1 人。 C_1：运行负责岗位定员影响系数，按下表规定确定。 表： 定员级别 | 1 | 2 | 3 | 4 C_1 | 1/20 | 1/40 | 1/60 | 1/80
S_2	堤防与堤岸防护工程巡查岗位	$S_2 = A + B$	A：堤防巡查岗位定员（人）； $$A = C_2 L_d J_2$$ 式中：J_2——巡查定员基数，1 人； C_2——堤防巡查定员影响系数，按下表规定确定。 定员级别 | 1 | 2 | 3 | 4 C_2 | 1/5～1/4 | 1/10～1/8 | 1/20～1/16 | 1/24～1/18 B：堤岸防护工程岗位定员（人）。 $$B = (e_2 L_g + L_h/9) J_2$$ 式中：L_g——某处堤岸防护工程的工程长度值（km），丁坝间距大于坝长的 6 倍、坝间无其他工程措施的，以坝长之和作为工程的长度； L_h——某处堤岸防护工程的护砌长度值（km）； e_2——堤岸防护工程型式影响系数，按下表规定确定。 工程型式 | 丁坝 | 短坝（矶头、垛）| 平顺护岸 e_2 | 0.16～0.20 | 0.08～0.10 | 0.01～0.02 注：①坝长大于 20m 的，以丁坝计；②丁坝与短坝、平顺护岸联合使用的，按丁坝取值，短坝与平顺护岸联合使用的，按短坝取值；③黄河中下游的堤岸防护工程，e_2 取值时扩大 2.5 倍。
S_3	穿堤闸涵工程运行岗位	$S_3 = C_3 N J_3$	N：穿堤闸涵工程的座数； J_3：穿堤闸涵工程运行岗位定员基数，1 人； C_3：穿堤闸涵工程运行岗位定员影响系数，按下表规定确定。 流量 Q（m³/s）| $Q < 10$ | $10 \leq Q < 50$ | $50 \leq Q < 100$ C_3 | 0.05～0.20 | 0.20～1.50 | 1.50～3 注：流量大于或等于 100m³/s 的穿堤闸涵工程，其运行、观测和养护修理岗位定员按大中型水闸工程管理单位岗位定员的有关规定执行。
S_4	通信设备运行岗位	$S_4 = C_4 T J_4$	T：某类通信设备台（套）数； J_4：通信设备运行岗位定员基数，1 人； C_4：通信设备运行岗位定员影响系数，按下表规定确定。 设备类型 | 程控交换机（含程控配线）| 微波站（含电源）| 无线接入系统基站 | 集群调度系统基站 | 遥测系统 | 电台 C_4 | 1.50 | 1.00 | 0.50 | 0.50 | 0.50 | 0.20 注：①程控交换机汛期实施人工转接的，程控交换机的系数取 4.50；②需要 24 小时值班的干线微波站（含一点多址微波中心站），其系数取 4.00。

续表18.6

符号	名称	公 式	式 中 注 释
S_5	防汛物资保管岗位	$S_5 = C_5(L_d + L_e)J_5$	J_5：防汛物资保管岗位定员基数，1人； L_e：某级堤防的堤岸防护工程长度（km）； C_5：防汛物资保管岗位定员影响系数，按下表规定确定。 	定员级别	1	2	3	4	 |---|---|---|---|---| | C_5 | 1/20 | 1/30 | 1/40 | 1/50 | 注：黄河中下游 C_5 取值时扩大2.0倍。
S_6	堤防及穿堤闸涵工程监测岗位	$S_6 = E + F$	E：堤防工程监测岗位定员（人）； $$E = C_6 L_d J_6$$ 式中：J_6——监测定员基数，3人； C_6——堤防监测定员影响系数，按下表规定确定。 | 定员级别	1	2	3	4 | |---|---|---|---|---| | C_6 | 1/30 | 1/50 | 1/70 | 1/90 | F：穿堤闸涵工程监测岗位定员（人）。 $$F = e_6 N J_6$$ 式中：e_6——闸涵工程监测定员影响系数，按下表规定确定。 | 流量 Q（m³/s）	$Q < 10$	$10 \le Q < 50$	$50 \le Q < 100$ | |---|---|---|---| | e_6 | 0～0.06 | 0.06～0.20 | 0.20～0.40 | 注：流量大于或等于100m³/s的穿堤闸涵工程，其运行、观测和养护修理岗位定员按大中型水闸工程管理单位岗位定员的有关规定执行。
S_7	堤岸防护工程探测岗位	$S_7 = C_7 L_q J_7$	L_q：某级堤防的堤岸防护工程护砌长度（km）； J_7：堤岸防护工程探测岗位定员基数，3人； C_7：堤岸防护工程探测岗位定员影响系数，按下表规定确定。 	定员级别	1	2	3	4	 |---|---|---|---|---| | C_7 | 0.10 | 0.06 | 0 | 0 | 注：不采用散抛石护脚的堤岸防护工程，C_7 取0。
S_8	河势与水（潮）位观测岗位	$S_8 = (C_8 L_1 + e_8 M)J_8$	J_8：河势与水（潮）位观测岗位定员基数，1人； C_8：河势观测影响系数，按下表规定确定； L_1：线堤防长度值（km）； e_8：水（潮）位观测影响系数，按下表规定确定； M：上级主管单位批准设立的某级堤防水位站个数（不包括遥测站）。 	定员级别	1	2	3	4	 |---|---|---|---|---| | C_8 | 1/30 | 1/40 | 1/60 | 1/80 | | e_8 | 0.60 | 0.50 | 0.40 | 0.40 | 注：无河势观测任务，C_8 取0。

符号	名称	公 式	式 中 注 释				
S_9	水质监测岗位	$S_9 = C_9 L_1 J_9$	C_9：水质监测岗位定员影响系数，按下表规定确定； J_9：水质监测岗位定员基数，1 人。				
			定员级别	1	2	3	4
			C_9	1/50	1/60	1/80	1/100
			注：无水质监测任务的，C_9 取 0。				

5. 单位辅助类管理岗位数量。河道堤防工程管理单位辅助类岗位定员，按其他各类岗位定员总和的一定比例确定。辅助类定员数量按下式计算：

$$F = q(G + S)$$

式中：q——辅助类定员比例系数，取 0.06～0.08。

（四）河道堤防工程管理单位工作人员岗位任职条件

1. 单位负责岗位任职条件。任职条件有 3 项：一是具有水利类或相关专业大专及以上学历。二是取得助理工程师及以上专业技术职称任职资格，并经相应岗位培训合格。三是掌握《中华人民共和国水法》、《中华人民共和国防洪法》、《河道管理条例》等法律、法规，掌握河道堤防工程管理的基本知识，熟悉相关技术标准，具有较强的组织协调、决策和语言表达能力。

2. 单位技术总负责岗位任职条件。任职条件有 3 项：一是具有水利、土木类本科及以上学历。二是取得工程师及以上专业技术职称任职资格，并经相应岗位培训合格。三是熟悉《中华人民共和国水法》、《中华人民共和国防洪法》、《河道管理条例》等法律、法规，掌握水利规划及工程设计、施工、管理等专业知识和相关的技术标准，了解国内外现代化管理的科技动态，具有较强的组织协调、技术决策和语言文字表达能力。

3. 单位行政事务负责岗位任职条件。任职条件有 2 项：一是具有高中及以上学历，并经相应岗位培训合格。二是熟悉行政管理专业知识，了解河道堤防工程管理的基本知识，具有较强的组织协调及较好的语言文字表达能力。

4. 单位文秘与档案管理岗位任职条件。任职条件有 2 项：一是具有水利、文秘、档案类专业中专或高中及以上学历，并经相应岗位培训合格。二是熟悉国家的有关法律、法规和上级部门的有关规定，掌握文秘、档案管理等专业知识，具有一定政策水平和较强的语言文字表达能力。

5. 单位人事劳动教育管理岗位任职条件。任职条件有 3 项：一是具有中专及以上学历。二是取得初级及以上专业技术职称任职资格，并经相应岗位培训合格。三是掌握有关人事、劳动及教育管理基本知识，具有处理人事、劳动、教育有关业务问题，具有一定的政策水平和组织协调能力。

6. 单位安全生产管理岗位任职条件。任职条件有 3 项：一是具有水利类中专及以上学历。二是取得初级及以上专业技术职称任职资格，并经相应岗位培训合格。三是掌握有关安全生产的法律、法规和规章制度，有一定安全生产管理经验，具有分析和协助处理安全生产问题的能力。

7. 工程技术管理岗位任职条件。任职条件有3项：一是具有水利类大专及以上学历。二是取得工程师及以上专业技术职称任职资格，经相应岗位培训合格。三是熟悉河道堤防工程的规划、设计、施工、管理的基本知识，了解河道堤防管理现代化知识，能解决工程中出现的技术问题，具有较强的组织协调能力。

8. 堤防工程技术管理岗位任职条件。任职条件有3项：一是具有水利类中专及以上学历。二是取得初级及以上专业技术职称任职资格，并经相应岗位培训合格。三是熟悉河道堤防工程的规划、设计、施工及管理的基本知识，具备解决堤防工程一般技术问题的能力。

9. 穿堤闸涵工程技术管理岗位任职条件。任职条件有3项：一是具有水利类中专及以上学历。二是取得初级及以上专业技术职称任职资格，并经相应岗位培训合格。三是熟悉堤防、涵闸方面的基本知识，具备解决闸涵工程一般技术问题能力。

10. 堤岸防护工程技术管理岗位任职条件。任职条件有3项：一是具有水利类中专及以上学历。二是取得初级及以上专业技术职称任职资格，并经相应岗位培训合格。三是熟悉河道整治的专业基本知识，具备解决堤岸防护工程的一般技术问题能力。

11. 水土资源管理岗位任职条件。任职条件有3项：一是具有水利或农林类相关专业中专及以上学历。二是取得初级及以上专业技术职称任职资格，并经相应岗位培训合格。三是掌握水土资源管理相关知识和林、草病虫害防治的基本知识，了解河道堤防工程管理的基本知识，具备一定的组织协调能力及资源开发管理能力。

12. 信息和自动化管理岗位任职条件。任职条件有3项：一是具有通信或计算机类大专及以上学历。二是取得助理工程师及以上专业技术职称任职资格，并经相应岗位培训合格。三是熟悉通信、网络、信息技术等基本知识，了解水利工程管理、运行等方面的有关知识，了解国内外信息和自动化技术的发展动态，具备处理信息和自动化方面一般技术问题的能力。

13. 计划与统计管理岗位任职条件。任职条件有3项：一是具有水利类大专及以上学历。二是取得助理工程师及以上专业技术职称任职资格，并经相应岗位培训合格。三是掌握国家有关的法律、法规和规定，熟悉工程规划、设计、施工、运行和管理的基本知识，具备工程计划、统计、合同等管理方面的工作能力。

14. 河道水量与水环境管理岗位任职条件。任职条件有3项：一是具有水利类中专及以上学历。二是取得初级及以上专业技术职称任职资格，并经相应岗位培训合格。三是掌握河道引水、供水的基本知识，掌握水环境保护的法律法规和相关技术标准，熟悉河道水工程、水文量测、水资源及水环境的基本知识，具备一定的政策水平和较强的组织协调能力。

15. 河道管理岗位任职条件。任职条件有3项：一是具有水利、土木类中专及以上学历。二是取得初级及以上专业技术职称任职资格，并经相应岗位培训合格。三是掌握国家有关河道管理方面的法律、法规和技术标准，熟悉河道整治、防洪、水文水资源、水环境等方面的专业知识，具备较高的政策水平、较强的组织协调能力和语言文字表达能力。

16. 防汛调度岗位任职条件。任职条件有3项：一是具有水利类大专及以上学历。二是取得助理工程师及以上专业技术职称任职资格，具有3年以上防汛或工程管理工作经历。三是掌握《中华人民共和国水法》、《中华人民共和国防洪法》、《河道管理条例》等法律、法规，熟悉水利工程和水文方面的基本知识，能根据水情、工情提出防汛抢险的建议。

17. 汛情分析岗位任职条件。任职条件有 3 项：一是具有水利类中专及以上学历。二是取得初级及以上专业技术职称任职资格，并经相应岗位培训合格。三是掌握《中华人民共和国水法》、《中华人民共和国防洪法》、《河道管理条例》等法律、法规，熟悉水文、气象等专业基本知识，了解水利工程的基本知识，具有一定的综合分析能力。

18. 财务与资产管理负责岗位任职条件。任职条件有 3 项：一是具有财经类大专及以上学历。二是取得经济师或会计师及以上专业技术职称任职资格，并经相应岗位培训合格。三是掌握财会、金融、工商、税务和投资等方面的基本知识，了解河道堤防工程管理和现代化管理的基本知识，具备较高的政策水平和较强的组织协调能力。

19. 财务与资产管理岗位任职条件。任职条件有 3 项：一是具有经济类中专及以上学历。二是取得初级及以上专业技术职称任职资格，并经相应岗位培训合格。三是掌握财会和资产管理的基本知识，了解工商、税务、物价等方面的规定，具备一定的组织协调能力。

20. 会计岗位职责任职条件。任职条件有 3 项：一是具有财会类中专及以上学历。二是取得助理会计师及以上专业技术职称任职资格，并经相应岗位培训合格，持证上岗。三是熟悉财务、会计、金融、工商、税务、物价等方面的基本知识，了解河道堤防工程管理的基本知识，具备解决会计工作中的实际问题。

21. 出纳岗位任职条件。任职条件有 3 项：一是具有财会类中专及以上学历。二是取得会计员及以上专业技术职称任职资格，并经相应岗位培训合格，持证上岗。三是了解财务、会计、金融、工商、税务、物价等方面的基本知识，了解河道堤防工程管理的基本情况，坚持原则，工作认真细致。

22. 水政监察岗位任职条件。任职条件有 2 项：一是具有高中及以上学历，并经相应岗位培训合格。二是掌握国家有关法律、法规，了解水利专业知识，具有协调、处理水事纠纷的能力。

23. 规费征收岗位任职条件。任职条件有 2 项：一是具有高中及以上学历，并经相应岗位培训合格。二是熟悉有关规费方面的基本知识，了解国家有关规费方面的法律、法规和规定，具备一定的政策水平和较强的协调能力。

24. 运行负责岗位任职条件。任职条件有 3 项：一是具有水利、机械、电气类中专或技校及以上学历。二是取得初级及以上专业技术职称任职资格或高级工及以上技术等级资格，并经相应岗位培训合格。三是熟悉机械、电气、通信及水工建筑物等方面的基本知识，能按操作规程组织运行作业，能处理运行中的常见故障，具备较强的组织协调能力。

25. 堤防及堤岸防护工程巡查岗位任职条件。任职条件有 3 项：一是具有高中及以上学历。二是取得初级工及以上技术等级资格，并经相应岗位培训合格。三是掌握堤防工程巡查工作内容及要求，具备发现并处理常见问题的能力。

26. 穿堤闸涵工程运行岗位任职条件。任职条件有 3 项：一是具有高中及以上学历。二是取得初级工及以上技术等级资格，并经相应岗位培训合格。三是掌握闸门启闭机操作的基本技能，了解闸涵的结构性能及运行等基本知识，能及时、安全、准确操作，具备发现并处理常见问题的能力。

27. 通信设备运行岗位任职条件。任职条件有 3 项：一是具有通信类技校或高中及以上学历。二是取得中级工及以上技术等级资格，并经相应岗位培训合格。三是掌握通信设备的工作原理和操作技能，具备处理常见故障的能力。

28. 防汛物资保管岗位任职条件。任职条件有 3 项：一是具有技校或高中及以上学历。二是取得初级工及以上技术等级资格，并经相应岗位培训合格。三是熟悉防汛物资和器材的保管、保养方法，能正确使用消防、防盗器材。

29. 堤防及穿堤闸涵工程监测岗位任职条件。任职条件有 3 项：一是具有技校或高中及以上学历。二是取得中级工及以上技术等级资格，并经相应岗位培训合格。三是掌握观测及探测设备、仪器的操作和保养方法，熟悉工程观测及探测基本知识，能熟练操作观测及探测设备、仪器，具备处理一般技术问题的能力。

30. 堤岸防护工程探测岗位任职条件。任职条件有 3 项：一是具有技校或高中及以上学历。二是取得中级工及以上技术等级资格，并经相应岗位培训合格。三是掌握探测设备、仪器的操作、维护保养方法和工程探测的基本知识，能熟练操作探测设备、仪器，具有处理常见问题的能力。

31. 河势与水（潮）位观测岗位任职条件。任职条件有 3 项：一是具有技校或高中及以上学历。二是取得中级工及以上技术等级资格，并经相应岗位培训合格。三是掌握观测设备、仪器的操作和维护保养方法，了解河势、水（潮）位观测的基本知识，能熟练操作观测设备、仪器，具备处理常见问题的能力。

32. 水质监测岗位任职条件。任职条件有 3 项：一是具有相关专业中专及以上学历。二是取得初级及以上专业技术职称任职资格，并经相应岗位培训合格。三是掌握水质监测的基本知识和方法，熟悉水质监测技术标准，了解水环境、水污染防治的基本知识。

三、河道堤防管理单位任务及职责

（一）河道堤防工程管理单位任务和工作内容

1. 管理任务。河道堤防管理单位的任务是：确保工程安全完整，充分发挥河道和堤防工程行洪、排涝、输水、抗潮、抗风浪能力和效益；开展绿化等综合经营，不断提高管理水平。

2. 工作内容。河道堤防管理单位主要工作内容有 12 项：一是贯彻执行国家有关方针、政策和上级主管部门的指示。二是对工程进行检查观测，掌握河道护岸、险工、堤防工程管理以及河势、流势变化情况。三是对工程进行养护修理，消除缺陷、维护工程完整，确保工程安全。四是制订和执行防汛、防凌和岁修计划。五是及时掌握雨情、水情、工情，做好调度运用工作。六是督促、指导、帮助群众性护堤组织做好群众性护堤工作。七是组织进行沿堤绿化工作，因地制宜地开展综合经营。八是做好工程安全保卫工作。九是监测水质。十是按有关规定向受益区征收堤防管理费。十一是结合业务，进行科学研究和技术革新。十二是加强职工培训，关心职工生活。

（二）河道堤防工程管理单位工作人员岗位职责

1. 单位负责岗位职责。岗位职责有 5 项：一是贯彻执行国家有关法律、法规、方针政策及上级主管部门决定、指令。二是全面负责行政、业务工作，保障工程安全，充分发挥工程效益。三是组织制定和实施单位的发展规划及年度工作计划，建立、健全各项规章制度，不断提高管理水平。四是推动科技进步和管理创新，加强职工教育，提高职工队伍素质。五是协调处理各种关系，完成上级交办的有关工作。

2. 单位技术总负责岗位职责。岗位职责有6项：一是贯彻执行国家的有关法律、法规和相关技术标准。二是全面负责技术管理工作，掌握工程运行状况，保障工程安全和效益发挥。三是组织制订、实施科技发展规划与年度计划。四是组织制订工程调度运用方案、工程的除险加固、更新改造和扩建建议方案；组织制订工程养护修理计划，组织或参与工程验收工作；指导防洪抢险技术工作。五是组织工程设施的一般事故调查处理，提出或审查有关技术报告；参与工程设施重大事故的调查处理。六是组织开展水利科技开发和成果的推广应用，指导职工技术培训、考核及科技档案管理工作。

3. 单位行政事务负责岗位职责。岗位职责有6项：一是贯彻执行国家的有关法律、法规及上级部门有关规定。二是组织制订各项行政管理规章制度并监督实施。三是负责管理行政事务、文秘、档案等工作。四是负责并承办行政事务、公共事务及后勤服务等工作。五是承办接待、会议、车辆管理、办公设施管理等工作。六是协调处理各种关系，完成领导交办的其他工作。

4. 单位文秘与档案管理岗位职责。岗位职责有4项：一是贯彻执行国家文秘、档案的有关法律、法规及上级主管部门的有关规定。二是承担公文起草、文件运转等文秘工作。三是承担档案管理工作。四是承担收集信息、宣传报道，协助办理有关行政事务管理等工作。

5. 单位人事劳动教育管理岗位职责。岗位职责有4项：一是贯彻执行劳动、人事、社会保障等有关的法律、法规及上级主管部门的有关规定。二是承办人事、劳动、教育和社会保险等管理工作。三是承担职工岗位培训工作，承办专业技术职称和工人技术等级的申报、评聘等具体工作。四是承办离退休人员管理工作。

6. 单位安全生产管理岗位职责。岗位职责有5项：一是贯彻执行国家有关安全生产的法律、法规和相关技术标准。二是承担安全生产管理与监督工作。三是承担安全生产宣传教育工作。四是参与制订、落实安全管理制度及技术措施。五是参与安全事故的调查处理及监督整改工作。

7. 工程技术管理岗位职责。岗位职责有9项：一是贯彻执行国家有关的法律、法规和相关技术标准。二是负责工程技术管理，掌握工程运行状况，及时处理主要技术问题。三是组织编制并落实工程管理规划、年度计划及防汛方（预）案。四是负责组织工程的养护修理及质量监管等工作并参与工程验收。五是负责工程除险加固、更新改造及扩建项目立项申报的相关工作，参与工程实施中的有关管理工作。六是组织技术资料收集、整编及归档工作。七是组织开展有关工程管理的科研开发和新技术的应用工作。八是负责防汛指挥办事机构的日常工作。九是组织编制和执行防汛方（预）案。

8. 堤防工程技术管理岗位职责。岗位职责有4项：一是贯彻执行国家有关河道堤防工程管理的法律、法规和相关技术标准。二是承担堤防工程技术管理工作。三是参与编制工程管理规划、年度计划及养护修理计划。四是掌握堤防工程运行状况，承担堤防工程观测等技术工作。

9. 穿堤闸涵工程技术管理岗位职责。岗位职责有4项：一是贯彻执行国家有关法律、法规和相关技术标准。二是承担穿堤闸涵工程技术管理工作。三是参与编制工程管理规划、年度计划及养护修理计划。四是掌握穿堤闸涵工程运行状况，承担穿堤闸涵工程运行、观测技术工作。

10. 堤岸防护工程技术管理岗位职责。岗位职责有4项：一是贯彻执行国家有关法律、法规和相关技术标准。二是承担堤岸防护工程技术管理工作。三是参与编制工程管理规划、年度养护修理计划。四是掌握堤岸防护工程运行状况和河势变化情况，负责堤岸防护工程观测的技术工作。

11. 水土资源管理岗位职责。岗位职责有4项：一是贯彻执行国家有关法律、法规及上级主管部门的规定。二是承担河道堤防生物防护工程及水土资源管理技术工作。三是制订和实施工程管理范围内的水土资源开发规划与计划。四是制订和实施河道堤防生物防护工程的规划与计划。

12. 信息和自动化管理岗位职责。岗位职责有4项：一是贯彻执行国家有关信息和自动化方面的法律、法规和相关技术标准。二是承担通信（预警）系统、闸门启闭机集中控制系统、自动化观测系统、防汛决策支持系统及办公自动化系统等管理工作。三是处理设备运行、维护中的技术问题。四是参与工程信息和自动化系统的技术改造工作。

13. 计划与统计管理岗位职责。岗位职责有5项：一是贯彻执行国家有关计划与统计方面的法律、法规及上级主管部门的有关规定。二是承担计划与统计的具体业务工作。三是参与编制工程管理的中长期规划及年度计划。四是承担相关的合同管理工作。五是参与工程预（决）算及竣工验收工作。

14. 河道水量与水环境管理岗位职责。岗位职责有4项：一是贯彻执行国家有关的法律、法规和上级主管部门的有关规定。二是调查、分析用水区需水情况，申报水量指标；调查、监督排污状况，提出处理建议。三是受理取水许可申请，承担水量调度、计量工作。四是承担河道水环境管理工作。

15. 河道管理岗位职责。岗位职责有6项：一是贯彻执行国家有关河道管理方面的法律、法规和上级主管部门的有关规定。二是负责河道管理，保障河道行洪顺畅。三是负责河道的水量、水环境、岸线的管理工作。四是负责并承担河道清淤管理和清障调查，参与制订清淤方案并监督实施。五是参与制订河道采砂和岸线保护规划并监督实施，协助主管部门管理采砂作业。六是参与河道管理范围内建设项目的审查、管理和相关监督、检查工作。

16. 防汛调度岗位职责。岗位职责有6项：一是贯彻执行国家有关防汛方面的法律、法规和上级主管部门的决定、指令。二是承担防汛调度工作。三是承担防汛技术工作，编制防汛方（预）案和抢险方案。四是及时掌握水情、工情、险情和灾情等防汛动态。五是检查、督促、落实各项防汛准备工作。六是负责并承办防汛宣传和防汛抢险技术培训工作。

17. 汛情分析岗位职责。岗位职责有3项：一是贯彻执行国家有关防汛方面的法律、法规和上级主管部门的决定、指令。二是收集水情、雨情，承担汛情分析及所辖河段的水情预报工作。三是承担汛情资料的分析、整理与归档工作。

18. 财务与资产管理负责岗位职责。岗位职责有5项：一是贯彻执行国家有关财务、会计、经济和资产管理方面的法律、法规和有关规定。二是负责财务和资产管理工作。三是建立、健全财务和资产管理的规章制度，并负责组织实施、检查和监督。四是组织编制财务收支计划和年度预算并组织实施，负责编制年度决算报告。五是负责有关投资和资产运营管理工作。

19. 财务与资产管理岗位职责。岗位职责有5项：一是贯彻执行国家有关财务、会计、经济和资产管理方面的法律、法规和有关规定。二是承办财务和资产管理的具体工作。三是参与编制财务收支计划和年度预算与决算报告。四是承担防汛物资的管理工作。五是参与有关投资和资产运营管理工作。

20. 会计岗位职责。岗位职责有5项：一是贯彻执行《中华人民共和国会计法》、《水利工程管理单位财务制度》和《水利工程管理单位会计制度》等法律、法规。二是承担会计业务工作，进行会计核算和会计监督，保证会计凭证、账簿、报表及其他会计资料的真实、准确、完整。三是建立、健全会计核算和相关管理制度，保证会计工作依法进行。四是参与编制财务收支计划和年度预算与决算报告，承担会计档案保管及归档工作。五是编制会计报表。

21. 出纳岗位职责。岗位职责有5项：一是贯彻执行《中华人民共和国会计法》、《水利工程管理单位财务制度》和《水利工程管理单位会计制度》等法律、法规。二是根据审核签章的记账凭证，办理现金、银行存款的收付结算业务。三是及时登记现金、银行日记账，做到日清月结，账实相符。四是管理支票、库存现金及有价证券。五是参与编制财务收支计划和年度预算与决算报告。

22. 水政监察岗位职责。岗位职责有5项：一是宣传贯彻《中华人民共和国水法》、《中华人民共和国水土保持法》、《中华人民共和国防洪法》、《中华人民共和国水污染防治法》等法律、法规。二是负责并承担管理范围内水资源、水域、生态环境及水利工程或设施等的保护工作。三是负责对水事活动进行监督检查，维护正常水事秩序，对公民、法人或其他组织违反法律法规的行为实施行政处罚或采取其他行政措施。四是配合公安、司法部门，查处水事治安和刑事案件。五是受水行政主管部门委托，办理行政许可和征收行政事业性规费等有关事宜。

23. 规费征收岗位职责。岗位职责有3项：一是贯彻执行国家法律、法规有关规定。二是依法征收有关规费。三是承担水费等计收工作。

24. 运行负责岗位职责。岗位职责有4项：一是贯彻执行规章制度和安全操作规程。二是组织实施运行作业。三是负责指导、检查、监督运行作业，保证工作质量和操作安全，发现问题及时处理。四是负责运行工作原始记录的检查、复核工作。

25. 堤防及堤岸防护工程巡查岗位职责。岗位职责有4项：一是遵守、执行规章制度和作业规程。二是承担堤防及堤岸防护工程的巡视、检查工作，做好记录，发现问题及时报告或处理。三是参与害堤动物防治工作。四是参与防汛抢险工作。

26. 穿堤闸涵工程运行岗位职责。岗位职责有3项：一是遵守、执行规章制度和操作规程。二是按调度指令保障穿堤闸涵工程运行，做好运行记录。三是承担穿堤闸涵工程附属的机电、金属结构设备的维护工作，及时处理常见故障。

27. 通信设备运行岗位职责。岗位职责有4项：一是遵守、执行规章制度和操作规程。二是保障通信设备及系统运行工作。三是巡查设备运行情况，发现故障及时处理。四是填报运行值班记录。

28. 防汛物资保管岗位职责。岗位职责有 4 项：一是遵守、执行规章制度和有关规定。二是承担防汛物资保管工作。三是定期检查所存物料、设备，保证其安全和完好。四是及时报告防汛物料及设备的储存和管理情况。

29. 堤防及穿堤闸涵工程监测岗位职责。岗位职责有 4 项：一是遵守、执行各项规章制度和操作规程。二是承担堤防及闸涵工程观测及隐患探测工作，及时记录、整理观测资料。三是参与观测资料分析及隐患处理等工作。四是维护和保养观测及探测设施、设备、仪器。

30. 堤岸防护工程探测岗位职责。岗位职责有 4 项：一是遵守、执行各项规章制度和操作规程。二是承担堤岸防护工程的探测工作，及时记录并整理资料。三是参与探测资料分析工作。四是维护和保养探测设施、设备、仪器。

31. 河势与水（潮）位观测岗位职责。岗位职责有 4 项：一是遵守、执行各项规章制度和操作规程。二是承担河势、水（潮）位观测工作，及时记录并整理资料。三是参与观测资料分析工作。四是维护和保养观测设施、设备、仪器。

32. 水质监测岗位职责。岗位职责有 3 项：一是遵守、执行规章制度和相关技术标准。二是参与水质监测工作，及时发现并报告水污染事件。三是参与水污染防治的调查工作。

（三）群众性护堤组织及护堤员的主要任务和职责

群众性护堤组织及护堤员的主要任务和职责有 5 项：一是保护堤防和其他水利设施，并进行日常管理养护。二是经常检查堤身隐患，消灭各种危害堤身的动物。三是保护护堤植物的完好，按计划植树种草，绿化堤防，经常对护堤林木、草皮进行培育和修整。四是协助保管防汛、养护修理的物料、测量标志、通信线路及里程桩等。五是经常向群众宣传爱堤护堤公约或守则。

四、规章制度

河道堤防管理单位应在建立、健全上述各自岗位责任制的基础上，建立、健全 9 项管理工作制度：一是计划管理制度。二是技术管理制度。三是经营管理制度。四是财务器材管理制度。五是水质监测制度。六是请示报告和工作总结制度。七是事故处理报告制度。八是安全保卫制度。九是考核、评比和奖惩制度。

第二节　河道堤防运行管理经费

堤防工程是防洪体系中的重要基础设施，工程的安危关系着国计民生的全局。搞好工程的维护管理，必须要有稳定的经费来源作保证。堤防工程管理单位应在工程总体经济评价（主要是财务评价）的基础上，单独提出工程初期运行和正常运行所需之年运行管理费用，供有关主管部门审定年费用标准、落实资金渠道和分配比例，为制订财务补偿政策、考察工程财务偿付、保值能力等提供依据。

一、运行管理费项目及内容

堤防工程年运行管理费，是指全部工程项目（包括附属设施）初期运行和正常运行阶段，每年需要支出的全部运行管理费用。

（一）运行管理费工程项目

堤防工程年运行管理费测算时，工程项目一般应包括：堤防主体工程及其附属工程和管理单位生产、生活区的房屋建筑工程。与堤防工程共建的综合利用水利工程（抽水泵站、供水涵闸等）应与堤防工程视为整体，在项目目标间进行工程固定资产分摊，分别核算各自的年运行管理费用。

（二）运行管理费主要内容

堤防工程年运行管理费，主要包括 5 项内容：一是工资及福利费。包括职工基本工资，补助工资及劳保福利费等。二是材料、燃料及动力费。包括消耗的原材料、辅助材料、备品配件、燃料及动力费用。三是工程维护费。包括堤防及附属工程的岁修养护费及一般防汛经费。四是其他直接费。包括技术开发费，工程观测试验费，小型机具更新改造费，林带营造费，白蚁、獾、鼠等生物隐患防治费等。五是管理费。包括办公费、旅差费、邮电费、水电费、会议费、采暖费、房屋修缮费及工会经费等。

（三）运行管理费来源

河道堤防运行管理经费主要来源于"各级财政支付"和"河道主管机关或河道堤防管理单位按照有关规定收取的各项杂费"两个方面。河道主管机关收取的各项费用主要用于河道堤防工程的建设、管理、维修和设施的更新改造。结余资金可以连年结转使用，任何部门不得截取或者挪用。

1. 财政支付。河道堤防的防汛岁修费，按照河道分级管理的原则，分别由中央财政和地方财政负担，列入中央和地方年度财政预算。

2. 费用收取。河道主管机关收取的各项费用有 4 个方面，即工程修建维护管理费、采砂和淘金费、损坏维修费和义务工折费。

（1）工程修建维护管理费。受益范围明确堤防、护岸、水闸、圩垸、海塘和排涝工程设施，河道主管机关可以向受益的工商企业等单位和农户收取河道工程修建维护管理费，其标准应当根据工程修建和维护管理费用确定。收费的具体标准和计收办法由省、自治区、直辖市人民政府制定。

（2）采淘费。在河道管理范围内采砂、取土、淘金，必须按照经批准的范围和作业方式进行，并向河道主管机关缴纳管理费。收费的标准和计收办法由国务院水利行政主管部门会同国务院财政主管部门制订，管理单位也可根据当地情况，制订切实可行的收费办法。

（3）损坏维修费的收取。任何单位和个人，凡对堤防、护岸和其他水工程设施造成损坏或者造成河道淤积的，由责任者负责修复、清淤并承担维修费用，该项维修费用由河道堤防管理单位按有关规定进行收取。

（4）义务工折费。在汛期，县级以上人民政府可以组织河道堤防两岸保护区域内的居民、单位和个人义务劳动，对河道堤防工程进行维修、抢修和加固，对于不能出工的有关人员，可以折劳换资，另行雇人代劳。

2001 年，国务院在《关于进一步做好农村税费改革试点工作的通知》中，取消了劳动积累工和义务工，由此，河道堤防管理此项费用的摊派与收取进入了新阶段，或者说此项费用处在"仅存其名而无其实"的状态。

二、运行管理费测算

河道堤防工程管理单位运行管理经费，依据 2004 年财政部、水利部颁布的《水利工程管理单位定岗标准（试点）和水利工程维修养护定额标准（试点）》（水办〔2004〕307号），综合考虑河道堤防工程规模、等级、类别、工程量等因素分别进行测算，因素不同测算结果不同。

（一）河道治理工程维修养护等级标准

1. 堤防工程划分标准。堤防工程维修养护等级分为四级九类，具体划分标准按表18.7 执行。

表 18.7　堤防工程维修养护等级划分表

堤防工程类别	堤防设计标准	1 级堤防			2 级堤防			3 级堤防		4级堤防
	堤防维护类　别	一类工程	二类工程	三类工程	一类工程	二类工程	三类工程	一类工程	二类工程	
分类指标	背河堤高 H（m）	$H \geqslant 8$	$8 > H \geqslant 6$	$H < 6$	$H \geqslant 6$	$6 > H \geqslant 4$	$H < 4$	$H \geqslant 4$	$H < 4$	
	堤身断面建筑轮廓线 L（m）	$L \geqslant 100$	$100 > L \geqslant 50$	$L < 50$	$L \geqslant 60$	$60 > L \geqslant 30$	$L < 30$	$L \geqslant 20$	$L < 20$	

注：1. 堤防级别按《堤防工程设计规范》（GB 50286—2013）确定，凡符合分类指标其中之一者即为该类工程。

2. 堤身断面建筑轮廓线长度 L 为堤顶宽度加地面以上临背堤坡长之和，淤区和戗体不计入堤身断面。

2. 控导工程划分标准。控导工程分丁坝、联坝和护岸三类五项，具体划分标准按表18.8 执行。

表 18.8　控导工程维修养护项目划分表

项　目	丁　坝		联　坝		护　岸
	坝	垛	土联坝	护石联坝	
坝长 L（m）	$L \geqslant 30$	$L < 30$			

（二）定额标准项目构成

1. 堤防工程维修养护定额标准项目。堤防工程维修养护定额标准项目包括：堤顶维修养护、堤坡维修养护、附属设施维修养护、堤防隐患探测、防浪林养护、护堤林带养护、淤区维修养护、前（后）戗维修养护、土牛维修养护、备防石整修、管理房维修养护、害堤动物防治、防浪（洪）墙维修养护和消浪结构维修养护。

堤顶维修养护内容包括：堤顶养护土方、边埂整修、堤顶洒水、堤顶刮平和堤顶行道林维修养护。

堤坡维修养护内容包括：堤坡养护土方、排水沟维修养护、上堤路口维修养护和草皮养护及补植。

附属设施维修养护内容包括：标志牌、标志碑的维护和护堤地边埂整修。

堤防隐患探测内容包括：普通探测和详细探测。

2. 控导工程维修养护定额标准项目。控导工程维修养护定额标准项目包括：坝顶维修养护、坝坡维修养护、根石维修养护、附属设施维修养护、上坝路维修养护和防护林带养护。

坝顶维修养护内容包括：坝顶行道林养护、坝顶沿子石和备防石整修、坝顶洒水及刮平和边埂整修。

坝坡维修养护内容包括：坝坡养护土方、坝坡养护石方、排水沟维修养护和草皮养护及补植。

根石维修养护内容包括：根石探测、根石加固和根石平整。

附属设施维修养护内容包括：管理房维修养护、标志牌、标志碑的维护和护坝地边埂整修。

（三）维修养护工作（工程）量

1. 堤防工程维修养护工作（工程）量。

（1）工作（工程）量标准。堤防工程维修养护项目工作（工程）量以1000m长度堤防为基本计算基准单位。维修养护项目工作（工程）量按表18.9执行。

表18.9　堤防工程维修养护项目工作（工程）量表

编号	项　目	单位	1级堤防			2级堤防			3级堤防		4级堤防
			一类	二类	三类	一类	二类	三类	一类	二类	
	合　计										
一	堤顶维修养护										
1	堤顶养护土方	m^3	500	450	400	350	325	300	150	120	90
2	边埂整修	工日	47	47	47	21	21	21			
3	堤顶洒水	台班	4	4	3	2	2	1	1	1	
4	堤顶刮平	台班	9	7	5	5	4	2	3	2	2
5	堤顶行道林养护	株	667	667	667	667	667	667	667	667	667
二	堤坡维修养护										
1	堤坡养护土方	m^3	639	559	479	383	320	256	128	96	96
2	排水沟翻修	m	61	44		38					
3	上堤路口养护土方	m^3	34	12	9	10	9	5	5	5	2
4	草皮养护及补植										
（1）	草皮养护	$100m^2$	506	443	380	380	316	253	253	190	190
（2）	草皮补植	$100m^2$	25	22	19	19	16	13	13	9	9
三	附属设施维修养护										
1	标志牌（碑）维护	个	22	22	22	17	17	17	7	7	5
2	护堤地边埂整修	台班	21	21	21	21	21	21	21	21	21

续表18.9

编号	项目	单位	1级堤防			2级堤防			3级堤防		4级堤防
			一类	二类	三类	一类	二类	三类	一类	二类	
	合　计										
四	堤防隐患探测										
1	普通探测	m	100	100	100	70	70	70			
2	详细探测	m	10	10	10	7	7	7			
五	防浪林养护	m²	按实有数量								
六	护堤林带养护	m²	按实有数量								
七	淤区维修养护	m²	按实有数量								
八	前（后）戗维修养护	m²	按实有数量								
九	土牛维修养护	m³	按实有数量								
十	备防石整修	工日	按实有数量								
十一	管理房维修	m²	按实有数量								
十二	害堤动物防治	100m²	按实有数量								
十三	硬化堤顶维修养护	km	按实有长度								

（2）工作（工程）量调整系数。河道堤防治理工程维修养护项目工作（工程）量调整系数按表18.10执行。

表18.10　堤防工程维修养护项目工作（工程）量调整系数表

编号	影响因素	基准	调整对象	调整系数
1	堤身高度	堤防基准高度分别为：8m、7m、6m、6m、5m、4m、4m、3m和3m	堤坡维修养护	每增减1m，系数相应增减分别为1/8、1/7、1/6、1/6、1/5、1/4、1/4、1/3和1/3
2	土质类别	壤性土质	维修养护项目	黏性土质系数调减0.20
3	无草皮土质护坡	草皮护坡	草皮养护及补植	去除该维修养护项目
4	年降水量变差系数	0.15～0.30	维修养护项目	系数≥0.30，增加0.05；系数<0.15，减少0.05
5	硬化堤顶	土质堤顶	堤顶维修养护	去除该维修养护项目

2. 控导工程维修养护工作（工程）量。

（1）工作（工程）量标准。控导工程维修养护项目工作（工程）量计算基准为：坝80m/道，垛30m/个，联坝100m/段，护岸100m/段，坝、垛、护岸高度为4m（从根石台起算，无根石台从多年平均水位起算）。维修养护项目工作（工程）量按表18.11执行。

表 18.11 控导工程维修养护项目工作（工程）量表

编号	项 目	单位	丁 坝		联 坝（段）		护岸（段）
			坝（道）	垛（个）	土联坝	护石联坝	
	合 计						
一	坝顶维修养护						
1	坝顶养护土方	m³	15	10	30	30	
2	坝顶沿子石翻修	m³	4.40	2.40		2.20	2.40
3	坝顶洒水	台班			0.70		
4	坝顶刮平	台班			0.60		
5	坝顶边埂整修	工日	3		9	4	
6	备防石整修	工日	115	29		43	72
7	坝顶行道林养护	株			67		
二	坝坡维修养护						
1	坝坡养护土方	m³	22		50	25	
2	坝坡石方整修	m³	59	20		38	54
3	排水沟翻修	m	1.34		0.78	0.78	0.10
4	草皮养护及补植						
（1）	草皮养护	m²	783		1566	682	
（2）	草皮补植	m²	39		78	39	
三	根石维修养护						
1	根石探测	次	每年 1~2 次		每年 1~2 次		
2	根石加固	m³	41	10		20	30
3	根石平整	工日	2	1		2	2
四	附属设施维修养护						
1	管理房维修养护	m²	8	3	10	10	10
2	标志牌（碑）维护	个	10	5	5	10	10
3	护坝地边埂整修	工日			1	1	
五	上坝路	km	按实有数量				
六	护坝林	m²	按实有数量				

（2）工作（工程）量调整系数。河道治理控导工程维修养护项目工作（工程）量调整系数按表 18.12 执行。

表 18.12 控导工程维修养护项目工作（工程）量调整系数

编号	影响因素	基准	调整对象	调整系数
1	坝体长度	80m	坝顶维修养护、坝坡维修养护	每增减10m，系数相应增减0.10
2	联坝长度	100m		每增减10m，系数相应增减0.10
3	护岸长度	100m		每增减10m，系数相应增减0.10
4	坝、垛、护岸高度	4m	坝坡维修	每增减1m，系数相应增减0.20
5	坝体结构	乱石坝	维修养护项目	干砌石坝系数调减0.40，浆砌石坝系数调减0.70，混凝土坝系数调减0.90
6	降水量变差系数	0.15~0.30	维修养护项目	系数≥0.30，增加0.05；系数<0.15，减少0.05

第三节　河道堤防管理设施

河道堤防管理设施包括交通设施、通信设施、生物工程和维修养护管理设施、管理单位生产及生活设施等。这些设施虽不是堤防工程主体，但它是保障堤防工程正常运行管理不能缺少、必备的附属设施，直接关系到堤防工程的安全运行与管理工作的正常开展。

一、交通设施

为工程管理和防汛任务服务的堤防工程交通系统由对内和对外交通两部分组成。内外交通系统，除根据堤防自身特点提出符合堤防管理实际的交通要求外，应根据工程管理和防汛任务的需要，参照《公路工程技术标准》（JTG B01—2003）的有关规定，确定公路等级和其他有关设计参数。内外交通系统应满足行车安全和运输质量的要求，设置必需的维修、管理、监控、防护等附属设施。

（一）交通系统设置

1. 对外交通系统设置原则。对外交通是指堤防工程与外部区域性交通网络相连接的上堤公路，根据工程管理和抗洪抢险需要，沿堤线分段修建与区域性水陆交通系统相连接、每隔一定距离要布置一条上堤公路，以保证对外交通畅通。对外交通系统，除陆运外，还应充分利用河道和其他水域，发展"水水联运"或"水陆联运"，构建运输网络，提高运输能力，降低运输成本。

（1）上堤公路间距。对外交通系统设置时，应充分利用原有的交通道路和交通网络，合理进行线路调整和布设，或改建、扩建。上堤公路设置时，一般情况下，沿堤线纵向方向，每隔10~15km设置一条近似垂直的上堤公路，或者在一个行政辖区范围内有2~3条上堤公路直达堤上，这种布设方式基本能在防汛期间满足人员、物资抢险需要，不致造成不合理的绕道运输，影响防汛运输时效。布设时，还应考虑部分上堤公路与附近城镇或密集居民点连接，使之有利于汛期人员、物资的集散储备和巡堤查险人员的临时居留，也可为堤防管理单位改善物质文化生活创造条件。

（2）道路交叉原则。上堤公路的路基、路面结构和桥涵等建筑物设计时，应满足全天候行车需要，在低洼水网区的上堤公路应采取可靠的防护措施，保持路基稳定和行车安全。上堤公路与堤防工程连接处应设置上堤坡道，上堤坡道最大纵坡不宜大于8%，与堤防轴线的交角宜小于30°；上堤坡道不应切割堤身，防止削弱堤防工程设计断面。

2. 对内交通系统设置原则。对内交通是利用堤顶或背水坡顺堤平台作为交通干道，使之与所属的工程区段、管理处所、附属建筑物、险工险段、附属设施、土石料场、生产企业、场站码头、器材仓库等管理点相连接的交通系统，以满足各管理点之间的交通联系。

（1）道路结构。对内交通系统设置时，堤顶结构除满足堤防工程自身断面设计的要求外，还应满足防汛抢险运输的需要。特别险要的堤段，可在堤顶路面一侧或两侧路肩建造护拦石或路缘石；堤顶路面结构宜采用排水性能好、粗糙度大、易于维修养护的砂石料铺筑；某些重要堤段，如需结合发展区域性公用交通事业，经过充分论证，可修筑混凝土或其他永久性路面结构；堤身断面未达到设计标准或堤身填土沉降尚未稳定时，堤顶公路不允许修筑混凝土或其他永久性路面结构；必须做好堤顶、堤坡和堤基的排水设施，保持堤顶干燥稳定。

（2）错车道与下堤坡道设置。通向沿堤各管理点的公路系统，沿堤防全线应选择适当场地修建停车场和回车场或下堤坡道。堤顶设计宽度小于6m时，应沿堤身每隔适当距离设置一错车道或下堤坡道，错车道或下堤坡道的间距应按双向行车的视距要求确定，错车道段的堤顶宽度应不小于6.50m，有效错车长度应大于20m。

（二）交通工具

堤防管理单位交通工具配置，主要根据管理机构的级别和管理任务的大小予以确定。其配置标准参考表18.13。

表18.13　管理单位车船数量配置表

管理单位级别	交通设备名称、数量（辆、艘）						
	载重车	越野车	大客车	面包车	机动车	快艇	驳船
1级	6	2	1	2	2	1	2
2级	2	1	1	1	1		1
3级	1			1			

注：只设一级管理机构，建制属2、3级的基层管理单位，其车船配置数量适当增加。

二、通信设施

（一）堤防通信网设置原则

堤防通信由管理部门根据需要按统一规划与堤防工程同步进行建设；堤防工程通信网络，在符合流域或地区防汛通信网规划的要求下进行设置；尽量沿堤线附近或紧靠堤段或利用国家现有通信网络，设置堤防通信网站点，架设专用通信线路，减少通信距离；通信分点位置、通信方式、容量等确定时应合理；在确定无线通信方式时，应充分进行技术经济比较，择优选用；如果使用载波通信，在不超过最高使用频率的前提下，应尽量利用较高频率；如果采用无线通信，其频率应在国家和地方无线电管理机构规定的水利防汛专用频率范围内选定；堤防通信网外部接口应与国家技术标准统一，确保省（区）和流域间组网。

（二）设备功能

堤防管理单位设置的堤防工程抗洪抢险、维修管理、防凌防潮等多功能专用通信网络功能有4项：一是具备话音通信功能和数据、图像传输功能，堤防管理单位除采用人工报汛外，利用计算机适时报汛，增加其准确性和及时性，快速、可靠、保密地将各种防汛信息传送给防汛指挥中心，随时利用该通信网，召开各种会议，发布各项汛情、灾情和命令。对于特别重要的堤段和分蓄洪区的重要地段，设置摄像机进行图像监视和报讯，给防汛指挥中心高层指挥者以实地感，高层指挥者及时通报、通知群众转移，准确、迅速地处理各种险情，确保人身安全。二是具有选呼、群呼、电话会议等通信功能。三是分蓄洪区通信网具有预警、疏散广播功能。四是堤防专用通信网络应确保全天候工作执勤，特别是在防汛期间，堤防通信网可通率应不低于99.90%。

（三）通信范围

堤防工程通信网的通信范围有3方面：一是国家、省（区）、地（市）、县（市）防汛指挥机构之间通信，二是各级堤防管理单位的内部通信，三是堤防工程通信网与邮电通信网之间进行通信。

（四）配置标准

1. 管理单位通信设备配置标准。

（1）一级管理单位。一级管理单位（管理1、2级堤防工程），应具备微波、固定式无线电台和邮电通信等三种以上通信方式，并具有数据及图像传输功能。特别重要管理单位还应配置小型卫星通信地面站。

（2）二级管理单位。二级管理单位（管理1、2级堤防工程），应具备固定式无线电台、邮电通信等两种以上通信方式，并具有数据传输功能。在较重要的管理单位应架设专用有线通信线路。

（3）三级管理单位。三级管理单位（管理1、2级堤防工程），应具备固定式无线电台、邮电通信等两种以上通信方式，并按每1~2km配置一台手持机。

（4）三级以下管理单位。三级以下管理单位（管理3级和4级以下堤防工程），应具备一种以上通信方式，并按3km配置一台手持机。

2. 通信设备选型及配置。

（1）必须是定型产品。河道堤防通信设备必须采用定型产品和经国家有关部门技术鉴定许可生产的产品。选用的设备应技术先进、运行可靠、使用方便、维护简单。

（2）能相互兼容。堤防通信网各站点的有线通信和无线通信应具有相互转接的功能，并应与地方邮电网组联，各级之间的通信联络设备选型时应考虑设备系统兼容性，具有相互兼容功能。

（3）固定移动互补。洪涝灾害会使有线线路损坏，定点的通信设施在灾害期间经常受到威胁。故在洪涝灾害较严重的地区，应优先考虑无线通信方式，除配置固定通信台外，还需配置车载台、手持机。在分蓄洪区增配船载台。有条件地区配备卫星电话。固定、移动互补，确保万无一失。

（4）设备互为备用。为保证堤防通信的可靠性，在险情发生前能提前预报，险情发生后能紧急处理，堤防管理单位的通信设施应有多种通信方式、设备互为备用，一旦某种设备损坏，能及时补充、尽快替换，保证通信畅通无阻。

（5）配置比例适当。无线电台备用台与工作台配置比例，一般堤防管理单位按1∶5配置；有人值班差转台按1∶1配置；当备用台数量不足1部时按1部配置；以此类推。

各通信站点应配置录音电话，对防汛指令等重要语音通信信息进行录音存档。

（五）设备布置

1. 通信设备布置原则。堤防工程通信系统品种繁多，布置时应合理、科学，只有这样使用起来才能得心应手、临危不乱。通信设备布置时应符合有关专业设计规范。通信机房内的电话交换机房、载波室和微波机房尽量设在同一楼层内，避免耗费往返路途时间；无线电设备机房应尽量靠近天线，防止信号丢失，确保通信质量；通信电源室宜布置于一楼或靠近通信室，以便于维修。

2. 通信系统供电设置。汛期灾情发生时，多数情况下，会造成市电中断和对外交通中断，堤防管理单位，特别重要的堤防、分蓄洪区管理单位和一、二级堤防工程管理单位（负责管理1、2级堤防工程），与上级指挥机构和当地政府应保证通信联络畅通无阻，除了通信方式和通信设备本身性能可靠性外，其通信网站点必须有稳定可靠的电力系统，一、二级管理单位应采用双回路交流供电方式，并配置通信设备专用蓄电池和备用发电机组等备用电源，同时，储备一定数量的燃料。备用电源容量应能满足防汛指挥系统的全部供电负荷要求。

柴油发电机组的燃料储存量，应符合表18.14规定。

表 18.14　燃料储存量表

序号	通信网点类别	燃料储存量保证时间	备　注
1	1、2 级堤防工程管理单位	2~3d	每天按运行 8~12h 考虑
2	分蓄洪区管理单位	7d	每天按运行 24h 考虑

三、生物工程及维修养护管理设施

（一）生物工程

保护堤防安全和生态环境的生物工程主要有防浪林带、护堤林带、草皮护坡等工程。这些工程不仅可保护堤防免受暴雨洪水、风沙冰凌、潮汐、海浪等自然力侵蚀破坏，而且可美化堤容堤貌、保护生态环境、增加管理单位经济收入。

1. 生物工程作用。保护堤防安全和生态环境的生物工程防护作用有4项：一是消浪防冲，防止暴雨洪水、风沙、冰凌、海潮、波浪等对堤防工程的侵蚀破坏。二是拦沙固滩，保护堤防和护岸工程的基脚安全。三是营造防汛用材林和经济林生产基地，可提高管理单位经济收入。四是涵养水土资源，绿化堤容堤貌，美化生态环境。

2. 林带工程种植。

（1）品种选择。大江大河堤防防浪林带结构宜采用乔木、灌木、草本植物相结合的立体紧密型生物防浪工程。防浪林苗木宜选用耐淹性好、材质柔韧、树冠发育、生长速度快的杨柳科或其他适用于当地生长的树种为宜；护堤林带宜种植适宜于当地土壤气候条件、材质好、生长快、经济效益高的树种。

（2）林带布置。生物林带应按统一规格和技术要求栽种在堤防工程临、背水侧护堤地范围内。临水侧用于消浪防冲的防浪林带可适当扩大其种植范围。

防浪林带种植宽度、排数、株行距等应根据消浪防冲要求和不影响安全行洪的原则确定。必要时，应采用相似条件下防浪林观测试验成果类比分析确定。防浪林带种植范围，在不影响行洪安全的前提下，不受护堤地宽度的限制，可适当扩大防浪林带的种植范围。

护堤林带的种植宽度和植株密度应根据堤防背水侧护堤地范围内的土壤气候条件及防治风沙、涵养水土等环境因素确定。

（3）林带养护。林带施肥以氮、磷、钾肥为主，施肥量和肥料比例应视林木生长情况而定，施肥时间于叶芽开始分化以前为宜。结合水、肥管理，可适当地进行耕、锄草；经常防治树木病虫害，随时清除遭受病虫害致死的树株；合理疏枝，形成分布均匀的树冠；早春、干旱期或结冻前浇水，秋季树木涂石灰水。确保林木缺损率不大于5%。

（4）林带修理。老化树木，根据实际情况采伐更新。林木更新采用混交林种植模式，按适地适林的原则选择树种；对于树木缺损较多的林带，应适时补植或改植其他适宜树种；防浪林应保持适当树冠高度和枝条密度，提高削浪效果。

3. 草皮工程。

（1）草种选择。为防御暴雨、洪水、风沙、冰凌、波浪等自然力对土堤坡面的侵蚀破坏，除种植防浪林带和护堤林带外，一般还需种植草皮护坡。护坡用草皮，以选用适合当地土壤气候条件，耐干旱、盐碱、潮湿，根系发育、生命力强的草种为宜；更新草皮宜选择适合当地生长条件的品种，并宜选择低茎蔓延的草种。

（2）草皮养护。草皮护坡应经常修整、清除杂草，保持完整美观；干旱时，宜适时洒水养护；当草皮遭雨水冲刷流失或干枯坏死时，应及时还原坡面，采用补植或更新的方法进行修理；补植草皮应在适宜时间带土成块移植；移植时，宜扒松坡面土层，洒水铺植，贴紧拍实，定期洒水，确保成活；草皮中有大量杂草或灌木时，宜采用人工挖除或化学药剂清除杂草。

4. 禁止种植部位。堤身和戗堤基脚范围内不宜种植树木。对已栽种树木的堤防工程，应进行必要的技术安全论证，确定是否保留；一线海堤不是土堤或长期浸泡在水下或行洪流速超过3m/s的土堤迎水坡面，不宜种植草皮护坡。

5. 生物管理利用。绿化范围内，凡由河道堤防管理单位投资种植的树、草、芦苇，并负责经营管理的，其收益归河道堤防管理单位；凡由河道堤防管理单位投资种植，交由村、组管理的，其收益应采取分成办法，按一定比例分担收益。

国家投资交由村组管理的林木，其种植、修枝、剪叉、喷药、间伐、更新和日常管理等工作所需劳力，由分成村、组负担。护堤员负责零星补植；树、草、芦苇的培育、修枝、剪叉、间伐、更新、收割工作，由河道堤防管理单位统一领导，统一管理，有计划地进行。

所有树木间伐或更新，由河道堤防管理单位统一安排，一般并应结合工程需要进行。

防汛或紧急抢险用料，允许动用村组分得的树木。其他部门如建设需要，经水利工程管理单位同意的临地占用堤防管理范围的土地，所损坏的树草应予作价赔偿。

（二）堤防配套设施

为推进堤防工程管理标准化、规范化建设，除大力加强各项基础设施的建设外，还应重视其他管理设施的建设。这类设施包括里程碑、界碑、标志牌、护堤屋、护栏、拦车卡等。近年来，各地在堤防工程管理达标中，加强了堤容堤貌及其他管理设施的建设管理，取得了一定成效，但一些中小堤防工程的标准低、质量差的状况还比较突出。

1. 设置里程碑桩。堤防工程均应按统一规划的桩号埋设里程桩，并划分堤段，树立界牌，明确管理责任。沿堤防工程全程，从起点到终点，依序进行计程编码，埋设永久性千米里程碑，每两个里程碑之间依序埋设计百米断面里程桩。里程碑应采用新鲜坚硬料石或预制混凝土标准构件制作。里程碑顶端根据需要可埋设金属测量标点。

2. 设置警示标牌。沿堤建造的堤岸防护工程和工程观测设施的观测站或观测剖面，应设立统一制作的标志牌和护栏，并进行统一编号；在堤防工程管理范围内，对存在血吸虫的地方病疫区，应设立警示牌；堤防工程沿线与交通道路交叉道口，应设置交通管理标志牌和拦车卡。

3. 设置界碑界标。堤防工程主管部门或管理单位应根据管理区域不同，在沿堤防工程全程，两个不同行政区管辖的相邻堤段处和沿护堤地分界线，应统一设置界碑和界标。

4. 设置管理房屋。沿堤防工程全程，每隔 1~2km 建造一所护堤屋（兼作防汛哨所）。每所护堤屋建筑面积不宜少于 $60m^2$。房屋设计宜采用标准化结构形式。护堤屋宜建造在堤防背水侧墩台、隙地或专门加宽的堤顶上。

（三）探查维护设施

我国堤防存在诸多危机工程安全的隐患，其中以白蚁、动物洞穴隐患危害最严重，为有效地杀灭白蚁和穴居动物，消除隐患，必须对堤防工程加强探查、测试、防护、维修和管理。通过经常性的维修管理工作，才能全面提高堤质标准和堤防质量，延长使用寿命，保证防洪安全。要达到这个目标，必须配置一定数量的隐患探测仪、锥探灌装机、装卸土料翻斗车及为工程维修管理服务的其他机具设备和测试仪器。

1. 探查设备。管理 3 级以上长度在 50~100km 的堤防管理单位，应配置 1 套隐患探测仪和锥探灌浆设备，包括打锥机、拌浆机、灌浆机、翻斗车及小型移动式发电机组等机具设备。管理堤长超过 100km 的管理单位，根据需要，可适当增加探查和灌浆等设备。

2. 维修设备。根据工程管理和测试工作的需要，3 级以上堤防工程，每 10~15km 堤长，堤防管理单位可配置 1 台小型翻斗车或拖拉机；适当配置除草机、刮平机、灭虫洒药机及简易土工、水化试验、白蚁防治、气象观测等仪器设备。

四、防汛抢险物料

（一）抢险物料贮备

堤防工程防汛抢险物料贮备依据堤防工程级别的高低和工程现状进行储备，工程级别高的防汛抢险物料储备就多，反之减少。堤防工程级别根据防洪标准共分为 5 级，详见

表 1.2。

1. 江河堤防防汛抢险物料。江河堤防防汛物资储备品种包括三类。一类是袋类、土工布（包括编织布、土工膜等）、砂石料、块石、铅丝、桩木、钢管（材）等抢险物料。二类是救生衣、救生圈、抢险救生舟等救生器材。三类是发电机组、便携式工作灯、投光灯、打桩机、电缆等小型抢险机具。

江河堤防救生器材和小型抢险机具的储备数量以满足查险抢险人员的需要为依据。单位长度堤防应储备防汛物资单项品种数量计算见表 18.15。

表 18.15　单位长度堤防防汛物资单项品种储备数量表

单位长度堤防应储备防汛物资单项品种数量（$S_河$）通过下式计算：

$$S_河 = \eta_河 M_河$$

式中：$M_河$——防汛物资储备单项品种基数从《千米堤防防汛物资储备单项品种基数表》中查取；

$\eta_河$——工程现状综合调整系数，由 $\eta_河 = \eta_{河1} \eta_{河2} \eta_{河3} \eta_{河4}$ 计算（$\eta_{河i}$ 从《堤防工程现状调整系数表》中查取）。

千米堤防防汛物资储备单项品种基数表

工程类别	抢险物料							救生器材	小型抢险机具				
	袋类（条）	土工布（m²）	砂石料（m³）	块石（m³）	铅丝（kg）	桩木（m³）	钢管（材）（kg）	救生衣（件）	发电机组（kW）	便携式工作灯（只）	投光灯（只）	打桩机（台）	电缆（m）
1	4000	400	600	500	100	1	200	50	0.20	10	0.10	0.03	50
2	3000	300	400	400	80	1	200	40	0.20	10	0.10	0.03	50
3	2000	200	200	200	50	0.60	100	30	0.20	5	0.05	0.02	30
4	1500	150	50	50	20	0.30	—	20	0.10	2	0.05	—	20
5	1000	100	20	50	10	0.30	—	10	0.10	2	0.05	—	20

注：块石和砂石料的储备视堤防情况和抢险需要在总量范围内可以相互调整。

堤防工程现状调整系数表

工程状况	堤身安全状况（$\eta_{河1}$）			堤基地质条件（$\eta_{河2}$）			小型穿堤建筑物（$\eta_{河3}$）		堤身高度（$\eta_{河4}$）		
	好	一般	差	好	一般	差	无	有	≤5m	5~8m	≥8m
调整系数（$\eta_{河i}$）	0.50	1	1.50	0.50	1	1.80	1	1.20	0.90	1	1.10

注：$\eta_河$ 由堤身安全状况、堤基地质条件、有无小型穿堤建筑物、堤身高度等影响因素确定。

2. 海堤防汛抢险物料储备。海堤防汛物资储备品种包括三类。一类是袋类、土工布、砂石料、块石、铅丝、桩木等抢险物料。二类是救生衣、救生圈、抢险救生舟等救生器材。三类是发电机组、投光灯、电缆等小型抢险机具。单位长度海堤应储备防汛物资单项品种数量计算见表18.16。

表18.16　单位长度海堤防汛物资单项品种储备数量表

单位长度海堤应储备防汛物资单项品种数量（$S_海$）通过下式计算：

$$S_海 = \eta_海 M_海$$

式中：$M_海$——防汛物资储备单项品种基数《每千米海堤防汛物资储备单项品种基数表》查取；

$\eta_海$——工程现状综合调整系数，由 $\eta_海 = \eta_{海1} \eta_{海2} \eta_{海3} \eta_{海4} \eta_{海5}$ 计算（$\eta_{海i}$从《海堤工程现状调整系数表》中查取）。

每千米海堤防汛物资储备单项品种基数表

工程类别	抢险物料						救生器材	小型抢险机具		
	袋类（条）	土工布（m²）	砂石料（m³）	块石（m³）	铅丝（kg）	桩木（m³）	救生衣（件）	发电机组（kW）	投光灯（只）	电缆（m）
1	1500	250	23	320	300	1	10	0.10	0.10	50
2	1800	200	22	300	300	1	10	0.10	0.10	50
3	2500	150	20	250	500	0.60	10	0.10	0.10	30
4	3500	150	16	200	600	0.30	10	0.10	0.10	20
5	4500	150	12	150	800	0.30	10	0.10	0.10	20

海堤工程现状调整系数表

工程状况	堤身安全状况（$\eta_{海1}$）			堤基地质条件（$\eta_{海2}$）			小型穿堤建筑物（$\eta_{海3}$）			潮差与风浪（$\eta_{海4}$）			险工险段（$\eta_{海5}$）	
	好	一般	差	好	一般	差	无	一般	多	小	一般	大	非险段	险段
调整系数（$\eta_{海i}$）	0.80	1	1.20	0.80	1	1.20	1	1.10	1.20	0.80	1	1.20	1	2

注：$\eta_海$由堤身安全状况、堤基地质条件、有无小型穿堤建筑物、潮差及风浪、险工险段等因素确定。

3. 河道防护工程（含控导工程）防汛抢险物料储备。河道防护工程是保护河道险工、滩地、岸线及调控河势的工程。其建筑物形式主要为丁坝、坝垛（矶头）及护岸等。河道防护工程的工程级别与其相应河段的堤防级别相同。

河道防护工程防汛物资储备品种包括三类。一类是袋类、块石、铅丝、桩木、绳类等抢险物料。二类是救生衣、救生圈、抢险救生舟等救生器材。三类是发电机组、投光灯、便携式工作灯、电缆等小型机具。单位长度防护工程应当储备防汛物资单项品种数量计算见表18.17。

表 18.17 单位长度防护工程防汛物资单项品种储备数量表

单位长度防护工程应当储备防汛物资单项品种数量（$S_{控}$）按下式计算：

$$S_{控} = \eta_{控} L_{控} M_{控}$$

式中：$M_{控}$——防汛物资储备单项品种基数，从《每千米河道防护工程防汛物资储备单项品种基数表》中查取；

$\quad\quad L_{控}$——该处河道防护工程所保护的岸线长度（km）；

$\quad\quad \eta_{控}$——工程现状综合调整系数，$\eta_{控} = \eta_{控1} \eta_{控2} \eta_{控3} \eta_{控4}$（$\eta_{控i}$从《河道防护工程现状调整系数表》中查取）。

每千米河道防护工程防汛物资储备单项品种基数表

工程类别	抢险物料					救生器材		小型抢险机具			
	袋类（条）	块石（m³）	铅丝（kg）	桩木（m³）	绳类（kg）	救生衣（件）	抢险救生舟（艘）	发电机组（kW）	便携式工作灯（只）	投光灯（只）	电缆（m）
1	1000	1500	1000	4	1000	50	0.20	5	10	5	200
2	800	1200	800	3	800	30	0.10	5	5	5	200
3	500	800	500	2	500	10	0.05	3	2	1	100
4	300	500	100	1	100	5		1	1	1	50
5	300	500	100	1	100	5		1	1	1	50

河道防护工程现状调整系数表

工程状况	工程安全状况（$\eta_{控1}$）			近岸主流最大流速（m/s）（$\eta_{控2}$）			多年平均枯水位以下的水深（m）（$\eta_{控3}$）			河段类型（$\eta_{控4}$）	
	好	一般	差	≤2	2~3	≥3	≤5	5~10	≥10	弯曲型	游荡型
系数（$\eta_{控i}$）	0.50	1	1.50	0.80	1	1.20	0.50	1	1.50	1	1.50

注：$\eta_{控}$依据河道防护工程安全稳定状况、近岸主流最大流速、近岸深槽多年平均枯水位以下的水深以及河段类型等因素分析考虑。

（二）堤防防汛抢险物料管理

1. 露天防汛物料管理。露天存储在堤顶、堤坡或平台（戗台）上等的防汛物料，按照规整、取用方便原则进行管理，应有围栏、围墙等防护措施，并码放整齐。备防石垛发生沉陷或倒塌，应按原标准进行码方；备防土料出现水沟或残缺部位，管理单位应按原存放标准对水沟和残缺部位进行修复，及时清除抢险料物及相应的防护设施上的杂草杂物，保持料物整洁完好。

2. 仓库防汛物料管理。仓库内存储的料物应按国家仓库保管有关规定妥善保管，管理单位应对存储在仓库的防汛物料进行建卡、立账，分类码放。建卡内容应包括物料品种、规格、数量、有效期、进库和出库日期、保管人和负责人姓名等信息；台账内容应包括物料品种、规格、数量、有效期、进库和出库日期及经手人签字、保管人和负责人姓名及签字审批等详细信息。批量存放的应定期进行清点、检查，及时补充、更换；与专业仓储基地代储的防汛物料应有代储合同或协议等。

五、管理单位生产及生活区设施

管理单位生产、生活区建设应本着有利管理、方便生活、经济适用的原则，合理确定各类生产、生活设施的建设项目、规模和建筑标准。管理单位应根据当地水、土资源的条件，建立适当规模的综合开发经营生产基地，并进行必要的基础设施建设，为工程管理的良性运行创造条件。

（一）设置内容

管理单位生产、生活区建设项目内容有 6 项：一是各职能科室的办公室及通信调度室、档案资料室、公安派出所等公用专用房屋建筑。二是动力配电房、机修车间、设备材料仓库、车库、站场、码头等生产和辅助生产建筑。三是利用自有水、土资源，开发种植业、养殖业及相应产品加工业所必需的基础设施和配套工程。四是职工住宅、集体宿舍、文化娱乐室、图书阅览室、招待所、食堂等生活福利及文化设施建设。五是管理单位庭院环境绿化、美化设施。六是地处偏僻乡村、交通闭塞的管理单位，在附近城镇建立后方生活基地。

（二）设置原则

1. 生产、生活区场地选择。生产、生活区场地选择原则有 6 项：一是位置适中，能照顾工程全局；地形地质条件较好。二是有利工程管理，方便职工生活。三是靠近水陆交通方便，靠近较便利的地点或城镇区。四是场地较平整，基础设施建设费用较省。五是不占或少占用基本农田。六是对长远建设目标有发展余地。

2. 各类设施建筑面积计算。管理单位生产、生活区各类设施的建筑面积确定原则有 6 项：一是各职能科室办公室建房标准，应按定编职工人数人均建筑面积 9 ~ 12m² 确定。定编人数少于 50 人的单位，可适当扩大建筑面积。二是专用设施所需之房屋，应按其使用功能、设备布置和管理操作等要求确定。三是生产维修车间、设备材料仓库（包括 1 级管理单位防汛专用仓库）、车库等的建筑面积，应根据其生产及仓储物资的性质、规模及管理运用要求确定。四是职工宿舍及文化福利设施的建筑面积，可按定编职工人数人均 35 ~ 37m² 综合指标确定。其中，图书室、接待室、医务室、公用食堂等文化福利设施的建筑面积，应控制在人均 5m² 的指标以内（职工住宅测算参数为带眷职工占职工总数的 60%，单身职工占 40%，带眷系数 3 ~ 4。测算得出的住宅指标为人均 30 ~ 33m²，加上文化、福利辅助设施的建筑面积 4 ~ 5m²，职工住宅综合测算指标为 34 ~ 38.50m²）。五是在附近城镇区建立后方生活基地的管理单位，前、后方建房面积应统筹安排，其建房面积可参照上述三项建房指标适当增加。六是生产、生活区的庭院工程和环境绿化美化设施，应通过庭院总体规划和建筑布局，确定所需占地面积。生产、生活区人均绿地面积不少于 5m²，人均公共绿地面积不少于 10m²。

3. 综合开发经营生产基地设置原则。综合开发经营生产基地建设原则有两项：一是生产基地建设应在工程已进行划界确权、产权关系明确的基础上进行，同时要处理好与当地群众有关水土资源等方面的经济利益关系。二是生产基地建设应以促进工程管理、保障防洪安全为前提，坚持一业为主、多种经济共同发展的原则，因地制宜，充分发挥当地资源的经济优势。

（三）附属设施设置

1. 排水设施。根据当地水源、地形等自然条件，因地制宜地在生产、生活区建设经济适用的供、排水系统。位于城镇区的管理单位，应充分利用当地公用供、排水设施。

2. 供电设施。生产、生活区应优先利用区域电网供电，尚未建成区域电网的地区，应自备电源供电。电源点的发、配电设备容量和线路输送容量，应能满足生产、生活区高峰用电负荷需要。

生产、生活区必须配置备用电源，备用电源的设备容量应能满足防汛期间电网事故停电时，防汛指挥中心的主要生产服务设施用电负荷的需要。

3. 供暖设施。寒冷地区的生产、生活区，冬季需要供热取暖时，可选择集中供热或分散供热方式，建设相应的供热设施。

4. 交通设施。生产、生活区的道路系统，除应满足对外交通要求外，还应创造条件，完善内部到各公用设施和住宅间的交通系统。

第四节　河道堤防管理范围和保护范围

为保证河道堤防工程安全和正常运行，应根据当地的自然地理条件和土地利用情况，规划确定河道及堤防工程的管理范围和保护范围，作为工程建设和运用管理的依据。

一、管理范围

（一）河道管理范围

河道的具体管理范围由县级以上地方人民政府负责划定。

1. 设堤河道管理范围。设置有堤防工程的河道，其管理范围为两岸堤防之间的水域、沙洲、滩地（包括可耕地）、行洪区，两岸堤防及护堤地。

2. 无堤河道管理范围。未设置堤防工程的河道，其管理范围根据历史最高洪水位或者设计洪水位确定。

（二）堤防管理范围

1. 管理范围分类及划分方法。

（1）堤防工程管理范围。堤防工程的管理范围，一般应包括以下工程和设施的建筑场地和管理用地：一是堤身，堤内外戗堤，防渗导渗工程及堤内、外护堤地。二是穿堤、跨堤交叉建筑物，包括：各类水闸、船闸、桥涵、泵站、鱼道、伐道、道口、码头等。三是附属工程设施，包括：观测、交通、通信设施、测量控制标点、护堤哨所、界碑里程碑及其他维护管理设施。四是护岸控导工程，包括：各类立式和坡式护岸建筑物，如丁坝、顺坝、坝垛、石矶等。五是综合开发经营生产基地，即堤防管理单位利用自有水土资源、发展种植业、养殖业和其他基础产业所需占用的土地面积。六是管理单位生产、生活区建筑，包括：办公用房屋、设备材料仓库、维修生产车间、砂石料堆场、职工住宅及其他生产生活福利设施。

（2）护堤地管理范围。护堤地是堤防工程管理范围的重要组成部分。它对防洪、防凌、防浪、防治风沙、优化生态环境及在抗洪抢险期间提供安全运输通道有着重要的作用。

护堤地管理范围，应根据工程级别并结合当地自然条件、历史习惯和土地资源开发利用等情况，进行综合分析确定。划定时主要考虑 7 个方面因素：一是护堤地的顺堤向布置应与堤防走向一致。二是护堤地横向宽度，应从堤防内外坡脚线开始起算。设有戗堤或防渗压重铺盖的堤段，应从戗堤或防渗压重铺盖坡脚线开始起算。三是堤防工程首尾端护堤地纵向延伸长度，应根据地形特点适当延伸，一般可参照相应护堤地的横向宽度确定。四是特别重要的堤防工程或重点险工险段，根据工程安全和管理运用需要，可适当扩大护堤地范围。五是海堤工程的护堤地范围，一般临海一侧的护堤地宽度为 100～200m；背海一侧的护堤地宽度为 20～50m。背海侧顺堤向挖有海堤河的，护堤地宽度应以海堤河为界。六是城市堤防工程的护堤地宽度，在保证工程安全和管理运用方便的前提下，可根据城区土地利用情况，对表 18.18 中规定的数值进行适当调整。七是堤内、外护堤地宽度，可参照规定的数值确定。

表 18.18　护堤地宽度数值表

工程级别	1	2、3	4、5
护堤地宽度（m）	30～100	20～60	5～30

（3）护岸控导工程管理范围。护岸控导工程的管理范围，除工程自身的建筑范围外，可按以下不同情况分别确定：一是邻近堤防工程或与堤防工程形成整体的护岸控导工程，其管理范围应从护岸控导工程基脚连线起向外侧延伸 30～50m。但延伸后的宽度，不应小于规定的护堤地范围。二是与堤防工程分建且超出护堤地范围以外的护岸控导工程，其管理范围横向宽度应从护岸控导工程的顶缘线和坡脚线起分别向内、外侧各延伸 30～50m；纵向长度应从工程两端点分别向上、下游各延伸 30～50m。三是在平面布置上不连续，独立建造的坝垛、石矶工程，其管理范围从工程基脚轮廓线起沿周边向外扩展 30～50m。四是河势变化剧烈的河段，根据工程安全需要，其护岸控导工程的管理范围应适当扩大。

2. 管理范围划分时间。堤防工程管理范围土地应在工程建设前期通过必要的审批手续和法律程序，实行划界确权，明确堤防管理单位的土地使用权。在工程建设前期未获得的，应在运行期补办。为了保护堤防完整安全，各地应根据安全需要和具体条件，明确划定护堤地的范围和河道堤防管理单位的管理范围。已经划定的护堤地及废堤、废坝、堆土区、土方塘等，应由河道堤防管理单位统一管理，任何单位或个人不得占用。

二、保护范围

（一）河道保护范围

为加强河道的保护和管理，确保河道行洪安全和供水、排水通畅，地方政府应根据有关规定，划定河道两侧保护范围。但截至目前，国家尚未出台相关河道保护范围划定方法及相关规定和文件。只有北京市等个别省（市）对河道保护范围进行了划定。

1. 案例。1986 年 6 月，北京市人民政府发布《关于划定郊区主要河道保护范围的规定》（京政办发〔1986〕51 号），对北京市管辖的 10 条主要河流（含引水渠、排灌渠道）

划定了保护范围，要求各县（区）水利局可对本县（区）所辖中、小河道划定保护范围，报县（区）人民政府批准，并报北京市水利局和北京市城市规划管理局备案。在全国范围内开创了河道保护范围无法划定的先河。

2. 案例划分标准。河道保护范围的宽度，根据保护水利工程的需要和各河段的实际情况，沿两侧河堤中心线（无堤段河道沿河槽上口线或清障线）水平外延 30～200m，因特殊情况，外延宽度可作必要的增减。

（二）堤防工程保护范围

1. 堤防工程保护范围定义。堤防工程保护范围，是为防止在临近堤防工程的一定范围内从事石油勘探、深孔爆破、开采油气和地下水或构筑其他地下工程，危及堤防工程安全而在堤防工程背水侧紧邻护堤地边界线以外划定一定的安全保护区域，作为工程保护范围。

2. 堤防工程保护范围属性。在堤防工程保护范围内，不改变土地和其他资源的产权性质，仍允许原有业主从事正常的生产建设活动，但必须按照《中华人民共和国河道管理条例》及国家有关规定，限制某些特殊活动，以保障工程安全。

3. 堤防工程保护范围尺度。堤防工程保护范围的横向宽度可参照表 18.19 规定的数值确定。堤防工程临水侧的保护范围应按照国家《中华人民共和国河道管理条例》有关规定执行。

表 18.19　堤防工程保护范围数值表

工程级别	1	2、3	4、5
保护范围的宽度（m）	200～300	100～200	50～100

第五节　河道堤防管理保护

河道堤防管理单位和群众性护堤组织应严格执行《中华人民共和国防洪法》、《中华人民共和国防汛条例》、《中华人民共和国河道管理条例》和《河道堤防工程管理通则》（SLJ 703—81）有关规定，加强对河道、湖泊管理范围和保护范围的管理，保障河道行洪、排涝安全及湖泊调洪能力。

一、河道管理

（一）河道管理范围管理

在河道管理范围内，水域和土地的利用应当符合江河行洪、输水和航运要求；滩地的利用应当由河道主管机关会同土地管理等有关部门制订规划，报县级以上地方人民政府批准后实施。

1. 管理范围内禁止事项。

（1）禁止损毁工程设施。在河道管理范围内，禁止损毁堤防、护岸、闸坝等水工程建筑物和防汛设施、水文监测和测量设施、河岸地质监测设施及通信照明等设施。

（2）禁止非管人员操作。在河道管理范围内，禁止非管理人员操作河道上的涵闸闸门，禁止任何组织和个人干扰河道管理单位的正常工作。

（3）禁止种植阻水作物。在河道管理范围内，任何单位和个人严禁在河道的滩地或行洪区植树造林，种植芦苇、柴木、杞柳、高草和其他高秆阻水作物（堤防防护林除外）。

（4）禁止侵占损坏林木。在河道管理范围内，河道管理单位组织营造和管理河道堤防的护堤、护岸防浪林、护堤林等林木，其他任何单位和个人不得侵占、砍伐或者破坏。

（5）禁止危及山体稳定。在山区河道管理范围内，有山体滑坡、崩岸、泥石流等自然灾害的河段，禁止从事开山采石、采矿、开荒等危及山体稳定的活动。

（6）禁止污染河道水体。在河道管理范围内，禁止任何单位堆放、倾倒、掩埋、排放污染水体的物体。禁止在河道内清洗装贮油类或有毒污染物的车辆、容器。

（7）禁止围湖围垦造田。在河道管理范围内，禁止围湖造田；严禁在河道及其滩地或调洪湖泊、蓄洪区、行洪区内任意修筑圩院（包括生产堤），禁止盲目围垦。未经批准，擅自修建圩垸、盲目围垦的，必须由原建单位彻底平毁。

（8）禁止非法修建弃置。在河道管理范围内，禁止修建围堤、阻水渠道、阻水道路；禁止设置拦河渔具；禁止弃置矿渣、石渣、煤灰、泥土、垃圾等。

在堤防和护堤地，禁止建房、放牧、开渠、打井、挖窖、葬坟、晒粮、存放物料、开采地下资源、进行考古发掘及开展集市贸易活动。

在河道管理范围相连地域的堤防安全保护区（县级以上人民政府批准划定）内，禁止进行打井、钻探、爆破、挖筑鱼塘、采石、取土等危害堤防安全的活动。

已建工程，如影响行洪、排涝或改变溜势，影响河道堤防安全的，由原建单位负责清除。

2. 申报与审批事项。

边界河道修建工程应经边界双方协商一致达成协议，报经上一级水利主管部门批准。河道的整治与建设应当服从流域综合规划，符合国家规定的防洪标准、通航标准和其他有关技术要求，维护堤防安全，保持河势稳定和行洪、航运通畅。

（1）有益活动必经审批。在河道管理范围内采砂、取土、淘金、弃置砂石或淤泥，或爆破、钻探、挖筑鱼塘，或在河道滩地存放物料、修建厂房或其他建筑设施，或开采地下资源及进行考古发掘等有益活动，在不影响河道行洪、排涝，不引起河势不良变化和不影响上下游、左右岸河道堤防安全的前提下，事先征得水利工程管理单位的同意，做出设计，按规定程序报河道主管机关批准；涉及其他部门的，由河道主管机关会同有关部门批准，方能施工。

开采砂石应与河道整治相结合，由水利主管部门统一规划，河道堤防管理单位统一管理，在指定范围内有计划地进行。

（2）滩地利用征求意见。城镇建设和发展不得占用河道滩地。城镇规划的临河界限由河道主管机关会同城镇规划等有关部门确定。沿河城镇在编制和审查城镇规划时，应事先征求河道主管机关的意见。

河道岸线的利用和建设，必须服从河道整治规划和航道整治规划。计划部门在审批利用河道岸线的建设项目时，应当事先征求河道主管机关的意见。

河道岸线界限由河道主管机关会同交通等有关部门报县级以上地方人民政府划定。

（3）河道排污必经许可。有毒的污水排入江河、湖泊前必须经过净化处理，应符合国家规定的排放标准；排污单位设置和扩大河道、湖泊排污口，排污单位在向环境保护部门申报之前，应当征得河道主管机关同意、许可。

（4）故旧工程批准利用。在河道管理范围内，江河河道的故道、旧堤、原有工程设施等，未经河道主管机关批准，任何单位和个人不得填堵、占用或者拆毁。

（5）围垦造田论证审批。在河道管理范围内，已经围垦的，应当按照国家规定的防洪标准进行治理，逐步退田还湖。湖泊的开发利用规划必须经河道主管机关审查同意。

特殊情况下确属需要进行围垦的，必须经过科学论证，并经省级以上人民政府批准。一般河流、湖泊，需经省、市、自治区人民政府批准。长江、黄河、淮河、海河、珠江、辽河、松花江七大江河及其湖泊、蓄洪区、行洪区，需经流域机构同意报水利部批准。围垦区内蓄洪、滞洪、分洪工程和人民群众保安工程措施的经费及物资器材，均由围垦部门列入围垦计划。蓄洪、滞洪和分洪工程的使用必须服从防汛部门的安排。

3. 保护事项。

（1）保护监测河道水质。为保护河道水质，防止河道水体遭受破坏和污染，河道主管机关应开展河道水质监测工作，协同环境保护部门出台河道水质保护办法，对水污染防治实施监督管理。

（2）保护堤岸航道安全。为保证堤岸安全，部分河段需要限制航速，河道主管机关应当会同交通部门设立限制航速标志，通行的船舶不得超速行驶；在河道中流放竹木，不得影响行洪、航运和水工程安全，并服从当地河道主管机关的安全管理；在汛期，船舶的行驶和停靠必须遵守防汛指挥部规定；河道主管机关有权对河道上的竹木和其他漂流物进行紧急处置。

（3）保护河堤水土林木。加强河道滩地、堤防和河岸的水土保持工作，防止水土流失、河道淤积。护堤护岸林木由河道管理单位组织营造和管理。河道管理单位对护堤护岸林木进行抚育和更新性质的采伐及用于防汛抢险的采伐，根据国家有关规定免交育林基金。

（4）保护维持山体稳定。山区河道有山体滑坡、崩岸、泥石流等自然灾害的河段，河道主管机关应当会同地质、交通等部门加强监测，时刻注视山体变化，维持山体稳定。

4. 河道整治。

（1）河道整治征求意见。修建开发水利、防治水害、整治河道的各类工程和跨河、穿河、穿堤、临河的桥梁、码头、道路、渡口、管道、缆线等建筑物及设施，建设单位必须按照河道管理权限，将工程建设方案报送河道主管机关审查同意后，方可按照基本建设程序履行审批手续。建设项目经批准后，建设单位应当将施工安排告知河道主管机关。

水利部门进行河道整治，涉及航道的，应兼顾航运需要，并事先征求交通部门对有关设计和计划的意见；交通部门进行航道整治，应当符合防洪安全要求，并事先征求河道主管机关对有关设计和计划的意见；在国家规定可以流放竹木的河流和重要的渔业水域进行河道、航道整治，建设单位应当兼顾竹木水运和渔业的发展需要，事先将有关设计和计划送同级林业、渔业主管部门征求意见。

（2）跨河工程够宽够高。修建桥梁、码头和其他设施必须按照国家规定的防洪标准进行设计，不得缩窄行洪通道，保留足够的河道行洪宽度和高度；桥梁和栈桥的梁底必须高于设计洪水位，并按照防洪和航运的要求，留有一定的超高。设计洪水位由河道主管机关根据防洪规划确定；跨越河道的管道、线路的净空高度必须符合防洪和航运的要求。

（3）新建工程必经验收。堤防上新建的涵闸、泵站和埋设的穿堤管道、缆线等建筑物及设施，必须经河道主管机关验收合格后方可启用，并服从河道主管机关的安全管理。

5. 河道清障。

（1）阻物清除。河道管理范围内的阻水障碍物，按照"谁设障，谁清除"的原则，由河道主管机关提出清障计划和实施方案，由防汛指挥部责令设障者在规定的期限内清除。逾期不清除的，由防汛指挥部组织强行清除，清障费用由设障者全部负担。

（2）违建清除。壅水、阻水严重的桥梁、引道、码头和其他跨河工程设施，根据国家规定的防洪标准，由河道主管机关提出意见并报经人民政府批准，责成原建设单位在规定的期限内改建或者拆除。汛期影响防洪安全的，必须服从防汛指挥部的紧急处理决定。

（二）河道保护范围管理

在河道保护范围内，应严格执行国家有关的规定，不得从事挖砂取土、修建鱼池、擅自建房堆料和爆破等危害水利工程的活动；违反的，除批评制止外，还应责令恢复原状。因特殊情况确需在河道保护范围内进行建设的（包括改建、扩建和翻建），应当按照保护水利工程安全的要求提出设计，根据河道管理权限分别报经县、省级水行政主管部门审核同意，依照有关规定程序报批。

二、堤防管理

为了保护堤防完整安全，河道堤防管理单位和群众性护堤组织应贯彻执行有关规定，对已经划定的护堤地以及废堤、废坝、堆土区、土方塘等进行统一管理，任何单位或个人不得占用。

（一）堤防管理禁止事项

1. 禁止损毁堤身设施。严禁在堤身和规定管理范围内进行取土、挖洞、建窑、开沟、打井、开渠、建房、爆破、埋葬、堆放杂物，或进行其他危害堤身完整、安全的活动。

2. 禁止非法碾压堤顶。严禁铁轮、木轮和履带式或重型车辆在堤上行驶。因降雨、雪等造成堤顶泥泞期间，除防汛抢险和紧急军事、公安专用车外，禁止其他车辆通行；防汛抢险期间，无关人员和车辆不得上堤。

凡利用堤顶作为公路时，交通部门应定期向水利部门缴纳养护费。

3. 禁止种植放牧砍伐。为保护堤身免受破坏，严禁在堤身和护堤地内种植农作物、放牧猪羊、挖掘草皮或任意砍伐毁坏护堤林木。

4. 禁止挖堤修建道路。为确保堤防断面完整，修建生产路、公路、码头大道等跨越堤顶的道路时，必须另行填筑坡道，严禁挖堤通过，埋下不必要的安全隐患。

（二）审批事项

1. 堤沿工程必经审批。堤沿兴建涵闸、泵站，埋设各种管道，必须按堤防的重要程度和设计的有关规定确定设计等级，经河道堤防管理单位同意并报上级水利主管部门批准后施工，河道堤防管理单位应检查监督施工质量。已建涵闸、泵站、各种管道不符合安全要求的，原建单位必须加固、改建或堵闭坚固，废弃的应清除并回填加固。

2. 穿堤破堤必经批准。城市港区穿过堤防时，应设置永久性设施。确需利用堤顶或者戗台兼做公路的，须经上级河道主管机关批准。堤身和堤顶公路的管理和维护办法，由河道主管机关商交通部门制订。

严禁任何单位和个人任意破堤开口，必须临时破堤时，应事先征得河道堤防管理单位同意，报请上级水利主管部门批准后施工，并按批准的期限保质、保量复堵，由河道堤防管理单位验收。

三、河道堤防防汛管理

河道防汛实行地方人民政府行政首长负责制。各级人民政府河道主管机关以及河道管理人员必须按照国家法律、法规，加强河道管理，执行供水计划和防洪调度命令，维护水工程和人民生命财产安全。一切单位和个人都有保护河道堤防安全和参加防汛抢险的义务。在汛期，河道堤防管理单位是防汛指挥部门的主要组成部分，应在防汛指挥部门统一领导下开展工作。

河道堤防工程的防汛及防洪运用必须高度集中统一。河道堤防管理单位只能接受上级主管部门或防汛指挥部门的指令，并认真贯彻执行，不得接收任何其他部门和个人的指令。

（一）河道堤防管理单位主要工作

1. 汛前工作。会同有关部门对河道堤防、涵闸、泵站、险工护岸、防汛物料、防汛组织、水文报汛、备用电源、交通、通信、照明、观测设备等进行全面检查，发现问题及时采取措施进行处理，并将汛前检查情况报上级主管部门。经检查发现影响河道堤防安全的问题，应督促有关单位及时完成除险加固和整修；根据上级指示或防汛计划，提出蓄洪、滞洪、行洪区的运用措施，报上级防汛主管部门并做好运用准备，配合有关部门做好蓄（滞、分、行）洪区内群众保安和转移准备工作；会同有关单位制定防汛计划和准备防汛资料；会同有关单位组织防汛队伍，划分防守堤段；布置汛期临时观测站，报汛站；宣传有关防汛政策、防汛纪律及注意事项，传授防汛抢险技术等。

2. 汛中工作。汛中各级防汛人员、河道堤防管理人员和防汛队伍必须坚守堤防管理岗位，及时与有关单位联系，掌握雨情、水情和工情；密切注视汛情，加强巡堤查险，发现险情及时抢护，同时报告上级防汛指挥部门；加强险工段及河势变化处的观察；根据汛情发展，及时提出防汛抢险措施；参加防汛抢险，并作好技术指导。

沿河涵闸、泵站、船闸等设施，汛期应严格控制运用。闸门开启必须经河道堤防管理单位同意，报上级防汛指挥部门批准后，方能进行。

3. 汛后工作。每年汛后，河道堤防管理单位应进行防汛技术资料整编和防汛总结，并协同有关部门做好器材及财务的清查、入库、结算，保管等工作。

（二）险情报告

当工程发生重大险情和重大事故时，河道堤防管理单位应及时向上级主管部门请示报告。黄河、长江、淮河、海河、辽河、松花江、珠江等七大江河的主要堤防工程的重大险情和重大事故，除报上级主管部门、流域机构和有关省、市、自治区水利（水电）厅（局）外，还应及时报告水利部。

四、涉河项目管理

（一）涉河建设项目审批

河道管理范围内建设项目实施项目审批制度。坚决制止违反程序审批、越级越权审批。未报经水行政主管部门或流域机构审查同意的建设项目，一律不准开工建设；已开工的违章建设项目，立即责令停工，并限期拆除。

1. 法律依据。涉河建设项目很多，包括水库、水电站及与河道堤防有关联的各类工程，在建设时均应经过河道主管部门和管理单位的审批。

《中华人民共和国防洪法》第二十七条规定："建设跨河、穿河、穿堤、临河的桥梁、码头、道路、渡口、管道、缆线、取水、排水等工程设施，应当符合防洪标准、岸线规划、航运要求和其他技术要求，不得危害堤防安全，影响河势稳定、妨碍行洪畅通；其可行性研究报告按照国家规定的基本建设程序报请批准前，其中的工程建设方案应当经有关水行政主管部门根据前述防洪要求审查同意"。"前款工程设施需要占用河道、湖泊管理范围内土地，跨越河道、湖泊空间或者穿越河床的，建设单位应当经有关水行政主管部门对该工程设施建设的位置和界限审查批准后，方可依法办理开工手续；安排施工时，应当按照水行政主管部门审查批准的位置和界限进行"。

《中华人民共和国河道管理条例》第十条规定："河道的整治与建设，应当服从流域综合规划，符合国家规定的防洪标准、通航标准和其他有关技术要求，维护堤防安全，保持河势稳定和行洪、航运通畅"。第十二条规定："修建桥梁、码头和其他设施，必须按照国家规定的防洪标准所确定的河宽进行，不得缩窄行洪通道"。"桥梁和栈桥的梁底必须高于设计洪水位，并按照防洪和航运的要求，留有一定的超高。设计洪水位由河道主管机关根据防洪规划确定"。"跨越河道的管道、线路的净空高度必须符合防洪和航运的要求"。

2. 涉河建设项目审批意义。河道是天然形成的水流通道，有其自身的活动规律和生存特点，有些河道经过岁岁年年的风霜雪雨及月月日日的流淌，形成了比较稳定的河槽、河势，任何外来力量如果破坏了原有的河槽、河势，势必影响河流规律，带来不必要的安全隐患。在河道管理范围内修建任何建设项目，都视为外来的破坏力量，均会对河势稳定和河道行洪、河道输水等自身原有功能造成影响甚至破坏，无论是项目建设期，还是运行期，都会带来河道防洪安全问题和工程项目的安全问题，所以，建立项目建设审批许可制度、规范建设项目的建设管理，加强事前审查、审批和监督管理非常必要。这不仅可避免建后处理带来的麻烦，而且可使当地人民生命财产安全免受威胁。

3. 涉河建设项目内容。按照水利部、国家计划委员会1992年4月3日颁布的《河道管理范围内建设项目管理的有关规定》（水政〔1992〕7号）第二条规定，涉河建设项目包括在河道（河滩地、湖泊、水库、人工水道、行洪区、蓄洪区、滞洪区）管理范围内新建、扩建、改建的建设项目，包括开发水利（水电）、防治水害、整治河道的各类工程，跨河、穿河、穿堤、临河的桥梁、码头、道路、渡口、管道、缆线、取水口、排污口等建筑物，厂房、仓库、工业和民用建筑以及其他公共设施。

4. 涉河建设项目管理权限。

（1）水利部或省级河道主管机关管理的涉河项目。水利部所属的流域机构或由河道堤防所在地的省、自治区、直辖市河道主管机关，根据流域统一规划实施管理的项目包括：

在长江、黄河、松花江、辽河、海河、淮河、珠江主要河段的河道管理范围内兴建的大中型建设项目，主要河段的具体范围由水利部划定；在流域机构直接管理的河道、水库、水域管理范围内兴建的建设项目；在太湖、洞庭湖、鄱阳湖、洪泽湖等大湖，湖滩地兴建的建设项目；在省际边界河道和国境边界河道的河道管理范围内兴建的建设项目。

（2）地方各级河道主管机关管理的涉河项目。除上述涉河建设项目以外的其他河道范围内兴建的建设项目，由地方各级河道主管机关实施分级管理。分级管理的权限由省、自治区、直辖市水行政主管部门会同计划主管部门具体规定。

5. 申报。建设单位编制立项时，必须按照河道管理权限，向河道主管机关提出申请。申请时应提供5方面的文件：一是申请书。二是建设项目所依据的文件。三是建设项目涉及河道与防洪部分的初步方案。四是占用河道管理范围内土地情况及该建设项目防御洪涝的设防标准与措施。五是说明建设项目对河势变化、堤防安全、河道行洪、河水水质的影响及拟采取的补救措施。对重要建设项目，建设单位应编制更详尽的防洪评价报告。在河道管理范围内修建未列入国家基建计划的各种建筑物，应在申办建设许可证前向河道主管机关提出申请。

（1）防洪评价报告。建设单位在洪泛区、蓄洪区、滞洪区内建设非防洪建设项目，应当针对洪水对建设项目可能产生的影响和建设项目对防洪可能产生的影响作出评价，编制洪水影响评价报告，提出防御措施。在蓄洪区、滞洪区内建设的油田、铁路、公路、矿山、电厂、电信设施和管道，其洪水影响评价报告应当包括建设单位自行安排的防洪避洪方案。

评价报告内容应能满足河道管理范围内建设项目管理的有关规定，其主要内容及结构如下：

防洪评价报告内容格式

---

1 概　述

1.1 项目背景

1.2 评价依据

1.3 技术路线及工作内容

2 基本情况

2.1 建设项目概况

2.2 河道基本情况

2.3 现有水利工程及其他设施情况

2.4 水利规划及实施安排

3 河道演变

3.1 河道历史演变概况

3.2 河道近期演变分析

3.3 河道演变趋势分析

4 防洪评价计算

4.1 水文分析计算

4.2 壅水分析计算

4.3 冲刷与淤积分析计算

4.4 河势影响分析计算

4.5 排涝影响计算（如有）

4.6 其他有关计算（如有）

（专题研究如有可另附）

5 防洪综合评价

5.1 与现有水利规划的关系与影响分析

5.2 与现有防洪防凌标准、有关技术要求和管理要求的适应性分析

5.3 对行洪安全的影响分析

5.4 对河势稳定的影响分析

5.5 对现有防洪工程、河道整治工程及其他水利工程与设施影响分析

5.6 对防汛抢险的影响分析

5.7 建设项目防御洪涝的设防标准与措施是否适当

5.8 对第三人合法水事权益的影响分析

6 工程影响防治措施与工程量估算

7 结论与建议

附录

1 建设项目所在河段的河势图

2 建设项目所处地理位置示意图

3 现有防洪工程、河道整治工程及其他水利设施位置图、规划图

4 涉河建筑物的平面布置图、主要结构图

5 涉河建筑物所占行洪断面图

6 河道演变分析所取断面位置图、各种平面变化和断面变化套绘图

7 数学模型计算或物理模型试验范围图、测站（试验范围、测流断面和垂线）位置图、计算分析和试验取样点（取样断面）位置图

8 数学模型和物理模型率定与验证取样点（含取样断面）位置图、率定与验证成果图

9 水位影响等值线图

10 流速影响等值线图

11 断面流速分布影响图

12 主流线影响图

13 工程前后流场图

14 冲淤变化图

15 补救措施工程设计图

16 其他必需的图纸

（2）建设方案申报。建设单位在修建开发水利、防治水害、整治河道的各类工程和跨河、穿河、穿堤、临河的桥梁、码头、道路、渡口、管道、缆线等建筑物及设施之前，建

设单位必须按照河道管理权限，将工程建设方案报送河道主管机关，并经审查同意后，建设单位才能按照基本建设程序履行其他建设程序的审批手续。

（3）施工计划申报。建设单位预建项目经过各种审批程序批准后，建设单位应将施工安排计划告知河道主管机关。河道主管机关以便根据天气降雨预报、河道行洪情况，安排防汛、度汛事宜。施工安排计划包括施工工期安排、施工场地布置、施工占用河道管理范围内土地的范围和施工期防汛措施等情况。

6. 审查与审批。水行政主管部门对建设单位报送的在江河、湖泊上建设防洪工程和其他水工程、水电站等建设方案进行审查，审查合格后，水行政主管部门下发审批同意书。

（1）审查内容。河道主管机关接到申请后，应及时进行审查，流域机构在对重大建设项目进行审查时，还应征求有关省、自治区、直辖市的意见。审查主要内容有9项：一是是否符合江河流域综合规划和有关的国土及区域发展规划，对规划实施有何影响。二是是否符合防洪标准和有关技术要求。三是对河势稳定、水流形态、水质、冲淤变化有无不利影响。四是是否妨碍行洪、降低河道泄洪能力。五是对堤防、护岸和其他水工程安全的影响。六是是否妨碍防汛抢险。七是建设项目防御洪涝的设防标准与措施是否适当。八是是否影响第三者合法的水事权益。九是是否符合其他有关规定和协议。

（2）审查意见下达。河道主管机关在接到申请之日起60日内，将审查意见书面通知申请单位。同意兴建的，下发审查同意书，并抄报上级水行政主管部门和建设单位的上级主管部门。审查同意书可以对建设项目设计、施工和管理提出有关要求。

河道主管机关对建设单位的申请进行审查后，做出不同意建设决定的，或者要求就有关问题进一步修改补充后再行审查的，应当在批复中说明理由和依据。建设单位对批复持有异议的，在接到通知书之日起30日内向做出决定机关的上级水行政主管部门提出复议申请，由被申请复议机关会同同级计划主管部门商处。

计划主管部门在审批建设项目时，如对建设项目的性质、规模、地点提出的变更较大时，应事先征得河道主管机关同意。建设单位应重新办理审查同意书。

（3）施工计划审核。建设项目经批准后，建设单位必须将批准文件和施工计划安排，送河道主管机关审核后，方可办理开工手续。

7. 施工检查。建设项目施工期间，河道主管机关随时检查项目建设内容，核对其是否符合同意书要求。如发现未按审查同意书或经审核的施工安排计划要求进行施工的，或出现涉及江河防洪与建设项目防汛安全方面的问题，及时提出整改意见，建设单位必须执行，认真整改；遇重大问题，应同时抄报上级水行政主管部门。

8. 项目验收。河道管理范围内的建筑物和设施竣工后，应经河道主管机关检验合格后方可启用。建设单位应在竣工验收六个月内，向河道主管机关报送有关竣工资料。

（二）涉河采砂管理

《中华人民共和国水法》第三十九条规定："国家实行河道采砂许可制度"。《中华人民共和国河道管理条例》第二十五条明确要求，在河道管理范围内采砂、取土、淘金、弃置砂石或者淤泥，必须报经河道主管机关批准；涉及其他部门的，由河道主管机关会同有关部门批准。

1. 采砂管理范围。水利部、财政部、国家物价局1990年6月20日颁布的《河道采砂收费管理办法》（水财〔1990〕16 号）第二条规定：河道采砂是指在河道管理范围内的采挖砂、石，取土和淘金（包括淘取其他金属及非金属）。该条明确规定凡在河道进行的类似挖砂、石，取土和淘金等一系列活动均视为采砂，凡以营利为目的开采上述及其他矿产资源的单位、个人，均应按照矿产资源法及其配套法规的有关规定办理采矿登记手续，一律按河道管理权限纳入采砂管理范畴实施管理，领取采矿许可证。

如果建设单位因工程施工需要而动用砂、石、土等矿产品，但不将其投入流通领域以获取矿产品营利为目的，或就地采挖砂、石、土等矿产品，用于公益性建设的，不需办理采矿许可证，不缴纳资源补偿费；需异地开采砂、石、土用于上述公益性建设的，应按规定办理采矿许可证，矿产资源补偿费原则上按法规规定酌情减免。

2. 河道采砂规划。河道采砂必须服从河道整治规划或采砂规划。河道采砂规划由河道所在地人民政府水行政主管部门编制，报地方人民政府批准；跨行政区域的河道，其河道采砂规划由所跨行政区域的上级人民政府水行政主管部门，会同所跨行政区域人民政府水行政主管部门编制，报同级政府批准。

2001 年 10 月 10 日，国务院颁布了《长江河道采砂管理条例》，明确规定："国家对长江采砂实行统一规划制度。长江采砂规划由长江水利委员会，会同四川省、湖北省、湖南省、江西省、安徽省、江苏省和重庆市、上海市人民政府水行政主管部门编制，经征求长江航务管理局和长江海事机构意见后，报国务院水行政主管部门批准。国务院水行政主管部门批准前，应征求国务院交通行政主管部门意见。长江采砂规划一经批准，必须严格执行；确需修改时，应当依照前款规定批准。长江采砂规划批准实施前，长江水利委员会可会同沿江省、直辖市人民政府水行政主管部门、长江航务管理局和长江海事机构，确定禁采区和禁采期，报国务院水行政主管部门批准"。

长江采砂规划应当充分考虑长江防洪安全和通航安全的要求，符合长江流域综合规划和长江防洪、河道整治以及航道整治等专业规划。长江采砂规划应当包括下列内容：禁采区和可采区；禁采期和可采期；年度采砂控制总量；可采区内采砂船只的控制数量。

3. 采砂许可证。河道采砂实行许可证制度，河道采砂许可证由省级水利部门与同级财政部门统一印制，由所在河道主管部门或由其授权的河道管理单位负责发放。禁止伪造、涂改或者买卖、出租、出借或者以其他方式转让河道采砂许可证。

（1）采砂申请。从事河道采砂活动的单位和个人必须向当地县级人民政府水行政主管部门提出河道采砂申请书，说明采砂范围和作业方式，报经所在河道主管部门审批，在领取河道采砂许可证后方可开采。

（2）资格审查。当地人民政府水行政主管部门收到采砂申请后，对有关资格和条件进行审查，审查内容包括：符合河道采砂规划确定的可采区和可采期的要求；符合年度采砂控制总量的要求；符合规定的作业方式；符合采砂船只数量的控制要求；采砂船舶、船员证书；符合采砂设备和采砂技术人员的要求；当地人民政府水行政主管部门规定的其他条件。

（3）审批期限。县级以上人民政府水行政主管部门应当自收到申请之日起 10 日内签署意见后，报送上级人民政府水行政主管部门审批；属于省际边界重点河段的，经有关省、直辖市人民政府水行政主管部门签署意见后，报送水利部流域管理水利委员会审批。

上级人民政府水行政主管部门或水利部流域管理水利委员会应当自收到申请之日起30日内予以审批；不予批准的，应当在做出不予批准决定之日起7日内通知申请人，并说明理由。

（4）证书内容。河道采砂许可证应载明：船主姓名（名称）、船名、船号和开采的性质、种类、地点、时限及作业方式、弃料处理方式、许可证的有效期限等有关事项和内容。

4. 河道采砂管理费。

（1）管理费收缴。河道采砂必须交纳河道采砂管理费。由发放河道采砂许可证的单位计收采砂管理费。河道采砂管理费的收费标准由各省、自治区、直辖市水利部门报同级物价、财政部门核定。收费单位按规定向当地物价部门申领收费许可证，并使用财政部门统一印制的收费票据。

（2）管理费使用。河道采砂管理费用于河道与堤防工程的维修、工程设施的更新改造及管理单位的管理费。结余资金可连年结转，继续使用，其他任何部门不得截留或挪用。

5. 监督管理。从事采砂活动的单位和个人应按照河道采砂许可证的规定进行开采。有关县级以上地方人民政府水行政主管部门应按照职责划分对其加强监督检查。从事采砂活动的单位和个人需要改变河道采砂许可证规定的事项和内容的，需重新办理河道采砂许可证。

为保障航道畅通和航行安全，采砂作业需服从通航要求，并设立明显标志。地方人民政府水行政主管部门年审批采砂总量不得超过规划确定的年度采砂控制总量。

采砂船舶在禁采期内，应停放在县级人民政府指定的地点；无正当理由，不得擅自离开指定地点。虽持有河道采砂许可证，但在禁采区、禁采期采砂的，县级以上地方人民政府水行政主管部门依据规定予以处罚，并吊销河道采砂许可证。

（三）河道清障

河道清障是指各级水行政主管部门或地方政府防汛指挥机构依法清除河道内人为设置的、影响行洪的违法壅水、阻水建筑物、构筑物等各种障碍物的强制性行政执法行为和措施。这是保障河道行洪安全的重要法律手段。河道清障实行地方政府行政首长负责制。

1. 法律依据。《中华人民共和国防洪法》第四十二条规定："对河道、湖泊范围内阻碍行洪的障碍物，按照谁设障、谁清除的原则，由防汛指挥机构责令限期清除；逾期不清除的，由防汛指挥机构组织强行清除，所需费用由设障者承担"。"在紧急防汛期，国家防汛指挥机构或者其授权的流域、省、自治区、直辖市防汛指挥机构有权对壅水、阻水严重的桥梁、引道、码头和其他跨河工程设施作出紧急处置"。《中华人民共和国河道管理条例》第二十六条规定："对河道管理范围内的阻水障碍物，按照'谁设障，谁清除'的原则，由河道主管机关提出清障计划和实施方案，由防汛指挥部责令设障者在规定的期限内清除。逾期不清除的，由防汛指挥部组织强行清除，并由设障者负担全部清障费用"。第三十七条规定："对壅水、阻水严重的桥梁、引道、码头和其他跨河工程设施，根据国家规定的防洪标准，由河道主管机关提出意见并报经人民政府批准，责成原建设单位在规定的期限内改建或者拆除。汛期影响防洪安全的，必须服从防汛指挥部的紧急处理决定"。

2. 清障范围及清障主体。

（1）一般障碍物。一般障碍物包括在河道管理范围内弃置、堆放阻碍行洪物体；种植阻碍行洪的林木或者高秆植物；修建围堤、丁坝、阻水渠道、道路；在堤防岸边、护堤地、滩地建房、存放物料和倾倒垃圾；未经批准或不按照规定在河道管理范围内弃置砂石、灰渣或淤泥；未经批准或未按照国家规定的防洪标准整治河道、修建水工建筑物和其他小型设施；未经科学论证和省级以上人民政府批准，围垦湖、河、江；在行洪区、蓄洪区、滞洪区内兴建不符合防洪安全标准的建筑物；等等。

上述一般障碍物，按照《中华人民共和国防洪法》规定的谁设障、谁清除的原则，由防汛指挥机构责令限期清除；逾期不清除的，由防汛指挥机构组织强行清除，所需费用由设障者承担。

（2）重要障碍物。重要障碍物包括国家计划内建设的重要基础设施或当地通过正式渠道立项的桥梁、码头、临河市政景观设施等重点建设项目工程设施。

上述重要障碍物，根据防洪标准，有关水行政主管部门可以报请县级以上人民政府，按照国务院规定的权限责令建设单位在规定的期限内改建或拆除。如果建设单位逾期不清除时，水行政主管部门或防汛指挥机构有权组织强制清除，并在汛期影响防洪安全时有权作出紧急处置决定。清除费用按照谁设障、谁清除的原则，由设障者承担。

五、穴居害堤动物防治

在保证堤防工程安全、不污染环境的前提下，对穴居害堤动物危害进行防治，有利于堤防工程正常运行。堤防工程的管理范围和保护范围，均是穴居害堤动物可能影响、危害堤防安全的范围。堤防管理单位每年应编制年度堤防工程穴居动物危害防治计划，做好普查、防治和隐患处理。

（一）白蚁危害防治

在南方，白蚁是堤防工程的主要危害，古有"千里之堤，溃于蚁穴"之说，因此，白蚁危害不能轻视。白蚁危害防治按照"以防为主、防治结合、综合治理"的原则，做好白蚁检（普）查、预防、灭治三项工作。

1. 白蚁普查。

（1）普查时间。白蚁危害地区，每年4~6月和9~10月，至少进行两次白蚁危害普查。白蚁外出活动高峰期每月检查不少于1次，蚁害严重的工程，应增加检查次数。检（普）查后，绘制白蚁分布图，注明蚁源、白蚁种类、危害范围及程度等情况。

（2）普查方法

直接查找法：即每人间隔2m左右，排成"一"字队形进行拉网式查找。在堤坡及蚁源区内查找泥被、泥线及分群孔等白蚁活动痕迹，并做好标记。

引诱查找法：即用白蚁喜食的饵料，在白蚁经常活动区域，设置引诱桩、引诱坑或引诱堆等引诱白蚁觅食。引诱桩、堆、坑的设置标准为纵横距5~10m；每15天检查1次，检查后随时还原。发现白蚁活动迹象的桩、坑、堆，做好标记和记录。

2. 白蚁预防。堤防工程改建、扩建时，认真清除基础表层的杂草，彻底处理白蚁隐患，认真检查和清除取土场白蚁，避用含有白蚁或菌圃的土料进行堤防填筑施工；经常清除堤防工程和周边区域内的杂草，疏排水渍，定期喷药；在白蚁纷飞期（4～6月），减少堤防工程区内灯光，防止白蚁滋生。

3. 白蚁灭杀。按照找巢、灭杀、灌填三个程序进行白蚁灭杀，采用破巢除蚁、药物诱杀和灌浆等方法进行。

（1）破巢除蚁。按照蚁线、蚁被等标志物，寻路找去，一鼓作气直查蚁巢，捕捉蚁王、蚁后。挖巢后及时将坑槽回填夯实。破巢除蚁法汛期不宜采用，处理不好会危及堤防安全。

（2）药物诱杀。在白蚁活动季节的白蚁活动区域，选择白蚁正在活动的位置，投放环保型药物制成的诱饵诱杀白蚁。诱饵投放后7～10天检查觅食情况，发现有觅食现象时，做好标记和记录；20～30天后，查找死巢地面指示物（炭棒菌），及时破巢除蚁或灌填，不留隐患。灭蚁后及时处理蚁穴和蚁道。

（3）灌浆灭蚁。

蚁道灌浆法：先找到较大的蚁道，将掺入适量的环保型灭蚁药物浆液的射浆管直接伸入蚁道灌浆。达到灭杀白蚁的效果。

钻孔灌浆法：在堤顶钻2排以上灌浆孔，将掺入适量的环保型灭蚁药物浆液的射浆管插入钻孔内进行灌浆，达到灭杀效果。如能较准确判断蚁巢位置，可在其范围内布孔灌浆。

（二）鼠类穴居动物危害防治

鼠类危害不分南方、北方，各地均存在，鼠类穴居动物对堤防的危害比较普遍。鼠类穴居动物防治通常有3种方法。

（1）破坏鼠类生存环境。破坏鼠类穴居动物的生活环境与条件，使其不能正常觅食、栖息和繁殖，逐渐减少鼠类数量直至局部灭绝。此种方法是一种既治标又治本的方法，可从根本上消除局部鼠患。

（2）现场捕杀法。根据鼠类生活环境，因地制宜地采用人工捕杀、天敌捕杀、器械捕捉、药物诱捕、熏蒸洞道、化学绝育等方法，现场对鼠类进行捕杀，可缓解一时的鼠患，起不到斩草除根的效果。

（3）灌浆处理法。对堤身内的洞穴采取开挖回填或充填灌浆等方法进行处理，绝其藏身居所，使其暂时失去生存环境，逼其搬家，逃亡其他地区。此种方法成效较小。

（三）獾狐穴居动物危害防治

在堤防工程动物危害中，獾、狐穴居动物危害相对于白蚁危害、鼠类危害较轻，没有那么普遍，只是在个别具备条件的地区才可能存在这类危害。防治时，做好獾狐捕捉时间、堤防桩号、洞穴位置、尺寸、周围环境及处理情况等记录。

1. 獾狐穴居动物普查。每年冬季和汛前，进行两次对獾狐穴居动物的普查。特别加强对草丛、料垛、坝头等隐蔽处和獾、狐多发堤段的普查及群众访问调查。

2. 破坏生存环境。堤防管理单位应经常组织管理人员，清除堤坡上的树丛、高秆杂草、旧房台等，整理备防土料、备防石料垛，破坏、消除獾、狐穴居动物生存、活动的环境条件。

3. 现场捕杀法。根据獾狐生活环境，因地制宜，采用器械捕捉、药物诱捕、开挖追捕、锥探灌浆、烟熏网捕等方法进行扑杀，此种方法可缓解一时的獾狐危害，起不到斩草除根的作用。

六、行政处分与刑事处罚

（一）行政处分为主

有下列行为之一的，县级以上地方人民政府河道主管机关除责令其纠正违法行为、采取补救措施外，可以并处警告、罚款、没收非法所得；对有关责任人员，由其所在单位或者上级主管机关给予行政处分；构成犯罪的，依法追究刑事责任。

（1）在河道管理范围内弃置、堆放阻碍行洪物体的；种植阻碍行洪的林木或者高秆植物的；修建围堤、阻水渠道、阻水道路的。

（2）在堤防、护堤地建房、放牧、开渠、打井、挖窖、葬坟、晒粮、存放物料、开采地下资源、进行考古发掘以及开展集市贸易活动的。

（3）未经批准或者不按照国家规定的防洪标准、工程安全标准，整治河道或者修建水工程建筑物和其他设施的。

（4）未经批准或者不按照河道主管机关的规定，在河道管理范围内采砂、取土、淘金、弃置砂石或者淤泥、爆破、钻探、挖筑鱼塘的。

（5）未经批准在河道滩地存放物料、修建厂房或者其他建筑设施，以及开采地下资源或者进行考古发掘的。

（6）围垦湖泊、河流的。

（7）擅自砍伐护堤护岸林木的。

（8）汛期违反防汛指挥部的规定或者指令的。

（二）刑事处罚为主

有下列行为之一的，县级以上地方人民政府河道主管机关除责令纠正违法行为、赔偿损失、采取补救措施外，可以并处警告、罚款；应当给予治安管理处罚的，按照《中华人民共和国治安管理处罚条例》的规定处罚；构成犯罪的，依法追究刑事责任。

（1）损毁堤防、护岸、闸坝、水工程建筑物，损毁防汛设施、水文监测和测量设施、河岸地质监测设施以及通信照明等设施。

（2）在堤防安全保护区内进行打井、钻探、爆破、挖筑鱼塘、采石、取土等危害堤防安全的活动的。

（3）非管理人员操作河道上的涵闸闸门或者干扰河道管理单位正常工作的。

第六节　河道堤防工程检查与观测

河道堤防工程监测工作，包括工程检查与工程观测两部分工作内容。我国 20 世纪建设的堤防工程，特别是新中国成立初期建设的堤防工程，大多采用传统的技术和人民群众长期以来的实际经验建造起来的，在工程监测上存在一定的局限性，或者说很多堤防工程根本未设置监测设施；近期新建的堤防工程，在设计时大多考虑了工程监测因素，设置了监测设施，这些监测设施对工程运行安全非常必要。

一、工程检查

（一）概述

河道堤防工程检查工作，按类别分为"经常检查、定期检查、特别检查和不定期检查"；堤防工程检查范围包括"堤防工程管理范围和保护范围"；每项检查内容均包括"外观检查和内部探测检查"。

在堤防工程检查中，发现的问题是常见性或常识性问题，这些问题处理起来不需要动用大量的土石方量，或其他大型机械设备，管理单位检查人员应及时进行处理；在堤防工程检查中，发现的问题情况较严重，管理单位应及时查明原因并采取处理措施外，同时，应报告上级主管部门；如果在堤防工程检查中，发现的问题情况较为严重，管理单位应对异常和损坏现象做详细记录（包括拍照或录像），分析原因，提出处理意见，同时，上报上级主管部门。

1. 工程检查组织。堤防工程管理单位负责组织堤防工程检查工作。重要检查、重点堤段的检查应请上级主管部门参加或主持。检查时，应在管理单位中抽调业务技术过硬、实际工作经验丰富、工作认真负责的人员组成检查组；检查组成员最好能相对固定，在检查过程中，检查人员应分工明确、各负其责，并随时互动。

2. 检查方式方法。工程检查分为外观观察和内部探测两种途径。外观观察主要通过眼看、耳听、手摸和尺、锤等相对较简单的仪器、工具进行；内部探测主要依靠有效的探测技术和设备，对较为深入部位锦绣探测。

3. 工程检查记录。堤防工程检查应有清晰、完整、准确、规范的检查记录（包括拍照或录像）。堤防工程管理单位在检查过程中，应按《堤防工程养护修理规程》（SL 595—2013）附录有关规定填写专用记录表。

经常检查记录表格式见《堤防工程检查检查记录表》（表18.20）；如在经常检查中发现较严重问题，应填写定期检查、特别检查记录表，其格式见《堤防工程定期及特别检查记录表》（表18.21）；发生裂缝的堤防工程，应对裂缝做更加深入的详细调查，裂缝调查记录表格式见《裂缝调查记录表》（表18.22）。

表18.20　堤防工程检查检查记录表

堤防名称_____　　起止桩号_____　　检查单位_____　　检查日期_____
检查负责人_____　　参加检查人_____　　　　　　记录人_____

部　位		检查内容															
		高度	宽度	平整	坚实	凹陷	滑坡	裂缝	…	平顺	雨淋沟	排水	砌体坍塌	砌体松动	架空	剥蚀	残缺	其他
堤顶																		
堤坡与戗台																		
护坡	砌石																	
	混凝土																	
	其他型式																	

部　位		检查内容																	
		高度	宽度	平整	坚实	凹陷	滑坡	裂缝	…	平顺	雨淋沟	排水	砌体坍塌	砌体松动	架空	剥蚀	残缺	其他	
堤脚																			
护堤地																			
堤防工程																			
保护范围																			
……																			
堤岸防护工程	墙式护岸																		
	坡式护岸																		
	坝式护岸																		
	其他型式																		
……																			
穿堤建筑物与堤防接合部																			
跨堤建筑物与堤防接合部																			
……																			
备注																			

表 18.21　堤防工程定期及特别检查记录表

堤防名称：	起止桩号：	检查单位：
检查项目：	检查日期：	天气情况：
检查负责人：	参加检查人：	记录人：
项目检查情况：		

注：项目检查情况一栏可附页。

表 18.22　裂缝调查记录表

工程名称＿＿＿＿＿＿＿＿　　工程结构＿＿＿＿＿＿＿＿　　调查部位＿＿＿＿＿＿＿＿

日期＿＿＿年＿＿月＿＿日　　天气情况＿＿＿＿＿＿＿＿　　起止桩号＿＿＿＿＿＿＿＿

量测工具＿＿＿＿＿＿＿＿　　量测人＿＿＿＿＿＿＿＿　　记录人＿＿＿＿＿＿＿＿

序号	裂缝编号	位置	走　向				宽度	长度	深度	备注
			纵向	横向	倾斜	龟裂				

注：裂缝走向在对应栏打"√"，其余栏记"－"。

4. 工程检查报告。每次检查完毕后，应及时整理资料，结合观测、监测资料，编写检查报告。工程检查报告内容应包括：工程概况、检查组组成、工程检查方式方法、检查结果及初步分析、初步处理意见及建议等。

（二）经常检查

经常检查是指河道堤防管理单位指定专人对堤防工程外观进行的常态化、定式化、有事没事都进行的例行检查。检查时，应着重检查险工、险段及工程变化情况。

1. 检查频次。经常检查具体频次根据堤防的重要性、所处位置及其运行状态等因素确定，汛期根据汛情增加检查次数。正常情况下，护堤人员应对所管堤段每 1～3 天检查 1 次；堤防工程的基层管理组织（班、组、站、段）每 10 天左右检查 1 次；堤防工程的管理单位应每 1～2 个月组织检查 1 次。

2. 检查内容。经常检查主要包括埽坝和矶头蛰陷、走动、根石走失；堤身雨淋沟、浪窝、滑坡、裂缝、塌坑、洞穴，穴居害虫、害兽活动痕迹、堤岸崩坍；护岸块石松动、翻起、塌陷；河势、溜势改变，对堤防险工、护岸影响情况；沿堤设施损坏情况；护堤林木有无损失等方面内容。

（1）堤身外观检查内容。堤身外观检查内容有 5 项。一是堤顶坚实平整程度，堤肩线歪曲、顺直情况，凹陷、裂缝、残缺，相邻两堤段之间错动情况。硬化堤顶与土堤或垫层脱离情况。二是堤坡扭曲、平顺程度及雨淋沟、滑坡、裂缝、塌坑、洞穴，杂物垃圾堆放问题，害堤动物洞穴和活动痕迹，渗水状况。排水沟完好、顺畅程度，排水孔顺畅程度，渗漏水量变化情况等。三是堤脚隆起、下沉程度及冲刷、残缺、洞穴状况。四是混凝土溶蚀、侵蚀、冻害、裂缝、破损等情况。五是砌石平整、完好、紧密程度及松动、塌陷、脱落、风化、架空等情况。

（2）堤身内部检查内容。根据需要采用人工探测、电法探测、钻探等方法，适时进行各种堤身内部隐患探测，检查堤身内部洞穴、裂缝和软弱层存在情况。电法探测隐患应与钻探结合进行。

（3）工程保护范围和护堤地检查内容。护堤地和堤防工程保护范围检查内容包括背水堤脚以外有无管涌、渗水等，对来源不明的水源应探明出处、分析原因，确认为堤防渗漏应采取相应措施及时进行处理，以免发生更大危害，确保堤防工程安全运行。

（4）堤岸防护工程检查内容。堤岸防护工程检查内容有 5 项。一是坡式护岸工程的坡面平整、完好情况，砌体松动、塌陷、脱落、架空、垫层淘刷等情况，护坡杂草、杂树和杂物等问题；浆砌石或混凝土护坡变形缝和止水完好程度，坡面局部侵蚀剥落、裂缝或破碎老化程度，排水孔顺畅、堵塞情况。二是坝式护岸工程的砌石护坡坡面平整、完好程度及松动、塌陷、脱落、架空等情况，砌缝紧密、松散程度；散抛块石护坡坡面浮石、塌陷情况；土心顶部平整程度，土石接合严紧程度及陷坑、脱缝、水沟、灌狐洞穴问题。三是墙式护岸工程的混凝土墙体相邻段错动、变形缝开合和止水正常、非常情况，墙顶、墙面裂缝、溶蚀问题，排水孔通畅情况；浆砌石墙体变形缝内填料流失程度，坡面侵蚀剥落、裂缝或破碎、老化问题，排水孔通畅情况。四是护脚工程的护脚体表面凹陷、坍塌问题，护脚平台及坡面平顺、坍塌状况，护脚冲动程度。五是河势改变状况，滩岸坍塌情况。

（5）防渗及排水设施检查内容。防渗及排水设施检查内容有 2 项。一是防渗设施的保护层完整程度，渗漏水量和水质变化情况。二是排水设施的排水沟进口处孔洞暗沟存在情况，沟身沉陷、断裂、接头漏水、堵塞情况，出口冲坑悬空问题；减压井井口工程完好程度，井内积水流入问题；减压井、排渗沟淤堵情况；排水导渗体或滤体淤塞现象。

（6）穿堤、跨堤建筑物及其与堤防接合部检查内容。穿堤、跨堤建筑物及其与堤防接合部检查内容有6项。一是穿堤建筑物与堤防的接合紧密程度。二是穿堤建筑物与土质堤防的接合部临水侧截水设施完好程度，背水侧反滤排水设施阻塞、通畅情况，穿堤建筑物变形缝有无错动、渗水。三是跨堤建筑物支墩与堤防的接合部不均匀沉陷、裂缝、空隙等情况。四是上、下堤道路及其排水设施与堤防的接合部裂缝、沉陷、冲沟情况。五是跨堤建筑物与堤顶之间的净空高度，能否满足堤顶交通、防汛抢险、管理维修等方面要求。六是穿、跨堤建筑物损坏程度，安全运用状况。

（7）堤防工程管理设施检查内容。堤防工程管理设施检查内容有4项。一是观测设施：各种观测设施完好程度及正常观测率；观测设施的标志、盖锁、围栅或观测房丢失或损坏情况；观测设施及其周围动物巢穴发展情况。二是交通设施：堤防工程交通道路的路面平整、坚实程度，与国家有关要求符合程度；堤防工程道路上打场、晒粮等问题；未硬化的堤顶道路交通卡等管护措施设置情况；堤顶交通道路所设置的安全、管理设施及路口所设置的安全标志完好程度。三是通信设施：堤防工程通信网各种设施完好程度及正常运行情况；堤防通信网的可通率；堤防通信设施和通信设备的配置与国家有关要求符合程度。四是管理设施：堤防上千米里程牌、百米桩、界牌、界标、警示牌、护路杆等损坏、丢失情况；堤岸防护工程的标志牌和护栏损坏、丢失情况；堤防沿线的护堤屋（防汛哨所）或管理房损坏、丢失情况。

（8）防汛抢险设施检查内容。防汛抢险设施检查内容有3项。一是重点堤段土料、砂石料、编织袋等防汛抢险料物按规定储备情况。二是重要堤段防汛抢险的照明设施、探测仪器和运载交通工具等按规定备（配）有情况。三是各种防汛抢险设施是完好待用状态。

（9）生物防护工程检查内容。生物防护工程检查内容有3项。一是防浪林带、护堤林带的树木老化和缺损程度；人为破坏、病虫害及缺水等问题。二是草皮护坡雨水冲刷、人畜损坏或干枯坏死情况。三是草皮护坡中荆棘、杂草或灌木铲除情况。

（三）定期检查

定期检查是在每年特定时期对河道堤防工程及其设施进行的特定检查。主要江河、重点堤段的检查，必要时，请上级主管部门派员共同进行检查。

1. 检查频次。特定时期分为：汛前、汛中、汛后及凌汛期、大潮、热带风暴、台风期等时期。

汛前、汛后和大潮、热带风暴、台风期前后至少进行1次堤防工程检查，遇特殊情况应增加检查次数。当汛期洪水漫滩、偎堤或达到警戒水位时，应及时对工程进行巡视检查。凌汛期，河面出现淌凌或岸冰时，每天至少观测1~2次流冰密度及岸冰长度、宽度等项；出现封河现象时，每天不少于1次观测封河段封河情况。

2. 检查内容。定期检查内容包括汛前检查、汛期检查、汛后检查、凌汛期检查和大潮、热带风暴、台风期等特别灾害发生前后检查这5方面。

（1）汛前检查内容。汛前检查内容有3项。一是核实堤身断面及堤顶高程与设计要求符合情况，堤身内部隐患排查，外部冲沟、洞穴、裂缝、陷坑、堤身残缺检查，防渗铺盖及盖重损坏程度，及影响防汛安全的违章建筑修建情况等，重点检查重要堤段，穿堤建筑物与堤防接合部，新建、改建和除险加固而未经洪水考验的堤段，及其他可能出现险情的堤段和专门性观测设施；岁修工程完成情况和度汛存在的问题，包括工程情况、河（溜）势变化，防汛组织、防汛物料和通信设备等，及防汛工作准备情况。二是堤岸防护工程主要查勘河势，预估靠河着流部位，检查护脚、护坡完整情况及历次检查发现问题的处理情况。三是穿堤建筑物底部高程在堤防设计洪水位以下时，防洪闸门或阀门在防洪要求的时限内正常关闭情况。

（2）汛期检查内容。汛期检查内容主要按当地防汛指挥机构及工程管理单位所规定的巡堤查险内容和要求进行检查。

（3）汛后检查内容。汛后检查内容有3项。一是汛后和洪峰、大潮后重点检查堤身损坏情况、险情记录和洪水水印标记保管及施测情况。二是检查观测设施损坏情况。三是检查堤岸防护工程发生的沉陷、滑坡、崩胡、块石松动、护脚走失等情况，作为拟定岁修计划的依据。

（4）凌汛期检查内容。凌汛期检查内容有2项。一是按汛期要求着重检查凌汛期沿河边封、流凌和冰块封堵等情况，特别是河道卡口和弯道处冰坝形成情况及欲成趋势。二是随时观测淌凌、岸冰、封河、冰盖等情况。

（5）特别灾害前后检查内容。发生大潮、热带风暴、台风期等特别灾害前后检查内容有2项。一是大潮、热带风暴、台风之前，检查工程标准和坚固程度，对大潮、热带风暴、台风的抗御程度。二是大潮、热带风暴、台风后，检查工程损坏情况及最高潮水位痕迹观测记录。

（四）特别检查

特别检查是在发生特大洪水、暴雨、台风、地震等工程非常运用和发生重大事故等情况时，管理单位组织进行的工程检查，必要时，上级主管部门及有关单位会同检查。

1. 检查频次。发生特大洪水、暴雨、台风、地震、工程非常运用和发生重大事故等情况时，管理单位负责人应及时组织力量至少进行1次工程检查。

2. 检查内容。暴雨、台风、地震、洪峰后着重检查工程有无损坏，并检查防汛器材动用、补充以及防汛队伍休整等情况，以便迎接下一次防洪考验。

特别检查包括事前检查和事后检查。一是事前检查内容，包括在大洪水、大暴雨、台风、暴潮到来前，检查防洪、防雨、防台风、防暴潮的各项准备工作和堤防工程存在的问题及可能出险的部位。二是事后检查内容，包括检查大洪水、大暴雨、台风、暴潮、地震等工程非常运用及发生重大事故后堤防工程及附属设施的损坏和防汛料物及设备动用情况。

（五）不定期检查

不定期检查是指管理单位不定期地对堤防工程某些特殊位置进行的检查或探测。

1. 检查频次。不定期检查频次依据险工、险段及重要堤段进行堤身、堤基具体情况确定，不定期进行，具有一定的不确定性。

2. 检查内容。堤防工程管理单位不定期检查主要对险工、险段及重要堤段的堤身、堤基，进行探测检查或护脚探测。不定期检查内容有3项。一是堤身内洞穴、缝隙、松土层问题。二是水下护脚损坏、冲失问题。三是穿、跨堤建筑物与堤防接合部的裂隙或不均匀沉陷问题。

二、工程监测

堤防工程监测是准确掌握工程运行状态、确保工程安全运行的必备手段和措施，特别是大型工程及重要工程更是必不可少，管理单位应足够重视并切实执行。

（一）监测目的

根据工程级别、地形地质、水文气象条件及管理运用要求，确定必需的工程观测项目。通过观测手段，监测了解堤防工程及附属建筑物的运用和安全状况、检验工程设计的正确性和合理性，达到为堤防工程科学技术开发积累资料的目的。

（二）监测任务

为了掌握河势及工程变化情况，河道堤防管理单位应经常对河势和险工、护岸和护滩等工程进行检查与观测。

1. 监测河势变化趋势。为了管理和防汛工作需要，河道堤防管理单位应对河势变化情况进行监测，在重要河段安设观测水尺，并指定专人观测。对于游荡性河道和河段，汛前、汛后均应测绘河势图，以分析、研究河势变化情况；对深水河道，必要时要测绘水下纵横断面图，并分析河势、冲淤变化，洪水和大潮期间，应加强检查观察；河口淤积或冲刷的河道，汛前、汛后均应定期进行河口淤积和冲刷测量，并绘制水下断面图。

2. 监测河道险工险段。河道堤防管理单位应对河道险工险段进行监测，汛前、汛后应定期测绘险工险段、护岸护滩工程水下断面图，并记载工程变化情况，作为防汛、岁修依据。洪水或大潮期间，应加强检查观察；崩滩严重的河段，应加强崩滩的检查观测。

3. 监测河道冰冻情况。河道堤防管理单位应对有防凌任务的冬季河道冰凌情况进行监测，在冰冻期间，应观测河道的冰凌情况，包括河道冰冻时间、开河时间、冰层厚度等，有条件的地区可监测冰层坚硬度和冰层承载力。

（三）监测设施设置原则

堤防工程沿线地形地质条件复杂。工程受综合环境因素影响较突出。因此，河道堤防工程观测设备设施必须安全可靠、经久耐用。为使各项观测资料具有可比性、相关性、适用性和应用价值，观测站点和观测剖面布置时，应考虑工程结构及地形地质条件等因素，布置在显著特征和特殊变化的堤段和建筑物处，应具有良好的控制性和代表性，能反映工程的主要运行工况；尽量做到一种观测设施，兼顾多种用途。地形地质条件比较复杂的堤段，根据需要，可适当增加观测项目和观测剖面。设置观测设施的场地应具有较好的交通、照明、通信等工作环境条件，保证在恶劣天气条件下能正常进行观测；堤防工程沿线观测网点，应建立统一的测量控制系统，测量控制系统的起测点和工作基点应布置在堤防背水侧地基坚实，易于引测的地点。

（四）工程观测项目

堤防工程上的观测项目，按其观测目的和性质可分为两类。一类为基本观测项目，另一类是专门观测项目或特殊设置的观测项目。

1. 基本观测项目。三级以上堤防工程基本观测项目是维护工程安全的重要监测手段，主要包括有 4 项：一是堤身沉降、位移观测项目。二是水位、潮位观测项目。三是堤身浸润线观测项目。四是堤身堤基范围内的裂缝、洞穴、滑动、隆起及翻沙涌水等渗透变形现象等表面观测项目。

（1）堤身沉降、位移观测。堤防工程竣工后，无论是初期运行或正常运行阶段，都要定期进行沉降和位移观测（主要是垂直位移）。

①堤身沉降观测。可利用沿堤顶埋设的里程碑或专门埋设的固定测量标点定期或不定期进行观测。地形地质条件较复杂的堤段应适当加密测量标点。

工程运行初期，堤身填土尚未固结稳定，大部分沉降量将在这一阶段发生，因此，要加强对堤身进行沉降观测，以了解土体的沉降速度和稳定性。当工程进入正常运行状态后堤身填土已逐步趋于稳定时，每年观测次数可适当减少。但每年汛后至少要进行1次全面检测，为工程冬修提供依据。

②堤身位移观测。堤身位移观测断面应选在堤基地质条件较复杂、渗流位势变化异常、有潜在滑移危险的堤段。每一代表性堤段的位移观测断面不少于3个，每个观测断面的位移观测点不少于4个。

堤坡位移观测，主要是选择一些有潜在滑移危险的代表性堤段进行垂直位移观测，必要时也可结合进行水平位移观测。

（2）水位、潮位观测。

①观测地点选择。水位观测是做好工程控制运用、监测工程安全的重要手段。水位观测站的分布范围广、服务项目多，如监测了解堤防沿线的水情、凌情、潮情及海浪的涨落变化等；调控各类供水、泄水工程的过流能力、流态变化及消能防冲效果；与有关的工程观测项目进行对比观测，综合分析观测资料的精确度和合理性等。这些都需要选择适宜地点进行水位观测。

应选择堤防工程沿线适当地点和工程部位进行水位或潮位观测。观测站或观测剖面有6个部位：一是水位或潮位变化较显著的地段。二是需要观测水流流态的工程控制剖面。三是水闸、泵站等水利工程的进出口。四是进洪、泄洪工程口门的上下游。五是与工程观测项目相关联的水位观测点。六是其他需要观测水位、潮位的地点或工程部位。

②观测工作。水位、潮位观测设备的选型、布置及水尺零点高程的校测、改正等技术要求应按照《水位观测标准》（GB/T 138—2010）有关规定执行。

（3）渗流观测。

①渗流监测设施设置原则。汛期受洪水位浸泡时间较长，可能发生渗透破坏的堤段，选择若干有代表性和控制性的断面进行渗流观测；建造在冲积平原区双层或多层地基上的堤防工程，汛期堤坡滑移，堤基翻沙涌水，最易发生渗流破坏，要选择一些有代表性的堤段进行渗流观测。对于代表性堤段各渗流观测项目，通常要统一进行布置，同步观测渗流。必要时，选择单一项目进行观测。渗流观测断面布置在显著地形地质特点，堤基透水性大、渗径短，对控制渗流变化有代表性的堤段。每一代表性堤段布置观测断面不少于3个。观测断面间距一般为300~500m。如地形地质条件无异常变化，断面间距取上限或可再延长间距。渗流观测断面上设置的测压管位置、数量、埋深等，应根据场地的水文和工程地质条件、堤身断面结构型式及渗控措施的设计要求等进行综合分析确定。

②渗流监测项目。堤防工程渗流观测项目主要有堤身浸润线、堤基渗透压力及减压排渗工程的渗控效果等。必要时，配合进行渗流量和地下水水质等项目的进行观测。

③堤基渗流稳定性判别。渗流观测应结合现场进行和试验室的渗流破坏性试验，测定和分析堤基土壤的渗流出逸坡降和允许水力坡降，判别堤基渗流稳定性。

（4）表面观测。表面观测相对于上述观测项目比较简单，主要是借助镐、铁锹、钎、钢尺、相机等简单工具，对堤身堤基范围内的裂缝、洞穴、滑动、隆起及翻沙涌水等渗透变形现象进行观测，同时，详细记录各种表面裂缝宽度及深度、洞穴口径及洞深、坡面滑动角度及滑缝宽度、隆起高度及范围、涌水含沙量及水量等观测指标。情况严重时，应及时分析并上报上级主管部门。

2. 专门观测项目。专门观测项目与工程所处的地理环境着密切相关，是针对某种环境因素的不利影响而专门设置的，具有地域性和选择性。设置时要统一进行规划，突出重点，并做好地质勘探、试验等前期基础工作。观测项目的选点布置及布设方式，应进行必要的技术经济论证。三级以上堤防工程，根据工程安全和管理运行需要，应有选择地设置专门观测项目。

专门观测项目有 8 种类别：一类是近岸河床冲淤变化、河型变化较剧烈的河段，对水流的流态变化、主流走向、横向摆幅及岸滩冲淤变化情况进行常年观测或汛期跟踪观测，监测河势变化及发展趋势。汛期受水流冲刷岸崩现象较剧烈的河段，应对崩岸段的崩塌体形态、规模、发展趋势及渗水点出逸位置等进行跟踪监测。二类是水流形态及河势变化，汛期对堤岸防护工程区的近岸及其上下游的水流流向、流速、浪花、漩涡、回流及折冲水流等流态变化进行观测，了解水流变化趋势，监测工程防护效果。三类是附属建筑物垂直、水平位移项目观测。四类是渗透压力项目观测。五类是减压排渗工程的渗控效果观测。六类是崩岸、险工段土体崩坍情况观测。七类是受冰冻影响较剧烈的河流，凌汛期应定期进行冰情观测。结冰期，水流冰盖层厚度及冰压力观测；淌冰期，浮冰体整体移动尺度和数量观测；发生冰塞、冰坝河段的冰凌阻水情况和壅水高度观测；冰凌对河岸、堤身及附属建筑物的侵蚀破坏情况观测。八类是波浪观测项目，受波浪影响较剧烈的堤防工程，选择在堤防或建筑物迎风面水域较开阔、水深适宜、水下地形较平坦的地点进行波浪观测。波浪观测指标包括波向、波速、波高、波长、波浪周期及沿堤坡或建筑物表面的风浪爬高等项目观测。

（五）工程观测设备配署

为保证工程观测工作正常进行，满足各级堤防管理单位正常开展观测工作需要，获得准确可靠的观测成果及资料，河道堤防工程管理单位应配置必要的观测仪器及设备。常规的仪器设备，参照《常规观测仪器设备配置表》（见表18.23）标准进行配置。

表 18.23　常规观测仪器设备配置表

序号	仪器设备名称	单位	配 置 数 量		
			一级管理单位	二级管理单位	一级管理单位
一	控制测量仪器				
1	J_2 经纬仪	台	4	2	1
2	S_3 水准仪	台	4	2	1
3	红外线测距仪	台	1		
二	地形测量仪器				
4	平板仪	台	2～4	2	1

序号	仪器设备名称	单位	配置数量		
			一级管理单位	二级管理单位	一级管理单位
三	水下测量仪器、设备				
5	测深仪	台	2	1	
6	定位仪	台	2	2	
7	测船	只	2	1	
四	水文测量仪器、设备				
8	自记水位计	架	2~4	1~2	
9	流速测量仪	架	2~4	1~2	
五	渗流观测仪器设备				
10	电测水位器	台	2	1	
11	遥测水位器	台	2	1	
六	其他仪器设备				
12	摄像机	台	1		
13	照相机	台	2	1	
14	计算机	台	2	1	

第七节　河道堤防工程养护维修

河道堤防管理单位和群众性护堤组织应坚持"经常养护、及时修理、养修并重、养护重于抢修"的原则，切实做好河道堤防巡视和日常维修养护工作，对堤防工程检查中发现隐患、裂缝应及时采取措施养护、修补，情况严重的，除查明原因采取必要的措施外，应及时报告上级主管部门处理。对重要问题应做好记录，存入技术档案。汛前、汛后、强烈地震后和工程发生重大事故后的检查均应做出书面报告。

一、堤防日常养护

堤防工程日常养护包括堤防堤岸养护工程、穿跨堤建筑物和管理设施等单位工程的日常保养和防护，及时修补表面缺损，保持堤防完整、安全和正常运用。

（一）堤防工程日常养护

1. 堤顶。堤顶日常养护内容有4项：一是堤顶、堤肩、道口等，做到平整、坚实、无杂草、无弃物。二是堤顶养护做到堤线顺直、饱满平坦，无车槽，无明显凹陷、起伏，平均每5m长堤段纵向高差不应大于0.10m。三是堤顶设单侧或双侧横向坡的堤防工程，坡度保持在2%~3%。四是堤肩做到无明显坑洼，堤肩线平顺规整，堤肩宜植草防护。

未硬化堤顶养护：未硬化堤顶在泥泞期间，应及时关闭护路杆（拦车卡），排除积水；雨后应及时对堤顶洼坑进行补土垫平、夯实；旱季对堤顶洒水养护。

硬化堤顶养护：硬化堤顶养护时应及时清除堤顶积水；泥结碎石堤顶应适时补充磨耗

层和洒水养护，保持顶面平顺，结构完好。

2. 堤坡。堤坡日常养护内容有 7 项：一是保持堤坡设计坡度及坡型，达到坡面平顺，无雨淋沟、陡坎、洞穴、陷坑、杂物等。二是保持戗台（平台）设计宽度及台面平整度，平台内外缘高度差符合设计要求。三是按原设计要求，用符合筑堤土料要求的土料及时夯实、刮平、修复堤坡、戗台（平台）出现的局部残缺和雨淋沟等。四是保持堤脚线连续、清晰。五是保持上下堤坡道顺直、平整，无沟坎、凹陷、残缺，对削堤为路的行为予以制止。六是保持土质坡面植草覆盖率，背水侧堤坡的草皮覆盖率达到 95% 以上。七是保持砌石坡面和混凝土坡面平整度，确保其养护效果达到有关规定。

3. 护坡。护坡日常养护内容有 6 项：一是保持散抛石、砌石、混凝土护坡的坡面平顺、砌块完好、砌缝紧密和坡面整洁完好，无松动、塌陷、脱落、架空及杂草、杂物等现象。二是保持散抛块石护坡坡面平整，无明显凸凹现象，局部凹陷应及时抛石修整排平，恢复原状。三是及时填补、整修干砌石护坡出现的变形或损坏的块石，更换风化或冻毁的块石，并嵌砌紧密，如果局部护坡塌陷或垫层被淘刷，先翻出块石，恢复土体和垫层，再将块石嵌砌紧密。四是定期清理混凝土或浆砌石护坡表面杂物，及时填补变形缝内流失的填料，填补前将缝内杂物清除干净；及时修补浆砌石脱落的灰缝，修补时将缝口剔清刷净，修补后洒水养护。及时采用水泥砂浆抹补、喷浆发生侵蚀剥落或破碎的护坡部位，破碎面较大且有垫层淘刷、砌体架空现象的，应尽快填塞石料进行临时性处理，岁修时彻底整修。及时疏通堵塞排水孔。及时观测护坡出现的局部裂缝，判别裂缝成因并及时处理。五是采用水泥砂浆抹补混凝土网格护坡破损部位并填平混凝土网格与土基接合部。及时补植网格内残缺护坡草皮、清除杂草，适时浇水，确保草皮覆盖率达到 95% 以上。六是根据模袋混凝土、水泥土、异型块体护坡等材料性质，按有关规定及时进行针对养护。

4. 防洪墙（堤）、防浪墙。防洪墙（堤）、防浪墙日常养护内容有 4 项：一是及时清除防洪墙（堤）、防浪墙表面的杂草和杂物。二是及时填补防洪墙（堤）、防浪墙变形缝内流失的填料，填补前清除缝内杂物；及时修补浆砌石防浪墙勾缝损坏部位。三是钢筋混凝土防洪墙（堤）、防浪墙表面发生轻微的侵蚀剥落或破碎，采用涂料涂层防护或用水泥砂浆等材料进行表面修补。四是及时填平防洪墙（堤）附近地面出现的水沟和坑洼。

5. 防渗及排水设施。防渗及排水设施日常养护内容有 4 项：一是保持防渗设施保护层完好无损，及时更换防渗体断裂、损坏、失效部分。二是及时修复排水设施进口处的孔洞暗沟、出口处的冲坑悬空，清除排水沟内的淤泥、杂物及冰塞，确保排水体系畅通。三是及时排干减压井周围出现的积水，填平坑洼，保持地面低于井口。四是修复或更换损坏的减压井井盖，防止积水流入井内；及时恢复损坏的排渗沟保护层。

6. 护堤地。护堤地的养护日常养护内容有 3 项：一是保持护堤地边界明确，地面平整、无杂物。二是保持有界埂或界沟的护堤地规整、无杂草，及时修复出现残缺的界埂，及时疏通阻塞的界沟，保持巡查便道畅通。三是保持护堤地护堤林带覆盖率，及时浇水、锄草、补植。

（二）穿、跨堤建筑物及与堤防接合部养护

堤防与穿、跨堤建筑物接合部的养护直接关系着堤防工程安全，是堤防工程最容易发生险情的部位，堤防管理单位应引起重视，特别注意。日常发现的问题应及时养护处理，避免堤防工程积病成险，酿成大祸。

1. 穿堤建筑物及与堤防接合部养护。穿堤建筑物自身与堤防结合部养护是堤防工程养护的重点。穿堤建筑物底部高程低于堤防设计洪水位，其在临水侧与堤防的接合部应特别加强养护工作，保持堤防与穿堤建筑物接合坚实紧密；穿堤建筑物底部高程高于堤防设计洪水位，其与堤防接合部应和堤顶、堤坡同时养护，保持坚实紧密；加强日常养护穿堤建筑物与土质堤防接合部临水侧截水设施和背水侧反滤、排水设施，确保其处于正常运行状态；所有穿堤闸涵、管道、线缆及道口管理设施，管理单位均应按有关规定及时进行养护。

2. 跨堤建筑物及其与堤防接合部养护。加强对建在堤身背水坡的跨堤建筑物支墩与堤坡接合部的养护工作，上、下堤道路及排水设施的养护工作除应按正常堤防养护要求进行外，在雨季应增加养护次数；在降雨期间，加强巡查土质堤防上、下堤道路及其排水设施，及时处理发生的问题；码头、港口管理单位应按照堤防工程管理单位的规定，及时对码头、港口的上、下堤道路和排水设施与堤防的接合部进行养护。

（三）堤岸防护工程养护

堤防工程管理单位应按原有标准用符合原设计要求的材料及时修复、处理堤岸防护工程表面的缺陷、洼坑、洞穴、雨淋沟及局部砌石松动变形或脱落等问题，并严格控制工程质量，做到封顶严密、整齐美观，土石接合部无脱缝等。

1. 护岸养护。

（1）坡式护岸养护。坡式护岸护坡的养护见本节一、（一）所述方法进行养护。

（2）坝式护岸养护。坝式护岸养护目标是坝面平整、土石结合紧密、坝顶排水畅通，无积水洼坑、陷坑脱缝、雨淋沟、洞穴、杂草、散乱块石等问题；暴雨时，管理单位马上组织人力到现场检查、疏通排水出路，发现较大雨淋沟，先将进水口周围用土修筑土埂，拦截水流防止继续进水，雨后再进行处理；及时填补土心上的洼坑和雨淋沟；经常清除土心上的荆棘杂草及其他杂物，保持坝面完整美观。

（3）墙式护岸养护。管理单位应清除护岸表面的草、树和杂物，保持护岸整洁；经常清洗干净变形缝内杂物，及时填补流失的填料；采用涂料涂层防护或用水泥砂浆等材料，对混凝土护岸表面发生的局部、轻微的侵蚀剥落或破碎进行表面修补；采用水泥砂浆抹补、填塞或喷浆浆砌石护岸表面发生的局部侵蚀剥落或破碎表面。

（4）其他形式护岸养护

桩式护岸、枯槎坝等其他形式护岸及应防浪林带、防浪林台、草皮护坡等的养护，管理单位应根据其材料性质，按有关规定进行养护。

2. 护脚养护。堤防工程管理单位应加强对堤防护脚的养护。确保护脚石排砌紧密，护脚平台保持平整、坡度平顺，无明显凸凹现象；抛石补填汛前、汛后护脚石表面出现的凹陷部位，并排整护脚石；根据石笼、柴枕、沉排、土工织物枕、模袋混凝土块体、混凝土或钢筋混凝土块体、空心四面体、混合形式等形式护脚的材料性质，分别按各自材料养护的有关规定及时进行养护。

3. 排水设施养护。每年汛前、汛后，堤防工程管理单位应对排水设施普遍清理1次，及时清除排水沟（管）内的淤泥、杂物及冰塞，疏通排水孔，确保排水畅通；及时处理排水沟（管）局部松动、裂缝和损坏问题，确保反滤设施功能正常、完好。

二、堤防工程日常维修

堤防工程修理包括岁修、大修和抢修。岁修、大修和抢修，维修经费应专款专用、确保工程质量，恢复工程原有防洪标准；如需变更标准时，应做出修改设计方案，报上级主管部门批准后执行。

（一）分类

1. 日常维修。河道堤防日常维修养护工作主要包括三个方面：一是及时修补堤身的雨淋沟、浪窝、堤顶高洼不平、护坡缺损等，妥加养护护堤林木、草皮。二是视具体情况，采用灌浆或开挖回填等方法，对堤身裂缝、洞穴等隐患进行处理。三是岸坡、堤坡发生崩塌或滑坡时，应分析原因，应及时处理。问题严重时，应及时报请上级处理。

2. 工程岁修。工程岁修主要针对日常维修养护工作不能解决的问题，在岁修中解决。

河道堤防管理单位每年应编制岁修计划，上报批准后实施。岁修工程应建立岗位责任制、定额管理和质量检验等制度，并进行总结验收。总结及验收文件均应报上级主管部门备案。

3. 工程大修。对工程发生决口、严重坍坡等较大的破坏，或修复工作量大、技术复杂的工程，河道主管机关应专门组织包括河道堤防管理单位在内的施工机构进行大修。大修工程均应建立岗位责任制、定额管理和质量检验等制度，并进行总结验收。总结及验收文件均应报上级主管部门备案。

4. 工程抢修。当工程发生险情时，河道堤防管理应立即组织力量进行抢修，同时报告上级主管部门。

（二）堤身日常修理

管理单位发现堤防工程的堤顶、堤坡、护坡、防洪墙、防浪墙和防渗及排水设施缺陷或损坏时，按原设计要求及时修复；对堤身裂缝和堤防隐患，依据其成因和性质分别采取不同处理措施。

1. 堤顶修理。

（1）土质堤顶修理。土质堤顶面层结构严重受损的，采用刨毛、洒水、补土、刮平、压实等措施，使用与原土料相同的土料，按原设计要求进行修复，堤顶高程不足时修复至原高程；采用翻筑回填方法修理堤顶陷坑的，首先翻出陷坑内的松土，然后分层填筑防渗性能不小于原设计的堤身土料回填夯实，恢复堤防原状。

（2）硬化堤顶修理。硬化堤顶损坏时，按原结构与相应的施工方法进行修复。硬化堤顶的土质堤防，发现堤身沉陷导致硬化堤顶与堤身脱离时，拆除硬化顶面，用黏性土或石渣补平、夯实，然后用相同材料对硬化顶面进行修复。

（3）堤肩修理。堤肩发生损坏时，采用含水量适宜的黏性土，按原标准对发生损坏的堤肩土质边埂进行修复。

2. 堤坡修理。

（1）修理标准。

①材料标准。堤坡及护坡按材料类型分为土质、散抛石、砌石和混凝土4类。应选用质地坚硬、不易风化的石料，石料几何尺寸应符合原设计要求；拌制混凝土和水泥砂浆的水泥、骨料、水、外加剂的质量应符合各自的相应规定；浆砌材料中水泥强度等级不应低

于 32.5，砂料选用质地坚硬、清洁、级配良好的天然砂或人工砂，天然砂中含泥量应低于 5%，人工砂石粉含量应低于 12%；砂石料垫层应选用具有良好抗冻性、耐风化、水稳定性好和含泥量小于 5% 的砂石料，其粒径、级配应符合设计要求；土工织物垫层应根据被保护土的级配选用土工织物，其保土性、透水性及防堵性能等均应符合有关要求。

②砌筑施工标准。砌筑施工时，铺设砂石料垫层材料和铺设厚度均应满足设计要求；石料砌筑不应用尖角或薄边石料，砌筑前将石料进行试安放和修凿，错缝竖砌、密实稳固、表面平整，不应架空、叠砌；浆砌石应先坐浆，后砌石；无冰冻地区水泥砂浆强度等级不应低于 M5.0，冰冻地区及海堤水泥砂浆强度等级不应低于 M7.5；砌缝内砂浆应饱满，勾缝水泥砂浆强度等级比砌体砂浆高一级；修补的砌体应及时洒水养护。

③混凝土浇筑施工标准。浇筑混凝土盖面时，应清洗干净护坡表面及缝隙；根据风浪大小、堤防坡度及分块尺寸等因素确定混凝土盖面厚度，但不应小于 5cm；无冰冻地区混凝土强度等级不应低于 C10，严寒冰冻地区混凝土强度等级在符合抗冻要求基础上，不应低于 C15，沿海地区在制备混凝土时，应考虑抗腐蚀性要求；盖面混凝土施工时，应自下而上浇筑，并按设计要求分缝；护坡垫层遭破坏时，应补做垫层，修复护坡，再加盖混凝土；模袋混凝土、水泥土、异型块体护坡等应根据其材料性质，按有关规定进行修理。

（2）土质堤坡修理。按开挖、分层回填夯实的顺序，用与原筑堤土料相同的土料，修理土质堤坡损坏部位或出现的大雨淋沟，并在修复坡面补植草皮，使其达到设计的稳定边坡。滑坡处理过程中，应注意原堤身稳定和挡水安全。

①浅层（局部）滑坡处理。采用全部挖除滑动体后重新填筑的方法处理浅层（局部）滑坡。首先分析渗水、堤脚下挖塘、冲刷、堤身土质不好等滑坡成因，然后将滑坡体上部未滑动的边坡削至稳定坡度，从上边缘开始，逐级开挖滑动体，每级高度 0.20m，沿滑动面挖成锯齿形，每一级深度应一次挖到位，并一直挖至滑动面外未滑动土中 0.50~1m。平面上的挖除范围要求从滑坡边线四周向外展宽 1~2m。

②深层圆弧滑坡处理。采用挖除主滑体并重新填筑压实的方法处理深层圆弧滑坡。深层圆弧滑坡相对于其他形式的滑坡较难处理，工程量相对较大，施工时应尽量加快施工进度，确保速战速决，防止进一步扩大险情。

③堤坡陷坑处理。采用翻筑回填的方法修理堤坡陷坑的，首先翻出陷坑内的松土，然后分层填土夯实，恢复堤防原状。用防渗性能不小于原设计堤身土的土料回填临水坡的陷坑，用透水性能不小于原设计堤身土的土料回填背水坡的陷坑。

（3）散抛石堤坡及护坡修理。管理单位应及时修复散抛石堤坡及护坡的残缺或损坏部位，恢复护坡，使其符合原设计要求。当散抛石局部护坡下滑脱落时，按设计坡度挂线，将线上残留石料补抛至下滑部位的底部，再将下滑部位上部（顶部）缺石处用新石补齐，整好坡面，修好封顶；当土体被雨水冲刷或水流淘刷，造成护坡沉陷时，将石料及垫层拆除，修复土体后重新铺设垫层，恢复坡面。

（4）砌石堤坡及护坡修理。管理单位应及时修复干砌石、浆砌石等砌石堤坡及护坡的残缺或损坏部位，使其符合原设计要求。当干砌石、浆砌石护坡局部出现松动时，拆除松动块石，重新砌筑，达到坡面平顺、砌石紧密要求；当砌石护坡出现局部塌陷、隆起等问题时，应拆除损坏部位，拆除范围超出损坏区 0.50~1m，保持好未损坏部分的砌体，清除反滤垫层，修复土体，按原设计恢复护坡；当砌石护坡块石尺寸偏小、厚度不足、强度不够时，按设计要求翻修，不具备翻新条件的可在原砌体上部浇筑混凝土盖面；当垫层松动，滤料流失或原垫层厚度不足时，按设计要求翻修填补；如果护坡因土体填筑质量差，产生过大不均匀沉降，或因土体土料含水量大，冬季冻胀引起破坏时，先处理土体，然后按设计要求翻修护坡；因施工质量差而损坏的护坡，应重新砌筑；因出现石质风化而强度降低的护坡，应更换成合格石料，按原设计要求修复；当浆砌石护坡排水孔阻塞时，应及时疏通、修理。

（5）混凝土堤坡及护坡修理。管理单位应及时修复混凝土堤坡及护坡的残缺或损坏部位，使其符合原设计要求。如果现浇混凝土护坡发生剥蚀损坏，出现局部破碎，可将表层松散部位凿掉并冲洗干净，用较高强度等级的水泥砂浆填补；如果预制混凝土块护坡严重损坏，应更换完整的预制混凝土块；针对混凝土护坡出现沉陷和淘空问题，将其拆除、修复土体、铺设垫层、浇筑面层混凝土或重砌混凝土预制块，其施工应与原有结构形式、标准、质量要求一致。

3. 防洪墙（堤）、防浪墙修理。混凝土或浆砌石防洪墙（堤）、防浪墙表面发生局部侵蚀剥落或破碎时，采用水泥砂浆等材料进行表面抹补、填塞或喷浆。

（1）钢筋混凝土裂缝小于允许宽度的处理措施。混凝土防洪墙（堤）、防浪墙出现裂缝时，应首先查明裂缝性质、成因及其危害程度，并加强检查观测，混凝土表面的微细裂缝、浅层裂缝及缝宽小于《钢筋混凝土结构最大裂缝宽度允许值表》（表 18.24）所列最大裂缝宽度允许值时，可不予处理或采用涂料封闭。

表18.24　钢筋混凝土结构最大裂缝宽度允许值表　　　　单位：mm

区　域	部　位			
	水上区	水位变动区		水下区
		寒冷地区	温和地区	
内河淡水区	0.20	0.15	0.25	0.30
沿海海水区	0.20	0.15	0.20	0.30

注：温和地区指最冷月平均气温在 −3℃ 以上的地区；寒冷地区指最冷月平均气温在 −10 ～ −3℃ 的地区。

（2）钢筋混凝土裂缝大于允许宽度的处理措施。钢筋混凝土结构裂缝宽度大于《钢筋混凝土结构最大裂缝宽度允许值表》（表 18.24）中规定时，应采用适当方法进行修补：浆砌石防洪墙（堤）墙身出现裂缝或渗漏严重的，采用充填法或灌浆法处理；浆砌石防浪墙出现裂缝的，采用水泥砂浆等材料进行表面抹补、填塞或喷浆；防洪墙（堤）墙基出现冒水冒砂现象，分析墙基地质勘探、渗流原因，确定渗流控制措施予以处理；及时填充变形缝冲失的填料；修复损坏的止水设施。

喷涂法适用于裂缝宽度小于 0.30mm 的表层裂缝修补；粘贴法适用于裂缝宽度大于 0.30mm 的活缝修补；充填法适用于裂缝宽度大于 0.30mm 的表层裂缝修补；灌浆法适用于深层裂缝和贯穿裂缝修补。

4. 防渗设施修理。堤防工程防渗体是黏土斜墙及土工合成材料坡面防渗体的，其保护层发生损坏时，采用与原设计要求相同的材料修理；堤防防渗土工膜或复合土工膜发生损坏时，拆除局部护坡体，对损坏的防渗土工膜部位进行修补，并恢复原有结构。

5. 排水设施修理。堤防工程排水导渗体或滤体发生损坏或堵塞时，应将损坏或堵塞部分拆除，按原有结构修复；堤顶、堤坡设置的排水沟发生沉陷、损坏时，应拆除损坏部位，回填夯实堤身，按原有结构修复堤坡及排水沟；减压井排渗功能明显减小时，应对减压井进行清洗，清除淤积物，疏通反滤层，保证减压井排水通畅。

6. 堤身裂缝修理。堤身产生裂缝时，应查明裂缝成因，在裂缝已趋于稳定时进行修理。土质堤防裂缝应根据裂缝走向、部位和尺寸，选择开挖回填、横墙隔断、灌堵缝口、灌浆堵缝等方法进行修理。

（1）纵向裂缝修理。采用开挖回填方法修理纵向裂缝。开挖前，用经过滤的石灰水灌入裂缝内，了解裂缝的走向和深度，指导开挖；裂缝开挖长度应超过裂缝两端各1m，深度超过裂缝底部0.30~0.50m，坑槽底部宽度不小于0.50m，边坡应符合稳定及新旧土结合要求；坑槽开挖时采取坑口保护措施，避免日晒、雨淋、进水和冻融，挖出的土料应远离坑口堆放；回填土料应与原土料相同，并控制合适的含水量；分层夯实回填土，夯实土料的干密度应不小于堤身土料干密度；采用灌堵缝口的方法处理宽度小于3~4cm、深度小于1m的纵向裂缝，由缝口灌入干、细砂壤土，并用板条或竹片捣实；灌缝后，修土埂压缝防雨，埂宽10cm，高出原顶（坡）面3~5cm。

（2）横向裂缝修理。采用横墙隔断方法修理横向裂缝修理。与临水相通的裂缝，在裂缝临水坡先修前戗；背水坡有漏水的裂缝，在背水坡做好反滤导渗；临水尚未连通的裂缝，从背水面开始，分段开挖回填；除沿裂缝开挖沟槽，还宜增挖与裂缝垂直的横槽（回填后相当于横墙），横槽间距3~5m，墙体底边长度2.50~3m，墙体厚度不小于0.50m。

（3）龟纹裂缝处理。采用灌堵缝口的方法处理宽度小于3~4cm、深度小于1m的龟纹裂缝。由缝口灌入干、细砂壤土，用板条或竹片捣实；灌缝后，修土埂压缝防雨，埂宽10cm，高出原顶（坡）面3~5cm。

（4）堤坡裂缝处理。采用灌浆堵缝的方法修理堤顶或非滑动性的堤坡裂缝。采用自流灌浆修理缝宽较大、缝深较小的裂缝，缝顶挖槽，槽宽深各为0.20m，用清水洗缝，按"先稀后稠"原则用砂壤土泥浆灌缝，稀、稠两种泥浆的水土重量比分别为1:0.15与1:0.25，灌满后封堵沟槽；采用充填灌浆修理缝宽较小、缝深较大的裂缝，将缝口逐段封死，由缝侧打孔灌浆。

（5）混凝土、浆砌石堤防裂缝处理。混凝土、浆砌石堤防发生裂缝时，应按本节二、（二）3所述方法进行修理。

7. 堤防隐患处理。根据堤身隐患类型、性质、位置等具体情况，采用开挖回填、充填灌浆、劈裂灌浆等方法处理堤防隐患。堤基中如出现暗沟、古河道、坍塌区、动物巢穴、墓坑、窑洞、坑塘、井窖、房基、杂填土等隐患及堤防背水坡或堤后地面如出现过渗漏、管涌或流土险情的透水堤基、多层堤基或强风化、裂隙发育、岩溶地区的岩石堤基等隐患，应探明性质并采用相应的处理措施。

（1）开挖回填处理法。采用开挖回填的方法处理位置明确、埋藏较浅的土质堤身隐患：先将洞穴等隐患松土挖出，再分层填土夯实，恢复堤身原状。采用黏性土回填方法处理位于临水侧的隐患。采用砂性土料回填处理位于背水侧的隐患。

（2）充填灌浆处理法。适用于范围不明确、埋藏较深的洞穴、裂缝等堤身隐患的处理。

（3）劈裂灌浆处理法。适用于范围不明确、埋藏较深的洞穴、裂缝等堤身隐患的处理。

（4）压力灌浆处理法。适用于混凝土、砌石堤防隐患的处理。

（三）穿、跨堤建筑物及与堤防接合部维修

穿、跨堤建筑物接合部的维修，是堤防工程管理单位（或堤防工程养护修理企业）应特别重视和加强的工作，接合部发生损坏时，管理单位应查明原因，针对损坏原因采取相应修复措施。堤防与穿、跨堤建筑物接合部的修理，在确保防汛安全的前提下，应确保穿、跨堤建筑物自身功能不受影响。

1. 穿堤建筑物及与堤防接合部修理。穿堤建筑物与土质堤防接合部临水侧截水设施和背水侧反滤、排水设施出现损坏应及时修复；穿堤建筑物与堤防接合部发生损坏时，应按照有关标准的规定修理。

穿堤建筑物与堤防接合部的修理工作，应由堤防工程的管理单位和穿堤建筑物的管理单位，共同商定修理方案和修理工作计划。

2. 跨堤建筑物及与堤防接合部修理。跨堤建筑物与堤顶之间的净空高度若不能满足堤防交通、防汛抢险、管理维修等方面要求，应及时通知有关单位进行处理。

桥梁、渡槽、管道等跨堤建筑物布置在堤身背水坡的支墩与堤防接合部发现有沉降、裂缝时，应立即通知有关单位对其修理；发现渗水情况时，应查明原因，采取合理、可行的渗流控制措施进行处理。

（四）堤岸防护工程修理

坡式、坝式、墙式和其他防护形式护岸的缺陷和损坏，按设计要求及时修复。

1. 护岸修理。

（1）坡式护岸修理。坡式护岸、护坡的修理见本节二、（二）所述方法进行修理。

（2）坝式护岸修理。坝式护岸的散抛石、干砌石、浆砌石、混凝土护坡修理见本节二、（二）所述方法进行修理。

坝式护岸的土体修理方法很多。采用开挖回填的方法修理土心出现的大雨淋沟、陷坑，挖除松动土体，由下至上分层回填夯实，根据裂缝特征，对土心裂缝进行修理；采用灌堵缝口的方法对表面干缩、冰冻裂缝以及缝深小于 1m 的龟纹裂缝进行修理，如果裂缝是缝深小于 3m 的沉陷裂缝，待裂缝发展稳定后，采用开挖回填的方法进行修理；采用充填灌浆或上部开挖回填与下部灌浆相结合的方法对非滑动性质的深层裂缝进行处理；采用开挖回填、改修缓坡等方法，并根据滑坡产生的原因和具体情况对土心滑坡进行处理；采用开挖回填法处理时，应挖除滑坡体上部已松动的土体，按设计边坡线分层回填夯实；滑坡体方量很大、不能全部挖除时，可将滑弧上部能利用的松动土体移做下部回填土方，由下至上分层回填，开挖时，对未滑动的坡面，按边坡稳定要求放足开挖线，回填时，新、旧土应接合严密，并恢复土心边坡排水设施；采用改修缓坡法处理时，放缓边坡的坡度，分析土心边坡稳定情况，将滑动土体上部削坡，按放缓的土心边坡加大断面，新、旧土接合严密，分层回填夯实，回填后，尽快恢复坡面排水设施及防护设施。

（3）墙式护岸修理。混凝土墙式护岸表面脱壳、裂缝、剥落和人为损坏，视具体情况，分别采取砂浆抹补、喷浆或混凝土修补等措施进行修理，并严格控制修补质量。

（4）其他形式护岸修理。桩式护岸、枊槎坝等其他形式护岸及防浪林带、防浪林台、

草皮护坡等的修理，根据其材料性质，按有关规定实施。

2. 护脚修理。护脚有水面上和水面下两种情况。处于水面以上的护脚平台或护脚坡面发生凹陷时，采用抛石方法排整到原设计断面。大石在外、小石在里排整，层层错压，排挤密实；处在水面以下的护脚坡度陡于稳定坡度或护脚出现走失时，采用抛散石或石笼方法加固，有航运条件时，在确保抛石位置准确的前提下，采用船只抛投。

散抛石护坡的护脚修理，直接从坝顶运石抛卸于护坡或置放于护坡的滑槽上，滑至护脚平台，然后人工排整，损坏的护坡于抛石结束后整平；砌石护坡的护脚修理，应防止石料砸坏护坡。护脚坡度陡于设计坡度时，按原设计要求用块石或石笼补抛至原设计坡度；海堤的堤岸防护工程，其桩式护脚、混凝土或钢筋混凝土块体护脚和沉井护脚受到风暴潮冲刷破坏，按原设计要求补设、修理。

3. 排水设施修理。排水沟（管）、排水孔堵塞或破坏，采用挖除破坏或堵塞部分的方法，按原设计修复；排水沟（管）的基础遭冲刷破坏，先修复基础，再按原设计要求修复排水沟（管）。管理单位修理排水沟（管）时，根据排水沟（管）结构、类型，分别用相应材料施工。

三、堤防工程应急抢修

特殊情况下，发生危及堤防工程安全的险情时，管理单位应立即组织精干力量冒险进行抢修。首先准确判断险类别、性质，按"抢早抢小，就地取材"的原则确定抢修方法，制订抢修方案，及时组织抢修，并同时向上级主管部门和防汛指挥机构报告；险情抢修时，切记"统一指挥、严密组织、因地制宜、快速有效、确保安全"。

海堤工程在风暴潮期间出现险情，危及抢修人员人身安全时，应暂避锋芒，待风暴潮停止后进行紧急抢修。抢修结束应留专人观察，发现异常立即报告并及时处理；堤防工程抢修宜按原工程设计要求进行，不能按原工程设计要求抢修的，立即采取临时性抢护措施。汛期采用的各种临时性应急措施，凡不符合原工程设计要求的，汛后应及时予以清理、拆除、重新修理，达到设计要求，否则进行论证。

（一）渗水抢修

当堤防工程发生渗水险情时，按照"临水侧截渗防进水，背水侧导流引渗水"的原则，组织抢修人员进行抢修。抢修时，应尽量避免扰动渗水范围，防止人为再次扩大险情。

1. 取土方便渗水堤段抢修。针对水浅流缓、风浪不大、取土较易的堤段，先清除临水边坡杂草、树木等杂物，在临水侧采用黏土截渗，抛土段范围左右超过渗水段两端各5m，高度高出洪水位约1m。

2. 黏土难找渗水堤段抢修。针对水深较浅而缺少黏性土料的渗水堤段，采用土工膜截渗，先清除临水边坡和坡脚附近地面有棱角或尖角的杂物，并整平堤坡，铺设土工膜（土工膜尺度按铺设范围预先粘结或焊接）。土工膜下边沿折叠粘牢形成卷筒，卷筒内插入直径4~5cm钢管。铺设前，在临水堤肩上将土工膜卷在滚筒上，紧贴堤坡宜满铺渗水段临水边坡并延长至坡脚外1m以上。预制土工膜宽度不能达到满铺要求时，膜膜搭接，搭接宽度大于0.50m。土工膜铺好后，由坡脚最下端向上在土工膜上压一两层土袋，逐层紧密平铺排压。

3. 背坡大面渗水堤段抢修。当堤防背水坡大面积出现严重渗水险情时，按照"导清留土"的原则，排出堤防内渗出的清水，留住堤防填筑土料。抢修措施是在堤防工程背水坡开挖导渗沟，铺设滤料、土工织物或透水软管等，达到引导、排出渗水目的。

4. 强透水段渗水堤段抢修。当堤身透水性较强、背水坡土体过于松软或堤身断面小的渗水堤段出现险情时，先清除渗水边坡上的草皮（或杂草）、杂物及松软表层土，根据堤身土质，选取符合保土性、透水性、防堵性等防护指标要求的土工织物进行反滤导渗，搭接宽度大于 0.30m，均匀铺砂后，上压石料，避免块石压载与土工织物直接接触。在堤脚挖排水沟排出渗水。

5. 堤脚有潭渗水堤段抢修。针对堤身断面单薄、渗水严重，滩地狭窄，背水坡较陡或背水堤脚附近有水潭、池塘的堤段，在背水坡脚处抛填块石或土袋固基压镇，采用透水性较大的砂性土分层填筑密实的透水后戗法压渗；戗顶高出浸润线出逸点 0.50~1m，顶宽 2~4m，戗坡 1:3~1:5，戗台长度超过渗水堤段两端 3m。

（二）管涌（流土）抢修

堤防工程发生管涌（流土）险情时，按照"控土导水"原则进行抢修，抢护时选用符合反滤要求的滤料镇压，管涌口不能使用不透水的材料强填硬塞。

1. 单个管涌堤段抢修。如果堤防工程背水地面出现单个管涌，多采用抢筑反滤围井方法进行抢修，即沿管涌口周围用土袋垒成围井，并在预计蓄水高度上埋设排水管，蓄水高度以能使水不挟带泥沙从排水管顺利流出为度。围井高度小于 1m，可用单层土袋；大于 1.50m 可用内外双层土袋，袋间填散土并夯实。井内按反滤要求填筑滤料，如井内涌水过大、填筑滤料困难，可先用块石或砖块抛填，等水势消减后，再填筑滤料。滤层填筑总厚度应按照"出水基本不带沙颗粒"的原则确定，滤层下陷应及时补充滤料。背水地面的集水坑、水井内出现冒水冒沙现象时，可在集水坑、水井内倒入滤料，形成围井。

如果水潭和池塘积水较深、难以形成围井，应采用导滤堆抢护，导滤堆的面积以防止渗水从导滤堆中部向四周扩散、带出泥沙为原则确定，先用粗砂覆盖冒水冒沙点，再抛小石压住所有抛下的粗砂层，继抛中石压住所有小石。水潭和池塘底部有淤泥的，宜先抛碎石，至碎石高出淤泥面时，再依次铺粗砂、小石、中石，形成导滤堆。

2. 成片管涌堤段抢修。如果堤防工程背水地面管涌较多、面积较大、冒水冒沙成片时，多采用抢筑反滤铺盖方法进行抢修，即按反滤要求在管涌群上面铺盖滤层，滤层顶部压盖保护层。

（三）漏洞抢修

当堤防工程出现漏洞险情时，按照"进口堵截进水，出口滤排导水"的原则抢修，发现漏洞出水口，应尽快查找漏洞进水口，并标出位置，进口堵截进水与出口滤排导水同时进行。

1. 进口堵截进水方法。在堤防临水面，根据漏洞进口情况，分别采用直接塞堵法、软帘盖堵法、围堰围护法等不同的堵截方法进行截堵。

（1）直接塞堵法。当漏洞进水口位置明确、进水口周围土质较好时，应采用直接塞堵法，用软性材料塞堵漏洞进水口，塞堵时要快、准、稳，封严洞口周围，用黏性土修筑前戗加固。

（2）软帘盖堵法。当漏洞进水口位置不准确、仅知道大概位置时，采用软帘盖堵法，先清理软帘覆盖范围内的堤坡，将预制的软帘顺堤坡铺放，覆盖漏洞进水口所在范围，盖堵见效后抛压黏性土覆盖加固。

（3）围堰围护法。当漏洞进水口较多、较小、难以找准且临水则水深较浅、流速较小时，采用围堰围护法，用土袋修筑围堰，将漏洞进口围护在围堰内，在围堰内填筑黏性土进行截堵。

2. 出口滤排导水方法。在堤防工程漏洞出水口，多采用修筑反滤围井的方法达到滤排的目的。在漏洞出水口周围用土袋码砌稳定的围井，围井内用砂石或柳秸料等滤料进行填筑反滤，在预计蓄水高度埋设排水管导出渗水。

（四）风浪冲刷抢护

堤防工程发生风浪冲刷险情时，按照"防浪削冲"原则，采用土工布防浪法、挂柳防浪法、土袋防浪法、木排防浪法等方法，在迎水面铺设防浪材料进行抢护。

1. 土工布防浪法。铺设土工织物或复合土工膜防浪法，是先清除铺设范围内堤坡上的杂物，用木桩把土工织物或复合土工膜上沿固定，用铅丝或绳坠块石的方法固定表面，达到防浪的目的。铺设范围与堤坡受风浪冲击范围等同。

2. 挂柳防浪法。挂柳防浪法是在堤防顶部临水侧打桩（桩距和悬挂深度根据流势和坍塌情况确定），选择干枝直径大于 0.10m、长大于 1m 的树（枝）冠，在树杈上系石块等重物止浮，在干枝根部系绳固定桩上，从风浪淘刷堤段的水流下游逐段依次向上游方向，按顺序搭接跌压、逐棵挂柳伸入水中防浪的一种方法。

3. 土袋防浪法。土袋防浪法是用土袋防浪的一种方法。当水上部分或水深较小时，先将堤坡适当削平，然后铺设土工织物或软草滤层。根据风浪冲击范围摆放土袋，袋口扎住朝向堤坡，依次排列、互相叠压。堤坡较陡的，在最底一层土袋前面打桩防止滑落。

4. 木排防浪法。木排防浪法是用木排防浪的一种方法。此种方法适合于木料丰富地区。具体措施是将草、木排拴固在堤上，或用锚固定，将草、木排浮在距堤 3～5m 的水面上，达到防浪目的。

（五）裂缝抢修

堤防工程出现裂缝险情时，按照"先急后缓"的原则进行抢修，首先判别险情，加强观测，分析严重程度，根据险情性质区别对待。

1. 裂缝伴随滑坡时抢修。当裂缝伴随滑坡、崩塌险情发生时，先抢护滑坡、崩塌险情，待险情趋于稳定后，再处理裂缝。降雨时，对较严重的裂缝采取灌堵措施，防止雨水流入。

2. 漏水严重横向裂缝抢修。当发生漏水严重的横向裂缝险情时，在险情紧急或河水猛涨、来不及全面开挖时，先在裂缝段临水面做前戗截流，再沿裂缝每隔 3～5m 挖竖井填土截堵，待险情缓和后再采取其他处理措施。

3. 贯穿堤身裂缝抢修。洪水期，当发生深度大并贯穿堤身的横向缝险情时，采用复合土工膜盖堵方法进行抢修，复合土工膜铺设在临水堤坡，并在其上用土压坡或铺压土袋；背水坡用土工织物反滤排水，同时，抓紧时间修筑横墙。

（六）陷坑抢修

堤防工程发生陷坑险情时，按照"抓紧翻筑抢护、防止险情扩大"原则，针对不同情况分别采取相应措施进行抢修。

1. 堤顶陷坑抢修。堤顶陷坑时，多采用翻筑回填方法进行抢修。翻出陷坑内的松土，分层用防渗性能不小于原堤身土的土料回填夯实，恢复堤防原状。针对堤身单薄、堤顶较窄的堤防，在外坡加宽堤身断面，外坡宽度以保证翻筑陷坑时不发生意外为宜。

2. 临水坡陷坑抢修。临水坡陷坑抢修分三种情况：一是当陷坑发生在临水侧水面以上时，按上述堤顶陷坑抢修方法进行抢修。二是当陷坑发生在临水侧水面下且水深不大时，采用修筑围堰方法进行抢修。三是当陷坑发生在临水侧水面下且水深较大时，用土袋直接填实陷坑，待全部填满后再抛黏性土封堵、外坡加宽。

3. 背水坡陷坑抢修。背水坡陷坑抢修分两种情况：一是陷坑不伴随渗水或漏洞险情出现，采用开挖回填的方法进行处理，所用土料的透水性能不小于原堤身土。二是陷坑伴随渗水或漏洞险情出现，在堤防临水侧截堵渗漏通道，清除陷坑内松土、软泥及杂物，用粗砂填实。渗涌水势较大时，加填石子或块石、砖头、梢料等，待水势消减后再予填实。陷坑填满后，按砂石滤层铺设方法抢护。

（七）穿堤建筑物及其与堤防接合部抢修

穿堤建筑物及其与堤防接合部出现险情是最常见的险情，也是最危险、不能忽视的险情，如果处理不及时，极易造成堤防工程溃决后果。

1. 穿堤涵闸损坏抢修。穿堤涵闸发生损坏时，应及时采用措施关闭过水通道，停止过水。有条件的应立即抢筑闸前围堰，并按有关规定对涵闸进行抢修。

2. 穿堤管道损坏抢修。穿堤管道发生损坏时，立即通知有关单位关闭阀门、停止运行，并按有关规定进行修理。

穿堤涵闸与堤防接合部发生渗水时，按照"进水侧截堵进水，出水侧导渗出水"原则进行抢修，采用闸前修筑围堰法（围堰绕过建筑物两端，将建筑物与堤防接合部围在其中，围堰顶部超出临水侧水位约1m，根据水深、流速等条件采用土袋或散土等方法填筑，围堰临水坡宜采取防护水流冲刷的措施，填筑时宜确保新筑围堰与原堤防接合紧密）、塞堵法、反滤围井法、反滤铺盖法、软帘盖堵法、黏土截渗法和闸后修筑养水盆法（必要时，在汛前预修翼堤，洪水到来前抢修横围堤。横围堤位于海漫外，高度根据洪水位等情况确定，修筑横围堤前先关闭闸门，再清理横围堤与已修翼堤的接合部，然后分层填土压实，在洪水到来前适当蓄水平压，洪水期加强观测）进行抢修。

3. 穿堤管线与堤防接合部渗水抢修。当穿堤管线与堤防接合部发生渗水时，按照"进水侧封堵进水、中间环节截住渗流、出水侧导渗出水"原则进行抢修，出现险情时，首先立即关闭穿堤管道进口阀门，然后用速凝浆液充填灌浆截渗。方法有塞堵法、临水围堰和黏土截渗法、反滤围井法、反滤铺盖法等。

（八）防漫溢抢修

堤防和土心坝垛防漫溢抢修，首先应有准确的洪水预报，估算洪水到达当地的时间和最高水位，按预定抢护方案组织抢修，并在洪水漫溢之前完成抢修任务。

1. 堤防防漫溢抢修。堤防防漫溢抢修最好的方法就是加高堤防。按照"水涨堤高"原则，在堤顶修筑子堤。抢筑子堤时，最好就地取材，全线同步升高、不留缺口。首先清除堤顶临水侧上游侧堤顶草皮、杂物，开挖接合槽距临水坡脚堤（坝）肩线 0.50～1m，子堤顶超出预报最高水位 0.50～1m，子堤断面满足稳定要求并加设防风浪设施。

2. 坝垛防漫溢抢修。坝垛防漫溢抢修最好的方法就是加高坝垛。按照"加高止漫、护顶防冲"原则，在坝垛顶部修筑子堤，并铺设柴把、柴料或土工织物防冲材料进行防护。

柴把护顶时，在坝垛顶面前后各打桩一排，桩距坝肩 0.50~1m，柴把直径 0.50m 左右，搭接紧密，并用麻绳或铅丝绑扎在桩上。

柴料护顶时，如漫坝水深流急，在两侧木桩间直接铺一层厚 0.30~0.50m 柴料，并在柴料上抛压块石。

土工织物护顶时，土工织物铺放于坝垛顶面，用桩固定，在土工织物上铺设土袋、块石或混凝土预制块等重物，土工织物长宽分别超过坝顶长宽 0.50~1m。

（九）坍塌抢修

当堤防工程发生坍塌险情时，按照"护脚固基、护岸减速"原则，抛投块石、石笼、土袋等防冲物体护脚固基，当出现大流顶冲、水深流急、水流淘刷严重、基础冲塌较多的险情时，采用护岸减速措施；当堤岸防护工程发生坍塌险情时，根据护脚材料冲失程度及护坡、土心坍塌的范围和速度，及时采取不同措施进行抢修。

1. 采用块石、石笼、土袋抢修。采用块石、石笼、土袋作为抛投物体抢修时，根据水流速度大小，抛投防冲物体从最能控制险情的部位抛起，向两边展开。块石质量为 30~75kg，水深流急处，用大块石抛投。石笼小块石居中、大块石在外，笼内石块满、紧、密、匀。

土袋充填度不大于 80%，装土后用绳绑扎封口，内层土袋紧贴土心。

2. 采用柴枕抢修。采用柴枕抢修时，按流速大小或出险部位调整用石量，柴枕长 5~15m，枕径 0.50~1m，柴、石体积比 2:1，捆抛枕的作业场地设在出险部位上游距水面较近且距出险部位不远的位置，用于护岸缓流的柴枕宜高出水面 1m，在枕前加抛散石或石笼护脚，抛于内层的柴枕宜紧贴土心。

3. 采用柴石搂厢抢修。采用柴石搂厢抢修时，应由熟练人员操作柴石搂厢关键工序。首先查看流势，分析上、下游河势变化趋势，勘测水深及河床土质，确定铺底宽度和桩、绳组合形式。然后整修堤坡，将崩塌后的土体外坡削成 1:0.50。柴石搂厢每立方米塌体压石 0.20~0.40m³，塌体着底前宜厚柴薄石，着底后宜薄柴厚石，压石宜采用前重后轻的压法。底坯总厚度 1.50m 左右，在底坯上继续加厢，每坯厚 1~1.50m。每加厢一坯，宜适当后退，做成 1:0.30 左右的厢坡，坡度宜陡不宜缓，不宜超过 1:0.50。每坯之间打桩连接。搂厢抢修完毕后在厢体前抛柴枕和石笼护脚固根。

4. 采用土袋枕抢修。采用土袋枕抢修时，土袋枕用幅宽 2.50~3.00m 的织造型土工织物缝制，长 3.00~5.00m，高、宽均为 0.60~0.70m。装土地点设在靠近坝垛出险部位的坝顶，抛于内层的土袋枕紧贴土心，水深流急处有留绳，防止土袋枕冲走。

5. 采用土工织物软体排抢修。采用土工织物软体排抢修时，按险情部位大小，将织造型土工织物预先缝制成 6m×6m、10m×8m、10m×12m 等规格的排体，排体下端缝制折径为 1m 左右横袋，两边及中间缝制折径 1m 左右竖袋，竖袋间距为 3~4m，两侧尼龙拉绳直径 1cm，上下两端挂排尼龙绳直径分别为 1cm 和 1.50cm，各绳缆留足长度。排体上游边与未出险部位搭接，软体排将土心全部护住。排体外抛土枕、土袋、块石等。

（十）滑坡抢修

堤防发生滑坡险情时，按照"减载、抗滑、增阻"的原则抢修，在渗水严重的滑坡体上人员不能践踏；在滑动面上部和堤顶不能存放料物和机械。

1. 堤防工程。

（1）堤防临水坡滑坡抢修。当水位骤降、引起堤防临水坡失稳发生滑动险情时，采用抛石或抛土袋方法进行抢护。先查清滑坡范围，然后在滑坡体外缘抛石或土袋固脚，同时，削坡减载。禁止在滑动土体的中上部抛石或土袋。

采用抛石固基方法抢修时，如果出现滑动前兆，先探摸护脚块石，找出薄弱部位，迅速抛块石、柴枕、石笼等固基阻滑，压住滑动体底部。

（2）堤防背水坡滑坡抢修。堤防背水坡发生滑坡险情时，采用固脚阻滑方法进行抢修。视滑坡体大小，在滑坡体下部堆放土袋、块石、石笼等重物，起到阻止继续下滑和固脚作用，同时，削坡减载。

情况之一：堤防背水坡排渗不畅、滑坡范围较大、险情严重且取土困难的堤段，采用抢筑滤水土撑的方法进行抢修，清理滑坡体松土，开挖导渗沟，土撑底部铺设土工织物，并用砂性土料填筑密实，每条土撑顺堤方向长 10m 左右，顶宽 5 ~ 8m，边坡 1:3 ~ 1:5，戗顶高出浸润线出逸点大于 0.50m，土撑间距 8 ~ 10m。堤基软弱或背水坡脚附近有溃水、软泥的堤段，在土撑坡脚处用块石、砂袋固脚。

情况之二：堤防背水坡排渗不畅、滑坡范围较大、险情严重而取土较易的堤段，采用抢筑滤水后戗方法进行抢修。后戗根据滑坡范围大小确定，两端超过滑坡堤段 5m，后戗顶宽 3 ~ 5m。

情况之三：堤防背水坡滑坡严重、范围较大，修筑滤水土撑和滤水后戗难度较大，且临水坡又有条件抢筑截渗土戗的堤段，采用黏土前戗截渗方法进行抢修。

2. 堤岸防护工程。

（1）堤岸防护工程下滑险情抢修。堤岸防护工程护坡、护脚及部分土心发生"缓滑"下滑险情时，采用抛石固基及上部减载方法抢修；发生"骤滑"险情时，采用土工织物软体排或柴石搂厢等措施保护土心，防止水流冲刷。

（2）堤岸防护工程砌体倾斜抢修。重力式挡土墙式堤岸防护工程发生砌体倾倒险情时，采用抛石、抛石笼或柴石搂厢等方法进行抢修。

第八节　河道堤防管理达标考核验收

一、达标考核依据

（一）文件规定

为了推动河道堤防管理规范化、法制化、现代化管理工作进程，提高水利工程管理水平，确保堤防工程运行安全，充分发挥工程效益，根据《中华人民共和国水法》、《中华人民共和国防洪法》、《中华人民共和国河道管理条例》、《水库大坝安全管理条例》等法律、法规和有关规定，水利部在 2003 年颁布的《水利工程管理考核办法（试行）》及其考核标准（水建管〔2003〕208 号）基础上，2008 年 6 月 16 日，颁布了《堤防工程管理考核办法》。

（二）适用范围及对象

《堤防工程管理考核办法》适用于七大江河干流、流域管理机构所属和省级管理的河道堤防、湖泊、海岸以及其他河道三级以上堤防等工程，其他河道堤防等工程参照执行。

二、达标考核组织实施

（一）考核组织

河道堤防管理考核工作按照分级负责的原则进行。水利部负责全国河道堤防工程及部直管河道堤防工程管理考核工作。县级以上地方各级水行政主管部门负责所管辖的河道堤防工程管理考核工作。流域管理机构负责所属河道堤防工程管理考核工作。

（二）考核对象

河道堤防工程管理考核对象是直接管理河道堤防工程、在财务上实行独立核算的河道堤防工程管理单位。河道堤防工程管理工作重点是考核组织管理、安全管理、运行管理和经济管理四方面。

（三）考核程序

河道堤防管理考核分水管单位自检→各级水行政主管部门考核验收→水利部考核验收多个阶段。由低到高逐步上升，最终达到水利部考核标准。

1. 管理单位自检。堤防管理单位应加强日常管理，根据考核标准每年进行自检，并将自检结果报上一级水行政主管部门。

2. 各级水行政主管部门考核。各级水行政主管部门根据本级制订的考核验收标准，对下一级河道堤防管理机构上报的考核结果进行验收，合格者视为通过本级水行政主管部门考核；未通过者将考核结果反馈下一级河道堤防管理机构，要求下级管理单位整改完善、提高，堤防管理单位针对上级水行政主管部门意见，采取相应措施进行整改，努力提高管理水平。如此反复直至合格为止。

省级水行政主管部门负责本行政区域内申报水利部验收的水管单位的初验、申报工作。对自检、各级考核结果符合水利部验收标准的堤防管理单位组织初验；初验符合水利部验收标准的，向水利部申报验收、批准，同时，抄送流域管理机构。

3. 水利部达标验收。河道堤防工程管理考核结果达到水利部验收要求的堤防管理单位，可自愿申报水利部验收。省级水行政主管部门负责上报申报水利部验收的堤防管理单位；流域管理机构负责所属工程申报水利部验收的堤防管理单位的初验、申报工作。对自检、考核结果符合水利部验收标准的堤防管理单位组织初验；初验符合水利部验收标准的堤防管理单位，向水利部申报验收批准；部直管堤防管理单位自检后符合水利部验收标准的，将考核结果报水利部，由水利部直接组织考核和验收。申报水利部验收的堤防管理单位，由水利部或其委托的有关单位组织验收。

申报水利部验收的，应具备以下条件：完成水管体制改革并通过验收；河道堤防工程（包括湖堤、海堤）达到设计标准；新建工程竣工验收后运行 3 年以上；除险加固、更新改造工程完成竣工验收，且主体工程竣工验收后运行 3 年以上。

（四）运行复核

通过水利部验收的水管单位，由流域管理机构每三年组织一次复核，水利部进行不定期抽查；部直管工程和流域管理机构所属工程由水利部组织复核。水利部予以通报复核或抽查结果。

三、达标考核量化标准

河道堤防工程管理考核实行 1000 分制。河道堤防管理单位和各级水行政主管部门依据水利部制订的考核标准对河道堤防管理单位管理状况进行考核赋分（见表 18.25）。

省级及其以下各级水行政主管部门考核验收标准由各级水行政主管部门确定。水利部验收标准总分应达到 920 分（含）以上，且其中各类考核得分均不低于该类总分的 85％。

表 18.25　河道工程管理考核标准

类别	项目	考核内容	标准分	赋分原则	备注
一、组织管理（150 分）	1. 管理体制和运行机制	管理体制顺畅，管理权限明确；实行管养分离，内部事企分开；分流人员合理安置；建立竞争机制，实行竞聘上岗；建立合理、有效的分配激励机制。	40	没有完成水管体制改革的，此项不得分。管理体制不顺畅，管理权限不明确扣 10 分；未实行管养分离扣 5 分，内部事企不分扣 5 分；分流人员未得到合理安置扣 5 分；未实行竞聘上岗扣 5 分；未建立合理、有效的分配激励机制扣 10 分。	管养分离包括内部实行。
	2. 机构设置和人员配备	管理机构设置和人员编制有批文；岗位设置合理，按部颁标准配备人员；技术工人经培训上岗，关键岗位要证上岗；单位有职工培训计划并按计划落实实施，职工年培训率达到30%以上。	30	机构设置和人员编制无批文扣 10 分；岗位设置不合理，人员多于部颁标准配备或技术人员配备不能满足管理需要扣 10 分；技术工人不具备岗位技能要求，未实行持证上岗扣 5 分；无职工培训计划或职工年培训率未达到 30％扣 5 分。	
	3. 精神文明	管理单位领导班子团结，职工敬业爱岗；庭院整洁，环境优美，管理范围内绿化程度高；管理用房及配套设施完善，管理有序；单位内部秩序良好，遵纪守法，无违反《计划生育条例》行为发生；近三年获县级（包括行业主管部门）及以上精神文明单位称号。	40	单位领导班子不团结，职工思想不稳定扣 10 分；绿化程度在本地区属差的，扣 5 分；环境不优美，庭院不整洁扣 5 分；管理用房及文、体等配套设施不完善扣 5 分；单位有违法违纪行为或违反《治安管理条例》的，每起扣 5 分；未获县级及以上（或行业主管部门）精神文明单位称号扣 10 分。发生违反《计划生育条例》的，此项不得分。	近三年（从上一年算起）连续获省、部级精神文明单位，此项满分。

续表18.25

类别	项目	考核内容	标准分	赋分原则	备注
一、组织管理（150分）	4. 规章制度	建立、健全并不断完善各项管理规章制度，包括人事劳动制度、学习培训制度、岗位责任制度、请示报告制度、检查报告制度、事故处理报告制度、工作总结制度、工作大事记制度等，关键岗位制度明示，各项制度落实，执行效果好。	20	规章制度不健全，每缺1项扣1分；关键岗位制度未明示扣5分；制度执行效果差扣10分。	
	5. 档案管理	档案管理制度健全，有专人管理，档案设施齐全、完好；各类工程建档立卡，图表资料等规范齐全，分类清楚，存放有序，按时归档；档案管理获档案主管部门认可或取得档案管理单位等级证书。	20	档案管理制度不健全扣2分；无专人管理扣2分；档案设施不齐全扣2分；工程没有建档立卡，每缺1项扣2分；工程技术档案分类不清楚、存放杂乱扣10分；不按时归档扣2分；未获档案管理主管部门认可或无档案管理单位等级证书扣4分。	
二、安全管理（320分）	6. 工程标准	河道堤防工程达到设计防洪（或竣工验收）标准。	30	河道堤防工程达不到设计防洪（或竣工验收）标准的，按长度计每10%扣3分。	
	7. 确权划界	按规定划定河道管理范围及工程管理和保护范围；划界图纸资料齐全；工程管理范围边界桩齐全、明显；工程管理范围内土地使用证领取率达95%以上。	30	管理范围内未进行确权划界的，此项不得分。未完成确权划界，按边界长度每低10%扣3分；划界图纸资料不全的扣5分；边界桩不齐全、不明显扣5分；土地使用证领取率低于95%的，每低10%扣2分；保护范围不明确扣5分。	
	8. 建设项目管理	河道滩地、岸线开发利用符合流域综合规划和有关规定；对河道管理范围内建设项目情况清楚；依法对管理范围内批准的建设项目进行监督管理；建设项目审查、审批及竣工验收资料齐全。	30	违章利用岸线和滩地每处扣5分；对河道内建设项目情况不清楚扣10分；对管理范围内批准的建设项目监管不力扣10分；建设项目资料不全扣10分。	
	9. 河道清障	对河道内阻水生物、建筑物的数量、位置、设障单位等情况清楚；及时提出清障方案并督促完成清障任务；无新设障现象。	20	对河道内阻水生物数量不清楚的扣5分；阻水建筑物每处扣2分（最高扣10分）；未全面清障又无清障计划或方案扣5分；对新设障制止不力扣10分。	

类别	项目	考核内容	标准分	赋分原则	备注
二、安全管理（320分）	10. 水行政管理	定期组织水法规学习培训，领导和执法人员熟悉水法规及相关法规，做到依法管理；水法规等标语、标牌醒目；河道采砂等规划合理，无违法采砂现象；对其他涉河活动依法进行管理；配合有关部门对水环境进行有效保护和监督；案件取证查处手续、资料齐全、完备，执法规范，案件查处结案率高。	40	未组织水法规培训、领导和执法人员不熟悉水法规扣5分；无宣传标语、标牌扣5分；发现违法采砂现象未及时制止扣5分；对其他涉河活动监管不力扣5分；对在河道内堆放、倾倒、掩埋污染源及清洗有毒污染物等未及时制止并向上级报告扣5分；案件查处手续、资料不完备，违规执法扣5分；案件查处结案率低于90%的，每低5%扣3分。	
	11. 防汛组织	各种防汛责任制落实，防汛岗位责任制明确；防汛办事机构健全；正确执行经批准的汛期调度运用计划；抢险队伍落实到位。	20	防汛责任制不落实、岗位责任制不明确扣5分；防汛办事机构不健全扣5分；调度运用计划执行不当扣5分；抢险队伍不落实、不到位扣5分。	
	12. 防汛准备	按规定做好汛前防汛检查；编制防洪预案，落实各项度汛措施；重要险工险段有抢险预案；各种基础资料齐全，各种图表（包括防汛指挥图、调度运用计划图表及险工险段、物资调度等图表）准确规范。	20	未做汛前检查扣5分；没有防洪预案、度汛措施不落实扣5分；重要险工险段无抢险预案扣5分；基础资料不全、图表不规范扣5分。	
	13. 防汛物料	各种防汛器材、料物齐全，抢险工具、设备配备合理；仓库分布合理，有专人管理，管理规范；完好率符合有关规定且账物相符，无霉变、无丢失；有防汛料物储量分布图，调运及时、方便。	20	防汛器材、设施不全，抢险工具、设备配备不合理扣5分；仓库分布不合理、无专人管理、管理不规范扣5分；料物、器材、设备账物不符、完好率低于规定扣5分；无料物储量分布图、调运困难扣5分。	
	14. 工程抢险	险情发现及时，报告准确；抢险方案落实；险情抢护及时，措施得当。	30	险情发现不及时，报告不准确，此项不得分。抢险方案不落实扣10分；险情抢护不及时、措施不得当扣20分。	
	15. 工程隐患及除险加固	对堤防进行有计划的隐患探查；工程险点隐患情况清楚，根据隐患探查结果编写分析报告，并及时报上级主管部门；有相应的除险加固规划或计划；对不能及时处理的险点隐患要有度汛措施和预案。	40	没有对堤防进行隐患探查扣10分；没有工程险点隐患探查成果分析报告扣10分；未及时上报扣5分；没有除险加固规划（由有资质单位编制）或计划扣10分；不能及时处理险点隐患又没有度汛措施和预案扣10分。	
	16. 河道安全	在设计洪水（水位或流量）内，未发生堤防溃口或其他重大安全责任事故。	40	在设计洪水（水位或流量）条件下发生堤防溃口，此项不得分。发生其他重大安全责任事故的，每起扣20分。	

续表 18.25

类别	项目	考核内容	标准分	赋分原则	备注
三、运行管理（410分）	17. 日常管理	堤防、河道整治工程和穿堤建筑物有专人管理，按章操作；管理技术操作规程健全；定期进行检查、维修养护，记录规范；按规定及时上报有关报告、报表。	50	工程无专人管理扣10分；操作规程不全，缺1项扣2分；没有定期进行运行检查、维修养护扣10分；各种记录不清楚、不规范扣5分；技术报告、报表缺1项扣2分。	
	18. 堤身	堤身断面、护堤地（面积）保持设计或竣工验收的尺度；堤肩线直、弧圆，堤坡平顺；堤身无裂缝、冲沟、无洞穴、无杂物垃圾堆放。	50	堤身断面（高程、顶宽、堤坡）、护堤地（面积）不能保持设计或竣工验收尺度扣20~30分；堤肩线不顺畅，堤坡不平顺扣5~10分；发现堤身裂缝、冲沟、洞穴、堆放杂物垃圾等，每处扣5分。	
	19. 堤顶道路	堤顶（后戗、防汛路）路面满足防汛抢险通车要求；路面完整、平坦，无坑、无明显凹陷和波状起伏，雨后无积水。	30	堤顶路面不满足防汛抢险通车要求扣10~20分；堤顶路面不平，雨后有积水扣10分。	
	20. 河道防护工程	河道防护工程（护坡、护岸、丁坝、护脚等）无缺损、无坍塌、无松动；备料堆放整齐，位置合理；工程整洁美观。	40	工程有缺损、坍塌的，每处扣5分；备料堆放不整齐、位置不合理扣10分；工程上杂草丛生，脏、乱、差扣10分。	
	21. 穿堤建筑物	穿堤建筑物（桥梁、涵闸、各类管线等）符合安全运行要求；金属结构及启闭设备养护良好、运转灵活；混凝土无老化、破损现象；堤身与建筑物连接可靠，接合部无隐患、无渗漏现象。	30	穿堤建筑物不符合安全运行要求扣10分；启闭机运转不灵活、金属构件锈蚀扣5分；混凝土老化、破损扣5分；发现隐患、渗漏现象扣10分。	
	22. 害堤动物防治	在害堤动物活动区有防治措施，防治效果好；无獾狐、白蚁等洞穴。	20	对害堤动物无防治措施，且防治效果不好扣10分；发现獾狐、白蚁等洞穴未及时处理的，每处扣5分。	
	23. 生物防护工程	工程管理范围内宜绿化面积中绿化覆盖率达95%以上；树、草种植合理，宜植防护林的地段要形成生物防护体系；堤坡草皮整齐，无高秆杂草；堤肩草皮（有堤肩边埝的除外）每侧宽0.50m以上；林木缺损率小于5%，无病虫害；有计划地对林木进行间伐更新。	30	绿化覆盖率达不到95%扣5分；宜植地段未形成生物防护体系扣5分；堤坡草皮不整齐、有高秆杂草等扣5分；堤肩草皮不满足要求扣5分；林木缺损率高于5%的，每缺损5%扣2分；发现病虫害未及时处理或处理效果不好扣5分；无计划采伐林木扣5分。	
	24. 工程排水系统	按规定各类工程排水沟、减压井、排渗沟齐全、畅通，沟内杂草、杂物清理及时，无堵塞、破损现象。	30	工程排水系统不完整扣15分；排水沟、排渗沟、减压井破损、堵塞的，每处扣5分。	

类别	项目	考核内容	标准分	赋分原则	备注
三、运行管理（410分）	25. 工程观测	按要求对工程及河势进行观测；观测资料及时分析，整编成册；观测设施完好率达90%以上。	40	未进行观测此项不得分。观测资料未分析扣10分；资料未整编或整编不规范扣10分；观测设施完好率低于90%的，每低5%扣2分。	
	26. 河道供排水	河道（网、闸、站）供水计划落实，调度合理；供、排水能力达到设计要求；防洪、排涝实现联网调度。	20	河道供水计划不落实扣10分；供、排水能力达不到设计要求扣5分；防洪、排涝调度不合理扣5分。	
	27. 标志标牌	各类工程管理标志、标牌（里程桩、禁行杆、分界牌、疫区标志牌、警示牌、险工险段及工程标牌、工程简介牌等）齐全、醒目、美观。	20	河道防护工程及险工险段标志牌、简介牌缺1个扣2分；其他各类必设管理标志、标牌每缺损5%扣1分。	
	28. 管理现代化	有管理现代化发展规划和实施计划；积极引进、推广使用管理新技术；引进、研究开发先进管理设施，改善管理手段，增加管理科技含量；工程观测、监测自动化程度高；积极应用管理自动化、信息化技术；系统运行可靠、设备管理完好，利用率高。	50	无管理现代化发展规划和实施计划扣10分；办公设施现代化水平低扣10分；未建立信息管理系统扣5分；未建立办公局域网扣5分；未加入水信息网络扣5分；工程未安装使用监视、监测系统，每缺1项扣5分；系统设备运行不可靠、使用率低扣10分。	
四、经济管理（120分）	29. 财务管理	维修养护、运行管理等费用来源渠道畅通，"两项经费"及时足额到位；有主管部门批准的年度预算计划；开支合理，严格执行财务会计制度，无违规违纪行为。	30	资金来源渠道不畅通扣10分；公益性人员基本支出和工程维修养护费未能及时足额到位，每低10%扣5分，低于60%的，此项不得分；没有按照批准的年度计划执行扣10分；审计报告中有违规违纪行为的，每起扣10分。	
	30. 工资、福利及社会保障	人员工资及时足额兑现；福利待遇不低于当地平均水平；按规定落实职工养老、失业、医疗等各种社会保险。	30	工资不能按时发放扣5分；工资不能足额发放扣5分；福利待遇低于当地平均水平扣5分；未按规定落实职工养老、失业、医疗等社会保险的，每缺1项扣5分。	
	31. 费用收取	按有关规定收取各种费用（河道工程修建维护管理费，采砂管理费或砂石资源费，供、排水费等），收取率达到95%以上。	30	各项费用收取率（分别计算收取率，取其算术平均值）低于95%的，每低5%扣3分。	
	32. 水土资源利用	有水土资源开发利用规划；可开发水土资源利用率达到80%以上，经营开发效果好。	30	没有水土资源开发利用规划扣10分；可开发水土资源利用率达不到80%扣10分；经营开发效果不好，出现亏损扣10分。	

注：1. 本标准分4类32项。每个单项扣分后最低得分为0分。

　　2. 在考核中，如出现合理缺项，该项得分为：合理缺项得分＝〔合理缺项所在类得分/（该类总标准分－合理缺项标准分）〕×合理缺项标准分。合理缺项依据该工程的设计文件确定，或由考核专家组商定。

附录一 项目法人责任制有关法规

水利工程建设项目实行项目法人责任制的若干意见

（水建〔1995〕129 号）

实行项目法人责任制是适应发展社会主义市场经济，转换项目建设与经营体制，提高投资效益，实现我国建设管理模式与国际接轨，在项目建设与经营全过程中运用现代企业制度进行管理的一项具有战略意义的重大改革措施。为了在水利工程建设中实行项目法人责任制，现提出以下若干意见：

一、各级水行政主管部门，要把实行项目法人责任制作为水利建设与改革的大事来抓，领导要亲自抓，抓出成效。同时要采取组织措施，建立或明确一个管理机构（如建设管理部门）具体负责这项工作。要组织职工全面系统地学习和研究有关项目法人责任制的理论及有关政策法规。

二、实行项目法人责任制的范围

根据水利行业特点和建设项目不同的社会效益、经济效益和市场需求等情况，将建设项目划分为生产经营性、有偿服务性和社会公益性三类项目。今后新开工的生产经营性项目原则上都要实行项目法人责任制；其他类型的项目应积极创造条件，实行项目法人责任制。

三、项目法人及组成

投资各方在酝酿建设项目的同时，即可组建并确立项目法人，做到先有法人，后有项目。

国有单一投资主体投资建设的项目，应设立国有独资公司；两个及两个以上投资主体合资建设的项目，要组建规范的有限责任公司或股份有限公司。具体办法按《中华人民共和国公司法》、国家体改委颁发的《有限责任公司规范意见》、《股份有限公司规范意见》和国家计划委员会颁发的《关于建设项目实行业主责任制的暂行规定》等有关规定执行，以明晰产权，分清责任，行使权力。

独资公司、有限责任公司、股份有限公司或其他项目建设组织即为项目法人。

四、项目法人的主要管理职责

项目法人对项目的立项、筹资、建设和生产经营、还本付息以及资产的保值增值的全过程负责，并承担投资风险。

1. 负责筹集建设资金，落实所需外部配套条件，做好各项前期工作。

2. 按照国家有关规定，审查或审定工程设计、概算、集资计划和用款计划。

3. 负责组织工程设计、监理、设备采购和施工的招标工作，审定招标方案。要对投标单位的资质进行全面审查，综合评选，择优选择中标单位。

4. 审定项目年度投资和建设计划；审定项目财务预算、决算；按合同规定审定归还贷款和其他债务的数额，审定利润分配方案。

5. 按国家有关规定，审定项目（法人）机构编制、劳动用工及职工工资福利方案等，自主决定人事聘任。

6. 建立建设情况报告制度，定期向水利建设主管部门报送项目建设情况。

7. 项目投产前，要组织运行管理班子，培训管理人员，做好各项生产准备工作。

8. 项目按批准的设计文件内容建成后，要及时组织验收和办理竣工决算。

五、项目法人与各方的关系

项目法人与各方的关系是一种新型的适应社会主义市场经济机制运行的关系。实行项目法人责任制后，在项目管理上要形成以项目法人为主体，项目法人向国家和各投资方负责，咨询、设计、监理、施工、物资供应等单位通过招标投标和履行经济合同为项目法人提供建设服务的建设管理新模式。

政府部门要依法对项目进行监督、协调和管理，并为项目建设和生产经营创造良好的外部环境，帮助项目法人协调解决征地拆迁、移民安置和社会治安等问题。

六、实行项目法人责任制的项目，其投资应在主体工程开工前（筹资阶段）落实，并签订投资（合资）协议。协议中除明确（各投资方的）总投资额外，还要明确分年度投资数。工程开工后，各投资方要严格按协议拨付建设资金，以保证工程的顺利建设。

七、与实行项目法人责任制有关的部门和单位要充分认识推行这一改革措施的重要意义。要把国家或主管部门赋予项目法人的职责和自主权不折不扣地交给他们。要按照建立社会主义市场经济体制目标的要求，加快投资体制改革和各项配套改革。

八、项目法人责任制是在改革中诞生的一个新事物，同时也是一项艰巨复杂的系统工程，在推行过程中，既要解放思想，实事求是，大胆试点，又要注意积累经验，不断完善，逐步推开。

关于在建水利工程实行项目法人
责任制整改工作的通知

（建管综〔1999〕3 号）

各流域机构，各省（自治区、直辖市）水利（水利）厅（局），计划单列市水利（水电）局，新疆生产建设兵团水利局，各有关单位：

为贯彻落实《国务院办公厅关于加强基础设施工程质量管理的通知》（1999 年）中"凡没有实行项目法人责任制的在建项目，要限期进行整改"的精神和全国水利建设管理工作会议关于部署这项工作的要求，请各单位认真对本地区、本单位在建水利工程项目实行项目法人责任制的情况进行检查，对不符合规定的工程项目，按照要求在上半年完成整改。现将有关问题通知如下：

一、整改范围

凡是由国家投资的在建水利基础设施项目，没有按照要求实行项目法人责任制的，均要进行整改。

二、整改要求

1. 建设项目实行项目法人责任制，应以基本建设立项、初步设计批准的项目为单位实行项目管理；并按照政企（政事）分开的原则组建项目法人机构。

2. 公益性为主的项目，负责征地移民等外部协调的领导（指挥）机构和负责工程建设的项目法人机构应有明确的职责分工，并责任到位。项目法人机构应对项目建设的前期工作、施工准备、建设实施、竣工验收、运行管理等各阶段，按照上级主管部门的要求实施管理。

3. 项目法定代表人必须具备与项目规模和技术复杂程度相适应的政治、业务素质和组织能力，项目法人内设机构和人员结构、素质能满足项目管理和技术管理的要求；主要负责人和管理人员、技术骨干应在项目建设的现场进行管理。

4. 实行项目法人责任制应当按照有关规定和项目管理的要求，实行招标投标制和建设监理制，对项目进行规范化的管理。

5. 由两个以上单位组建的建设单位，应明确其中一个单位为项目责任方并明确项目法定代表人。

6. 项目的法定代表人应当按照《关于财政预算内资金水利建设项目签订责任书的通知》（1998 年）要求，与有关上级责任人签订责任书，对整个项目负责。

以上通知请认真执行，并将项目法人责任制整改情况（包括整改工作基本情况、整改后项目法人机构名称、整改内容、整改措施等）于 1999 年 7 月 5 日前报建设与管理司，下半年水利部将对整改情况进行检查。

水利部建设与管理司

一九九九年四月二日

关于加强公益性水利工程建设管理若干意见的通知

（2000 年）

为了加强公益性水利工程（以下简称水利工程）的建设管理，进一步明确水利工程建设的项目法人及各个环节的责任，提高水利工程建设质量，现提出以下意见：

一、建立、健全水利工程建设项目法人责任制

（一）按照《水利产业政策》，根据作用和受益范围，水利工程建设项目划分为中央项目和地方项目。中央项目由水利部（或流域机构）负责组织建设并承担相应责任。项目的类别在审批项目建议书或可行性研究报告时确定。已经安排中央投资进行建设的项目，由水利部与有关地方人民政府协商确定类别，报国家计划委员会备案。

（二）中央项目由水利部（或流域机构）负责组建项目法人（即项目责任主体，下同），任命法人代表。地方项目由项目所在地的县级以上地方人民政府组建项目法人，任命法人代表，其中总投资在2亿元以上的地方大型水利工程项目，由项目所在地的省（自治区、直辖市及计划单列市，下同）人民政府负责或委托组建项目法人，任命法人代表。

（三）项目法人对项目建设的全过程负责，对项目的工程质量、工程进度和资金管理负总责。其主要职责为：负责组建项目法人在现场的建设管理机构；负责落实工程建设计划和资金；负责对工程质量、进度、资金等进行管理、检查和监督；负责协调项目的外部关系。

（四）项目法人应当按照《中华人民共和国合同法》和《建设工程质量管理条例》的有关规定，与勘察设计单位、施工单位、工程监理单位签订合同，并明确项目法人、勘察设计单位、施工单位、工程监理单位质量终身责任人及其所应负的责任。

（五）在长江中下游堤防工程项目中，长江水利委员会负责组织建设的一、二级堤防中的穿堤建筑物、基础加固、防渗处理、抛石固基等施工难度大、技术要求高的工程，由长江水利委员会负责组建项目法人，任命法人代表。工程建设的征地、拆迁、移民、施工影响补偿、防汛抢险、与地方实施工程的衔接、竣工验收和工程移交等与地方有关的事宜，由长江水利委员会与工程项目所在地的省人民政府（或授权部门）签订协议，并确定协议双方执行责任人，明确双方的责权关系，保证互相配合，防止互相推诿，以免影响工程施工和防汛。

二、加强水利工程项目的前期工作

（一）大江大河的综合治理规划及重大专项规划，由水利部负责组织编制，在充分听取有关部门、地方和专家意见的基础上，报国务院审批。尚未经过审批和需要进行修订的规划，要抓紧做好修订和报审工作。

（二）水利工程项目应符合流域规划要求，工程建设必须履行基本建设程序。水利工程项目的项目建议书、可行性研究报告、初步设计、开工报告或施工许可（按照国务院规定的权限和程序批准开工报告的建筑工程，不再领取施工许可证）等前期工作文件的审批，按照现行的基本建设程序办理。

（三）水利工程勘察设计单位承担水利工程的勘察设计工作，必须具备相应的水利水电勘察设计资质，严禁无证或越级承担勘察设计任务。各级建设行政主管部门在审批勘察设计单位的水利水电勘察设计资质前，须征得水利行政主管部门的同意。

（四）地质、水文、气象、社会经济等水利工程设计的基础资料，凡不涉密的，要向社会公开，实行资料共享。

（五）水利工程项目的安排必须符合流域规划所确定的轻重缓急建设要求，既要考虑需要，也要充分研究投资方向、投资可能、前期工作深度等多种因素，严格按照基本建设程序审批。水利部门、受委托的咨询机构要对有关技术、经济问题严格把关，提出明确意见。不具备条件的项目不予审批。

（六）前期工作费用按照类别分别由中央和地方承担，其中用于规划和跨流域、跨地区、跨行业的基础性工作的，在中央和地方基本建设财政性投资中列支，严格按照基本建设程序进行管理；用于建设项目的，按规定纳入工程概算。中央和地方在安排建设的前期工作费用，并要合理安排资金勘察设计工作。

（七）年度计划中安排的水利工程项目，必须符合经过批准的可行性研究报告所确定的建设方案。工程施工必须具备施工设计图纸，完备各项校核、审核手续。

三、加强水利工程建设的施工组织

（一）水利工程建设必须按照有关规定认真执行项目法人责任制、招标投标制、工程监理制、合同管理制等管理制度。未按规定执行上述制度的，计划部门不安排计划，财政部门停止拨付资金。

（二）各级水利部门对水利工程质量和建设资金负行业管理责任。

（三）承建水利工程的施工企业必须具备相应的水利水电工程施工资质，并由项目法人按照《中华人民共和国招标投标法》的规定通过招标择优选定，严禁无证或越级建水利工程。各级建设行政主管部门在审批施工企业的水利水电施工资质前，须征得水利行政主管部门的同意。工程施工不得分标过细或化整为零，严禁违法分包及层层转包。需组织群众进行土料运输、平整土地等单纯的工序和以群众投工投劳为主的堤防工程，必须采取相应的保证质量的措施，具体措施由水利部负责制定。

（四）承担水利工程监理的监理单位必须具备与所监理工程相应的资质等级，并由项目法人按照《中华人民共和国招标投标法》的规定通过招标择优选定。堤防工程中，长江一、二级堤防工程的监理由长江水利委员会负责归口管理，其中一级堤防工程的监理由所属的具备资质条件的监理公司承担；二级堤防工程依法通过招标方式择优选定监理单位，报长江水利委员会批准。其他流域一、二级堤防工程的监理，属流域机构直接负责建设的堤防工程，报水利部批准；不属流域机构直接负责建设的堤防工程，由项目法人依法通过招标方式择优选定监理工程，报流域机构批准。三级堤防等其他水利工程的监理单位，也要依法通过招标方式择优选择。

（五）进一步完善合同管理制。由水利部商有关部门，尽快组织制定《堤防工程施工合同范本》，并严格按要求组织实施。

四、严格水利工程项目验收制度

（一）水利工程建设必须执行国家水利工程验收规程和规范。水利工程验收包括分部工程验收、阶段验收、单位工程验收和竣工验收。堤防工程的分部工程验收由监理单位主持；阶段验收、单位工程验收由项目法人主持。竣工验收，一级堤防由水利部（或委托流域机构）主持；二级堤防由流域机构主持；三级及三级以下堤防由地方水利部门主持。工程验收必须有专家参加，充分听取专家的意见。

（二）水利工程竣工验收前，质量监督单位要按水利工程质量评定规定提出质量监督意见报告，项目法人要按照财政部关于基本建设财务管理的规定提出工程竣工财务决算报告。在以上工作基础上，验收委员会鉴定工程质量等级，对工程进行验收。

（三）要充分考虑堤防工程应急度汛的特点，当工程具备验收条件时，要及时组织验收。验收中发现不符合施工质量要求的，由项目法人责成施工单位限期返工处理，直至达到质量要求；对未经验收及验收不合格就交付使用或进行后续工程施工的，要追究项目法人的责任。未经验收而参与度汛的工程，由项目法人负责组织研究制定度汛方案，保证安全度汛。

五、加强水利工程建设项目的计划与资金管理

（一）水利工程建设项目法人必须按照国家批准的建设方案和投资规模编制年度计划，严格控制工程概算。

（二）中央项目的年度计划由水利部报国家计划委员会，地方项目的年度计划由省计划和水利部门进行初审，其中一、二级堤防和列入国家计划的大中型项目的年度计划，须报送流域机构审核，由省计划和水利部门联合报送国家计划委员会、水利部，同时抄送流域机构备案。

（三）地方要求审批项目或在年度计划中要求中央安排投资的，要在申请报告中说明地方资金的具体来源，并出具出资证明。凡不通过规定渠道报送的项目，一律不予受理。地方资金不落实的项目，不予审批，不得安排中央资金。地方已承诺安排资金，但实际执行中到位不足的，中央计划、财政、水利等部门要督促地方补足，必要时可采取停止审批其他项目、调整计划、停止拨付中央资金等措施，督促地方将建设资金落实到位。

（四）完善协商和制约机制，减少计划下达和资金拨付的层次和环节。中央项目的计划和基本建设支出预算分别由国家计划委员会和财政部下达到水利部，地方项目的计划由国家计划委员会和水利部联合下达到省计划和水利部门。地方项目的基本建设支出预算，由财政部下达到省财政部门。国家计划和基本建设支出预算下达后，省计划、财政和水利部门应及时办理相应的手续，凡可将计划和基本建设支出预算直接下达到项目法人的，要直接下达到项目法人。项目法人应根据国家下达的投资计划和基本建设支出预算，合理安排各项建设任务。

（五）各级计划、水利部门要根据规定，按项目的轻重缓急安排计划，对特别急需的项目尤其是起关键作用的工程（如重要干堤的重点险段、重点病险水库的度汛应急工程等）应优先安排。

（六）水利基本建设资金管理要严格执行国家水利基本建设资金管理办法的规定，开设专户，专户存储，专款专用，严禁挤占、挪用和滞留。水利基本建设资金必须按规定用于经过批准的水利工程，任何单位和个人不得以任何名义改变基本建设支出预算，不得改变资金的使用性质和作用方向。

（七）各级计划（稽察）、财政、水利等部门下达计划、预算、稽察情况的文件要同时抄送各有关部门，做到互相监督，互相配合，及时通气，堵塞漏洞。对查出问题的责任单位，有关部门要采取有效措施督促其整改，追究有关人员的责任并按规定严肃处理。

（八）设计变更、子项目调整、建设标准调整、概算预算调整等，须按程序上报原审批单位审批。由以上原因形成中央投资节余的，应按国家有关规定报国家计划委员会、财政部、水利部审批后，将结余资金用于其他经过批准的水利工程建设项目。

（九）任何单位和个人，不得以任何借口和理由收取概算外的工程管理费。

六、加强对水利工程建设的检查监督

（一）各级计划、财政、水利及建设部门要充实检查监督力量，对水利工程建设项目及移民建镇项目的工程质量、建设进度和资金管理使用情况经常进行稽察、检查和监督，发现问题及时提出整改意见，按管理权限查处，并应及时将有关情况向同级人民政府和上

级主管部门报告。上级主管部门要定期和不定期对项目执行情况进行检查和稽察。

（二）地方水利部门负责对地方投资的水利工程进行检查监督，定期将工程进度、工程质量、资金管理、工程监理和工程施工队伍等情况的检查和抽样检测结果，向上一级水利部门作出书面报告。水利部（或流域机构）负责对中央投资的水利工程进行检查监督，发现问题要及时查处，督促有关项目法人进行整改。

（三）加强专家对项目前期工作和项目实施过程的监督。对重大项目和关键问题，要组织专家进行充分的论证。对专家提出的意见和建议要认真研究，对合理可行的意见要及时采纳。

（四）欢迎新闻媒体、人民群众和社会各方面的监督。各有关部门要设立举报电话，完善举报制度。对群众用各种形式提出的意见和建议，要认真分析，及时处理。

七、其他

（一）各地区和各有关部门可根据本意见制订相应的实施细则。

（二）本意见由国家计划委员会商财政部、水利部、建设部负责解释。

关于贯彻落实加强公益性水利工程建设管理
若干意见的实施意见的通知

（水建管〔2001〕74 号）

为贯彻落实《国务院批转国家计划委员会、财政部、水利部、建设部关于加强公益性水利工程建设管理若干意见的通知》（国发〔2000〕20 号），以下简称《若干意见》精神，进一步加强公益性水利工程的建设管理，提高水利工程建设管理水平，确保工程质量和投资效益，现提出如下实施意见：

一、进一步理顺和明确建设管理体制

（一）项目类别

1. 按照《若干意见》规定，凡报送水利部、国家发展计划委员会审批及核报国务院审批的公益性水利工程建设项目，在报送项目建议书或可行性研究报告中，应增加项目类别（中央项、地方项目）的建议内容，如项目中有不同类别的子项目也应提出子项目类别的建议内容。项目审批部门在批准文件中明确项目类别。

2. 项目类别一般按以下原则划分：

（1）中央项目是指跨省（自治区、直辖市）的重大水利项目及大江大河的骨干治理工程项目，跨省（自治区、直辖市）、跨流域的引水和国际河流工程项目及水资源综合利用等对国民经济全局有重大影响的项目。

（2）地方项目是指局部受益的防洪除涝、灌溉排水、河道整治、蓄滞洪区建设、水土保持、水资源保护等项目。

3. 在《若干意见》发布之前已经开工或已经审批但未划分类别的项目，应根据项目类别划分原则，由流域机构与项目所在地省级水行政主管部门协商后，提出项目类别意见，报水利部核准。

（二）项目法人组建

1. 项目主管部门应有可行性研究报告批复后，施工准备工程开工前完成项目法人组建。

2. 组建项目法人要按项目的管理权限报上级主管部门审批和备案。

中央项目由水利部（或流域机构）负责组建项目法人。流域机构负责组建项目法人的报水利部备案。地方项目由县级以上人民政府或其委托的同级水行政主管部门负责组建项目法人并报上级人民政府或其委托的水行政主管部门审批，其中总投资在 2 亿元以上的地方大型水利工程项目由项目所在地的省（自治区、直辖市及计划单列市）人民政府或其委托的水行政主管部门负责组建项目法人，任命法定代表人（以下简称法人代表）。

新建项目一般应按建管一体的原则组建项目法人。除险加固、续建配套、改建扩建等建设项目，原管理单位基本具备项目法人条件的，原则上由原管理单位作为项目法人或以其为基础组建项目法人。

一、二级堤防工程的项目法人可承担多个子项目的建设管理，项目法人的组建应报项目所在流域的流域机构备案。

3. 组建项目法人需上报材料的主要内容：

（1）项目主管部门名称。

（2）项目法人名称、办公地址。

（3）法人代表姓名、年龄、文化程度、专业技术职称、参加工程建设简历。

（4）技术负责人姓名、年龄、文化程度、专业技术职称、参加工程建设简历。

（5）机构设置、职能及管理人员情况。

（6）主要规章制度。

4. 长江重要堤防隐蔽工程按照《若干意见》的有关规定执行。

5. 大中型建设项目的项目法人应具备的基本条件：

（1）法人代表应为专职人员。法人代表应熟悉有关水利工程建设的方针、政策和法规，有丰富的建设管理经验和较强的组织协调能力。

（2）技术负责人应具有高级专业技术职称，有丰富的技术管理经验和扎实的专业理论知识，负责过中型以上水利工程的建设管理，能独立处理工程建设中的重大技术问题。

（3）人员结构合理，应包括满足工程建设需要的技术、经济、财务、招标、合同管理等方面的管理人员。大型工程项目法人具有高级专业技术职称的人员不少于总人数的10%，具有中级专业技术职称的人员不少于总人数的25%，具有各类专业技术职称的人员一般不少于总人数的50%。中型工程项目法人具有各级专业技术职称的人员比例，可根据工程规模的大小参照执行。

（4）有适应工程需要的组织机构，并建立完善的规章制度。项目法人的建设管理定员编制，按照水利部的有关规定执行。

（三）项目法人的职责

1. 项目法人是项目建设的责任主体，对项目建设的工程质量、工程进度、资金管理和生产安全负总责，并对项目主管部门负责。

项目法人在建设阶段的主要职责是：

（1）组织初步设计文件的编制、审核、申报等工作。

（2）按照基本建设程序和批准的建设规模、内容、标准组织工程建设。

（3）根据工程建设需要组建现场管理机构并负责任免其主要行政及技术、财务负责人。

（4）负责办理工程质量监督、工程报建和主体工程开工报告报批手续。

（5）负责与项目所在地地方人民政府及有关部门协调解决好工程建设外部条件。

（6）依法对工程项目的勘察、设计、监理、施工和材料及设备等组织招标，并签订有关合同。

（7）组织编制、审核、上报项目年度建设计划，落实年度工程建设资金，严格按照概算控制工程投资，用好、管好建设资金。

（8）负责监督检查现场管理机构建设管理情况，包括工程投资、工期、质量、生产安全和工程建设责任制情况等。

（9）负责组织制订、上报在建工程度汛计划、相应的安全度汛措施，并对在建工程安全度汛负责。

（10）负责组织编制竣工决算。

（11）负责按照有关验收规程组织或参与验收工作。

（12）负责工程档案资料的管理，包括对各参建单位所形成档案资料的收集、整理、归档工作进行监督、检查。

2. 现场建设管理机构是项目法人的派出机构，其职责应根据实际情况由项目法人制定，一般应包括以下主要内容：

（1）协助、配合地方政府征地、拆迁和移民等工作。

（2）组织施工用水、电、通讯、道路和场地平整等准备工作及必要的生产、生活临时设施的建设。

（3）编制、上报年度建设计划，负责按批准后的年度建设计划组织实施。

（4）加强施工现场管理，严格禁止转包、违法分包行为。

（5）按照项目法人与参建各方签订的合同进行合同管理。

（6）及时组织研究和处理建设过程中出现的技术、经济和管理问题，按时办理工程结算。

（7）组织编制度汛方案，落实有关安全度汛措施。

（8）负责建设项目范围内的环境保护、劳动卫生和安全生产等管理工作。

（9）按时编制和上报计划、财务、工程建设情况等统计报表。

（10）按规定做好工程验收工作。

（11）负责现场应归档材料的收集、整理和归档工作。

（四）对项目法人的考核管理

1. 项目主管部门负责对项目法人及其法定代表人和技术、经济负责人的考核管理工作。

2. 项目主管部门要根据项目法定代表人、技术负责人和经济负责人等岗位的特点，确定考核内容、考核指标和考核标准，对其实行年度考核和任期考核，重点考核工作业绩，并建立业绩档案。

3. 考核的主要内容包括：

（1）遵守国家颁布的固定资产投资、资金管理与建设管理的法律、法规和规章的情况。

（2）年度建设计划和批准的设计文件的执行情况。

（3）建设工期、工程质量和生产安全情况。

（4）概算控制、资金使用和工程组织管理情况。

（5）生产能力和国有资产形成及投资效益情况。

（6）土地、环境保护和国有资源利用情况。

（7）精神文明建设情况。

（8）信息管理、工程档案资料管理情况。

（9）其他需考核的事项。

4. 建立奖惩制度。根据项目建设的考核情况，项目主管部门可在工程造价、工期和生产安全得到有效控制，工程质量优良的前提下，对为建设项目做出突出成绩的项目法定代表人及有关人员进行奖励，奖金可在工程建设结余中列支；对在项目建设中出现较大工程质量和生产安全事故的项目法定代表人及有关人员进行处罚。

（五）地方人民政府在公益性水利工程建设中的作用

1. 工程项目所在地人民政府应负责协调工程建设外部条件和与地方有关的征地移民等重大问题。

2. 负责接工程投资计划落实地方配套资金。

二、加强工程项目的前期管理工作

（一）加强设计文件审批管理

工程项目的建设，要严格执行国家的基本建设程序，杜绝边勘察、边设计、边施工的"三边"工程。项目建议书、可行性研究报告、初步设计和开工报告等各阶段文件的审批权限，按照有关规定执行。要按照有关编制规程审查设计文件，并注意审查建设管理体制是否明确，筹资方案是否落实等。

（二）项目报建按照《水利工程建设项目报建管理办法》（水建〔1998〕275号）有关规定执行

三、加强建设管理

（一）加强各级水行政主管部门的建设管理

各级水行政主管部门要认真履行建设管理职责，严格监督、检查基建程序、招标投标、建设监理、工程质量和资金管理等有关法规、规章的执行情况，对违反规定的要及时纠正和查处。

对在项目建设管理中因人为失误给工程项目造成重大损失以及严重违反国家有关法律、法规和规章的人员给予必要的经济和行政处罚，构成犯罪的要依法追究刑事责任。

（二）加强招标投标管理

1. 建设项目招标活动应按照《中华人民共和国招标投标法》、《国务院办公厅印发国务院有关部门实施招标投标活动行政监督职责分工意见的通知》（国办发〔2000〕34 号）和国家发展计划委员会、水利部的有关规定执行。

2. 项目法人应合理划分标段，分标不得过细。标段的划分应有利于现场管理，有利于公平竞争。

3. 项目法人要严格核验勘察、设计、施工、监理等单位的资质等级，不得让无资质或资质等级不够的单位参与投标。

4. 自行组织招标和不宜进行招标的项目，项目法人应按国家有关规定在项目可研报告中注明报上级主管部门审批。

5. 水利部和地方水行政主管部门要依法对水利工程招标投标活动进行行政监督，对招标过程不规范、标段划分不合理、中标单位不符合资质要求、转包和违法分包等问题，要依法进行处理。

（三）加强建设监理管理

1. 承担水利工程监理的监理单位必须具备经水利部批准并与所监理工程相适应的资格等级。监理单位应采用招标方式择优选定。

2. 项目法人应与监理单位签订工程建设监理合同，授予监理单位全面开展监理工作的职责，保证监理单位权利和责任的统一，充分发挥监理单位的作用。

3. 监理单位要依据监理合同选派有资格的监理人员组成工程项目监理机构，派驻施工现场。监理工作实行总监理工程师负责制。项目监理机构要按照"公正、独立、自主"的原则和合同规定的职责开展监理工作，并承担相应的监理责任。

4. 监理人员要严格履行职责，根据合同的约定，对工程的关键工序和关键部位采取旁站方式进行监督检查。要强化施工过程中的质量控制，上一工序施工质量不合格，监理人员不得签字，不准进行下一工序施工。

5. 监理单位应按国家有关取费标准和与项目法人签订的合同收取费用，项目法人不得以任何形式和借口压减监理费用。

6. 监理单位从事工程监理活动，应遵循"守法、诚信、公平、科学"的准则。监理人员应遵守职业道德，廉洁从业、公正办事，严禁以权谋私。

（四）加强和完善合同管理

1. 编制监理、施工合同文件应采用已颁发的《水利工程建设监理合同示范文本》（水建管〔2000〕47 号）、《水利水电工程施工合同和招标文件示范文本》（水建管〔2000〕62 号）和《堤防和疏浚工程施工合同范本》（水建管〔1999〕765 号）。

2. 签订合同各方应严格履行合同，加强合同管理。

3. 在水利工程中推行合同争议调解制度。

（五）加强施工管理

1. 加强施工企业资质管理

（1）施工企业承担水利工程施工业务，必须持有水利水电工程施工企业资质证书。按照《若干意见》，"各级建设行政主管部门在审批施工企业的水利水电施工资质前，须征得水行政主管部门的同意"。

（2）对未经水行政主管部门同意已取得水利水电工程施工企业资质证书的施工企业，在参加水利工程施工投标前，必须到水行政主管部门确认（备案）。水利部负责一级水利水电工程施工企业资质证书的确认（备案），省级水行政主管部门负责二级及其以下水利水电工程施工企业资质证书的确认（备案）。

（3）加强对施工企业资格的预审。水利工程建设项目在招标前，项目法人必须加强对投标企业的资格预审。即要核验施工企业的施工资质证书和确认证明，还要核查施工企业是否具有承建同类工程的业绩和技术力量，又要核查所需的施工设备是否落实。

2. 施工企业在签订承包合同时，必须以书面形式对工程质量及施工现场生态环境保护作出承诺，建立质量承诺制度及生态环境保护承诺制度。

3. 施工企业要严格执行《水利工程建设项目施工分包管理暂行规定》（水建管〔1998〕481号），严禁转包和违法分包。

4. 施工企业必须按照承包合同的约定，派出满足工程施工需要的施工人员及机械从事中标项目施工，不得用从事修造、房建、服务等施工为主的非水利专业施工队伍，防止以次充好从事水利工程建设。

5. 承担一级堤防工程施工的项目经理必须具备二级以上项目经理资质，承担二级堤防工程施工的项目经理必须具备三级以上项目经理资质。上述项目经理同时应具有三年以上从事堤防工程或土石坝施工经历。一、二级堤防施工单位技术负责人应具有中级以上技术职称，且在中级职称技术岗位上有三年以上工作经历。项目经理及技术负责人必须是投标书中填报并经招标单位审查确认的人员。

6. 项目经理原则上只能承担一个堤防工程项目的管理工作。确因工作需要，经项目法人同意，可允许一、二级项目经理同时承担不超过两个相近堤防标段施工的管理工作。项目经理应对承建的堤防工程施工质量负直接责任。

7. 施工单位施工中应严格执行国家和水利部颁布的技术标准和档案资料管理规定；施工单位应按照有关规定配备现场检测人员和设备，完善质量保证体系，保证工程质量。

（六）加强对群众投工投劳参加堤防工程建设的管理

1. 一、二、三级堤防工程，应由符合资质要求的专业施工队伍承建。如确需群众投工投劳参加堤防工程建设，地方人民政府（或项目法人）须向上级水行政主管部门提出《群众投工投劳参加堤防工程建设申请报告》，经上级水行政主管部门批准后方可组织施工。群众投工投劳只限于取料、运料的施工，摊铺、碾压必须由承包工程的专业施工队伍承担。

2. 《群众投工投劳参加堤防工程建设申请报告》的内容包括：地方人民政府（或项目法人）所指定责任人的基本情况，拟投劳建设堤防工程的范围（堤段校号）、内容、投劳人数、机械设备名称和数量，施工组织和安排，质量控制措施以及现场技术管理人员的配备情况。申请报告及其批复文件作为工程施工依据并纳入工程竣工验收资料档案。群众投工投劳施工的工序（取料、运输）须与项目法人签订工序承包协议并接受堤防工程建设施工责任单位的管理。

3. 群众投工投劳为主的四级和五级堤防工程建设，由地方人民政府负责组建专门的建设管理机构，并指定责任人对工程建设负全责。建设管理机构应编制详细的施工方案和施工工序报水利主管部门或项目法人批准。建设管理机构应指派专业技术人员对取料、运料、摊铺、碾压等工序施工进行指导、质量检测记录并负责保存资料。对未按设计及规程、规范要求进行施工的，项目法人和质量监督机构有权要求整改、返工直至停止施工。

4. 群众投工投劳进行建设的堤防工程，必须按堤防工程施工规范要求进行质量检测

（如土料的含水量、土方的干密度等指标），并形成质量检测资料或报告等。未按规定进行质量检测和检测资料不完整的堤防工程，不得进行验收。

5. 地方人民政府对群众投工投劳进行堤防工程建设的工程质量负总责，责任人负终身责任。

6. 对群众投工投劳参加建设的工程项目，是否实行招标投标制和建设监理制，由项目上级主管部门决定。

（七）加强质量管理

1. 项目法人、监理、设计、施工、材料和设备供应等单位要严格按照《水利工程质量管理规定》（水利部第 7 号令），建立和健全质量管理体系。各单位要对因本单位的工作质量所产生的工程质量承担责任。

2. 质量监督机构要严格按照《水利工程质量监督管理规定》（水建〔1997〕339 号）开展质量监督工作。

3. 中央项目原则上由水利部水利工程质量监督总站或其流域分站实施质量监督、地方项目由地方水利工程质量监督机构实施质量监督，也可采取联合质量监督的方式，但必须明确责任方。

由水利部水利工程质量监督总站组织实施质量监督的项目范围为：

（1）水利部直接组织建设的项目；

（2）流域机构主要负责人兼任项目法人代表的建设项目；

（3）国家重点水利建设项目（包括中央项目和地方项目）；

（4）水利部和地方政府要求水利部水利工程质量监督总站进行质量监督的项目；

（5）建设过程中出现重大质量问题需要重新调整工程质量监督职责（权限）的水利建设项目。

4. 建立质量缺陷备案及检查处理制度

（1）对因特殊原因，使得工程个别部位或局部达不到规范和设计要求（不影响使用），且未能及时进行处理的工程质量缺陷问题（质量评定仍为合格），必须以工程质量缺陷备案形式进行记录备案。

（2）质量缺陷备案的内容包括：质量缺陷产生的部位、原因，对质量缺陷是否处理和如何处理以及对建筑物使用的影响等。内容必须真实、全面、完整，参建单位（人员）必须在质量缺陷备案表上签字，有不同意见应明确记载。

（3）质量缺陷备案资料必须按竣工验收的标准制备，作为工程竣工验收备查资料存档。质量缺陷备案表由监理单位组织填写。

（4）工程项目竣工验收时，项目法人必须向验收委员会汇报并提交历次质量缺陷的备案资料。

四、严格工程验收制度

（一）验收工作要严格按照《水利水电建设工程验收规程》（SL 223—1999）、《堤防工程施工质量评定与验收规程》（SL 239—1999）和《水利基本建设项目竣工财务决算编制规程》（SL 19—2001）的有关规定执行。

（二）建设项目应在验收前进行竣工决算审计，审计工作按照《审计机关对国家建设项目竣工决算审计实施办法》（审投发〔1996〕346 号）执行。

（三）长江重要堤防隐蔽工程验收按有关规定执行。

（四）初验工作组和竣工验收委员会的组成人员中，应包括各相关专业的专家，其人数初验工作组不少于总人数的 2/3，竣工验收委员会不少于总人数的 1/3。

（五）验收人员要严格把住工程验收关，并对所签署的验收意见承担个人责任。

五、加强对水利工程建设的稽察

（一）水利部水利工程建设稽察办公室应按照《水利基本建设项目稽察暂行办法》（水利部令第 11 号）及有关规定，负责对中央投资为主的水利基本建设项目的工程质量、建设进度、资金管理以及执行基本建设程序和"三项制度"情况进行稽察和监督，对稽察中发现的问题，及时提出整改意见。

（二）工程项目主管部门对稽察中发现的问题，要明确责任，并督促有关项目法人落实整改意见。

（三）流域机构和省级水行政主管部门设有工程建设稽察机构的可参照《水利基本建设项目稽察暂行办法》开展工作。

（四）水利部和各省级水行政主管部门应设立公开举报电话，制订举报问题处理办法，完善举报管理制度。

六、其他

（一）原水利部颁发的有关文件，如有与本实施意见不一致的，以本实施意见为准。

（二）本实施意见由水利部负责解释。

（三）本实施意见自印发之日起施行。

关于加强中小型公益性水利工程
建设项目法人管理的指导意见

（水建管〔2011〕627 号）

为贯彻落实 2011 年中央一号文件和中央水利工作会议精神，适应大规模水利建设的需要，加强中小型公益性水利工程建设管理，整合基层技术力量，规范建设管理行为，提高项目管理水平，确保工程建设的质量、安全、进度和效益，根据国家水利工程建设项目法人组建有关规定和中小型水利工程建设实际，经研究，现提出以下意见：

一、规范项目法人组建

（一）本意见所称中小型公益性水利工程建设项目是指政府投资和使用国有资金、由县级（包括县级以下）负责实施的中小型公益性水利工程建设项目，主要包括小型病险水库（闸）除险加固、中小河流治理、农村饮水安全、中小型灌区续建配套与节水改造、中央财政补助小型农田水利设施建设、牧区水利、节水灌溉、水土保持等项目。

（二）中小型公益性水利工程建设项目实行项目法人责任制。中小型公益性水利工程建设项目法人（以下简称项目法人）是项目建设的责任主体，具有独立承担民事责任的能力，对项目建设的全过程负责，对项目的质量、安全、进度和资金管理负总责。水行政主管部门应加强对项目法人的指导和帮助。水行政主管部门主要负责人不得兼任项目法人的法定代表人。

（三）大力推广中小型公益性水利工程建设项目集中建设管理模式。按照精简、高效、统一、规范和实行专业化管理的原则，县级人民政府原则上应统一组建一个专职的项目法人，负责本县各类中小型公益性水利工程的建设管理，全面履行工程建设期项目法人职责，工程建成后移交运行管理单位。对项目类型多、建设任务重的县，可分项目类别组建项目法人或由项目法人分项目类别组建若干个工程项目部，分别承担不同类别水利工程的建设管理职责。对有能力独立实施中小水利工程建设的乡镇，县级水行政主管部门应加强对其的业务指导和监管。

有条件的县可组建常设的项目法人，办理法人登记手续，落实人员编制和工作经费，承担本县水利工程的建设管理职责。

（四）实行集中建设管理模式的中小型水利工程，项目法人由县级人民政府或其委托的同级水行政主管部门负责组建，报上一级人民政府或其委托的水行政主管部门批准成立，并报省级水行政主管部门备案。县级水行政主管部门是项目法人的主管部门。

（五）项目法人组建方案的主要内容包括：

1. 项目法人名称、办公地址。

2. 拟任法定代表人、技术负责人、财务负责人简历，包括姓名、年龄、文化程度、专业技术职称、工程建设管理经历等。

3. 机构设置、职能及管理人员情况。

4. 主要规章制度。

5. 其他有关资料，包括独立法人单位证明等。

二、健全项目法人机构

（六）项目法人的人员配备要与其承担的项目管理工作相适应，具备以下基本条件：

1. 法定代表人应为专职人员，熟悉有关水利工程建设的方针、政策和法规，具有组织水利工程建设管理的经历，有比较丰富的建设管理经验和较强的组织协调能力，并参加过相应培训。

2. 技术负责人应为专职人员，具有水利专业中级以上技术职称，有比较丰富的技术管理经验和扎实的专业理论知识，参与过类似规模水利工程建设的技术管理工作，具有处理工程建设中重大技术问题的能力。

3. 财务负责人应为专职人员，熟悉有关水利工程建设经济财务管理的政策法规，具有专业技术职称和相应的从业资格，有比较丰富的经济财务管理经验，具有处理工程建设中财务审计问题的能力。

4. 人员结构合理，应有满足工程建设需要的技术、经济、财务、招标、合同管理等方面的管理人员，人员数量原则上应不少于12人，其中具有各类专业技术职称的人员应不少于总人数的 50%。

（七）项目法人应有适应工程建设需要的组织机构，一般应设置综合、计划财务、工程技术、质量安全等部门，并建立完善的工程质量、安全、进度、投资、合同、档案、信息管理等方面的规章制度。

三、明确项目法人职责

（八）项目法人是中小型公益性水利工程建设的责任主体，其主要职责是：

1. 按照基本建设程序和批准的建设规模、内容、标准组织工程建设，按照有关规定履行设计变更的审核与报批工作。

2. 根据工程建设需要组建现场管理机构并负责任免其行政、技术、财务负责人。

3. 负责办理工程质量监督、开工申请报告报批手续。

4. 负责与地方人民政府及有关部门协调落实工程建设外部条件。

5. 依法对工程项目的勘察、设计、监理、施工和材料及设备等组织招标，签订并严格履行有关合同。

6. 组织编制、审核、上报项目年度建设计划和建设资金申请，配合有关部门落实年度工程建设资金，按时完成年度建设任务和投资计划，严格按照概预算控制工程投资，用好、管好建设资金。

7. 负责监督检查现场管理机构建设管理情况，包括工程投资、工期、质量、安全生产和工程建设责任制等情况。

8. 负责组织制订、上报在建工程度汛方案，落实安全度汛措施，并对在建工程安全度汛负责。

9. 负责按照项目信息公开的要求向项目主管部门提供项目建设管理信息。

10. 负责组织编制竣工财务决算。

11. 按照有关规定和技术标准组织或参与工程验收工作。

12. 负责工程档案资料的管理，包括对各参建单位所形成档案资料的收集、整理、归档工作进行监督、检查。

（九）现场建设管理机构作为项目法人的派出机构，其职责应根据实际情况由项目法人制定。

（十）县级人民政府可成立工程建设领导协调机构，加强对中小型公益性水利工程建设的组织领导，协调落实工程建设地方配套资金和征地拆迁、移民安置等工程建设相关的重要事项，为工程建设创造良好的外部条件。

四、加强对项目法人的监督管理

（十一）建立和完善对项目法人的考核制度，建立健全激励约束机制，加强对项目法人的监督管理。对项目法人及其法定代表人、技术负责人、财务负责人（以下简称考核对象）的考核管理工作由其项目主管部门或上一级水行政主管部门（以下简称考核组织单位）负责。

（十二）考核工作要遵循客观公正、民主公开、注重实绩的原则，实行结果考核与过程评价相结合、考核结果与奖惩措施相挂钩、建设管理责任可追溯的考核制度。

（十三）对项目法人的考核一般包括年度考核和项目考核，对法定代表人、技术负责人、财务负责人的考核一般包括年度考核和任期考核。考核组织单位要根据考核对象的职责，细化考核内容、考核指标和考核标准，重点考核工作业绩，并建立业绩档案。

（十四）根据考核情况，考核组织单位可在工程造价、工期、质量和安全得到有效控制的前提下，对做出突出成绩的法定代表人及有关人员进行奖励，奖金可在建设单位管理费或结余资金建设单位留成收入中列支。

（十五）根据考核情况，结合各级有关部门开展的检查、稽察、审计等情况，考核组织单位可对不称职的法定代表人及有关人员进行处罚和调整。

（十六）项目法人及相关人员的信用信息纳入水利建设市场主体信用体系，不良行为记录按照有关规定予以公告。

五、试行代建制等管理方式

（十七）试行代建制。具备条件的地区，可以在中小型公益性水利工程建设管理中试行代建制，由项目法人通过招标选择专业化的项目建设管理单位（代建单位），负责组织实施工程建设。

（十八）试行总承包制。具备条件的地区，可以在中小型公益性水利工程建设管理中试行总承包制，由项目法人通过招标选择具有总承包资质的单位，实行项目总承包。

（十九）村民自建的小型民生水利工程建设项目，经县级水行政主管部门批准，可通过成立村民理事会或不同形式的合作组织等方式履行项目法人职责。

附录二　河道堤防建设管理有关法规

水利部党组书记、部长陈雷在全国中小河流治理视频会议暨责任书签署仪式上的讲话

加大工作力度、落实监管责任确保如期完成中小河流治理任务

根据党中央、国务院的部署，水利部、财政部2009年启动了全国中小河流治理工作。3年来，经过各地、各部门的团结协作和艰苦努力，中小河流治理试点项目基本完成，各项工作取得了阶段性明显成效。最近，水利部、财政部联合印发了全国重点中小河流治理实施方案，进一步明确了2013～2015年中小河流治理任务。今天，水利部、财政部共同召开全国中小河流治理视频会暨责任书签署仪式，主要任务是深入贯彻落实2011年中央1号文件和中央水利工作会议精神，回顾和总结试点工作成绩，动员和部署全面推进中小河流治理工作，与有关省、自治区人民政府签署中小河流治理责任书，进一步落实各项目标任务和责任措施，确保如期完成党中央、国务院确定的中小河流治理任务。

刚才，矫勇同志介绍了中小河流治理目标任务及责任书主要内容。黑龙江、江苏、安徽、湖北、湖南、广西、陕西7省、自治区人民政府领导结合各地实际讲了很好的意见。财政部张少春副部长对做好中小河流治理工作进行了全面部署、提出了明确要求，希望各地认真学习领会、抓好贯彻落实。一会儿，水利部、财政部将与黑龙江等7省、自治区人民政府现场签署责任书。下面，我讲三点意见。

一、充分肯定成绩，认真梳理经验，全面总结中小河流治理取得的显著成效

2009年全国中小河流治理工作启动实施以来，水利部、财政部会同地方各级政府及其有关部门，按照党中央、国务院的统一部署，加强组织领导，创新治理模式，落实资金投入，狠抓建设管理，强化监督检查，中小河流治理工作迈出了重大步伐、取得了显著成效、积累了宝贵经验。

第一，试点任务如期完成，治理成效初步显现。截至目前，中央财政累计安排中小河流治理专项资金330亿元，地方落实资金近120亿元，安排了《全国重点地区中小河流治理近期建设规划》内2209条重点中小河流重要河段治理，已有2337个项目开工建设，1103个项目完工，近期规划内试点项目建设任务基本完成，累计治理河长1.25万公里，使3900万人、3800万亩农田的防洪安全得到保障，2500万亩农田排涝受益。在构筑防洪安全屏障、提高防洪能力的同时，许多治理河段还改善了用水条件和水生态环境，发挥了综合效益，受到广大人民群众的欢迎。

第二，因势利导科学设防，治理模式不断创新。中小河流治理过程中，各地牢固树立

人水和谐理念，因地制宜确定治理方案和措施，山区和丘陵地区主要采用护岸护坡和堤防加固等方式，增强河道防冲刷能力，提高防洪标准；浅丘和平原地区积极开展清淤疏浚和堤防整修加固，提高河道防洪排涝能力。不少地方通过积极采用天然材料和生态混凝土等新型环保材料，构造带状人工湿地、种植适宜水生植物等措施，改变传统的硬质护岸和渠化河道方式，保持了河流自然形态和风貌，改善了河流生境。许多地方在加强中小河流治理的同时，统筹安排小流域治理、农村河道整治、优美乡镇建设等项目，治水、兴水、亲水相结合，充分发挥了河流的防洪、供水、灌溉、生态等多种功能。

第三，上下联动齐抓共管，监督检查全面跟进。水利部、各流域机构和各省、自治区、直辖市以及大部分市县都建立了中小河流治理领导机构，水利部、财政部与治理任务较重的四川、广西等8个省、自治区人民政府签订了中小河流治理责任书，大部分省份也与县市层层签署责任书，形成了一级抓一级、层层抓落实的工作格局。水利部、财政部联合印发《全国重点地区中小河流治理项目和资金管理办法》、《中小河流治理财政专项资金绩效评价暂行办法》，严格规范项目前期、资金申报、建设管理、工程验收、监督管理等各项工作，积极推进法人自评、专家评审、群众评议相结合的项目绩效评价，各地也结合实际出台了相关实施细则，为确保项目顺利实施和充分发挥资金效益提供了制度保障。建立了水利部、财政部重点检查和稽察、流域机构分片督查、省级部门日常督导的监督检查机制，实行中小河流治理月报制度，全过程、全方位加大中小河流治理监督检查力度。2009年以来，水利部、财政部先后对200余个项目开展了专项检查，对54个重点项目进行了专项稽察，对发现的问题及时督促整改。

第四，建管并重整体推进，管理水平明显提升。针对中小河流治理项目面广量大、实施主体基层化的特点，江西、重庆等地采取公开竞争、集中审查等措施加强项目立项审批；广东等省建立了受益乡镇代表参加的协调机制，及时解决建设中出现的问题；许多省通过集中统一招投标、打捆招投标、组建专业项目法人、优化施工组织方案、加强质量监督等方式强化建设管理，有力保证了治理项目进度、质量和安全。水利部、财政部先后对近600名市县中小河流治理项目管理和技术人员进行集中培训，湖南、云南、陕西等省也组织开展了大规模业务培训，有效提高了基层单位建设管理水平。一些地方在加快治理步伐的同时，积极完善建后管护机制，结合基层水利服务体系建设落实管护责任，特别是浙江等省实行河长制，将河道管护责任分段落实到人，值得各地学习借鉴。

中小河流治理工作取得的成绩，得益于党中央、国务院的高度重视，得益于地方各级党委政府的大力支持，得益于各有关部门的密切配合，得益于广大水利干部职工的扎实工作。在此，我代表水利部向给予中小河流治理工作鼎力支持的国家各有关部门、地方各级党委政府和社会各界表示衷心的感谢！向为中小河流治理工作付出艰苦努力和辛勤劳动的广大水利干部职工致以崇高的敬意！

二、明确目标任务，认清阶段特征，准确把握全面推进中小河流治理的新要求

"十二五"期间基本完成重点中小河流重要河段的治理，是党中央、国务院向全国人民做出的庄严承诺，也是各级水利部门必须全力完成的政治任务。以全国重点中小河流治理实施方案印发和这次会议召开为标志，中小河流治理由试点阶段转入全面实施阶段。全

面落实中小河流治理工作部署，确保如期完成治理目标任务，必须把握好以下几个方面：

第一，准确把握中小河流治理的目标任务。国务院批准的《全国中小河流治理和病险水库除险加固、山洪地质灾害防御和综合治理总体规划》明确提出，2012 年年底前，完成《全国重点地区中小河流治理近期建设规划》内 2209 条重点中小河流重要河段治理；2013~2015 年，在继续治理近期规划内部分重点河流的基础上，再治理 2965 条重点中小河流重要河段。到 2015 年年底，基本完成 5174 条重点中小河流重要河段的治理任务，治理项目 9243 个，治理河长达到 6.7 万公里。这些目标任务已经逐条逐段逐项落实到省到县，接受全社会监督，必须保质保量、不折不扣地完成。除已完成项目外，今后几年，全国平均每年要完成近 2000 个中小河流治理项目，年均治理河长近 1.4 万公里，建设强度是试点阶段的近 3 倍。一些任务重的省份，年均须完成 100 多个治理项目，治理河长达700 公里；有些县市每年在完成 3~4 个治理项目的同时，还要同步承担其他大量的水利建设任务，时间之紧、任务之重、强度之大前所未有。

第二，准确把握中小河流治理的阶段特征。随着中小河流治理大规模实施和全面推进，各项工作出现了新的阶段性特征，需要我们高度重视、认真应对。一是统筹推进防洪建设的要求更高。在中小河流治理全面推进的同时，全国病险水库除险加固、江河主要支流治理、山洪灾害防治等防洪薄弱环节建设也开始大规模实施，大江大河治理、蓄滞洪区建设也在加快推进，如何协调处理好干支流、上下游、左右岸的关系，如何统筹实施好中小河流治理与其他防洪工程建设，需要统筹安排、周密部署、有序推进。二是组织调配各种力量的压力更大。中小河流治理工程建设受汛期影响，有效施工期短，建设力量安排比较集中。试点阶段，大部分县市只有 1 个治理项目，随着中小河流治理大规模展开，许多县市多个项目同步实施，在短时间内需要投入更多力量，设计、施工、管理、监理等力量不足问题将更加突出，组织实施和建设管理将面临前所未有的挑战，必须采取更加有效的措施，科学合理地调配好各方面力量，全力打好中小河流治理攻坚战。三是筹措落实建设资金的任务更重。完成"十二五"中小河流治理任务需要投资 1699 亿元，其中地方需要落实建设资金 600 亿元。与此同时，其他大量的水利建设任务也需要落实投资，地方水利建设资金筹措压力进一步增大。迫切需要各级政府进一步加大公共财政投入，多渠道筹集建设资金，优先保证中小河流治理等中央有明确完成时限要求的项目。四是建立健全管护机制的需求更迫切。随着大量治理项目的完工，中小河流治理工程的建后管护问题将日益突出，迫切需要根据中小河流治理工程的特点，建立健全专业管理和群众管理相结合的管护机制，落实管护责任、经费和人员，巩固治理成果，保证工程长期良性运行。

第三，准确把握中小河流治理的实施要求。中小河流治理投资多、覆盖广、任务重、要求高、责任大，确保项目实现预期目标，必须准确把握以下要求。一要不断提高河道综合整治水平。中小河流治理的首要目标是保障防洪安全，治理工程要把提高重点河段的防洪标准和能力作为首要任务，项目建设要突出工程的防洪功能，同时要注重生态治理的理念，处理好防洪与生态的关系，统筹兼顾水资源利用、水生态环境保护和河流景观的要求，不断提高河道的综合整治水平，努力把每一条河流都打造成为安全之河、民生之河、生态之河。二要切实保证工程质量和安全。中小河流治理是关系防洪安全的大事。如果工程质量不达标，不仅难以保障防洪安全，而且还会麻痹人们的防洪意识，导致更大的潜在威胁。经治理的河段，遇标准内洪水出现溃堤等重大安全、质量事故，不仅导致严重的灾害损失，还会带来恶劣的社会影响。必须以对党和人民高度负责的态度，牢固树立质量意识，落实工程质量终身负责制，坚决杜绝豆腐渣工程。同时，要严格资金管理，把中小河流治理工程建成阳光廉洁的工程。三要全力确保工程建设进度。中小河流治理工程能否按时保质完成，直接关系到治理效益能否及时发挥，也是对各级水利部门工作能力和作风的重大考验。必须在加快在建工程的同时，按照 2012 年和 2015 年中小河流治理分阶段目标任务，细化分解年度工作计划，对项目前期工作、资金拨付、工程招标、开工竣工等关键环节提出明确要求，实行节点控制，确保如期完成治理任务。

三、加大工作力度，落实各项责任，确保如期优质完成中小河流治理任务

加快中小河流治理步伐，是党中央、国务院立党为公、执政为民的又一项重大举措，是兴水惠民、造福百姓的又一项民生工程。我们要以此次会议为契机，按照责任书明确的目标、任务和责任，加强组织领导，狠抓工作落实，确保中小河流治理有力有序有效推进。

第一，切实落实组织领导责任。中小河流治理由省级人民政府负总责，地方各级政府负责本辖区内具体项目的实施。各地要切实加强中小河流治理工作的领导，健全组织机构，搞好协调配合，特别是各级水利部门要成立专门的工作班子，统筹谋划、科学安排、强化指导，全力抓好项目的组织实施。要按照两部与省级人民政府签署的责任书要求，建立以地方政府行政首长负责制为核心的中小河流治理责任制，层层签署责任书，逐河、逐段、逐项落实政府责任人、主管部门责任人和建设单位责任人，确保工作有人管、责任有人负、任务有人抓。要进一步发挥水利部和各流域机构中小河流治理工作领导小组的作用，切实履行好沟通协调、指导监督的职责。

第二，切实落实前期工作责任。省级水利部门要根据全省中小河流治理任务，提出分年度治理项目前期工作方案，明确前期工作进度要求，及时组织力量审查审批，《2013～2015 年实施方案》内的治理项目，今年 7 月底前要审批完成 20%，年底前要审批完成 40%。各级政府要加大前期投入，保障前期工作的资金需求。各级水利部门要组织好勘测设计力量，加强前期工作帮扶指导，同时要创新工作机制，采取集中打捆招标等方式，选择有实力、资质高的勘测设计单位承担初步设计编制工作。要严格落实审查审批责任制，严把技术审查和初步设计审批关，确保前期工作深度和质量。

第三，切实落实资金筹措责任。根据规划任务，中央将进一步加大对中小河流治理的投入力度。各级也要把中小河流治理作为重点工作，优先保证资金投入，明确省、市、县资金投入比例和筹措责任，努力提高省级资金比例，减轻县市资金筹措压力，西部地区和享受西部地区政策的县市取消资金配套，中部地区所需资金也主要由省和地市两级财政负责解决。要积极引入市场机制，出台优惠政策，创造条件鼓励和吸引各类社会资金投入中小河流治理项目建设。要在确保资金安全的前提下，简化工作环节，提高工作效率，加快资金分解拨付速度，确保资金及时足额到位。

第四，切实落实建设管理责任。要严格履行基本建设程序，认真落实项目法人责任制、招标投标制、建设监理制和合同管理制。县级政府要切实履行中小河流治理组织实施的具体责任，组建专业项目法人，打捆招标选择施工、监理队伍，集中采购重要设备、原材料等建设管理模式。要加大对招投标行为监管力度，强化对监理人员履行职责的监管，

建立健全项目法人负责、施工单位保证、监理单位控制和政府有关部门监管的质量管理体系，确保工程安全、资金安全、干部安全和生产安全。

第五，切实落实监督检查责任。水利部、财政部将加强对中小河流治理工作的指导和监督检查，定期对各省签署责任书的落实情况进行跟踪，及时了解中小河流治理工作进展情况。各地也要建立健全中小河流治理工作监督检查责任制，省级水行政主管部门要通过随机抽查、专项检查、交叉互查、重点稽察等形式，加强对前期工作、工程进度、质量安全和资金使用等重点环节的监督检查力度。县级政府要建立纪检、监察、审计等部门分工合作的监督检查制度，抓好日常检查。同时要建立公示制度，接受群众和社会监督。

第六，切实落实长效管护责任。各地要高度重视中小河流治理建后管护工作，坚持先建机制、后建工程，把工程建设管理作为项目初步设计的重要内容，结合水管体制改革和基层水利服务体系建设，完善中小河流管护机制，明确中小河流治理项目建后管护责任主体，落实管护单位和人员，将管护经费纳入县级财政预算，做到管护责任有人负、管护力量有保障、管护经费能落实，确保工程良性运行，长期发挥效益。同时，要进一步加强河道管理，严格水政执法，防止侵占河道、乱采乱挖、损毁工程等现象发生，维护河道健康。

同志们，中小河流治理是一项光荣而艰巨的民生工程，中央重视、群众关心、社会关注。我们要坚定信心，迎难而上，开拓进取，以更加奋发有为的精神，更加严谨务实的作风，更加扎实有力的举措，确保如期完成中小河流治理任务，让党中央、国务院放心，让人民群众满意！

（2012 年 5 月 22 日）

河道等级划分办法

（水管〔1994〕106 号）

第一条　为保障河道行洪安全和多目标综合利用，使河道管理逐步实现科学化、规范化，根据《中华人民共和国河道管理条例》第六条"河道划分等级"的规定，制定本办法。

第二条　本办法适用于中华人民共和国领域内的所有河道。跨国河道和国际边界河道不适用本办法。

河道内的航道等级按交通部门有关航道标准划定。

第三条　河道的等级划分，主要依据河道的自然规模及其对社会、经济发展影响的重要程度等因素确定。（表见后）

第四条　河道划分为五个等级，即一级河道、二级河道、三级河道、四级河道、五级河道。在河道分级指标表中满足（1）和（2）项或（1）和（3）项者，可划分为相应等级；不满足上述条件，但满足（4）、（5）、（6）项之一，且（1）、（2）或（1）、（3）项不低于下一个等级指标者，可划为相应等级。

第五条 河道等级划分程序：一、二、三级河道由水利部认定；四、五级河道由省、自治区、直辖市水利（水电）厅（局）认定。

各河道均由主管机关根据管理工作的需要划出重要河段和一般河段。

第六条 具备某种特殊条件的河道（段），可由水利部直接认定其等级。

第七条 河道划分等级后，可因情况变化而变更其等级，其变更程序同等五条。

河道分级指标表

级 别	分级指标					
	流域面积（万 km²）（1）	影响范围				可能开发的水力资源（万 kW）（6）
		耕地（万亩）（2）	人口（万人）（3）	城市（4）	交通及工矿企业（5）	
一	>5.0	>500	>500	特大	特别重要	>500
二	1~5	100~500	100~500	大	重要	100~500
三	0.1~1	30~10	30~100	中等	中等	10~100
四	0.01~0.1	<30	<30	小	一般	<10
五	<0.01					

注：1. 影响范围中耕地及人口，指一事实上标准洪水可能淹没范围；城市、交通及工矿企业指洪水淹没严重或供水中断对生活、生产产生严重影响的。

2. 特大城市指市区非农业人口大于 100 万；大城市人口 50 万~100 万；中等城市人口 20 万~50 万；小城镇人口 10 万~20 万。特别重要的交通及工矿企业是指国家的主要交通枢纽和国民经济关系重大的工矿企业。

中小河流治理工程初步设计指导意见

一、总则

（一）根据水利部、财政部印发的《全国重点地区中小河流近期治理建设规划》和《全国中小河流治理项目和资金管理办法》，为指导全国中小河流治理工程初步设计工作，科学规划工程布局，合理确定治理方案，规范主要设计内容和标准，提高设计工作质量，提出本指导意见。

（二）本指导意见所指中小河流是流域面积在 200 至 3000 平方公里的河流。

（三）中小河流治理工程初步设计应参照现行有关规范及《初步设计报告编制规程》规定的内容和深度要求，结合本指导意见，开展初步设计报告编制工作。应按照质量管理体系的要求认真做好各设计环节质量控制，确保设计成果质量。

（四）设计中应加强基础资料的收集、整理和分析，认真开展必要的现场调查和勘测等工作；重视水文分析、河流冲淤演变及河势变化分析，加强整治河宽和堤距的分析论证；优化施工组织设计方案，做好土方挖填平衡，减少弃渣占地，并根据加快中小河流治理的原则择优确定施工工期。

（五）工程建设内容要避免与市政园林建设相混淆，生态措施只能放在护岸、护坡、堤防等河道治理工程上，不用于绿化、靓化等市政园林工程。河道治理工程与市政、园林工程结合实施的项目，应分别列出其工程量和投资，明确资金来源。

（六）中小河流治理中涉及的占地和移民安置、交通桥梁、环境影响等问题，应按照相关规定并结合各省（区、市）具体情况，做好相应工作。

二、水文

（一）应收集和整理本流域和相邻流域的水文站、雨量站的实测系列资料，收集省区的暴雨查算手册或水文图集，收集以往河道治理规划设计中设计洪水的计算方法和成果，并加强河道特征和洪水特性分析。

（二）参照《水利水电工程设计洪水计算规范》（SL 44—2006），结合具体资料情况，选择合适的设计洪水计算方法。当工程地址及上、下游附近有较长实测洪水流量资料时，可优先采用频率分析计算方法，直接推求设计洪水；当工程地址及上、下游实测洪水资料短缺时，可根据经审批的省区的暴雨洪水计算方法，由设计暴雨推求设计洪水。

（三）应根据类似地区或相邻河流的设计洪水成果，以及治理河段的历史洪水调查分析成果等资料，对采用的设计洪水成果进行合理性分析。

（四）涉及排涝工程的，应根据相关规划和涝区自然地理条件、经济社会情况合理确定排涝原则和标准，划分排涝分区，进行排涝水文计算。

（五）对部分多泥沙中小河流，应进行泥沙分析计算，分析河床淤积演变情况。

三、工程地质

（一）中小型河流治理工程地质勘察工作可以参照《堤防工程地质勘察规程》（SL 188—2005）和《中小型水利水电工程地质勘察规范》（SL 55—2005）中的相关要求。鉴于全国中小河流分布地域广泛，不同区域的河流其工程地质条件相差较大，河流治理工程的侧重点亦有所不同，工程地质勘察需要结合工程实际区别对待。

（二）中小河流堤防工程应按已建堤防工程和新建堤防工程分段分类进行工程地质评价，明确主要工程地质问题，提出处理措施的建议。新建堤防工程需对比较线路作出相应的工程地质评价。岩土体物理力学地质建议参数可结合本工程区的地质特点、代表性试验和已建工程经验，采用工程类比法分段提出。存在堤基渗漏问题的堤段，应通过工程地质勘察（已建堤防工程的勘察重点在险工险段区），明确堤基渗漏的性质，分析研究正常运行工况下堤基是否产生渗透破坏，工程措施的建议宜按"允许渗漏但不允许渗透破坏"的原则提出。堤基垂直防渗应谨慎采用。

（三）护岸工程应根据工程型式，从岸坡地质结构、河势水流状态、岸坡地下水等条件进行工程地质勘察和评价。重力式护岸工程的重点在地基稳定，斜坡式护岸工程的重点在岸坡地质结构的稳定性评价；两类护岸工程均应根据河势水流条件考虑冲刷深度。对地震动参数大于等于 0.10g 且存在可液化土层的工程地基，应根据实际地质条件评价地震液化的可能性并提出处理措施的建议。

（四）河道疏浚工程地质评价的重点是河道挖深或拓宽后改变了原始河流岸坡稳定条

件，在水流冲刷浪蚀作用下可能存在岸坡稳定和岸坡再造问题，应根据岸坡岩土体性质、地质结构、抗冲性能等来考虑，地质建议的岸坡坡度应是地质结构上的稳定岸坡坡度，并参考现状稳定边坡坡比值，当不能保证稳定岸坡成型时宜适当考虑相应的工程措施。

（五）穿堤建筑物地质评价的重点是地基渗透破坏和沉降变形等问题评价，规模较小的穿堤建筑物可结合堤防工程一并勘察，规模较大（如 $50m^3/s$ 以上）的涵闸工程应按单项工程实施工程地质勘察。

（六）堤防工程填筑料一般按就地取材的原则考虑，应重点勘察评价料源的质量和储量。

四、治理方案与规模

（一）应分河段分析河道、堤防和建筑物工程现状以及存在的主要问题、河道现状安全泄量及其标准，研究明确本项目的建设任务、治理原则和治理范围。确需对规划阶段确定的工程治理范围和建设规模进行适当调整的，应进行充分论证和说明。

（二）依据《防洪标准》（GB 50201—94），结合河道洪涝灾害特点和防护区经济社会发展需求，根据保护的对象和范围，统筹考虑本河流治理对下游的防洪影响，与流域区域防洪标准相协调，合理确定防洪、除涝标准。需要提高标准的，应进行充分论证。

（三）以不侵占河道行洪通道为原则，合理确定治理河段的治导线（河岸线、防洪堤线等）。

（四）应明确河道设计水面线推算的方法、采用参数和主要成果。对干支流洪水、河湖洪水相互顶托的河段，应分析洪水组合和遭遇情况，进行不同遭遇组合的水面线推算，以外包线作为设计的依据。应重视历史洪水水面线及常遇水面线的调查与测量，作为水面线计算的主要依据之一。

（五）经复核河道断面不能满足行洪能力要求时，应综合考虑流域特点、地形地质条件、施工条件、环境影响、工程占地、工程量及投资等因素，兼顾水资源利用、环境保护，对新建（改建）堤防、现有堤防加固扩建、河道清淤疏浚、堤防与疏浚工程结合等河道整治方案进行技术经济比选，提出经济合理的河道整治方案。山区河流治理一般不宜新建堤防。

（六）在河道断面满足行洪能力要求的情况下，堤防工程原则上以原有堤防除险加固为主，尽量维持原堤线及堤距。原堤距不满足河道行洪要求的，经分析论证后堤防可适当退建；现有堤防不得向河滩地进建，不得缩窄河道行洪断面。确需新建（改建）堤防的，堤线选择应按照治导线要求，综合考虑堤线顺直、与上下游协调、与原有堤防平顺衔接等因素，尽量兼顾两岸城乡规划、生产布局和群众利益，经技术经济比选确定。不得将近岸河滩地和低洼地纳入堤防保护范围，维护好现有行洪通道和洪水滞蓄场所。

（七）新建堤防应统筹考虑防护区的排水要求，根据排涝分区和排涝标准，在排水方案论证的基础上，合理确定穿堤建筑物的布置、型式和规模；加固堤防涉及的穿堤建筑物，应根据建筑物现状情况，可采取接长加固、拆除重建等处理措施。

（八）对迎流顶冲可能发生冲刷破坏的堤岸，可采取护坡护岸措施。护岸工程原则上应采取平顺护岸形式，并与周围环境相协调，安全实用，便于维护，生态亲水，应避免对河道自然面貌和生态环境的破坏。

（九）淤积严重或行洪能力不满足规划要求的河道，经比选后采取河道清淤疏浚、卡口河段拓宽切滩等措施，以恢复或提高河道行洪、排水能力；对多沙河道应分析疏浚回淤的可能性，预测、评价疏浚工程效果。

（十）在治理方案分析论证的基础上，复核确定本项目工程建设内容和规模。

五、工程布置及建筑物

（一）建筑物级别

1. 堤防工程级别划分应按《防洪标准》（GB 50201—94）和《堤防工程设计规范》（GB 50286—98）规定执行，一般为 4 级或 5 级堤防。提高或降低堤防工程级别时，应充分论证。

2. 穿堤建筑物（涵管、涵闸、泵站等）的建筑物级别不应低于所在堤防工程级别。防洪墙的建筑物级别应与相应堤防级别相同。具有通航、交通等功能的建筑物，应同时满足相关行业标准。

3. 中小河流堤防工程一般可不进行抗震设计；对工程场地地震基本烈度为 7 度及以上的重要防洪墙及穿堤建筑物应按照《水工建筑物抗震设计规范》（SL 203—97）的规定进行抗震设计。

（二）堤防工程

1. 一般原则

（1）堤防工程设计应遵照《堤防工程设计规范》（GB 50286—98）规定执行。

（2）堤防工程的堤顶超高值根据规范计算确定，一般不宜大于 1.0m。堤顶道路宽度可结合防汛和管理要求合理确定，一般不大于 4.0m，堤顶道路路面结构宜采用泥结碎石型式。

2. 堤防加固

（1）对未达标的堤防，应根据现行规范要求复核堤顶高程、堤身和堤基的抗滑及渗透稳定性。

（2）现状堤坡稳定性不满足要求时，可根据建材、占地、交通和地形条件等因素，综合分析放缓边坡、加高培厚等方案，合理确定堤防边坡加固型式。拆迁量较大的堤段，经综合比较选择加高防洪墙、增设防浪墙或结合路面加高方式。

（3）堤身、堤基隐患处理，应在综合分析堤身填筑质量、堤基地层结构、历史险情等资料的基础上，经综合比选后，选择合理的除险加固措施。对堤身填筑质量差、散浸、渗漏等堤身隐患，应综合比较堤身灌浆、土工膜、搅拌桩、冲抓套井粘土回填以及加设下游反滤排水等方案，选定经济合理的处理措施；对堤基渗透破坏情况，可根据地层结构、险情情况，结合必要的渗透稳定分析，可采用堤后盖重结合排水或垂直截渗型式；对堤防背水侧坑塘，结合堤基渗透稳定分析，可采取填塘固基措施。

3. 新建堤防

（1）对新建堤防，应根据河道整治和防洪要求，经过比选，合理选定堤线和堤距布置。

（2）根据河道行洪断面、地形地质条件、当地材料以及占地情况，合理确定堤防结构型式。受地形条件或已建建筑物限制、拆迁量大的河段，可采用防洪墙等型式。

（3）土堤设计应根据筑堤材料物理力学特性，经抗滑及渗透稳定分析后，合理确定断面结构型式，并提出填筑材料质量要求及填筑标准要求。

（4）防洪墙设计应对重力式、衡重式、悬臂式等结构型式进行技术经济综合比选；应计算防洪墙稳定、地基应力及结构应力。

（三）护坡和护岸工程

1. 中小河流堤防护坡型式宜与自然和谐，除必须采用硬护坡的堤段外，可采用水泥土、草皮护坡型式。背水侧可采用草皮护坡。

2. 对崩岸、塌岸、迎流顶冲、淘刷严重堤段，应采取必要的护岸措施。

（1）护岸型式宜优先选用坡式护岸。受地形条件或两岸建筑物限制时可采用墙式护岸。

（2）护岸工程上部护坡措施应进行综合比选后确定。有生态、环境要求的城镇段堤防，经论证后常水位以上可采用生态型硬护坡或框格草皮护坡。上部护坡顶部高程应超过设计洪水位0.5m。

（3）护岸工程下部护脚措施可根据水流条件、河势条件、材料来源等，选用抛投体、沉枕或沉排等方式。护脚顶部可设置枯水平台，枯水平台顶部高程高于设计枯水位0.5~1.0m，滩岸护坡顶部高程宜与滩面相平或稍高于滩面高程。

（四）清淤疏浚与清障工程

1. 应根据河道整治工程总体布局，结合河道治导线确定疏挖范围。疏挖后应使河槽与河岸保持稳定，满足边坡稳定的要求。

2. 河道需扩挖时，应沿滩地较宽的一侧或沿凸岸扩挖，并尽可能使河线顺直。疏挖段的进、出口处应与原河道渐变连接。未经充分论证，不宜改变整治河段的河道比降。

3. 应根据当地地形地质条件、环境条件等合理选择排泥场地，并尽量采用环保型清淤疏浚方式。

4. 应对河道内垃圾及支堤（交通堤）等碍洪构筑物进行清除。

（五）穿堤建筑物

1. 应根据堤防现状、险情情况和质量检测成果分析，对穿堤建筑物进行加固、改造或拆除重建。必要时，可对现有穿堤建筑物进行封堵、合并。根据防洪排涝需要，经论证，可配套新建部分穿堤建筑物。

2. 新建穿堤建筑物选址及施工方法等需结合排涝要求、河道整治情况及堤防现状，经综合比选确定。

3. 新建穿堤涵管、涵闸基础承载力不满足要求时，应对夯实、换填、人工复合堤基等加固措施进行技术经济比选，采用桩基时应进行充分论证。建筑物基础不满足渗透稳定要求时，可调整基础结构或采取水平或垂直防渗透破坏措施。

4. 现有跨河闸、坝、桥等跨河建筑物，对影响堤防安全和对河道过流能力有较大影响的可结合河道治理方案采取必要的处理措施。

六、工程管理

（一）应明确工程建设管理要求。要按照以县为单位打捆组建项目法人的原则，明确项目法人，按有关规定提出建设管理的各项要求。

（二）应提出工程管理要求。落实人员编制，明确管理范围、任务和职责，落实管理运行费用来源。所治理河道已有管理机构的，工程建成后原则上应由原河道管理机构管理，不再设置新的管理机构。

（三）对堤防加固工程、护岸工程和河道疏浚工程原则上不新征管理用地，对新建堤防根据堤防级别和相关规范设置护堤地。护堤地宽度应从严控制，以减少占地和投资。

七、设计概算

（一）中小河流治理要从严控制投资，工程设计概算原则上采用地方标准。

（二）以编制年作为编制设计概算的价格水平年。

（三）基础单价的编制应满足编制规定、工程设计的要求。在满足质量、供应能力的前提下，就近选取主要材料的供应地。按照工程设计确定的供应方式，合理计算主要材料价格。

（四）为合理编制工程投资，主要材料钢筋、水泥、油料应限价进入工程单价，主要材料预算价格与限价的价差计取税金后列入工程单价表中，并单独出项。地方有限价标准的，执行地方标准；地方无限价标准的，参照以下限价标准执行：钢筋 3000 元/吨，水泥 300 元/吨，汽油 3600 元/吨，柴油 3500 元/吨。

（五）工程单价应按照全国中小河流治理规划内相关要求并结合中小河流治理的特点，按照合理、经济的方法编制。

（六）按照工程设计合理确定工程项目，严格控制管理房屋、通信、监视、监控、交通等设备、设施的标准及投资。

（七）独立费用中不再计列生产准备费、定额编制管理费、工程质量监督费等项独立费用。按照国家现行有关规定计算工程建设监理费、勘察设计费。

（八）工程征地移民、环境保护与水土保持工程投资应纳入工程总概算。

水利工程设计变更管理暂行办法

第一章　总　　则

第一条　为加强水利工程建设管理，严格基本建设管理程序，规范设计变更行为，保证工程建设质量，控制工程投资，提高工程勘察设计水平，依据《建设工程勘察设计管理条例》和《建设工程质量管理条例》等有关规定，制定本办法。

第二条　本办法适用于新建、续建、改（扩）建、加固等大中型水利工程的设计变更管理，小型水利工程的设计变更管理可以参照执行。

第三条　本办法所指设计变更是自水利工程初步设计批准之日起至工程竣工验收交付使用之日止，对已批准的初步设计所进行的修改活动。

第四条　水利工程的设计变更应当符合国家有关法律、法规和技术标准的要求，严格执行工程设计强制性标准，符合项目建设质量和使用功能的要求。

第五条　各级水行政主管部门、流域机构应当加强对水利工程设计变更活动的监督管理。项目法人应当加强对水利工程设计变更的实施管理，勘察设计单位应当着力提高勘测设计水平。参与工程建设的各有关单位应当加强项目管理，严格控制重大设计变更。

第六条　水利工程设计变更应当按照本办法规定的程序进行审批，其中建设征地和移民安置、水土保持设计、环境保护设计变更按国家有关规定执行。任何单位或者个人不得擅自变更已经批准的初步设计，不得肢解设计变更规避审批。

第二章 设计变更划分

第七条 水利工程设计变更分为重大设计变更和一般设计变更。重大设计变更是指工程建设过程中，工程的建设规模、设计标准、总体布局、布置方案、主要建筑物结构型式、重要机电金属结构设备、重大技术问题的处理措施、施工组织设计等方面发生变化，对工程的质量、安全、工期、投资、效益产生重大影响的设计变更。其他设计变更为一般设计变更。

第八条 以下设计内容发生变化而引起的工程设计变更为重大设计变更：

（一）工程规模、建筑物等级及设计标准

1. 水库库容、特征水位的变化；引（供）水工程的供水范围、供水量、输水流量、关键节点控制水位的变化；电站或泵站装机容量的变化；灌溉或除涝（治涝）范围与面积的变化；河道及堤防工程治理范围、水位等的变化；

2. 工程等别、主要建筑物级别、抗震设计烈度、洪水标准、除涝（治涝）标准等的变化。

（二）总体布局、工程布置及主要建筑物

1. 总体布局、主要建设内容、主要建筑物场址、坝线、骨干渠（管）线、堤线的变化；

2. 工程布置、主要建筑物型式的变化；

3. 主要水工建筑物基础处理方案、消能防冲方案的变化；

4. 主要水工建筑物边坡处理方案、地下洞室支护型式或布置方案的变化；

5. 除险加固或改（扩）建工程主要技术方案的变化。

（三）机电及金属结构

1. 大型泵站工程或以发电任务为主工程的电厂主要水力机械设备型式和数量的变化；

2. 大型泵站工程或以发电任务为主工程的接入电力系统方式、电气主接线和输配电方式及设备型式的变化；

3. 主要金属结构设备及布置方案的变化。

（四）施工组织设计

1. 主要料场场地的变化；

2. 水利枢纽工程的施工导流方式、导流建筑物方案的变化；

3. 主要建筑物施工方案和工程总进度的变化。

第九条 对工程质量、安全、工期、投资、效益影响较小的局部工程设计方案、建筑物结构型式、设备型式、工程内容和工程量等方面的变化为一般设计变更。水利枢纽工程中次要建筑物基础处理方案变化、布置及结构型式变化、施工方案变化，附属建设内容变化，一般机电设备及金属结构设计变化；堤防和河道治理工程的局部线路、灌区和引调水工程中非骨干工程的局部线路调整或者局部基础处理方案变化、次要建筑物布置及结构型式变化，施工组织设计变化，中小型泵站、水闸机电及金属结构设计变化等，可视为一般设计变更。

第十条 涉及工程开发任务变化和工程规模、设计标准、总体布局等方面较大变化的设计变更，应当征得原可行性研究报告批复部门的同意。

第三章 设计变更文件编制

第十一条 项目法人、施工单位、监理单位不得修改建设工程勘察、设计文件。根据建设过程中出现的问题，施工单位、监理单位及项目法人等单位可以提出变更设计建议。项目法人应当对变更设计建议及理由进行评估，必要时，可以组织勘察设计单位、施工单位、监理单位及有关专家对变更设计建议进行技术、经济论证。

第十二条 工程勘察、设计文件的变更，应当委托原勘察、设计单位进行。经原勘察、设计单位书面同意，项目法人也可以委托其他具有相应资质的勘察、设计单位进行修改。修改单位对修改的勘察、设计文件承担相应责任。

第十三条 涉及其他地区和行业的水利工程设计变更，必须事先征求有关地区和部门的意见。

第十四条 重大设计变更文件编制的设计深度应当满足初步设计阶段技术标准的要求，有条件的可按施工图设计阶段的设计深度进行编制，主要内容应包括：

（一）工程概况，设计变更发生的缘由，设计变更的依据，设计变更的项目和内容，设计变更方案及技术经济比较，设计变更对工程规模、工程安全、工期、生态环境、工程投资和效益等相关方面的影响分析，与设计变更相关的基础及试验资料，项目原批复文件。

（二）设计变更的勘察设计图纸及原设计相应图纸。

（三）工程量、投资变化对照清单和分项概算文件。一般设计变更文件的编制内容，项目法人可参照以上内容研究确定。

第四章 设计变更的审批与实施

第十五条 工程设计变更审批采取分级管理制度。重大设计变更文件，由项目法人按原报审程序报原初步设计审批部门审批。一般设计变更由项目法人组织审查确认后实施，并报项目主管部门核备，必要时报项目主管部门审批。设计变更文件批准后由项目法人负责组织实施。

第十六条 特殊情况重大设计变更的处理：

（一）对需要进行紧急抢险的工程设计变更，项目法人可先组织进行紧急抢险处理，同时通报项目主管部门，并按照本办法办理设计变更审批手续，并附相关的影像资料说明紧急抢险的情形。

（二）若工程在施工过程中不能停工，或不继续施工会造成安全事故或重大质量事故的，经项目法人、监理单位、设计单位同意并签字认可后即可施工，但项目法人应将情况在5个工作日内报告项目主管部门备案，同时按照本办法办理设计变更审批手续。

第五章 设计变更的监督与管理

第十七条 各级水行政主管部门、流域机构按照规定的职责分工，负责对水利工程的设计变更实施监督管理。由于项目建设各有关单位的过失引起工程设计变更并造成损失的，有关单位应当承担相应的责任。

第十八条 除第十六条规定的情形外，项目法人有以下行为之一的，各级水行政主管部门、流域机构应当责令改正，并提出追究相关责任单位和责任人责任的意见：

（一）不按照规定权限、条件和程序审查、报批工程设计变更文件的；

（二）将工程设计变更肢解规避审批的；

（三）未经审批，擅自实施设计变更的。

第十九条 项目法人、施工单位不按照批准的设计变更报告施工的，水行政主管部门、流域机构应当责令改正。

第二十条 项目法人负责工程设计变更文件的归档工作。项目竣工验收时应当全面检查竣工项目是否符合批准的设计文件要求，未经批准的设计变更文件不得作为竣工验收的依据。

第六章 附 则

第二十一条 本办法自发布之日起施行。

水利部关于加强中小河流治理和小型病险水库除险加固建设管理工作的通知

（水建管〔2011〕426号）

部机关各司局，各流域机构，各省、自治区、直辖市水利（水务）厅（局），各计划单列市水利（水务）局，新疆生产建设兵团水利局：

为规范中小河流治理和小型病险水库除险加固工程建设管理，推进项目顺利实施，确保如期完成建设任务，现就加强中小河流治理和小型病险水库除险加固建设管理工作通知如下。

一、加强组织领导

按照中央要求，中小河流治理和小型病险水库除险加固由省级人民政府负总责，地方各级人民政府负责本行政区域内（或所管辖）的全部规划项目，并组织有关主管部门做好项目的实施工作。负责组建项目法人的县级以上人民政府和有关主管部门建立中小河流治理和病险水库除险加固组织领导和工作协调机构，健全工作机制。要建立以地方政府行政首长负责制为核心的中小河流治理和小型病险水库除险加固责任制，逐级签署责任书，逐级落实地方政府和有关主管部门责任，逐个项目落实政府责任人、主管部门责任人和建设单位责任人。责任人要相对固定，要明确责任人对项目建设进度、建设质量、工程安全和资金安全的具体责任。要建立定期协商机制，加快项目审批、积极落实项目资金、研究解决工程建设中出现的问题。要建立责任追究制度，对不能按期完成任务、工程出现质量和安全事故、资金使用管理违规的，要严格问责。

二、加强建设管理

按照规划，"十二五"期间需完成5000多条中小河流重点河段治理，涉及项目8000多个，治理河长6万多公里；2012年汛前要全面完成5400座重点小（1）型、2013年完成1.59万座重点小（2）型、2015年完成2.5万座一般小（2）型病险水库除险加固，中小河流治理和小型病险水库除险加固任务相当艰巨。各地要抓好组织实施中小河流治理项目，要按照水利部、财政部印发的全国中小河流治理实施方案和年度资金安排，组织好项目实施；小型病险水库除险加固要根据规划，制定"十二五"总体工作方案和年度实施计划，逐个项目制定实施方案，明确各个项目的目标任务和各个环节的时间节点。中小河流治理和小型病险水库除险加固按基本建设项目进行管理，严格履行基本建设程序，认真落实项目法人责任制、招标投标制、建设监理制、质量管理、安全管理和验收管理等各项工作制度。

（一）项目法人组建

针对"十二五"期间中小河流治理和小型病险水库除险加固建设项目数量多、分布广、规模小、建设管理力量薄弱等特点，要整合人才资源，实行集中建设管理，要以县为单元组建统一的项目法人，承担包括中小河流治理和小型病险水库除险加固在内的各类中小型民生水利项目的建设管理职责。项目法人要按隶属关系由相应的地方人民政府组建。省级水行政主管部门要加强对市、县水行政主管部门和各类项目法人的指导，组织对项目法人负责人和技术负责人等项目管理人员的培训。

（二）招标投标

中小河流治理和小型病险水库除险加固项目的施工、监理和重要设备材料采购，均应通过招标确定。各级水行政主管部门要切实加强对建设项目招投标工作的监管，原则上一个初步设计一个标的，有条件的地方可采取打捆招标方式，选择符合资质要求、信誉好、实力强的施工、监理队伍。可将项目的设计和施工作为一个整体，采取设计、施工总承包的形式进行招标，吸引有实力的设计、施工单位积极参与。要完善标底编制方案和评标方法、加强评标专家组织管理等，严禁泄露标底、围标、串标等违法违规行为，同时要避免施工、监理单位恶性低价竞争，明显低于合理标底价的不得中标。对违法违规行为要依法查处并载入水利建设市场信用档案。

（三）建设监理

各地要严格按照《水利工程建设监理规定》（水利部令第28号）的规定，加强中小河流治理和小型病险水库除险加固项目的监理管理工作。各级水行政主管部门要加强对监理单位的市场监管，对监理工作不规范，影响工程建设的，要坚决予以纠正，并限期整改，情节严重的予以全国通报。在县城内尽可能将同类项目整体或同类项目分片区打捆选择相应资质等级的监理队伍承担中小河流治理和小型病险水库除险加固项目监理任务，要足额落实、及时支付监理费用，充分发挥监理队伍的作用。监理单位要按照合同及有关规定组建现场监理机构，履行监理职责，监理人员必须持证上岗，总监理工程师和各类监理人员要按合同约定到岗到位。

（四）资金管理

各地要严格执行各项财务制度，规范资金使用管理，严禁挤占、滞留、挪用建设资金，确保专款专用，确保资金使用安全。中小河流治理中央专项资金主要用于防洪主体工程建设，不得用于移民征地、城市建设和景观建设、交通工具和办公设备购置以及楼堂馆所建设等支出。小（1）型和重点小（2）型病险水库除险加固项目资金管理应分别按照财建〔2010〕436号、财建〔2011〕47号文件有关规定严格执行。

（五）质量和安全管理

要建立健全"项目法人负责、监理单位控制、施工单位保证、政府部门监督"的质量安全管理体系。各级水行政主管部门要积极协调同级财政部门，将水利工程质量监督机构工作经费全额纳入部门预算。县级水行政主管部门要成立水利工程质量监督站，流域机构、省、市质量监督机构要加强对县级质量监督站的指导。对中小河流治理和小型病险水库除险加固项目，可根据需要建立质量监督项目站（组），进行巡回监督，积极推行工程关键部位和重点环节的强制性检测、"飞检"和第三方检测。施工方要完善质量检测手段。监理单位应按要求配备现场检测设备，认真落实旁站、巡视、跟踪检测和平行检测措施。工程参建单位要建立安全生产组织体系，落实安全生产责任制，强化重大质量与安全事故应急管理。

针对跨汛期施工项目，项目法人应在汛前组织参建单位研究制定工程施工度汛方案和超标准洪水应急预案，落实安全度汛责任制和险情应急抢护措施，要严格按照批准的施工度汛方案和施工组织设计安排施工，确保度汛安全。

（六）验收管理

各地要认真组织做好各个阶段、各个环节的验收工作。针对中小河流治理和小型病险水库除险加固项目规模小、建设周期短的特点，在符合国家有关验收规定的基础上可适当整合简化程序，省级水行政主管部门可制定专门的验收管理办法。中小河流治理和小型病险水库除险加固项目应在各地收到建设资金之日起一年内按批复的初步设计建设完成，并在完工后一年内完成竣工验收。

三、加强监督检查

我部将进一步完善机关司局和流域机构对口指导监督检查机制，继续深化稽察督导、巡回检查、挂牌督办等各项工作制度，严格实行年度考核、信息报送和通报等制度，定期公布项目实施进展情况。部稽察办和有关部门将进一步加大对中小河流治理和小型病险水库除险加固项目的稽察和监督检查力度，对工程的前期工作、建设管理、资金使用等进行全方位监督指导。各地也要把稽察和监督检查作为确保工程、资金、生产和干部安全的重要手段，对稽察和监督检查中发现的问题，采取定期通报、约谈等方式督促整改，问题特别突出的项目要挂牌督办。对责任主体不到位、责任不落实，严重违规违纪或发生重大责任事故及安全生产事故的，要追究责任，严肃处理。财政部和我部还将组织开展针对中小河流治理和小型病险水库除险加固项目的绩效评价，对实际完工项目数量进行核查，对进度慢、问题多、绩效差的地区和项目，将减少或停止资金安排。

四、建立长效管护机制

各省级水行政主管部门要及时督促中小河流治理和小型病险水库除险加固项目所在县（市）建立健全长效运行管理机制，明确管护责任、管护责任主体，完善管理制度，落实管护队伍和经费，确保项目长期发挥效益。可探索以乡镇政府为中小河流治理工程建后管护责任主体等有效管理方式。要划定河道管护范围，强化中小河流河道管理，严格依法加强水行政执法，杜绝挤占、乱采、乱挖、乱堆、乱建等现象，保障河道功能和防洪安全。对小型水库管理，可实行划归大中型水库管理、县级水行政主管部门或乡镇水管站（所）集中统一管理、专业管理和群众管理相结合等有效模式，切实做到有管理责任主体、有管护人员、有管理经费。所有中小河流治理和小型病险水库除险加固项目在组织竣工验收时，必须将水管体制改革工作作为重要验收内容，实行"一票否决"。

五、完善信息报送制度

各省级水行政主管部门要及时掌握本地区中小河流治理和小型病险水库除险加固工作进展情况，做好信息报送工作。省级小型病险水库除险加固项目总体工作方案于2011年9月30日前报送我部。其他有关信息报送具体事项另行通知。

中华人民共和国水利部

二〇一一年八月十七日

全国中小河流治理项目和资金管理办法

第一章 总 则

第一条 为切实加强中小河流治理项目和资金管理,加快中小河流治理,提高投资效益,制定本办法。

第二条 中小河流治理项目是指为提高中小河流重点河段的防洪减灾能力,保障区域防洪安全和粮食安全,兼顾河流生态环境而开展的以堤防加固和新建、河道清淤疏浚、护岸护坡等为主要内容的综合性治理项目。

第三条 中央财政设立中小河流治理专项资金(以下简称专项资金),对中小河流治理工作予以支持。

第四条 中小河流治理由省级人民政府负总责,项目所在地的地市级或县级人民政府负责具体项目的组织实施。中小河流治理实行责任状制度,由财政部、水利部与省级人民政府签订责任状,做到资金到省、任务到省和责任到省,确保安排一批、建成一批、发挥效益一批。

第五条 专项资金管理实行公开、公平、公正原则,接受社会监督。

第六条 中小河流治理实行绩效管理,按照奖补结合的原则安排专项资金。

第七条 各地应以政府投入为主,统筹利用各类资金,多渠道筹集落实项目建设资金,确保治理项目的顺利实施。中部地区所需地方资金应主要由省、地市两级财政负责解决,西部地区及参照西部政策的县,地方资金全部由省、地市两级财政负责解决。

第二章 前 期 工 作

第八条 中小河流治理项目要服从流域防洪规划,治理标准要与干流、区域防洪除涝标准相协调。对一条河流上的多个河段进行治理,原则上先规划、后设计,统筹整条河流治理,防止洪水灾害转移。地方政府要切实落实和保障前期工作经费,做好项目储备,依据国家规划等相关要求抓紧开展项目初步设计等前期工作,经批准后组织实施。

第九条 省级水行政主管部门负责组织、指导项目前期工作,督促项目实施单位按规定选择具备相应资质的设计单位编制建设项目初步设计报告。有条件的地方可采取项目打捆方式招标勘察设计单位,通过招标竞争方式选择实力强、技术水平高的勘察设计总承包单位统一勘察、统一设计。初步设计报告由省级水行政主管部门会同省级财政主管部门审批,其中涉及省际河段的建设项目,须经流域机构复核后审批。建设项目涉及征地、环保等,应履行相应程序。

第十条 省级水行政主管部门应建立项目前期工作责任制,项目实施单位要对前期工作质量和进度负总责,审查单位要严把审核关,确保建设项目前期工作质量和深度。各流域管理机构负责按年度开展对流域内项目初步设计报告进行抽查。地方政府要严格按照批复的初步设计概算组织实施。设计变更应履行相应程序,重大设计变更应报原审批部门审批。

第三章 专项资金奖补范围、原则和标准

第十一条 专项资金奖补范围为全国中小河流治理专项规划确定的项目,以及根据国务院要求,经财政部、水利部认定的其他重点中小河流治理项目。

第十二条　中央根据专项规划、地方项目实施进度、已完工项目绩效评价结果和年度财政预算统筹安排年度专项资金，切块下达，由地方包干使用。省级人民政府负责统筹安排中央和地方资金，年度中央资金先到位时，省级政府可用中央资金先安排满一批项目，加快建设进度和预算执行；同时，切实落实地方资金，当年资金要当年落实，确保年度建设任务的完成。

第十三条　专项资金遵循"早建早补、晚建晚补、不建不补"的原则，鼓励地方按照专项规划和本办法开展项目治理工作，加快规划内项目实施。对于前期工作基础好、建设资金能落实、项目管理水平高、组织实施工作有保证的地区，中央集中资金加以支持。

第十四条　专项资金补助标准，按照对东部地区引导、中部地区支持、西部地区和享受西部政策地区倾斜安排的原则，按规划控制投资额30％、60％、80％的比例补助。

第十五条　中央依据绩效评价管理办法（由财政部、水利部另行制定）对地方项目治理完成情况进行监督和考核，项目绩效评价结果与后续资金安排直接挂钩。

第十六条　中央先期安排规划内项目中央应补助资金的比例原则上不高于80％，剩余中央应补助资金待项目治理完成后，依据项目绩效评价结果与省级财政部门实行统一清算，奖优罚劣。奖励资金可用于冲抵项目地方投入。

第四章　专项资金的申报、下达和使用

第十七条　省级财政、水行政主管部门在每年年度终了时联合向财政部、水利部报送当年项目资金完成情况和下一年度项目资金申请计划。

第十八条　专项资金由财政部商水利部确定后，通过专项转移支付方式下达到省级财政部门。

第十九条　专项资金下达到省级财政部门后，由省级财政、水行政部门负责按照规划、前期工作和建设进度等要求，在30个工作日内下达到具体项目，及时拨付资金，并将专项资金分项目安排清单（含地方投入情况）报财政部、水利部备案。负责项目实施的县级（或市级）人民政府要将项目预算和资金使用情况向社会公开，接受社会监督。

第二十条　地方财政部门要将专项资金纳入地方同级财政预算管理。各地区和单位不得以任何理由、任何方式截留、挤占、挪用专项资金，也不得用于平衡本级预算。省级财政部门、水行政部门对本行政区域中小河流治理预算执行和资金监管工作负总责。

第二十一条　专项资金要专款专用，主要用于直接关系到防洪安全的堤防新建加固、护岸护坡、清淤疏浚等工程建设材料费、设备费和施工作业费等支出，不得用于移民征地、城市建设和景观、交通工具和办公设备购置，以及楼堂馆所建设等支出。

第二十二条　专项资金当年如有结余，可结转下一年使用。

第五章　建　设　管　理

第二十三条　中小河流项目建设管理严格实行项目法人责任制，招标投标制，建设监理制和合同管理制。

第二十四条　各地要严格按照有关规定和程序，组建项目法人和建设管理机构。县级及以上人民政府负责组建项目法人，可对行政区域内项目打捆组建项目法人，集中组织实施，提高工作效率和管理水平。

第二十五条　严格招标投标程序，按照有关规定规范招标行为，有条件的地方可采取

项目打捆招投标，选择符合资质要求、信誉良好、有较好业绩和实力强的承包商承担建设任务。主管部门要加强对施工招标投标的监督管理，严防围标、串标等违法违规行为，严肃查处转包和违法分包。

第二十六条　严格监理单位资质审核把关，按规定程序确定监理单位。加强对监理人员的资格管理，监理人员必须全部持证上岗。选配足够的符合要求的监理力量承担项目的监理任务。

第二十七条　有关主管部门和项目法人、设计、监理及施工等单位要按照规定，建立健全工程质量管理监督体系和安全管理监督体系，严格把关，确保工程质量、安全和进度。省级水行政主管部门对本行政区域中小河流治理质量和安全监督工作负总责。

第二十八条　负责组建项目法人的县级及以上人民政府是所辖治理项目的行政责任主体，对项目建设负总责，应明确项目建设行政责任人，成立协调组织机构，负责工程建设期间的组织领导，地方资金落实和征地、拆迁、移民安置等有关协调工作。

第六章　绩效评价和工程验收

第二十九条　财政部、水利部牵头对项目治理开展绩效评价，根据项目实际完成情况和绩效评价结果据实清算，采取相应奖惩措施。绩效评价工作实行统一组织、分级实施。

第三十条　建设项目完工后要及时竣工验收，参照《水利工程建设项目验收管理规定》（2007 年）和国家其他有关规定进行，并将竣工验收结果报送水利部和财政部。

第三十一条　建设项目竣工验收后，要及时办理交接手续，明确管理主体，建立长效管护机制，积极协调落实管护经费，保证建设项目发挥效益。

第三十二条　地方财政部门要会同水行政主管部门督促项目建设单位强化基本建设财务管理和会计核算工作，及时批复项目竣工财务决算。

第七章　监 督 管 理

第三十三条　地方财政部门会同地方水行政主管部门加强项目建设的监管，建立健全监管制度，重点对资金到位及使用、工程进度、工程质量与安全、建设管理等情况进行监督检查，确保工程建设质量、安全生产及资金使用安全和投资效益。

第三十四条　地方水行政主管部门要加强项目档案管理，项目的相关文件、阶段性总结、资金审批和审计报告、工程监理报告、技术资料、统计数据、图片照片资料等要及时、科学归档保存，严格管理。

第三十五条　财政部、水利部委托财政监察专员办事处、流域管理机构等单位对专项资金使用情况及使用效果进行不定期或重点监督检查。

第三十六条　对于"报大建小"、虚列支出、进行虚假绩效考核等弄虚作假的项目和地区，财政部、水利部将视情况采取通报批评、停止相应资金安排或追缴已拨付资金等措施予以处理。

第三十七条　对于专项资金不能按规定时间落实到具体项目、地方建设资金不能及时到位、项目建设进度严重滞后，以及未按要求报送专项资金细化预算和项目建设绩效评价等情况的地方，中央财政将扣减或收回其专项资金预算。

第三十八条　中小河流治理工程涉及人民群众生命安全，经治理的工程遇标准内洪水出现溃堤等重大安全、质量事故的，严肃追究相关人员责任。

第三十九条　对于截留、挤占、挪用专项资金等违法行为，一经核实，财政部将收回已安排的专项资金，通报批评，并按《财政违法行为处罚处分条例》的相关规定进行处理。涉嫌犯罪的，移送司法机关处理。

第八章　附　　则

第四十条　本办法自印发之日起实行，《全国重点地区中小河流治理项目管理暂行办法》（2009 年）同时废止。

第四十一条　各地可根据本办法，结合当地实际，制定实施细则。

第四十二条　本办法由财政部、水利部负责解释。

全国中小河流治理项目资金使用管理实施细则

第一章　总　　则

第一条　为加强和规范中小河流治理项目资金使用管理，保障建设资金的使用安全，提高建设资金的使用效益，根据财政部、水利部《全国中小河流治理项目和资金管理办法》（财建〔2011〕156 号）及国家有关规定，结合中小河流治理项目的特点，制定本细则。

第二条　本细则适用于中央财政专项补助的全国重点地区中小河流近期治理建设规划中的中小河流治理项目（以下简称中小河流治理项目）。

第三条　负责组织实施中小河流治理项目的地市级或县级人民政府应按照基本建设项目管理的要求，明确中小河流治理项目法人，保障人员的相对稳定，建立职责明确的责任制度。

中小河流治理项目法人应按规定设置独立的财务管理机构或配备专人负责项目资金管理和核算工作。

第四条　中小河流治理项目法人执行《国有建设单位会计制度》，设置会计账簿，根据实际发生的经济业务事项进行会计核算，填制会计凭证，登记会计账簿，编制财务会计报告，并保证其真实、完整。

实行地方财政结算（支付）中心统一负责核算的中小河流治理项目，执行《国有建设单位会计制度》，分项目进行核算，项目法人应指定专人按照基本建设项目资金管理和核算的有关要求，对项目资金使用实行辅助登记管理。

第五条　中小河流治理项目资金使用管理的原则是统筹安排、分级负责、专款专用、专账管理。

第六条　中小河流治理项目实行绩效管理，具体绩效评价工作按照财政部、水利部《中小河流治理财政专项资金绩效评价暂行办法》（财建〔2011〕361 号）执行。

第二章　管　理　职　责

第七条　各级水行政主管部门对中小河流治理项目资金管理的主要职责是：

一、贯彻执行国家相关法律、法规，研究制定中小河流治理项目资金使用管理相关管理办法。

二、配合财政部门审批下达项目年度支出预算。

三、配合财政部门及时拨付财政性专项资金。

四、监督检查项目资金的使用和管理，并对发现的问题提出处理建议。

五、会同财政部门报送年度项目资金完成情况和下一年度项目资金申请计划。

六、多渠道筹集落实项目资金，所需地方资金，应协商同级财政部门督促资金及时足额到位。

第八条　项目法人应设置内部相关专业管理机构或专业管理人员，明确其在资金使用管理中的职责。单位负责人对中小河流治理项目资金使用全过程负总责，对本单位会计工作和会计资料的真实性、完整性负责；各专业管理人员各负其责。

项目法人对本项目资金管理的主要职责是：

一、贯彻执行国家有关法律、法规和水利基本建设财务管理规章、制度和有关政策，研究制定单位内部财务管理制度并组织实施。

二、按照《国有建设单位会计制度》及其补充规定设置会计账簿，进行会计核算，正确归集项目建设成本和费用。

三、筹集和申请资金，编报项目年度基本建设支出预算、政府采购预算、政府采购实施计划等。

四、按概（预）算控制使用资金，遵循基本建设财务管理的要求办理资金支付。

五、按规定及时编报财务信息、年度财务决算和竣工财务决算。

六、组织项目实施、招投标、合同签订、项目验收、资产移交等工作。

七、做好会计档案的归档管理。

八、完成资产移交。

第三章　资金使用管理

第九条　项目法人应当严格按照批复的初步设计报告和基本建设支出预算，筹集资金，保障资金安全高效使用。

第十条　项目法人应按《银行账户管理办法》的规定开立基本建设存款专户。项目法人负责多个项目的，按规定只能开立一个基本建设存款专户。

严禁项目法人乱开账户、多头开户；不准公款私存，不准出租出借银行账户。

第十一条　项目法人应按《现金管理暂行条例》规定的现金使用范围办理结算和支付，开户单位之间的经济往来，除规定的可以使用现金范围外，应当通过开户银行进行转账结算。

第十二条　项目法人应加强印鉴和票据管理。规范财务专用章等印鉴的制发、改刻、废止、保管及使用；实行印鉴分人保管，严格印鉴使用的授权、审批和登记制度。加强现金支票、转账支票、发票等重要票证的管理，建立购买、领用、注销、保管等制度，明确管理人员及其责任。

第十三条　项目法人应建立严格的资金使用授权审批制度，明确单位负责人及有关人员对资金业务的授权批准方式、权限、程序、责任和相关控制措施，要规定经办人办理货币资金业务的职责范围和工作要求。大额资金支付业务，应实行集体决策和审批。

第十四条　项目法人应明确资金支付审批程序并严格遵照执行。要按照经办人审查、有关业务部门审核、财务部门审核、单位负责人或其授权人员核准签字等程序办理，主要要求包括：

一、经办人审查。经办人对支付凭证的合法性、手续的完备性和金额的真实性进行审查。

二、业务部门审核。经办人审查无误后，送经办业务所涉及的职能部门负责人审核；实行工程监理制的项目须先经监理工程师签署意见并盖章。

三、财务部门审核。

四、单位负责人或其授权人员核准签字。

第十五条 项目法人应结合实际情况制定采购业务相关管理制度，明确采购业务应遵循的业务流程，按照制订采购计划、确定采购方式、签订采购合同、采购验收等程序办理。

第十六条 项目法人要按照《政府采购法》的规定，依法采购集中采购目录以内的或者采购限额标准以上的货物、工程和服务。

第十七条 项目法人要按照《合同法》的规定加强合同的订立、履行、保管等管理。项目财务部门应参与合同谈判，合同条款中涉及的合同价款、支付条件、结算方式、支付方式、支付时间等内容，必须经财务部门审核同意。

要加强建设工程承包合同管理。合同中应明确规定预付工程款的数额、支付时限及抵扣方式；工程进度款、工程竣工价款的支付方式、数额及时限；工程质量保证（保修）金的数额、预扣方式及时限；变更、纠纷的处理以及与履行合同、支付价款相关的担保事项等。

第十八条 建设工程价款结算必须符合《建设工程价款结算暂行办法》的规定。建设工程价款结算是指对建设工程的发承包合同价款进行约定和依据合同约定进行工程预付款、工程进度款、工程竣工价款结算的活动，其主要要求包括：

一、按合同约定支付工程预付款，包工包料工程的预付款原则上预付比例不低于合同金额的10%，不高于合同金额的30%。预付的工程款必须在合同中约定抵扣方式，并在工程进度款中进行抵扣。凡是没有签订合同或未按合同条款要求提交预付款保函（或保证金）或不具备施工条件的工程，项目法人不得预付工程款，不得以预付款为名转移资金。

二、工程进度款结算支付应遵循的程序

（一）承包人向项目法人提出支付工程进度款申请。按合同约定计算项目法人应扣回的预付款和扣留的质量保证金。

（二）监理工程师审核。凡实行监理的工程项目，工程价款结算过程中涉及监理工程师签证事项，应按工程监理合同约定执行。

（三）项目法人内部有关业务部门（工程技术管理部门、合同管理部门和财务部门）审核。

（四）单位负责人审批。

（五）财务部门办理资金支付。严禁现金支付工程款，必须支付到合同约定的收款单位、收款账户和开户银行。

三、工程竣工价款结算

工程完工后，项目法人和承包方应按照约定的合同价款及合同价款调整内容、索赔事项等进行工程竣工结算。工程竣工结算由承包人编制，经监理方审核后，由项目法人审查同意。结算价款的支付应遵循工程进度款结算支付审核程序。

第十九条 质量保证金的管理应遵循《建设工程质量保证金管理暂行办法》的规

定，保留不低于5%的质量保证（保修）金，待工程交付使用合同约定的质保期到期后清算，质保期内因承包人原因造成的缺陷，承包人应负责维修，并承担鉴定及维修费用。如承包人不维修也不承担费用，发包人可按合同约定扣除保证金，并由承包人承担违约责任。

第四章 支出管理

第二十条 项目法人要严格按中央专项资金的使用范围控制项目支出。中央专项资金主要用于直接关系到防洪安全的堤防新建加固、护岸护坡、清淤疏浚等工程建设材料费、设备费和施工作业费以及规划内项目前期工作费等支出，不得用于移民征地、城市建设和景观、交通工具和办公设备购置，以及楼堂馆所建设等支出。

第二十一条 项目概（预）算是控制建设成本的重要依据。项目法人要严格执行项目概（预）算，不得突破初步设计确定的建设规模及建设标准。

第二十二条 正确计算和归集成本费用。项目法人要按建设成本的开支范围和界限，确保各项支出合法、真实。严禁超概（预）算支出，不得支付非法的收费、摊派等支出。项目法人应严格控制管理性费用支出，制定管理性支出的具体内容、开支标准并严格执行。

第二十三条 对符合规定竣工验收条件的中小河流治理项目，若尚有少量未完工程及预留费用，可预计纳入竣工财务决算，但应控制在概算投资的5%以内，并将详细情况提交竣工验收委员会确认。项目未完工程投资和预留费用应严格按规定控制使用。

第五章 资产管理

第二十四条 项目法人应建立资产管理制度并严格执行，对资产购置、验收、保管、使用等环节作出规定，明确资产归口管理部门、资产使用部门以及有关人员的资产管理职责。

第二十五条 项目法人的资产使用主要为单位自用。项目法人应指定专门的部门或人员负责资产的日常管理，包括验收、入库、领用、保管以及维护和修理等活动，并将不相容职务分离。

第二十六条 资产处置应当按照审批权限严格履行申报审批手续，未经批准不得自行处置。资产处置行为应当遵循公开、公正、公平和竞争、择优的原则。

第二十七条 资产归口管理部门应定期对资产进行全面的盘点与清查，做到账账、账卡、账实相符，对清查中发现的问题，应当查明原因并追究相关人员的责任。

第二十八条 工程验收后，项目法人要及时办理资产移交手续，将形成的资产移交给接收单位。确保项目形成的资产及时入账，防止资产流失。

第六章 财务报告管理

第二十九条 财务报告反映项目法人一定时期内的财务状况、建设进展情况和资金流动信息，反映基本建设支出预算的执行情况，必须准确、及时、真实和完整的报送。财务报告包括月报、季报、年报、竣工财务决算报告以及其他临时性报告。

第三十条 财务报告应由编制人员签字盖章，财务负责人、单位负责人审核、签字、盖章，并加盖单位公章。单位负责人应对财务报告的真实性、合法性负责。

第三十一条 项目法人要对财务报告进行财务分析，通过对资金来源、基本建设支出等主要财务指标增减变动情况及原因的分析，向有关部门提供财务情况。

第三十二条　项目法人应及时编报竣工财务决算，主要要求有：

一、按照《水利基本建设项目竣工财务决算编制规程》（SL 19—2008）的要求，及时、准确、完整编制竣工财务决算。

二、竣工财务决算编制完成后，项目法人应将竣工财务决算提交竣工验收主持单位审查、审计。

三、项目竣工验收时，应将竣工财务决算报告提交竣工验收委员会审查，并按验收审查意见进行修改。

四、项目竣工验收后，将按竣工验收委员会验收意见调整后的竣工财务决算按管理权限报送审批。

第三十三条　项目法人要按会计档案保管的要求，及时将财务报告整理归档并妥善保存，防止损坏和丢失。

第三十四条　建立资金到位情况月报制度，项目法人每月均应将项目资金到位情况上报水行政主管部门。

第七章　监　督　管　理

第三十五条　各级水行政主管部门要建立健全专项资金监管制度，组织开展稽查、督导和专项检查等工作，对发现的问题要及时提出整改意见并督促限期整改。

第三十六条　监督检查可以采取不定期或专项检查、重点抽查等方式进行，监督检查的主要内容包括：

一、财务管理制度制定及执行情况。

二、银行账户管理和使用情况。

三、建设资金到位及管理情况。

四、概预算执行及成本控制情况。

五、采购、合同管理及履行情况。

六、建设工程价款结算管理及支付情况。

七、资产管理情况。

八、未完工程投资和预留费用的使用情况。

九、审计、检查、稽查的整改落实情况。

十、工程建后管理情况。

十一、其他需要检查的事项。

第三十七条　对检查中发现的问题，有关单位要及时整改。各级水行政主管部门要依据职责，促进落实整改；对情节严重的，提交有关部门依照《财政违法行为处罚处分条例》及有关规定，进行严肃处理。

第三十八条　项目法人要建立重大事项报告制度。对审计、检查、稽查中发现的问题及时上报上级水行政主管部门。

第八章　附　　则

第三十九条　本细则由水利部负责解释。

第四十条　本细则自印发之日起实行。

中小河流治理财政专项资金绩效评价暂行办法

第一章　总　　则

第一条　为进一步规范中小河流治理财政资金管理，强化支出责任，提高资金使用效益，根据《中华人民共和国预算法》、《财政支出绩效评价管理暂行办法》、《财政部关于开展中央政府投资项目预算绩效评价工作的指导意见》、《财政部水利部关于印发〈全国中小河流治理项目和资金管理办法〉的通知》及国家有关规定，制定本办法。

第二条　本办法所称绩效评价，是指对中小河流治理的项目前期工作、建设管理、资金管理、工程建设成果及治理效果、工程验收及后期管护，运用定量、定性指标相结合的评价方法和统一的评价标准，综合评价中小河流治理的绩效目标实现程度。

第三条　绩效评价遵循科学、规范、公平、公正的原则。

第四条　绩效评价工作实行统一组织，分级实施。具体包括项目法人自评、省级复核汇总、财政部和水利部组织抽查并审定三个步骤。评价方式包括单位自评、专家评审、抽样调查和公众评议等多种形式。

（一）财政部、水利部负责全国中小河流治理绩效评价工作的管理、监督和指导，组织开展全国中小河流治理绩效评价工作，对各省（区、市）项目绩效评价结果进行抽查，并根据审定后的绩效评价结果，采取相应奖惩措施等。

（二）省级财政部门、水行政主管部门负责本省中小河流治理绩效评价工作。组织、督促和指导市、县开展绩效评价实施工作，及时开展省级复核汇总工作，并向财政部、水利部上报项目绩效评价结果和绩效评价报告等相关材料。

（三）项目法人负责绩效评价自评工作，及时向县（市）级财政部门、水行政主管部门报送相关材料，配合上级部门的检查和评价工作，并对评价中发现的问题进行整改。

第二章　评价依据和内容

第五条　绩效评价工作依据：

（一）国家相关规划和文件。

（二）财政部、水利部颁布的相关管理制度。

（三）财政部、水利部与省，省与市、县签订的目标责任书。

（四）各项目初步设计资料、土地预审、环评等前期工作文件；项目批复和预算下达文件。

（五）各级财政、水行政主管部门反映资金筹措和使用管理、工程建设等有关统计数据、通报。

（六）县级以上人民政府及财政、水行政主管部门的有关批复文件、承诺文件、评审检查结论；工程建设过程中形成的有关文件和材料。

（七）其他相关资料。

第六条　绩效评价内容：绩效评价由对省级工作的绩效评价和对具体项目绩效评价两部分组成。

（一）省级绩效评价内容

1. 工作组织情况：是否根据规划任务制定前期工作及项目建设等分年度实施意见、省级中小河流治理工作责任落实情况、监督检查制度建设及落实情况、组织实施总体成效等。

2. 前期工作审批程序：前期工作审查、审批程序是否严格，涉及省际河段的项目是否经流域机构复核后审批。

3. 统计及信息宣传：省级中小河流治理情况报送及信息宣传情况。

4. 资金落实情况：中央资金分解下达情况、地方配套资金落实情况以及项目资金安排清单报送情况。

（二）项目绩效评价内容

1. 前期工作：主要评价初步设计报告及施工图设计质量。

2. 项目建设管理：主要评价项目建设"四制"执行、质量和安全管理情况等。

3. 项目资金管理：主要评价资金拨付情况、项目单位财务管理制度是否健全、工程款支付是否及时、资金使用范围是否合规、财务管理是否规范等。

4. 工程建设成果及治理效果：主要评价项目是否按照设计要求完成建设任务、投资完成情况、工程防洪和生态效益等。

5. 工程验收及后期管护：主要评价工程进度、档案资料管理、竣工验收和建后管护情况等。

第七条 绩效评价指标体系：

财政部、水利部根据规划确定的目标任务，结合项目建设和资金管理要求，建立中小河流治理项目绩效评价指标（详见附件）。同时，根据实际情况构建动态、可扩充的绩效评价指标体系，在实际工作中不断完善补充。

第三章 评价的程序

第八条 绩效评价工作原则上于每年上半年集中组织实施，分批次对各地完工项目和项目整体进展情况进行评价。如果某省（区、市）某批次项目（如规划内试点项目）提前完工，也可就该批次项目提前开展绩效评价工作并上报财政部、水利部审定。

第九条 根据财政部、水利部的统一安排，绩效评价一般按以下程序进行：

1. 项目法人按照本办法要求，完成绩效评价自评工作，根据项目绩效评价指标上报自评结果和项目绩效评价报告，经县级财政部门会同水行政主管部门审核后报送市级财政部门和水行政主管部门。由市组建项目法人的，项目法人将评价材料直接报市级水行政主管部门会同财政部门审核。以上工作应于每年3月15日前完成。

2. 市级财政、水行政主管部门对本行政区域内的中小河流治理项目绩效评价自评情况进行汇总，于3月31日前将自评报告报送省级财政部门、水行政主管部门。

3. 省级财政部门、水行政主管部门结合上报材料，综合运用专家评审、公众评议等多种方式完成复评工作，汇总项目绩效评价指标复评结果及省级自评得分，同时完成本省当年项目治理绩效评价报告，于4月30日前报财政部、水利部审定。

4. 财政部、水利部结合上报材料，组织抽查，审定最终评价结果。

第四章 评价结果运用

第十条 绩效评价实行100分制（具体评分标准附后），其中，对省级工作的绩效评价占 25 分，对具体项目绩效评价占 75 分。绩效评价结果分四个等级：总分 90 分及以上的为优秀；80 ~ 90 分的为良好；70 ~ 80 分的为一般；70 分以下或有下列情况之一的为较差：

1. 将中央专项资金用于规划外项目的；

2. 违背基本建设程序，擅自扩大建设规模、提高建设标准、增加建设内容的；

3. 在审计、稽察和其他相关检查中发现质量、资金管理等方面存在重大问题的；

4. 项目发生安全生产事故或质量事故的，或者造成重大经济损失和社会不良影响的；

5. 项目建设进度严重滞后的；

6. 项目法人在自评过程中弄虚作假的。

第十一条 省级绩效评价总得分为该地区评价批次全部项目省级复评得分的算术平均值与财政部、水利部核定的省级工作绩效评价得分之和。财政部、水利部将随机进行项目抽查，抽查项目平均得分超过该项目省级复评分的，省级总得分相应增加该分差，作为对该地区省级审定得分；反之，将省级总得分相应减去该分差，作为对该地区省级审定得分。如项目抽查得分与该项目省级复评分差超过 20 分的，该地区省级绩效评价结果直接审定为较差。

第十二条 绩效评价结果是对各地中小河流治理工作的综合评价，评价结果直接与后续项目和资金安排挂钩。

绩效评价结果为优秀的省份，在全国范围内通报表扬，完工项目补齐中央补助资金，给予适当奖励，同时加大后续项目的资金安排规模，适当增加中小河流治理项目数量。

绩效评价结果为良好的省份，完工项目补齐中央补助资金。绩效评价结果为一般的省份，完工项目视情况安排部分中央补助资金。

绩效评价结果为较差的省份，在全国范围内通报批评，完工项目视情况扣减中央补助资金，同时减少或暂停后续项目和资金安排规模。

第十三条 本办法由财政部、水利部负责解释。

第十四条 各省应根据本办法制定本地区实施细则。

第十五条 本办法自发布之日起施行。